全国中等职业学校
全 国 技 工 院 校 培养复合型技能人才系列教材

车工知识与技能（初级）

人力资源社会保障部教材办公室 组织编写

中国劳动社会保障出版社

简介

本书的主要内容包括车削的基本知识和基本技能、轴类零件的车削、套类零件的加工、圆锥面的车削、滚花和成形面的车削、三角形螺纹的车削。

本书由孙喜兵任主编，徐小燕任副主编，魏小兵、史巧凤、段业宽、陈烨妍参加编写；孔凡宝、朱俊达任主审。

图书在版编目(CIP)数据

车工知识与技能：初级 / 人力资源社会保障部教材办公室组织编写. -- 北京：中国劳动社会保障出版社，2022

全国中等职业学校 / 全国技工院校培养复合型技能人才系列教材

ISBN 978-7-5167-5618-8

Ⅰ. ①车…　Ⅱ. ①人…　Ⅲ. ①车削 - 中等专业学校 - 教材　Ⅳ. ①TG510.6

中国版本图书馆 CIP 数据核字(2022)第 208297 号

中国劳动社会保障出版社出版发行

（北京市惠新东街 1 号　邮政编码：100029）

*

保定市中画美凯印刷有限公司印刷装订　　新华书店经销

787 毫米 ×1092 毫米　16 开本　17.25 印张　346 千字

2022 年 12 月第 1 版　　2022 年 12 月第 1 次印刷

定价：45.00 元

营销中心电话：400-606-6496

出版社网址：http://www.class.com.cn

http://jg.class.com.cn

前　言

为了更好地适应全国技工院校机械类专业的教学要求，全面提升教学质量，人力资源社会保障部教材办公室组织有关学校的一线教师和行业、企业专家，在充分调研企业生产和学校教学情况、广泛听取教师对教材使用反馈意见的基础上，对全国技工院校培养复合型技能人才系列教材进行了修订和补充开发。本次修订（新编）的教材包括:《钳工知识与技能（初级）(第二版)》《车工知识与技能（初级)》《铣工知识与技能（初级）(第二版)》《磨工知识与技能（初级）(第二版)》《焊工知识与技能（初级）(第二版)》《电工知识与技能（初级)》等。

本次教材修订（新编）工作的重点主要体现在以下几个方面:

第一，合理更新教材内容。

根据机械类专业毕业生所从事岗位的实际需要和教学实际情况的变化，合理确定学生应具备的能力与知识结构，对部分教材内容及其深度、难度做了适当调整；根据相关专业领域的最新发展，在教材中充实新知识、新技术、新设备、新材料等方面的内容，体现教材的先进性；采用最新国家技术标准，使教材更加科学和规范。

第二，紧密衔接国家职业技能标准要求。

教材编写以国家职业技能标准《钳工（2020年版)》《车工（2018年版)》《铣工（2018年版)》《磨工（2018年版)》《焊工（2018年版)》《电工（2018年版)》等为依据，涵盖国家职业技能标准（初级）的知识和技能要求。

第三，精心设计教材形式。

在教材内容的呈现形式上，尽可能使用图片、实物照片和表格等形式将知识点生动地展示出来，力求让学生更直观地理解和掌握所学内容。在教材插图的制作中采用了立体造型技术，同时部分教材在印刷工艺上采用了四色印刷，增强了教材的表现力。

第四，进一步做好教学服务工作。

本套教材配有习题册和方便教师上课使用的电子课件，可以通过技工教育网（http://jg.class.com.cn）下载电子课件等教学资源。另外，在部分教材中使用了二维码技术，针对教材中的教学重点和难点制作了动画、视频、微课等多媒体资源，学生使用移动终端扫描二维码即可在线观看相应内容。

本次教材的修订（新编）工作得到了江苏、山东、河南等省人力资源和社会保障厅及有关学校的大力支持，在此我们表示诚挚的谢意。

人力资源社会保障部教材办公室

2020年11月

目　录

第一单元
车削的基本知识和基本技能

学习目标

1. 能描述常用车床的种类、一般卧式车床加工的基本内容、车床各部分名称和用途、车床的基本型号。

2. 能进行车床的基本操作及一般保养。

3. 能说出常用车刀的种类、牌号和用途；掌握车刀几何参数的选择方法并能进行车刀的基本刃磨。

4. 能描述切削用量的基本概念并进行相关计算；能根据加工情况选择切削液；能采取必要的断屑措施。

课题一　车削的基本知识

一、车削加工场地及防护用品的穿戴要求

1. 认识车削加工实训车间（见图 1–1）

如图 1–1 所示，在车削加工实训车间中，将地面划分为工作区（灰色区域）和安全通道（绿色区域），两者中间用黄线分开。

2. 防护用品的穿戴要求

进入实训车间应仔细阅读车间安全操作规程，穿好工作服、工作鞋（劳保鞋），女工戴好工作帽，并将长发盘起后塞入帽内，具体要求如图 1–2 所示。

禁止戴围巾，穿裙子、背心、短裤、拖鞋、凉鞋、高跟鞋进入车间，如图 1–3 所示。

图 1-1　车削加工实训车间

图 1-2　工作服、工作鞋、工作帽的穿戴要求

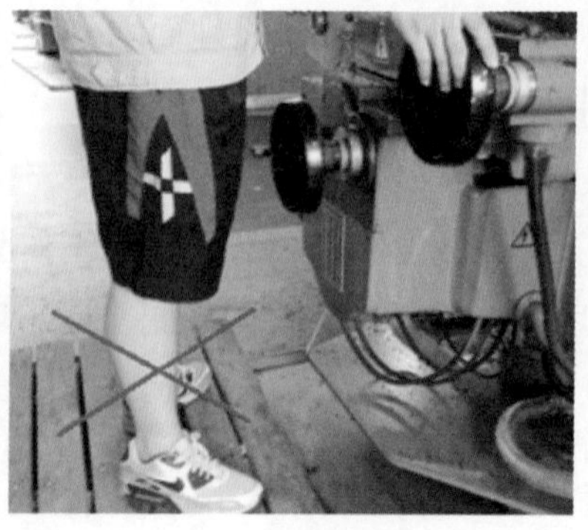
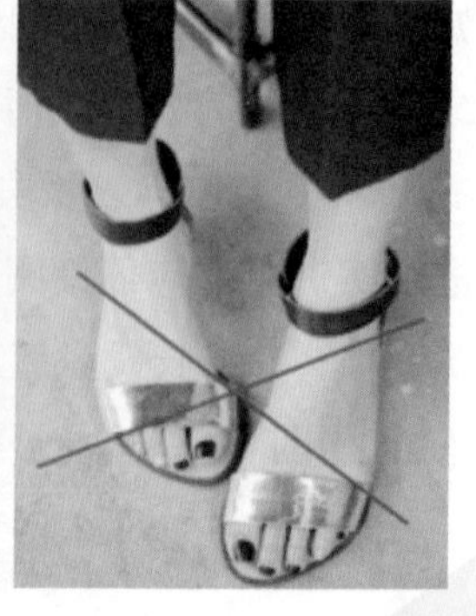

图 1-3　违规穿戴

二、车削加工概述

1. 车削加工的含义

车削加工就是在车床上利用工件的旋转运动和刀具的直线运动（或曲线运动）来改变毛坯的形状和尺寸，将毛坯加工成符合图样要求的工件，如图 1–4 所示。

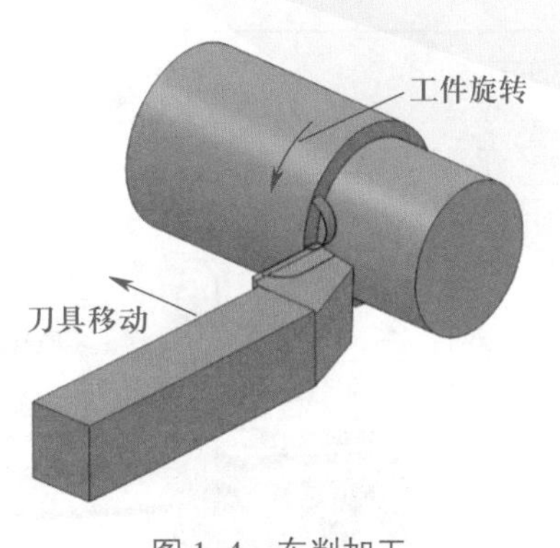

图 1–4　车削加工

2. 车削加工的内容

车削加工的范围很广，其基本内容包括车外圆、车端面、切断和车槽、车圆锥、钻中心孔、钻孔、车孔、铰孔、车螺纹、车成形面、滚花和盘绕弹簧等，如图 1–5 所示。如果在车床上装上一些附件和夹具，还可进行镗削、磨削、研磨和抛光等。

图 1–5　车削的基本内容

三、常用车床

在各类金属切削机床中，车床是应用最多、最广泛的一种机床，在一般机械加工车间的机床配置中，车床约占 40%。

1. 常用车床的种类

常用车床的种类、功能和特点见表 1–1。

表 1–1　　常用车床的种类、功能和特点

车床种类	图例	功能和特点
普通卧式车床	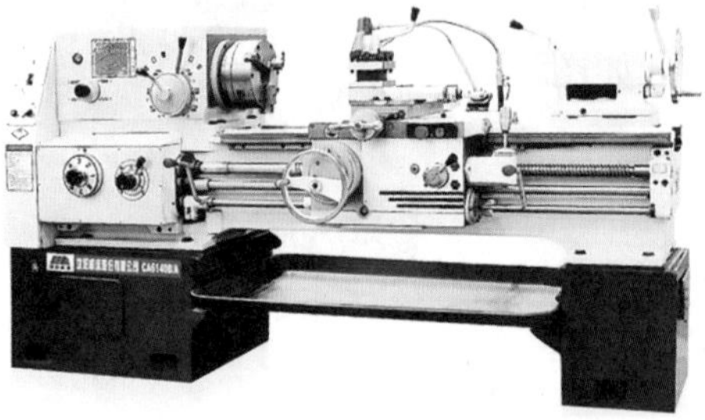	普通卧式车床是一种普通小型机床，它具有一般车床的特性，能车削外圆、端面、内孔、圆锥面，能车槽、钻孔、滚花等，也能车削常用的公制和英制螺纹。普通卧式车床在车床中使用最多，它适用于加工单件、小批量的轴类、盘类工件
回轮车床	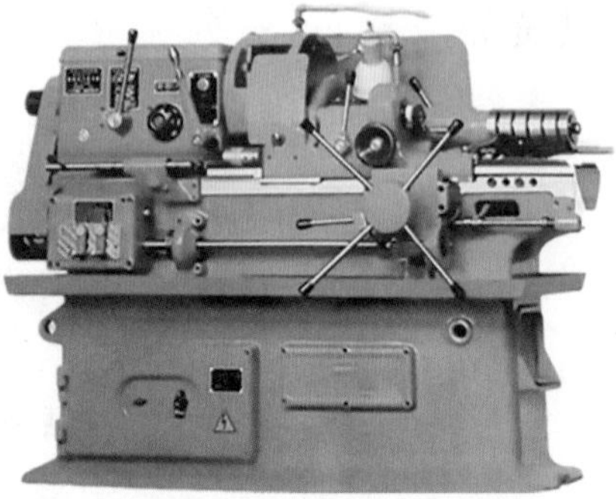	回轮车床没有尾座，有一个可绕水平轴线转位的圆盘形回轮刀架。回轮刀架可沿床身导轨纵向进给和绕自身轴线缓慢回转做横向进给 回轮刀架上可以装夹较多的切削刀具，在一次安装中能完成较复杂工件表面的加工。回轮车床适用于中、小批量生产
转塔车床		转塔车床有一个可绕垂直轴线转位的六角转位刀架，通常刀架只能做纵向进给。转塔车床也没有尾座 六角转位刀架也可以装夹较多的切削刀具。转塔车床适用于中、小批量生产。由于回轮车床和转塔车床没有丝杠，因此只能用丝锥、板牙加工内、外螺纹
立式车床		立式车床分为单柱式（见左图）和双柱式两种。用于加工径向尺寸大而轴向尺寸相对较小的大型和重型工件。立式车床的结构布局特点是主轴垂直布置，有一个水平布置的直径很大的圆形工作台，供装夹工件用，因此，对于笨重工件的装夹、找正比较方便。因工作台和工件的重力由床身导轨、推力轴承承受，极大地减轻了主轴轴承的负荷，所以可长期保持车床的加工精度

续表

车床种类	图例	功能和特点
自动车床		经调整后，不需工人操作便能自动地完成一定的切削加工循环（包括工作行程和空行程），并且可以自动地重复这种工作循环的车床称为自动车床。使用自动车床能大大地减轻工人的劳动强度，提高加工精度和生产效率 自动车床适用于加工大批量、形状复杂的工件。左图所示为应用非常广泛的单轴转塔自动车床，其自动循环是由凸轮控制的
数控车床		数控车床是一种用于完成车削加工的数控机床，主要用于轴类和盘类等回转工件的加工，能够通过程序控制自动完成内外圆柱面、圆锥面、圆弧面、螺纹等工序的切削加工，并可进行车槽、钻孔、扩孔、铰孔和各种回转曲面的加工。它集较好的通用性、高加工精度和高加工效率的特点于一身，是国内使用量最大、覆盖面最广泛的一种数控机床

2. 识读车床型号

根据国家标准《金属切削机床　型号编制方法》（GB/T 15375—2008）对机床的分类，车床共分为以下 10 组：仪表小型车床，单轴自动车床，多轴自动、半自动车床，回转、转塔车床，曲轴及凸轮轴车床，立式车床，落地及卧式车床，仿形及多刀车床，轮、轴、辊、锭及铲齿车床，其他车床，其组代号分别为 0 ~ 9。

生产中应用最多的是卧式车床，其典型型号是 CA6140 型卧式车床。车床型号一般都印在车床铭牌上，如图 1–6 所示。

其中车床型号释义如图 1–7 所示。

3. CA6140 型卧式车床的结构

CA6140 型卧式车床是最常用的国产卧式车床，其外形结构如图 1–8 所示，其主要组成部分的名称和用途如下：

图 1–6　车床铭牌

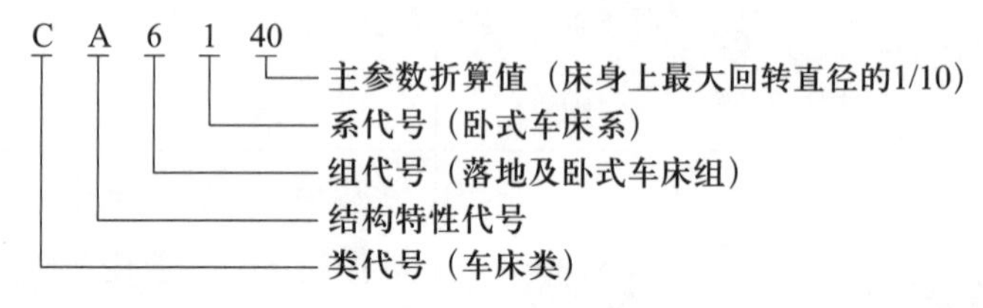

图 1–7　CA6140 型卧式车床型号释义

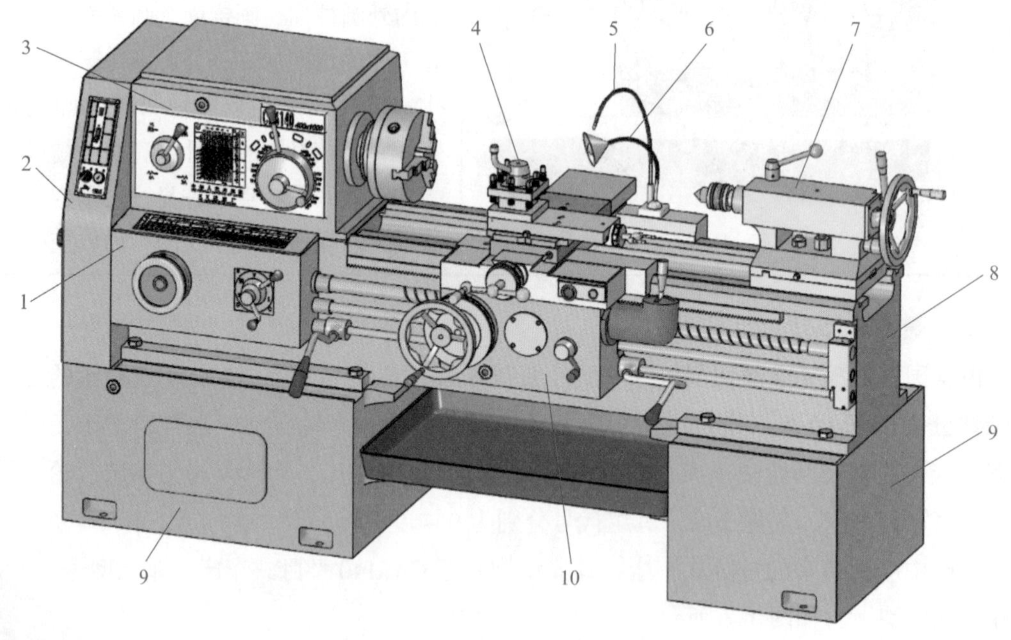

图 1–8　CA6140 型卧式车床的结构

1—进给箱　2—交换齿轮箱　3—主轴箱　4—刀架部分　5—冷却装置　6—照明装置　7—尾座　8—床身　9—床脚　10—溜板箱

（1）主轴箱

主轴箱支承主轴，主轴带动工件做旋转主运动，如图 1–9 所示。箱内装有齿轮、离合器、轴等，组成变速传动机构，变换主轴箱外手柄位置，可使主轴得到多种转速。

主轴通过卡盘等夹具装夹工件，并带动工件旋转，以实现车削。

（2）进给箱

进给箱是进给传动系统的变速机构，如图 1–10 所示。它把交换齿轮箱传递过来的运动经过变速后传递给丝杠，以车削各种螺纹；传递给光杠，以实现机动进给。

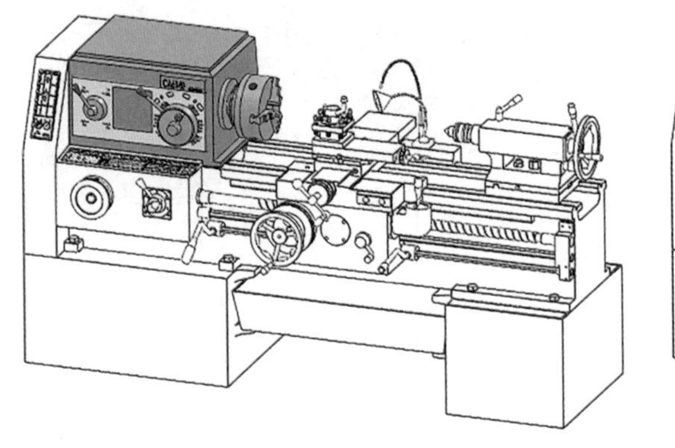

图 1–9　主轴箱

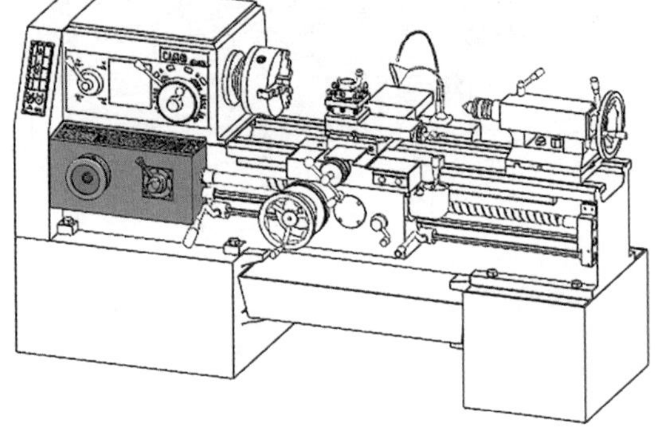

图 1–10　进给箱

（3）交换齿轮箱

交换齿轮箱又称挂轮箱，如图 1–11 所示，用来把主轴箱的运动传递给进给箱。更换箱内齿轮，配合进给箱内的变速机构，可以得到车削各种螺距螺纹（或蜗杆）的进给运动，并满足车削时对不同纵向和横向进给量的需求。

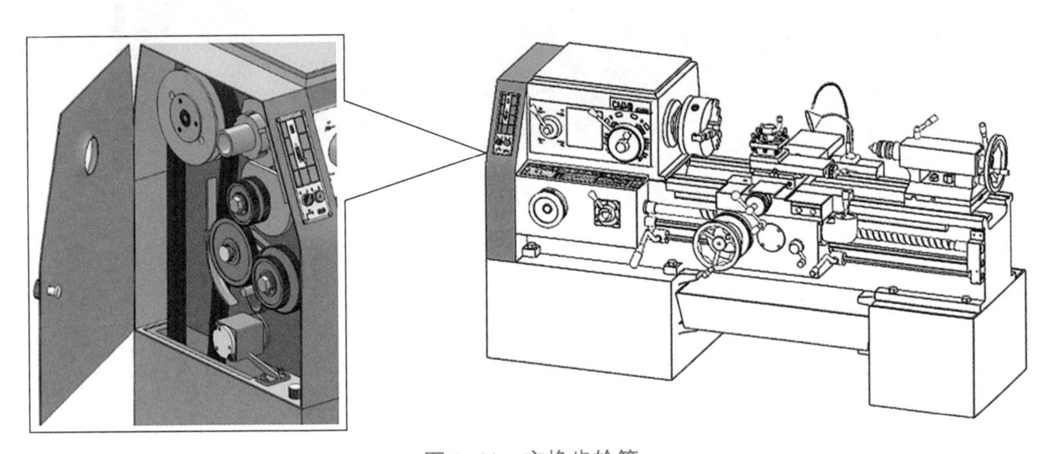

图 1–11　交换齿轮箱

（4）溜板箱

溜板箱接受光杠或丝杠传递的运动，以驱动床鞍和中滑板、小滑板、刀架实现车刀的纵向、横向进给运动，如图 1–12 所示。其上还装有一些手柄及按钮，可以很方便地操纵车床来选择诸如机动、手动、车螺纹及快速移动等运动方式。

（5）床身

床身是车床上精度要求很高的带有导轨（山形导轨和平导轨）的一个大型基础部件，如图 1–13 所示。用于支承和连接车床的各部件，并保证各部件在工作时有准确的相对位置。

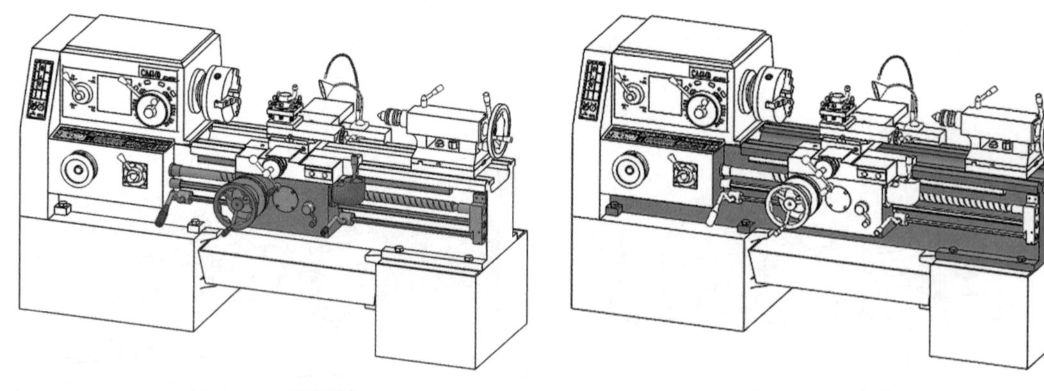

图 1–12　溜板箱　　　　图 1–13　床身

（6）刀架部分

刀架部分由两层滑板（中滑板和小滑板）、床鞍与刀架体共同组成，如图 1–14 所示。它用于安装车刀并带动车刀做纵向、横向或斜向运动。

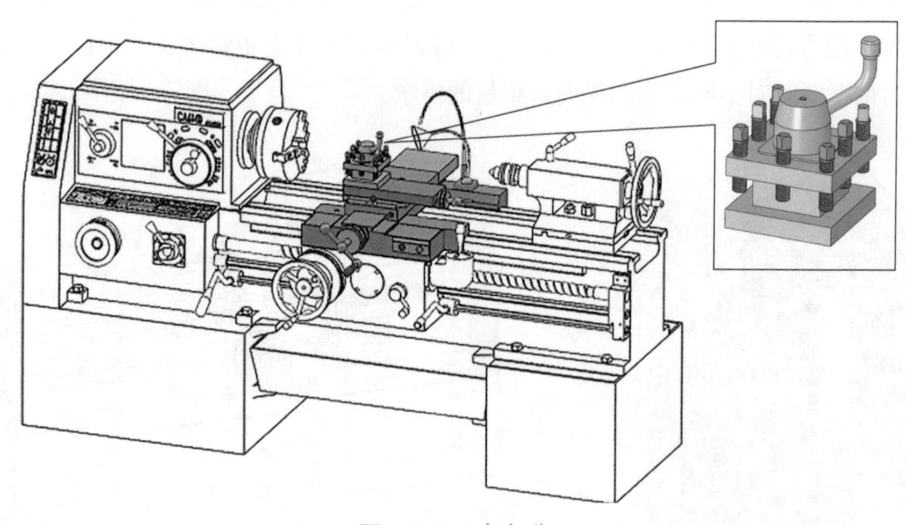

图 1–14　刀架部分

（7）尾座

尾座安装在床身导轨上，并沿此导轨纵向移动，以调整其工作位置，如图 1–15 所示。尾座主要用来安装后顶尖，以支承较长的工件，也可安装钻头、铰刀等切削刀具进行孔加工。

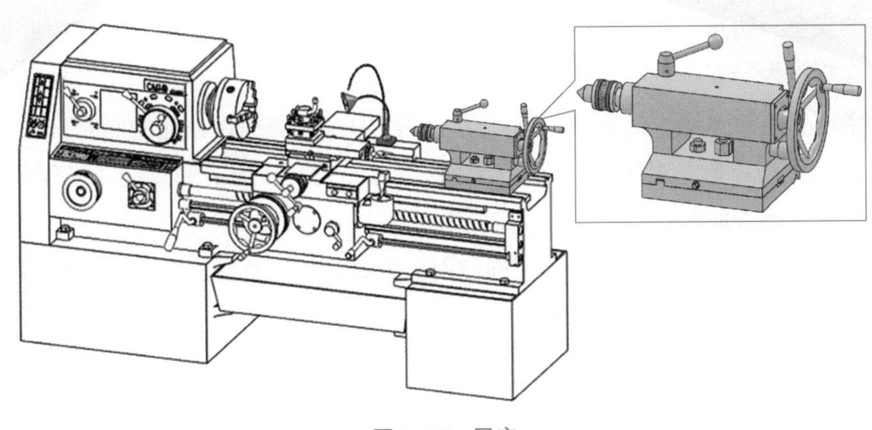

图 1–15　尾座

（8）照明和冷却装置

照明灯使用安全电压，可保证操作环境明亮，便于操作者在充足的光线下进行观察和测量工作。冷却装置主要通过冷却泵将切削液加压后喷射到切削区域，降低切削温度，冲走切屑，润滑加工表面，以提高工件表面的加工质量并延长刀具寿命，如图 1–16 所示。

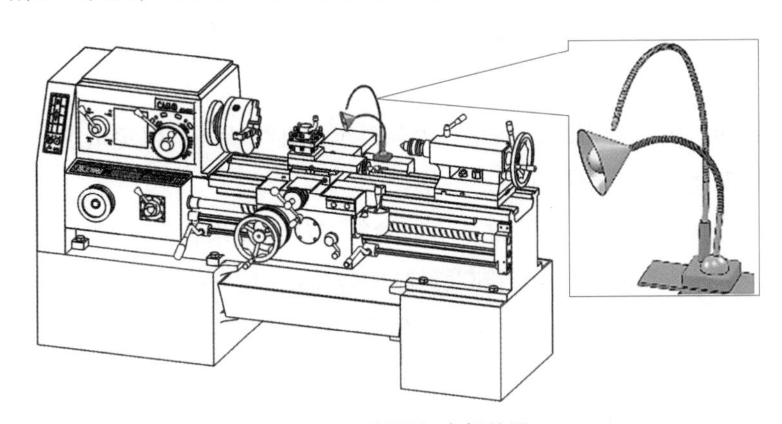

图 1–16　照明和冷却装置

（9）床脚

车床前、后两个床脚分别与床身前、后两端下部连为一体，用以支承安装在床身上的各部件，如图 1–17 所示。同时通过地脚螺栓和调整垫块使整台车床固定在工作场地上，并使床身调整到水平状态。

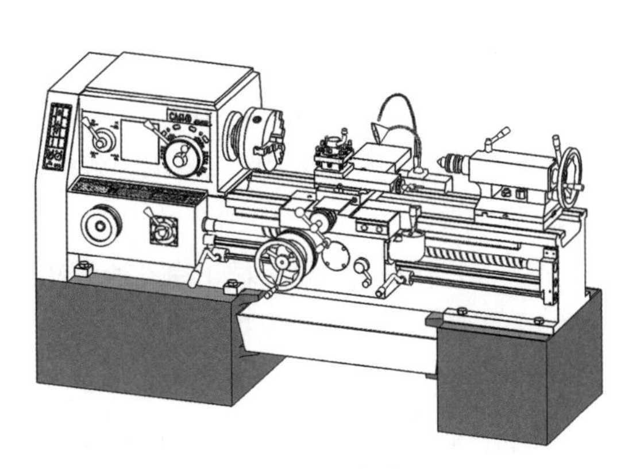

图 1–17　床脚

四、车削安全文明生产

1. 车削时文明生产的要点

坚持安全文明生产是保障生产工人和

机床设备的安全、防止工伤和设备事故的根本保证，也是搞好企业经营管理的重要内容之一。它直接影响人身安全、产品质量和经济效益，影响机床设备和工具、夹具、量具的使用寿命及生产工人技术水平的正常发挥。学生在学习及掌握操作技能的同时，必须养成良好的安全文明生产习惯。对于在长期生产活动中得到的实践经验和总结，必须严格执行。文明生产的具体要求如下：

（1）爱护刀具、量具、工具，并正确使用，放置稳妥、整齐、合理，存放在固定的位置，便于操作时取用，用后应放回原处。

（2）爱护机床和车间其他设备、设施，车床主轴箱上不得放置任何物品。

（3）工具箱内应分类摆放物品。重物放置在下层，轻物放置在上层；精密的物品应放置稳妥，不可随意乱放，以免损坏和丢失。

（4）量具应经常保持清洁，用后应擦净，涂油，放入盒内，并及时归还工具室。所使用的量具必须定期校验，使用前应检查合格证并确认量具在允许使用期内，以保证其度量准确。

（5）不允许在卡盘和床身导轨上敲击或校直工件，床面上不准放置工具或工件。

（6）装夹较重的工件时应用木板保护床面。下班时若重型工件不卸下，应用千斤顶支承。

（7）车刀磨损后应及时刃磨，不允许用钝刃车刀继续切削，以免增加车床负荷，损坏车床，影响工件表面的加工质量和生产效率。

（8）在车床上加工铸铁类工件时，切屑为粉末状，如果在车床导轨面上直接加润滑油，容易将切屑带入床鞍和滑板的缝隙及丝杠的螺旋槽中，直接导致磨损加速。

（9）使用切削液时，下班前应将车床导轨面上的切削液擦干净，并涂上润滑油。切削液应定期更换。

（10）毛坯、半成品和成品应分开放置。半成品、成品应堆放整齐，轻拿轻放，严防碰伤已加工表面。

（11）图样、工艺卡片应放置在便于阅读的位置，并注意保持其清洁和完整。

（12）工作地周围应保持清洁、整齐，避免堆放杂物，防止绊倒。

（13）工作结束后应认真擦拭机床、工具、量具和其他附件，使各物品归位。车床按规定加注润滑油，将床鞍摇至床尾一端，各手柄放置到空挡位置。清扫工作场地，关闭电源。

2. 其他要求

（1）工艺装备用完要擦拭干净，涂好防锈油，放到规定的位置或交还工具库。

（2）产品图样、工艺规程和所使用的其他技术文件要注意保持整洁，严禁涂改。

（3）目前，许多企业都非常重视文明生产活动，它的对象是现场的“环境”，它对生产现场环境全局进行综合考虑，并制订切实可行的计划与措施，从而达到规范化管理要求，如图 1–18 所示。

图 1–18　生产车间现场

参观车工实训场地

一、参观学习安排

为了完成安全文明生产操作规程的学习，使学生能够较好地掌握相关操作规程，在实训中能够严格遵守操作规程，在学习过程中有以下安排：

1. 在教室先由教师讲解相关的操作规程要求。
2. 观看安全文明生产的相关视频。
3. 进入实训车间，在车间里寻找安全操作规程内容和张贴的标语。
4. 分组讨论：实训车间里需要特别注意哪些问题?

二、参观学习

1. 教师讲解

教师讲解安全文明生产操作规程相关知识，学生一边听讲，一边摘录五条认为最值得注意的问题，填入表 1–2 并进行汇总。根据所列内容属于安全规程还是文明规程，分别在对应的表格内打“√”。

表 1–2　　　　值得关注的安全文明生产操作知识

序号	值得关注的操作规程内容	安全规程	文明规程
1			
2			

续表

序号	值得关注的操作规程内容	安全规程	文明规程
3			
4			
5			

2. 扫描二维码观看安全文明生产的相关视频

在观看视频这个环节，要求学生在观看内容的同时，关注视频中不安全或不文明的行为，将其列举出来填入表 1–3 中，要求每个同学至少列出三条并进行汇总。根据所列内容属于安全规程还是文明规程，分别在对应的表格内打“√”。

表 1–3　　不安全或不文明的行为汇总

序号	视频中不安全或不文明的行为	安全规程	文明规程
1			
2			
3			
4			
5			

3. 进入实训车间

在实训车间，由教师结合现场实地讲解安全文明生产的要求，然后学生在车间自由活动，并寻找车间里张贴的操作规程或相关标语，结束时每个学生要根据相关知识里的内容，在车间找到对应的安全文明生产标语的位置并进行汇总，填入表 1–4 中。

表 1–4　　安全文明生产标语的内容和位置

序号	安全文明生产标语的内容	车间对应的位置
1		
2		
3		
4		
5		

4. 分组讨论

（1）根据前面三项活动每个同学所记录或者列举的内容，进行分组讨论。

（2）每个小组派一名代表，向全班同学提出五条在车间里必须遵守的安全文明生产要求。

（3）在所有小组提出的安全文明生产规程里全班举手表决，定出“车间安全文明生产十不准”规定。

课题二　车床的基本操作

一、普通车床安全操作规程

1. 车床使用前应检查其各部分机构是否完好。

（1）各传动手柄、变速手柄的原始位置是否正确。

（2）手摇各进给手柄，检查进给运动是否正常。

（3）进行车床主轴和进给系统的变速检查，使主轴回转、纵向进给、横向进给由低速到高速运动，检查各运动是否正常。

（4）主轴回转时，检查齿轮能否正常进行甩油润滑。

2. 工件和车刀必须装夹牢固，以防飞出伤人。卡盘必须装有保险装置。工件装夹好后，卡盘扳手必须随即从卡盘上取下。

3. 装卸工件、更换刀具、变换速度、测量加工表面时，必须先停车并关闭电源开关。

4. 不准戴手套操作车床或测量工件。

5. 操作车床时必须集中精力，注意头部、身体和衣服不要靠近回转中的机件（如工件、带轮、传动带、齿轮、丝杠等）。

6. 操作车床时严禁离开工作岗位，不准做与操作内容无关的事情。

7. 棒料毛坯从主轴孔尾端伸出不能太长，并应使用料架或挡板，防止甩弯后伤人。

8. 车床运转时，不准用手摸工件表面，严禁用棉纱擦拭回转中的工件。

9. 高速切削、车削崩屑材料及刃磨刀具时应戴好防护眼镜。

10. 应使用专用铁钩清除切屑，不准用手直接清除。

11. 操作中若出现异常现象，应及时停车检查；出现故障、事故应立即切断电源，及时汇报，由专业人员检修，未修复不得使用。

二、CA6140 型卧式车床的操作手柄

要掌握 CA6140 型卧式车床的操作，先要了解各手柄的名称、工作位置和作用，并熟悉它们的使用方法和操作步骤。如图 1–19 所示为 CA6140 型卧式车床各手柄和手轮，其各自的名称见表 1–5。

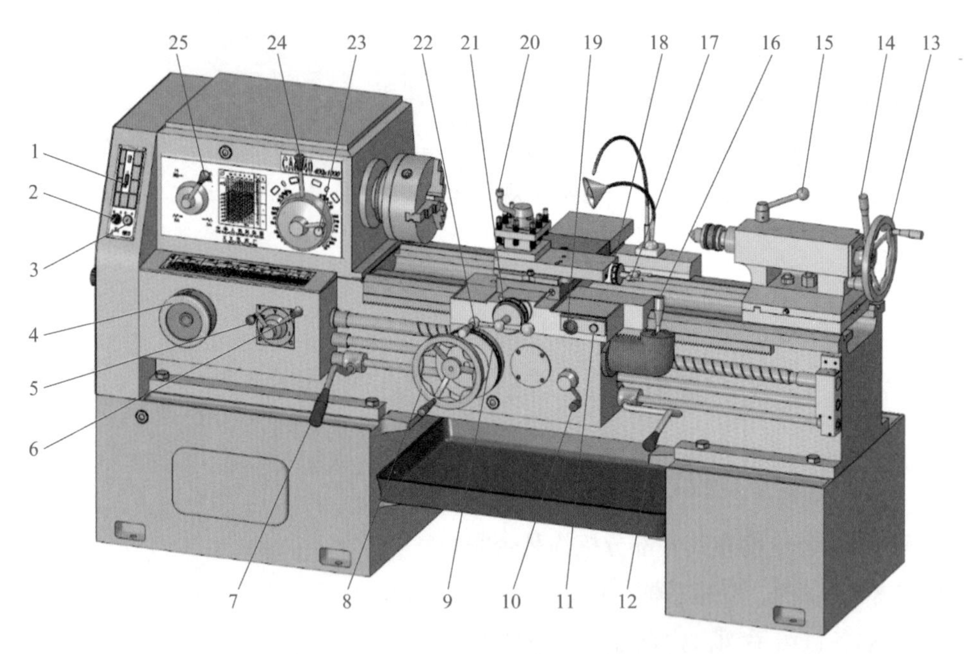

图 1-19　CA6140 型卧式车床各手柄和手轮

表 1-5　车床操作手柄和手轮的名称

图上编号	名称	图上编号	名称
1	电源总开关（ON 和 OFF 两个位置）	14	尾座快速紧固手柄
2	冷却泵总开关	15	尾座套筒固定手柄
3	电源开关锁（包括两个位置）	16	机动进给手柄和快速移动按钮
4	进给变速基本组手轮	17	小滑板手柄
5	螺纹种类和丝杠、光杠变换手柄	18	小滑板刻度盘
6	进给量和螺距变换手柄	19	停止（急停）按钮（红色旋停）
7、12	主轴正转、停止、反转操纵手柄	20	刀架转位及固定手柄
8	床鞍手轮	21	中滑板刻度盘（横向刻度盘）
9	床鞍刻度盘（纵向刻度盘）	22	中滑板手柄
10	开合螺母手柄	23	主轴变速（长、短）手柄
11	启动按钮（绿色）	24	
13	尾座套筒移动手轮	25	加大螺距及左、右螺纹变换手柄

1. 主轴箱手柄

（1）车床主轴变速手柄

CA6140 型卧式车床的主轴变速手柄如图 1–20 所示。车床主轴的变速通过主轴箱正面右侧两个叠套的手柄 23 和 24 的位置来控制。外层的弯短手柄 23 在圆周上有六个挡位，每个挡位都有用四种颜色标记的四级转速；里层的长手柄 24 除有两个空挡位（白色圆圈）外，还有由四种颜色标记的四个挡位。

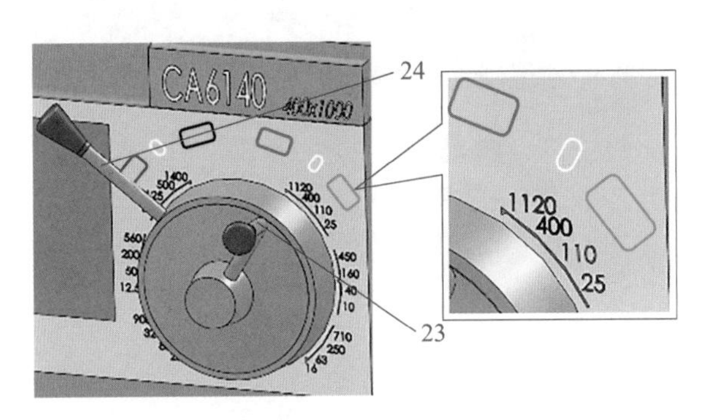

图 1–20　主轴变速手柄

（2）加大螺距及左、右螺纹变换手柄

如图 1–21 所示，主轴箱正面左侧的手柄 25 是加大螺距及左、右螺纹变换时用的，它有图示四个挡位，纵向、横向正常进给车削时，一般放在右上角的挡位处。

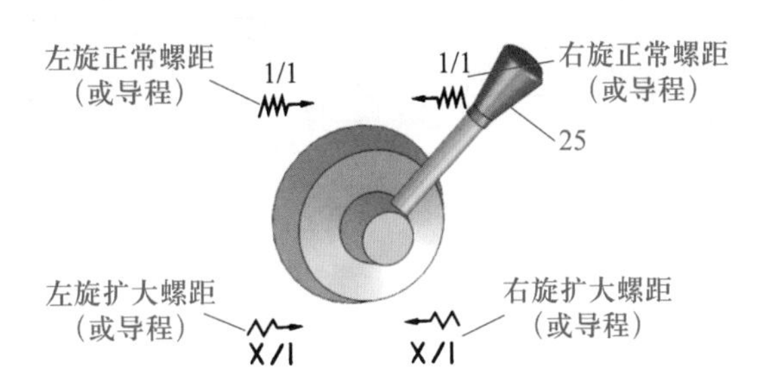

图 1–21　加大螺距及左、右螺纹变换手柄

2. 进给箱手柄

车床进给箱正面左侧是进给变速基本组手轮 4，有 1 ~ 8 共八个挡位。右侧是倍增组手柄，有前、后叠装的两个手柄，外层的手柄 5 有 A、B、C、D 四个挡位，是螺纹种类和丝杠、光杠变换手柄；里层的手柄 6 有Ⅰ、Ⅱ、Ⅲ、Ⅳ四个挡位，与左侧进给变速基本组手轮的八个挡位相配合，用以调整螺距和进给量，如图 1–22 所示。实际操作时应根据加工要求确定进给量和螺距，查找进给箱铭牌上的进给量和螺距调配表（见图 1–23）来确定手轮和手柄的具体位置。

当手柄 6 处于正上方的 V 处，此时齿轮箱的运动不经进给箱变速，而与丝杠直接相连。

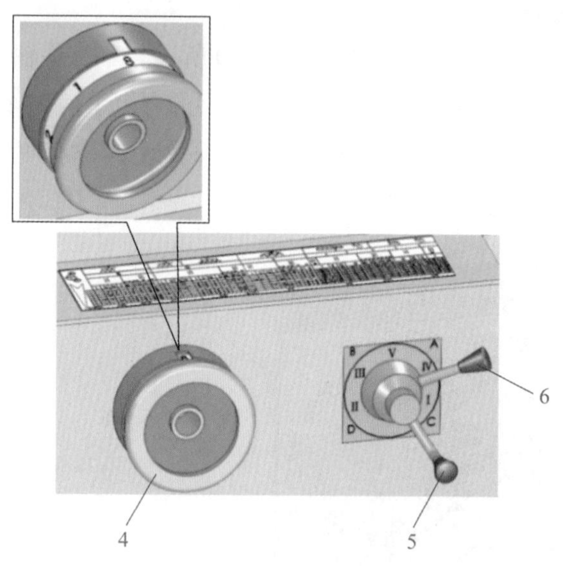

图 1–22　进给箱手柄

	B								D			
	1/1				X/1							
	I	II	III	V	III I	V II	III	V	I	II	III	IV
1									13		3 1/4	
2		1,75	3,5	7	14	28	56	112	14	7	3 1/2	
3	1	2	4	8	16	32	64	128	16	8	4	2
4		2,25	4,5	9	18	36	72	144	18	9	4 1/2	
5									19			
6	1,25	2,5	5	10	20	40	80	160	20	10	5	
7			5,5	11	22	44	88	176		11		
8	1,5	3	6	12	24	48	96	192	24	12	6	3
	A=63				B=100				C=75			

	D							B							
	1/1				X/1			1/1				X/1			
	I	II	III	IV	III I	IV II	III	I	II	III	IV	III I	IV II	III	IV
1												3,25	6,5	13	26
2	56	28	14	7	3 1/2	1 3/4					1,7	3,5	7	14	28
3	64	32	16	8	4	2	1	0,25	0,5	1	2	4	8	16	32
4	72	36	18	9		2 1/4					2,25	4,5	9	18	36
5															
6	80	40	20	10	5	2 1/2	1 1/4			1,25	2,5	5	10	20	40
7	88	44	22	11		3 2/4					2,75	5,5	11	22	44
8	96	48	42	12	6	31	1 1/2			1,5	3	6	12	24	48
	A=64				B=100			C=97							

	A						C				A					
	X/1	1/1					X/1				1/1				X/1	
	I		II	III	IV		III I	IV II	IV II	III I	IV		III	II	I	
1	0,028	0,08	0,16	0,33	0,66	1,59	3,16	6,33	3,16	1,58	0,79	0,33	0,16	0,08	0,040	0,014
2	0,032	0,09	0,18	0,38	0,71	1,47	2,93	5,87	2,92	1,46	0,73	0,35	0,17	0,09	0,045	0,016
3	0,036	0,10	0,20	0,14	0,81	1,29	2,57	5,14	2,56	1,28	0,64	0,40	0,20	0,10	0,050	0,048
4	0,039	0,11	0,23	0,46	0,91	1,15	2,28	4,56	2,28	1,14	0,57	0,56	0,22	0,11	0,055	0,019
5	0,043	0,12	0,24	0,48	0,96	1,09	2,16	4,32	2,16	1,08	0,54	0,48	0,24	0,12	0,060	0,021
6	0,046	0,13	0,26	0,51	1,02	1,03	2,05	4,11	2,04	1,02	0,51	0,50	0,25	0,13	0,065	0,023
7	0,05	01,14	0,28	0,56	1,12	0,94	1,87	3,74	1,86	0,94	0,47	0,56	0,28	0,14	0,070	0,025
8	0,054	0,15	0,30	0,61	1,22	0,86	1,71	3,42	1,72	0,86	0,43	0,61	0,30	0,15	0,75	0,027
	A=63						B=100				C=75					

图 1–23　进给箱铭牌

3. 刻度盘

在图 1–24 所示的溜板箱和刀架部分中，床鞍、中滑板和小滑板的移动是依靠手轮 8、手柄 22、手柄 17 来实现的，它们移动的距离依靠刻度盘来控制，车床刻度盘的使用情况见表 1–6。

图 1–24　刻度盘

表 1-6　　车床刻度盘的使用情况

刻度盘	度量移动的距离	手动时操作	机动时操作	整圈格数 / 格	车刀移动的距离 /（mm/ 格）
床鞍刻度盘	纵向移动距离	床鞍手轮	机动进给手柄和快速移动按钮	300	1
中滑板刻度盘	横向移动距离	中滑板手柄		100	0.05
小滑板刻度盘	纵向移动距离	小滑板手柄	无机动进给	100	0.05

三、普通车床日常维护及保养

1. 常用的车床润滑方式

车床各不同部位采用各种不同的润滑方式。

（1）浇油润滑

浇油润滑通常用于外露的滑动表面，如床身导轨面和滑板导轨面等。一般用油壶（见图 1–25）进行浇注。

（2）溅油润滑

溅油润滑通常用于密闭的箱体中。如车床的主轴箱和溜板箱，它们利用箱中齿轮的转动将箱内下方的润滑油溅射到箱体上部的油槽中，然后经槽内油孔流送到各润滑点进行润滑。

（3）油绳导油润滑

油绳导油润滑常用于车床进给箱和溜板箱的油池中，它利用毛线既易吸油又易渗油的特性，通过毛线把油引入润滑点，间断地滴油润滑，如图 1–26 所示。

图 1–25　油壶

图 1–26　油绳导油润滑

（4）弹子油杯注油润滑

弹子油杯注油润滑通常用于尾座、中滑板手柄以及丝杠、光杠、操纵杆支架的轴承处。注油时，用油枪端头的油嘴压下油杯上的弹子，注入润滑油，如图 1–27 所示。撤去油嘴，弹子回复原位，封住油杯的注油口，以防尘屑入内。

（5）油脂杯润滑

油脂杯润滑常用于交换齿轮箱挂轮架的中间轴或不便经常润滑的地方。在油脂杯中事先装满钙基润滑脂，需要润滑时，拧进油脂杯盖，将杯中的润滑脂挤压到润滑点（如轴承套）中去，如图 1–28 所示。使用润滑脂润滑比加注机油方便，且存油期长，不需要每天加油。

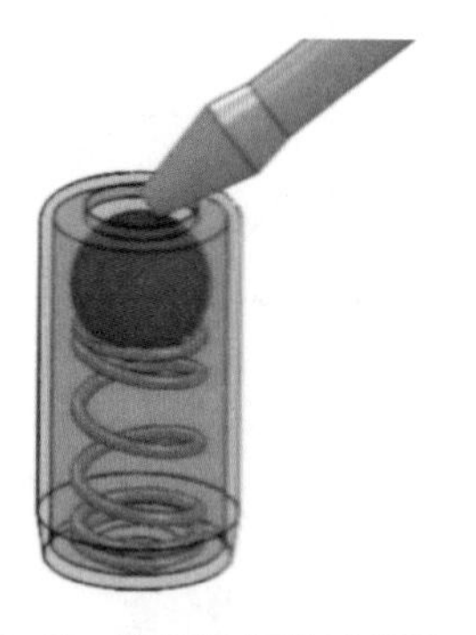

图 1–27　弹子油杯注油润滑

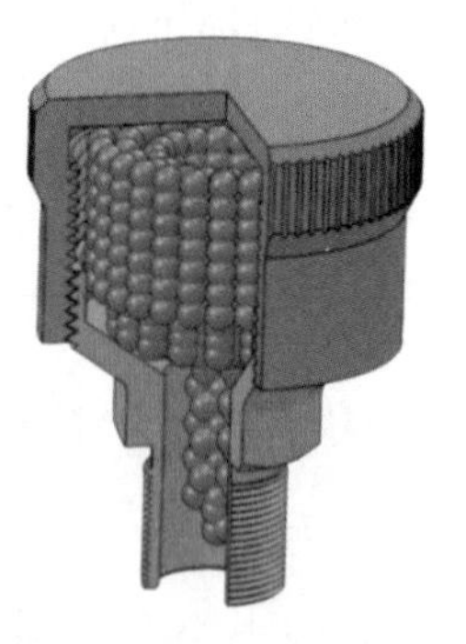

图 1–28　油脂杯润滑

（6）油泵循环润滑

油泵循环润滑常用于高速且需要大量润滑油连续强制润滑的场合，例如，主轴箱、进给箱内的很多润滑点就是采用这种润滑方式进行润滑的，如图 1–29 所示。

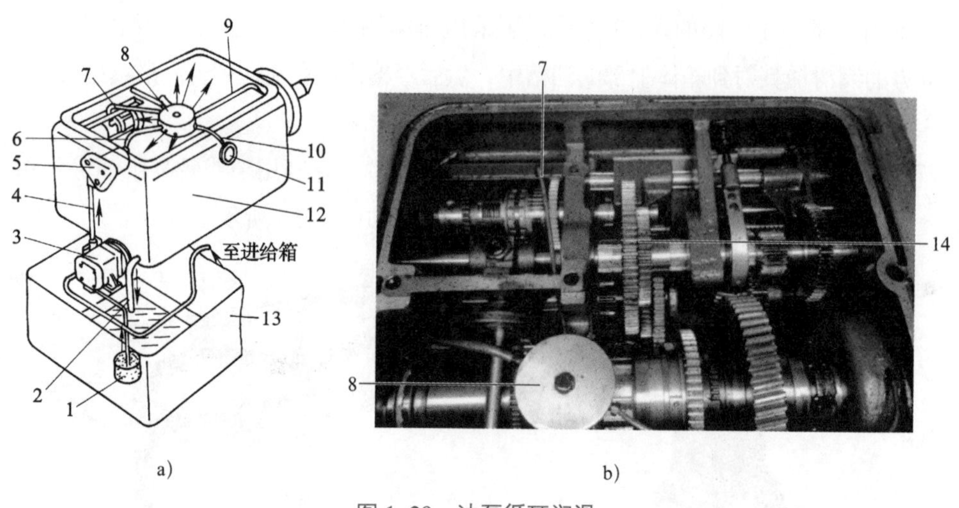

图 1–29　油泵循环润滑

1—网式过滤器　2—回油管　3—油泵　4、6、7、9、10—油管　5—过滤器　8—分油器　11—油窗　12—主轴箱　13—床脚　14—齿轮

2. CA6140 型卧式车床的润滑要求

如图 1–30 所示为 CA6140 型卧式车床润滑系统标牌，通过标牌可以了解该车床润滑系统的润滑部位、润滑周期、润滑要求和润滑油牌号，CA6140 型卧式车床润滑系统的润滑要求见表 1–7。

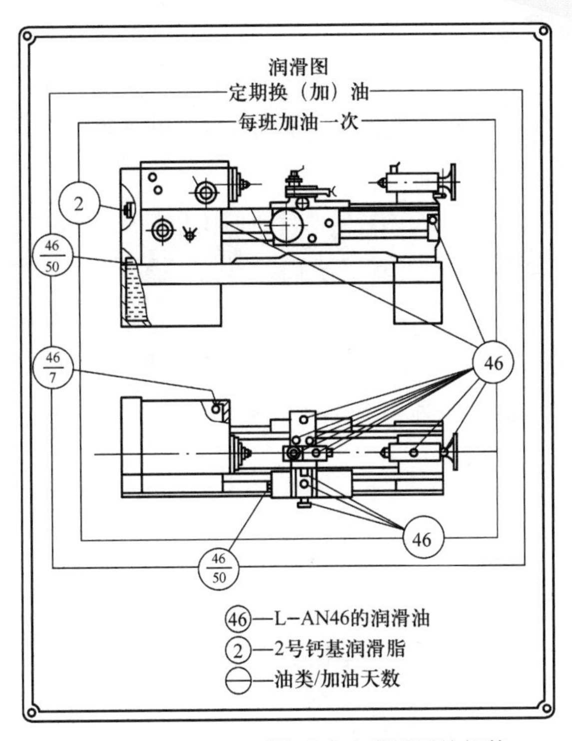

图 1-30　CA6140 型卧式车床润滑系统标牌

表 1-7　　CA6140 型卧式车床润滑系统的润滑要求

周期	数字	含义	符号	含义	润滑部位	数量
每班	整数形式	“○”中数字表示润滑油牌号，每班加油 1 次	②	用 2 号钙基润滑脂进行脂润滑，每班拧动油脂杯盖 1 次	交换齿轮箱中挂轮架的中间轴	1 处
			㊻	使用牌号为 L-AN46 的全损耗系统用油（相当于旧牌号的 30 号机油），每班加油 1 次	多处，如图 1-30 所示	14 处
周期性	分数形式	“(分子/分母)”中分子表示润滑油牌号，分母表示两班制工作时换（添）油间隔的天数（每班工作时间为 8 h）	(46/7)	分子“46”表示使用牌号为 L-AN46 的全损耗系统用油，分母“7”表示加油间隔为 7 天	主轴箱后电气箱内的床身立轴套	1 处
			(46/50)	分子“46”表示使用牌号为 L-AN46 的全损耗系统用油，分母“50”表示换油间隔为 50 ~ 60 天	左床脚内的油箱和溜板箱	2 处

3. 车床的日常维护及保养要求

为保证车床的精度，延长其使用寿命，保证工件的加工质量及提高生产效率，操作者除了能熟练地操作车床外，还必须掌握对车床进行合理的维护及保养的要求。

车床的日常维护及保养要求如下：

（1）每班工作后，切断电源，擦净车床导轨面（包括中滑板、小滑板导轨面），要求无油污和切屑，并浇油润滑；擦拭车床各表面、罩壳、操纵手柄和操纵杆等，使车床外表清洁，场地整齐。

（2）每周要求保养车床床身、中滑板、小滑板三个导轨面，进行转动部位的清理及润滑。要求油眼畅通、油标清晰，清洗油绳和护床油毛毡，保持车床外表和工作场地整洁。

CA6140 型卧式车床的基本操作

一、刀架部分和尾座的手动操作

1. 刀架部分的操作

（1）床鞍

如图 1–31 所示，顺时针转动溜板箱左侧的床鞍手轮 8，床鞍向右纵向移动，简称“鞍退”；反之，床鞍向左移动，简称“鞍进”。

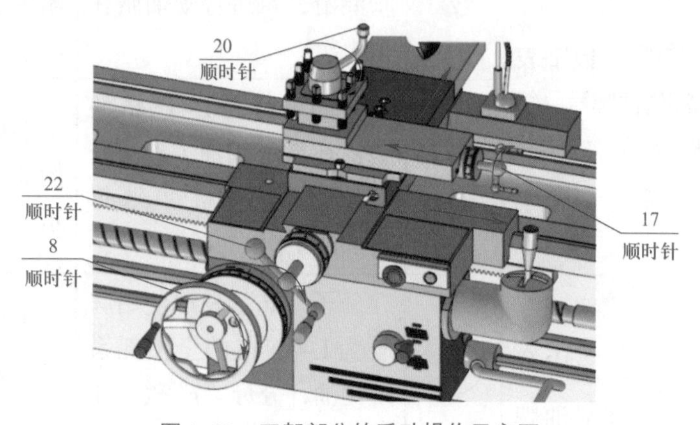

图 1–31　刀架部分的手动操作示意图

（2）中滑板

如图 1–31 所示，顺时针转动中滑板手柄 22，中滑板向远离操作者的方向移动，即横向进给，简称“中进”；反之，中滑板向靠近操作者的方向移动，即横向退出，简称“中退”。

（3）小滑板

如图 1–31 所示，顺时针转动小滑板手柄 17，小滑板向左移动，简称“小进”；反之，小滑板向右移动，简称“小退”。

（4）刀架

如图 1–31 所示，顺时针转动手柄 20，刀架被锁紧；逆时针转动手柄 20，刀架会随之逆时针转动，以调换车刀。

2. 尾座的操作

（1）尾座套筒的进退和固定操作

如图 1–32 所示，先逆时针扳动尾座套筒固定手柄 15，松开尾座套筒，再顺时针转动尾座套筒移动手轮 13，使尾座套筒伸出，简称“尾进”；反之，尾座套筒缩回，简称“尾退”。顺时针扳动手柄 15，可以将尾座套筒固定在所需的位置。

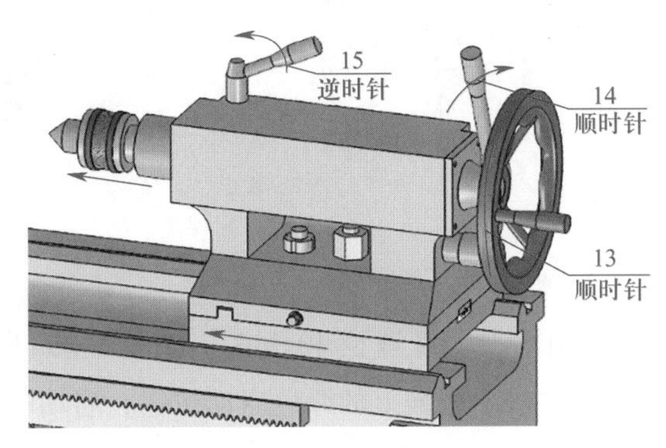

图 1–32　尾座操作示意图

（2）尾座位置的固定操作

如图 1–32 所示，向远离操作者方向扳动尾座快速紧固手柄 14，松开尾座，把尾座沿床身纵向移到所需的位置，再向靠近操作者方向扳动手柄 14，快速地把尾座固定在床身上。

二、车床的变速操作及空运行练习

1. 车床启动准备

（1）检查车床各变速手柄是否处于空挡位置，操纵杆是否处于停止状态，机动进给手柄是否处于十字槽中央的停止位置等。

（2）将交换齿轮箱保护罩前面开关面板上的电源开关锁 3 向右旋转，然后向上扳动电源总开关 1，即接通电源，车床得电，如图 1–33 所示。

2. 车床主轴变速

以需要调整转速为 900 r/min 为例，车床主轴变速操作步骤如下：

（1）找出要调整的车床主轴转速在圆周上哪个挡位，如图 1–34 所示，900 r/min 的转速位置在圆周左下角，将弯短手柄拨到“900”所在数字组对应的位置处，并记住“900”所对应的颜色为红色。

（2）将长手柄拨到数字“900”所对应的红色方框的挡位上。

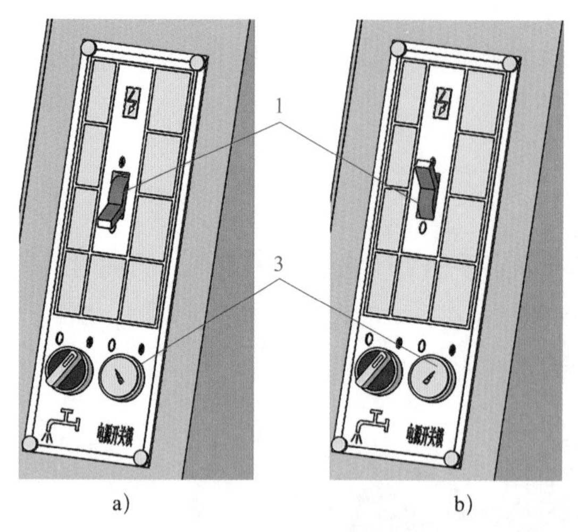

图 1–33　开关面板操作

a）通电前　b）通电后

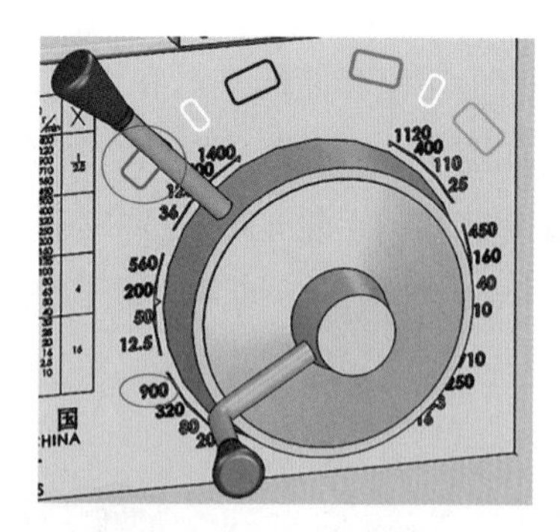

图 1–34　主轴变速

3. 车床主轴正转的空运转操作

（1）按照车床主轴变速操作步骤，变速至 40 r/min，如图 1–35a 所示。

（2）旋弹出红色急停按钮并按下床鞍上的绿色启动按钮，启动电动机，但此时车床主轴不转，如图 1–35b 所示。

（3）将进给箱右下侧的主轴正转、停止、反转操纵手柄 12 向上提起，实现车床主轴的正转，此时车床主轴转速为 40 r/min，如图 1–35c 所示。

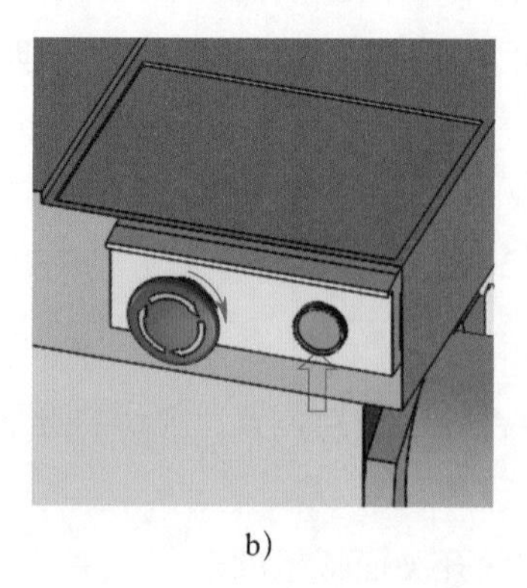

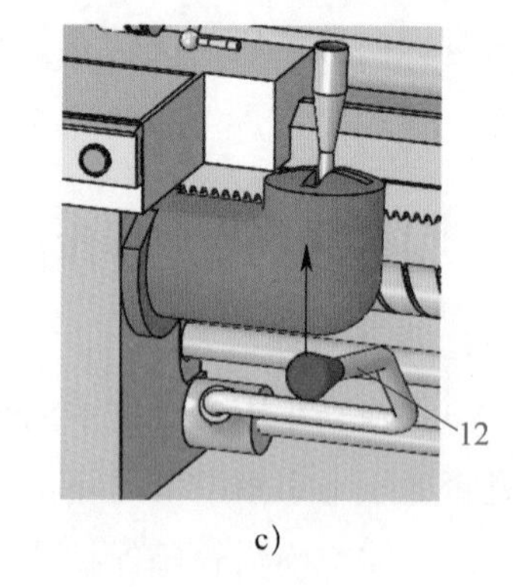

图 1–35　车床主轴正转空运行

4. 车床主轴反转的空运转操作

如图 1–35c 所示，只要将车床操纵手柄 12 向下扳动，就可实现车床主轴的反转；其他操作与主轴正转的空运转操作相同。

5. 车床主轴停止的操作

使操纵手柄 12 处于中间位置，车床主轴停止转动。

6. 车床停止操作

按下床鞍上的红色停止（或急停）按钮，如图 1–35b 所示，车床停止。

如果车床需长时间停止，则必须再完成以下步骤：

（1）向下扳动车床电源总开关 1，即电源由“接通”至“断开”状态，车床不再带电。

（2）将开关面板上的电源开关锁 3 左旋至“0”位置，并把钥匙拔出、收好。这时即便合上电源总开关 1，车床也不会得电。

三、进给箱的操作

进给箱变速操作就是通过变换主轴箱、进给箱上手轮和手柄的位置来调整纵向进给量与横向进给量，CA6140 型卧式车床进给箱上的进给量调配表（车外圆、端面部分）如图 1–36 所示。

	A						C				A					
	X/1	1/1					X/1				1/1				X/1	
	Ⅰ		Ⅱ	Ⅲ	Ⅳ		ⅢⅠ	ⅣⅡ	ⅣⅡ	ⅢⅠ	Ⅳ		Ⅲ	Ⅱ	Ⅰ	
1	0.028	0.08	0.16	0.33	0.66	1.59	3.16	6.33	3.16	1.58	0.79	0.33	0.16	0.08	0.040	0.014
2	0.032	0.09	0.18	0.36	0.71	1.47	2.93	5.87	2.92	1.46	0.73	0.35	0.17	0.09	0.045	0.018
3	0.036	0.10	0.20	0.14	0.81	1.29	2.57	5.14	2.56	1.28	0.64	0.40	0.20	0.10	0.050	0.048
4	0.039	0.11	0.23	0.46	0.91	1.15	2.28	4.56	2.28	1.14	0.57	0.56	0.22	0.11	0.055	0.019
5	0.043	0.12	0.24	0.48	0.96	1.09	2.16	4.32	2.16	1.08	0.54	0.48	0.24	0.12	0.090	0.021
6	0.046	0.13	0.26	0.51	1.02	1.03	2.05	4.11	2.04	1.02	0.51	0.50	0.25	0.13	0.065	0.023
7	0.05	01.14	0.28	0.56	1.12	0.94	1.87	3.74	1.88	0.94	0.47	0.56	0.28	0.14	0.070	0.025
8	0.054	0.15	0.30	0.61	1.22	0.86	1.71	3.42	1.72	0.86	0.43	0.61	0.30	0.15	0.75	0.027
	A=83						B=100				C=75					

图 1–36　进给量调配表（车外圆、端面部分）

注：1. ● 主轴转速为 150 ~ 1 400 r/min。

○ 主轴转速为 40 ~ 125 r/min。

◉ 主轴转速为 10 ~ 32 r/min。

2. 应用此表时应与主轴箱上加大螺距手柄及进给箱上手柄对应的标牌挡位配合使用。

进给箱左侧手轮 4 和右侧手柄 6 是进行进给量和螺距变换的手轮与手柄，实际操作时应根据加工要求，查找进给箱上调配表的螺纹和进给量数值来确定手轮、手柄的具体位置。

以精加工外圆表面为例，选择图 1–36 所示调配表中纵向进给量 2.05 mm/r，其手柄和手轮的具体变换步骤见表 1–8。

表 1–8　　纵向进给量为 2.05 mm/r 时手柄和手轮的具体变换步骤

步骤	图示	说明
1	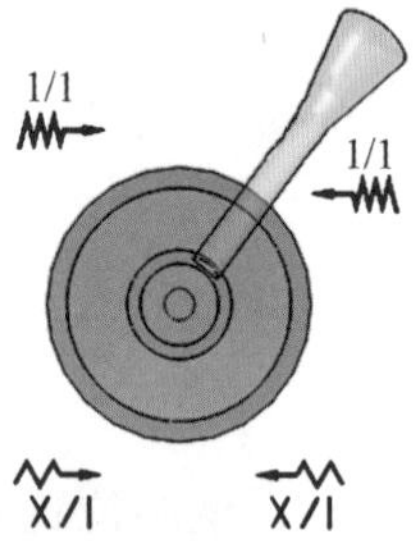 1/1 1/1 X/I　X/I	调整主轴箱左侧加大螺距及左、右螺纹变换手柄： 手柄调整至右上角位置
2	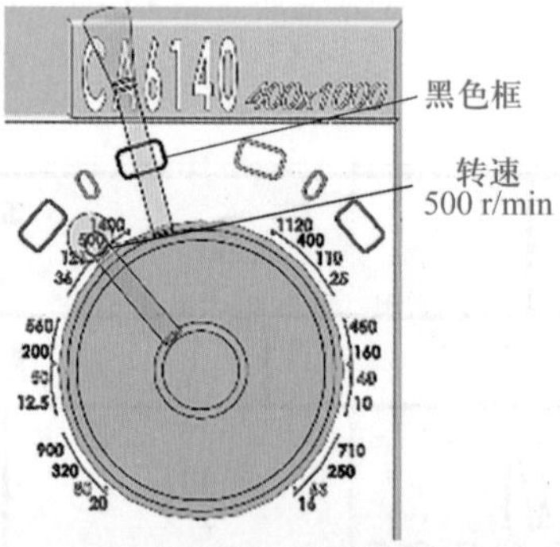 C6140 400x1000 黑色框 转速 500 r/min	调整主轴转速： 长手柄 24 调整至黑色框位置，弯短手柄 23 调整至“500”所在数字组对应的位置处，选择转速为 500 r/min
3	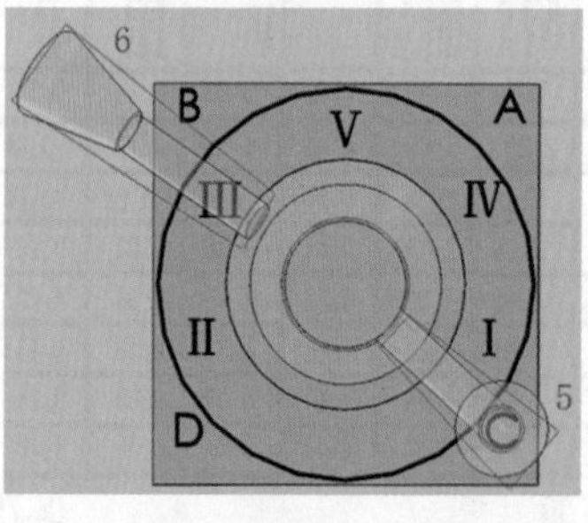 6 B V A III IV II I D C 5	调整进给量和螺距变换手柄： 根据所选的进给量值，查看进给量调配表，将手柄 5 调整至 C 的位置，同时将手柄 6 调整至Ⅲ的位置
4	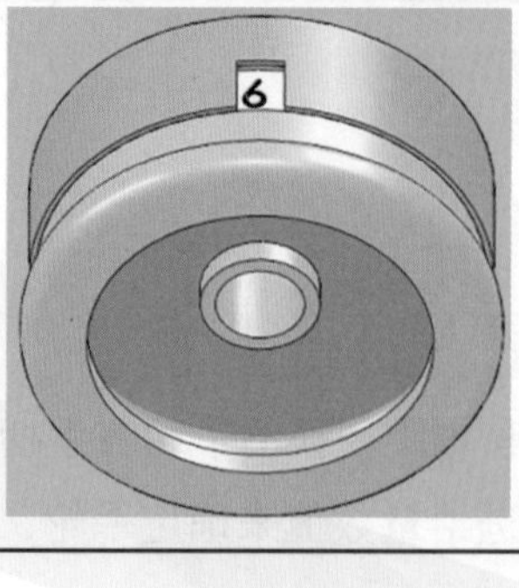 6	调整进给量手轮： 根据选择的进给量值，查看进给量调配表，将手轮 4 调整至 6 的位置

四、刀架的机动进给及快速移动操作

如图 1–37 所示，刀架的自动进给手柄在溜板箱右侧，可沿十字槽纵向、横向扳动，手柄扳动方向与刀架运动方向一致，操作简单、方便。扳动手柄的同时按下手柄顶部的红色按钮，可以启动快速电动机，使刀架快速移动。

图 1–37　刀架的机动进给手柄

1. 纵向机动进给

（1）把溜板箱右侧的机动进给手柄 16 向左扳动，使刀架向左纵向机动进给，如图 1–37① 所示。

（2）向右扳动手柄 16，使刀架向右纵向机动进给，如图 1–37② 所示。

2. 横向机动进给

（1）把机动进给手柄 16 向前扳动，使刀架向前横向机动进给，如图 1–37③ 所示。

（2）向后扳动手柄 16，使刀架向后横向机动进给，如图 1–37④ 所示。

3. 纵向快速移动

（1）向左扳动机动进给手柄 16，同时按下手柄顶部的快速移动按钮，刀架向左快速纵向移动。

（2）放开快速移动按钮，快速电动机停止转动；向右扳动手柄 16，同时按下手柄顶部的快速移动按钮，刀架向右快速纵向移动。

4. 横向快速移动

（1）向前扳动机动进给手柄 16，同时按下手柄顶部的快速移动按钮，刀架向前快速横向移动。

（2）放开快速移动按钮，快速电动机停止转动；向后扳动手柄 16，同时按下手柄顶部的快速移动按钮，刀架向后快速横向移动。

五、操纵车床的注意事项

1. 当主轴在各转速间转换时，必须先停车再换速。

2. 主轴正转和反转的转换要在主轴停止转动后进行，避免因连续转换操作使瞬间电流过大而发生电气故障。工作完毕，各手柄恢复至开机状态，关闭车床电源总开关。

3. 光杠处于工作状态（转动）时，才能进行自动进给。

4. 当床鞍快速移动时，要特别注意观察刀架与床鞍在移动时与机床其他部件或工件的距离，当接近到一定距离时，应立即松开快速移动按钮，停止机动进给，将操纵手柄扳至中间位置，然后以手动方式控制进给，以免发生碰撞事故。

5. 当中滑板使用横向机动进给时，要注意横向行程的限制，以免超过行程限制而损坏中滑板丝杆和螺母。

CA6140 型卧式车床的日常维护及保养

一、训练任务

按车床润滑要求，参照图 1–38 所示 CA6140 型卧式车床每天润滑点的分布图，对车床进行润滑的同时做好日常保养工作。

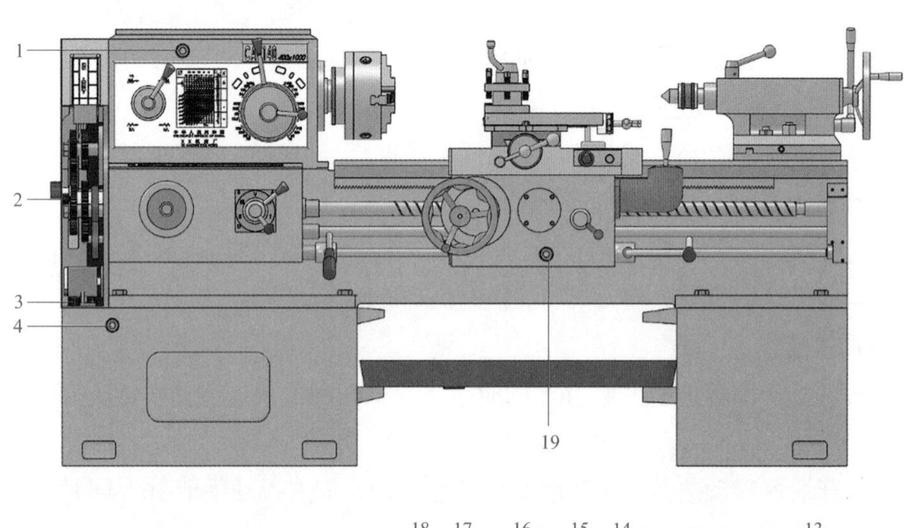

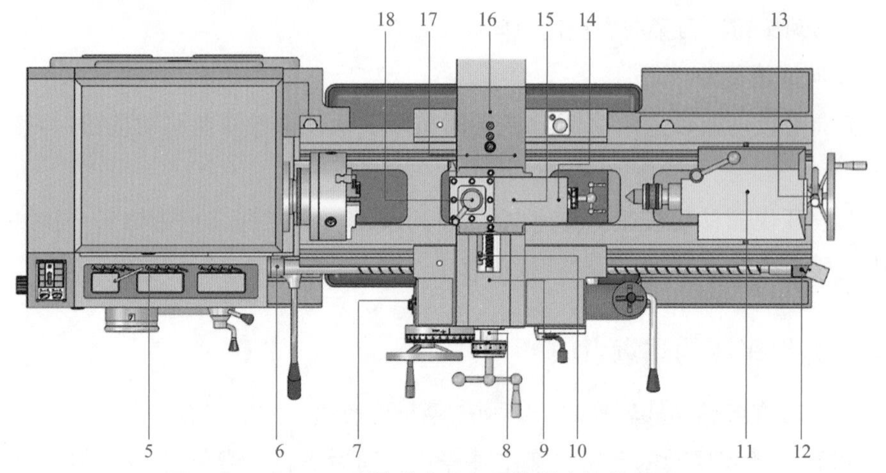

图 1–38　CA6140 型卧式车床每天润滑点的分布图

1—主轴箱油窗　2—交换齿轮箱挂轮架的中间轴润滑点　3—进给箱注油口　4—油泵油窗　5—进给箱润滑点　6—丝杠左端弹子油杯润滑点　7—溜板箱注油口　8、9、10、14、15、16、17、18—床鞍、导轨面和刀架部分弹子油杯润滑点　11、13—尾座弹子油杯润滑点　12—光杠、丝杠及操纵杆后托架润滑点　19—溜板箱油窗

二、每天对车床进行的润滑工作

每天对车床进行润滑时，必须按图 1–38 所示的 CA6140 型卧式车床每天润滑点的分布图，按以下顺序进行润滑工作：

1. 车床主轴箱

主轴箱采用油泵循环润滑和溅油润滑的方式，一般使用牌号为 L-AN46 的全损耗系统用油，具体实施步骤如下：

（1）启动电动机，观察主轴箱油窗内已有油输出，如图 1-39 所示。

图 1-39　主轴箱润滑

（2）电动机空转 1 min 后在主轴箱内形成油雾，油泵循环润滑系统使各润滑点得到润滑，主轴方可启动。

（3）如果油窗内没有油输出，说明润滑系统有故障，应立即检查断油原因。一般原因是主轴箱后端的三角形过滤器堵塞，应用煤油进行清洗。

2. 车床进给箱和溜板箱

进给箱和溜板箱采用溅油润滑和油绳导油润滑的方式，一般采用牌号为 L-AN46 的全损耗系统用油，具体实施步骤如下：

（1）使主轴低速空转 12 min，使进给箱内的润滑油通过溅油润滑各齿轮。冬天此项操作尤其重要。

（2）如图 1-40a 所示，观察油窗 4（见图 1-38）并掀开进给箱箱盖（进给量调配表），观察进给箱油泵输出油管（润滑点 5）是否喷油，若没有或者较少，应向进给箱注油口（润滑点 3）注入新润滑油，如图 1-40b 所示。

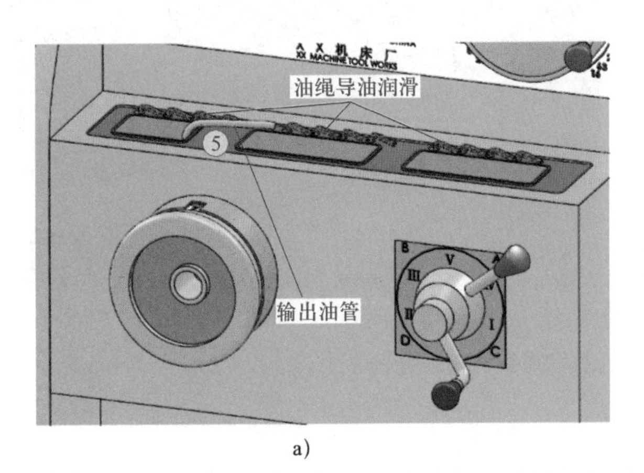

a)

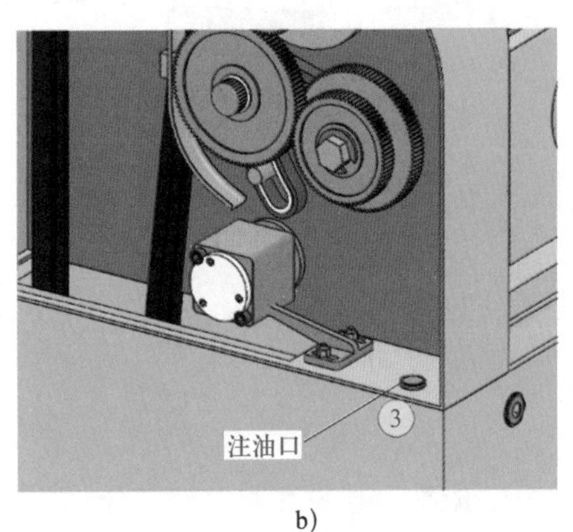

b)

图 1-40　进给箱润滑

（3）进给箱还需用箱体上部的储油槽通过油绳导油进行润滑。每班应用油壶给储油槽（润滑点 5 周边）加一次油，如图 1–40a 所示。

（4）观察溜板箱油窗（位置点 19）内的油面不低于中心线；否则，应向溜板箱注油口（润滑点 7）注入新润滑油，如图 1–41 所示。

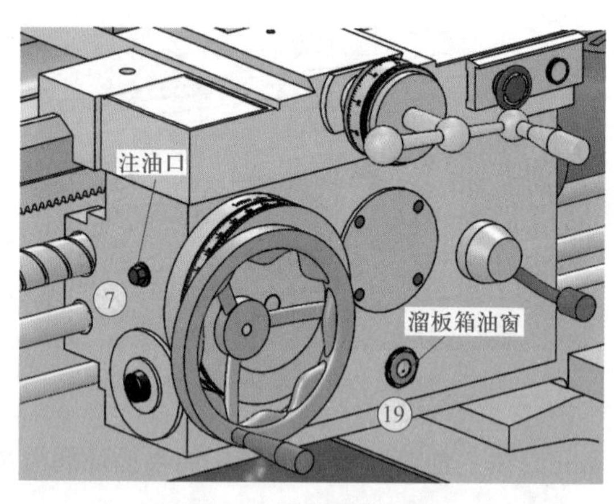

图 1–41　溜板箱润滑

3. 丝杠、光杠和操纵杆的轴颈

丝杠、光杠和操纵杆的轴颈部位采用油绳导油润滑和弹子油杯润滑的方式，一般采用牌号为 L–AN46 的全损耗系统用油，具体实施步骤如下：

（1）丝杠、光杠和操纵杆的轴颈润滑是通过后托架储油池内的油绳导油润滑方式实现的，每班应用油壶给储油池（润滑点 12）加一次油，如图 1–42a 所示。

（2）用油壶对丝杠左端的弹子油杯（润滑点 6）进行注油润滑，如图 1–42b 所示。

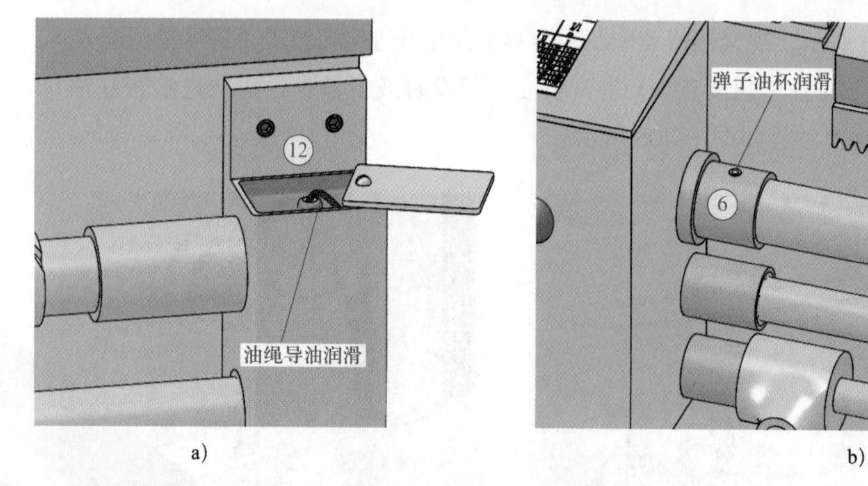

图 1–42　丝杠、光杠和操纵杆轴颈的润滑

4. 床鞍、导轨面和刀架部分

床鞍、导轨面和刀架部分一般采用浇油润滑和弹子油杯润滑的方式，润滑油采用牌号

为 L-AN46 的全损耗系统用油，具体实施步骤如下：

（1）每班工作前、后都要擦净床身导轨和中滑板、小滑板的燕尾形导轨。

（2）用油壶浇油润滑各导轨表面。

（3）摇动中滑板手柄，露出油盒并打开油盒盖，用油壶给油盒（润滑点 10，此处采用油绳导油润滑，用来润滑被床鞍遮住的导轨面）注满油并盖好油盒盖，如图 1-43 ⑩所示。

（4）每班应用油壶对刀架以及中滑板和小滑板丝杆轴颈处的弹子油杯进行注油润滑，如图 1-43 中润滑点 8、9、10、14、15、16、17、18 所示。

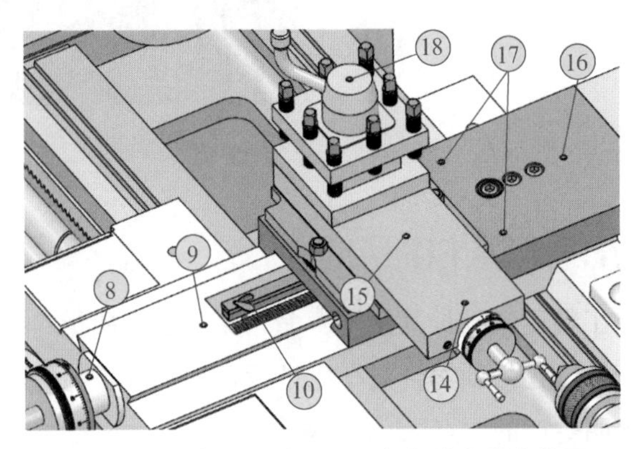

图 1-43　床鞍、导轨面和刀架部分润滑点位置

5. 尾座

尾座采用弹子油杯润滑方式，润滑油采用牌号为 L-AN46 的全损耗系统用油，具体实施时，每班用油壶对尾座上的弹子油杯（见图 1-44 中润滑点 11 和 13）进行注油润滑。

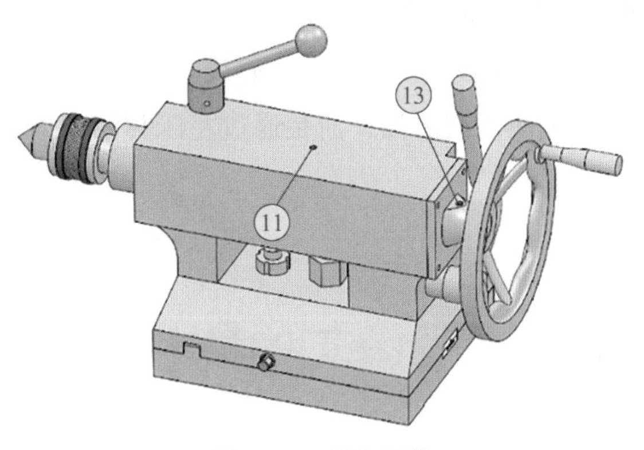

图 1-44　尾座润滑

6. 交换齿轮箱挂轮架的中间轴

交换齿轮箱挂轮架的中间轴采用油脂杯润滑方式，润滑油采用 2 号钙基润滑脂，具体操作时，每班把交换齿轮箱挂轮架中间轴轴头的螺塞拧紧一次，使轴内的润滑脂供应到轴与套之间进行润滑（润滑点 2，见图 1-38），如图 1-45 所示。

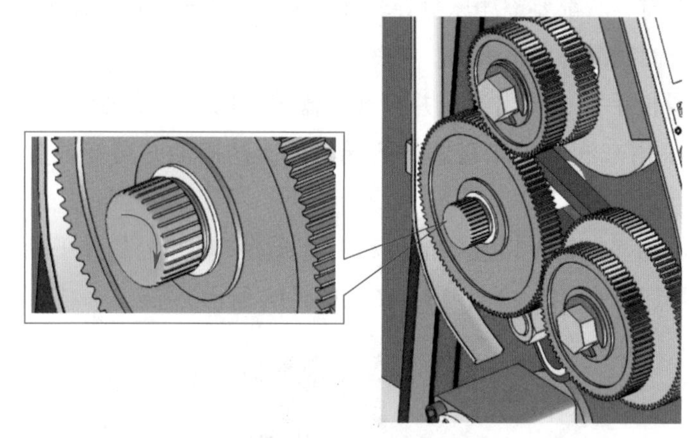

图 1–45　交换齿轮箱挂轮架的中间轴润滑

三、完成车床的日常保养工作

为了保证车床的加工精度，延长其使用寿命，保证加工质量，提高生产效率，车工除了应能熟练地操作车床外，还必须学会对车床进行合理的维护与保养。车床日常保养的内容参见前文“车削时文明生产的要点”。

四、更换（添加）润滑油的注意事项

1. 应先将主轴箱、进给箱和溜板箱内的废油放尽。
2. 用煤油把箱内冲洗干净。
3. 在进给箱和溜板箱内注入同一牌号的新润滑油，注油时应用滤网进行过滤。
4. 油面不得低于进给箱和溜板箱外的油标中心线。
5. 主轴箱内不需要直接注入润滑油，而是通过左床脚油箱内的润滑油供油，由油泵循环润滑。

课题三　车刀的基本知识

一、车刀的种类和用途

1. 根据用途分类

车削时，根据不同的车削要求，需选用不同种类的车刀。常用车刀的种类及其用途见表 1–9。

表 1-9　　常用车刀的种类及其用途

车刀种类	车刀外形图		用途	车削示意图
	焊接式	机夹式		
90°车刀（偏刀）			车削工件的外圆、台阶和端面	
45°车刀			车削工件的外圆、端面以及倒角	
75°车刀			车削工件的外圆和端面	
切断（车槽）刀			切断工件或在工件上车槽	
内孔车刀			车削工件的内孔	
圆头车刀			车削工件的圆弧面或成形面	
螺纹车刀			车削螺纹	

2. 根据进给方向分类

按进给方向不同，车刀可分为左车刀和右车刀两种，其判别方法见表 1–10。

表 1–10　　车刀的分类和判别方法

车刀分类	图示	
	右车刀	左车刀
90°车刀（偏刀）	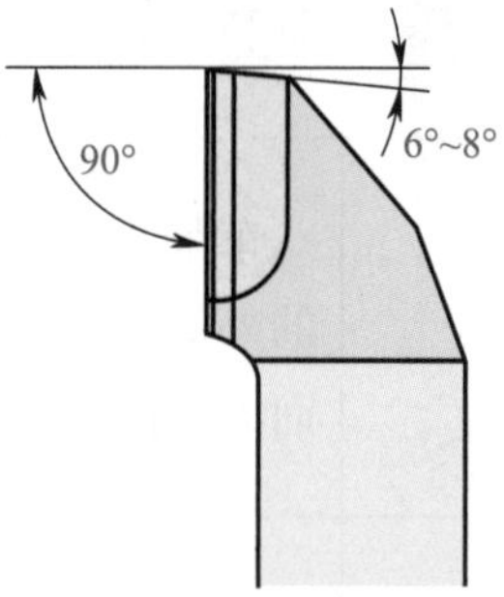	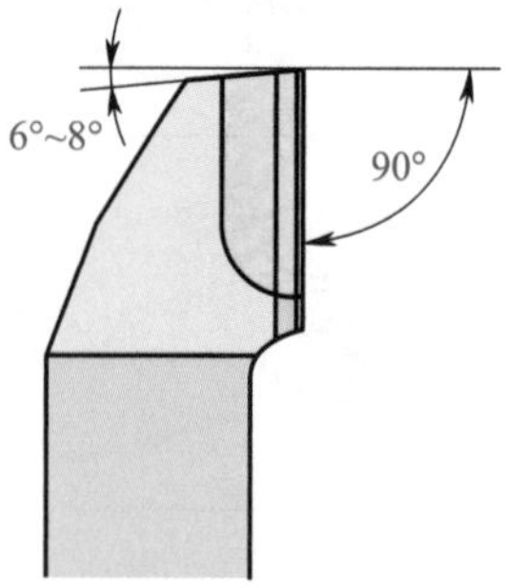
75°车刀	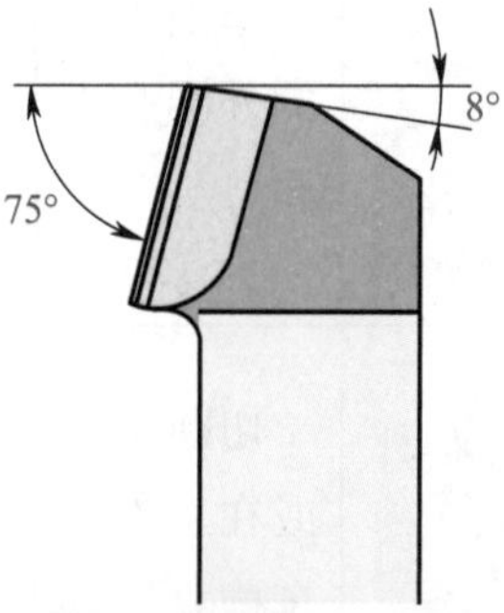	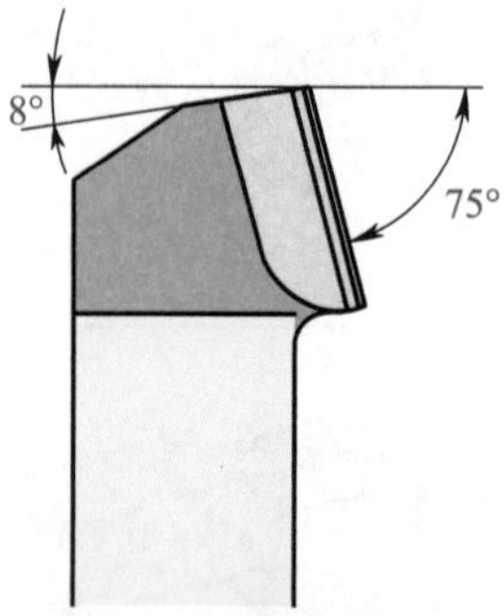
45°车刀（弯头车刀）	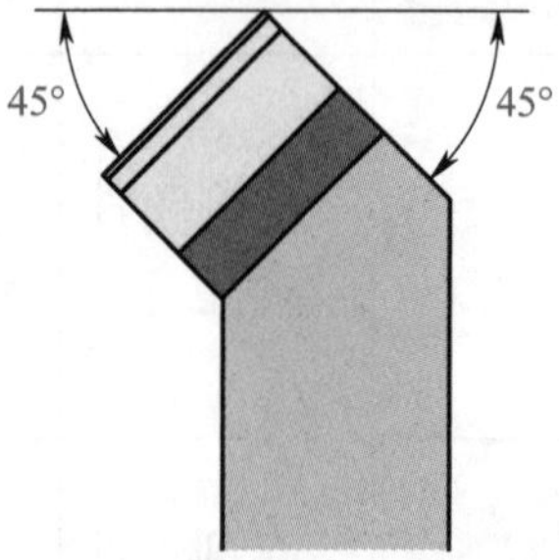	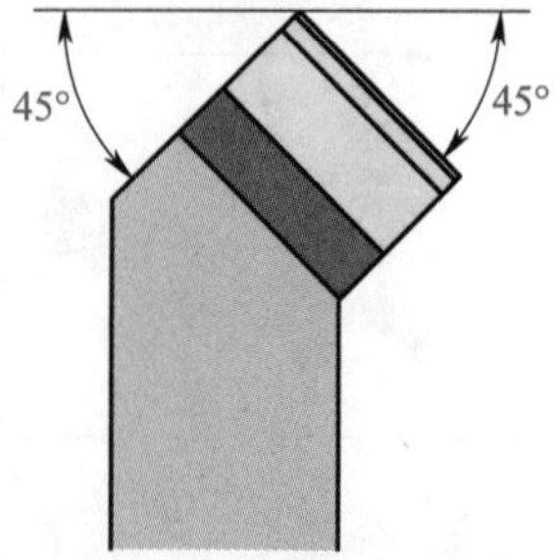
说明	右车刀的主切削刃在刀柄左侧，由车床的右侧向左侧纵向进给	左车刀的主切削刃在刀柄右侧，由车床的左侧向右侧纵向进给

二、车刀的结构

1. 车刀的组成

车刀由刀头（或刀片）和刀柄两部分组成，如图 1–46 所示。刀头担负切削工作，故又称切削部分；刀柄用来把车刀装夹在刀架上。

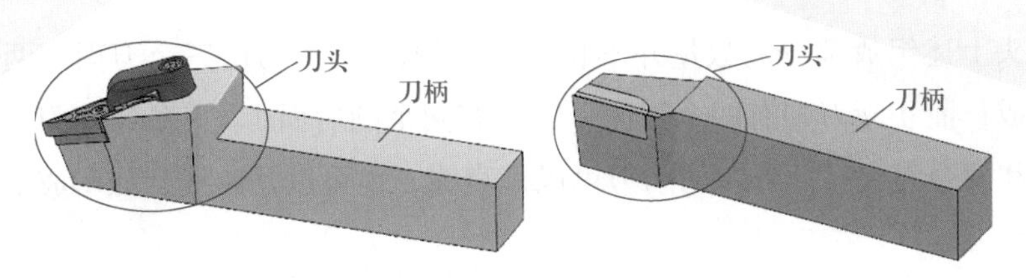

图 1–46　车刀的组成

2. 车刀切削部分的几何要素

一般车刀的切削部分由"三面两刃一尖"(前面、主后面、副后面、主切削刃、副切削刃、刀尖)组成。任何车刀都有上述几个组成部分，但数量不完全一样，如图 1–47 所示。

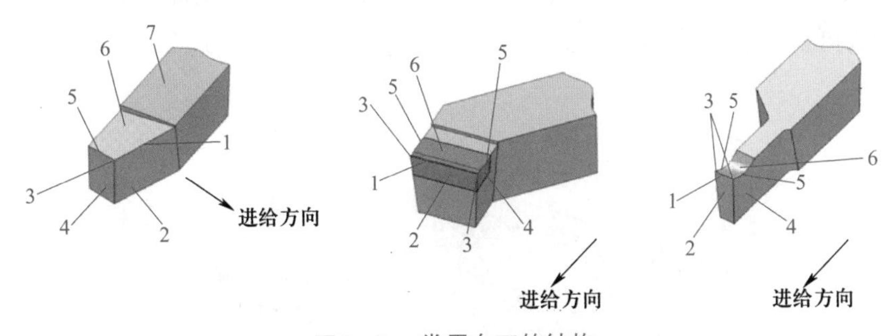

图 1–47　常用车刀的结构

1—主切削刃　2—主后面　3—刀尖　4—副后面　5—副切削刃　6—前面　7—刀柄

(1) 前面 A_γ

刀具上切屑流过的表面称为前面，又称前刀面。

(2) 后面 A_α

后面分为主后面和副后面。与工件上过渡表面[①]相对的刀面称为主后面 A_α；与工件上已加工表面相对的刀面称为副后面 A'_α。后面又称后刀面，一般是指主后面。

(3) 主切削刃 S

前面和主后面的交线称为主切削刃，它担负着主要的切削工作，在工件上加工出过渡表面。

(4) 副切削刃 S'

前面和副后面的交线称为副切削刃，它配合主切削刃完成少量的切削工作。

(5) 刀尖

主切削刃与副切削刃的连接处相当少的一部分切削刃称为刀尖。为了提高刀尖强度并延长刀具寿命，多将刀尖磨成具有曲线状切削刃的修圆刀尖或具有直线切削刃的倒角刀尖。

(6) 修光刃

副切削刃近刀尖处一小段平直的切削刃称为修光刃，它在切削时起修光已加工表面的作用。装刀时必须使修光刃与进给方向平行，且修光刃长度必须大于进给量，才能起修光作用。

① 关于过渡表面和已加工表面的概念将在第一单元课题四中介绍。

车刀刀头上述组成部分的数量并不相同，例如，75°车刀由三个刀面、两条切削刃和一个刀尖组成；而切断刀却有四个刀面（其中有两个副后面）、三条切削刃（其中有两条副切削刃）和两个刀尖。此外，切削刃可以是直线，也可以是曲线，如车成形面的成形刀就是曲线切削刃。

三、测量车刀角度的三个基本坐标平面

为了测量车刀的角度，需要假想三个基本坐标平面。

1. 基面 p_r

通过切削刃上选定点，垂直于该点主运动方向的平面称为基面，如图 1–48 所示。对于车削，一般可认为基面就是水平面。

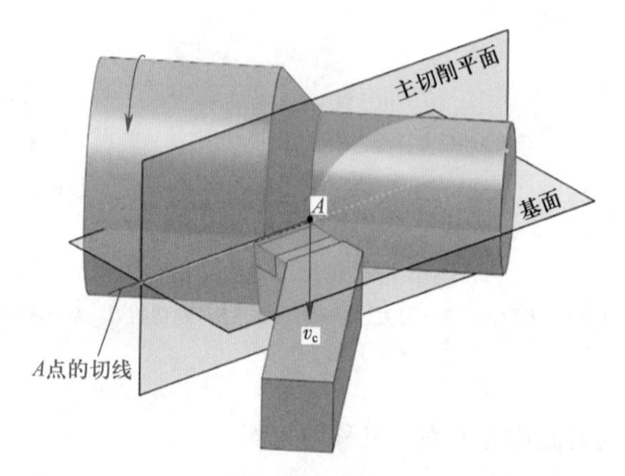

图 1–48　基面

2. 切削平面 p_s

切削平面是指通过切削刃上选定点，与切削刃相切并垂直于基面的平面。其中，选定点在主切削刃上的为主切削平面 p_s，选定点在副切削刃上的为副切削平面 p'_s，如图 1–49 所示。对于切削平面一般是指铅垂面，并通常指主切削平面。

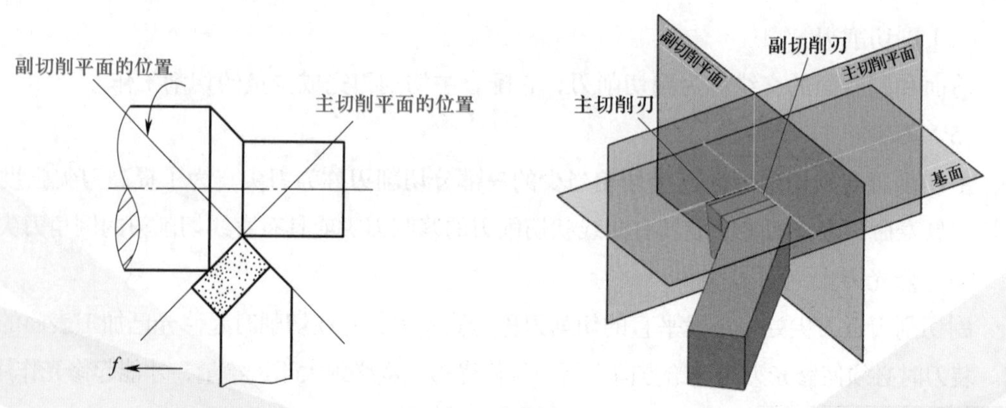

图 1–49　切削平面

3. 正交平面 p_o

正交平面是指通过切削刃上的选定点，并同时垂直于基面和切削平面的平面。也可以认为，正交平面是指通过切削刃上的选定点，垂直于切削刃在基面上投影的平面，如图 1-50 所示。通过主切削刃上 p 点的正交平面称为主正交平面 p_o，通过副切削刃上 p' 点的正交平面称为副正交平面 p'_o。正交平面一般是指主正交平面。对于车削，一般可认为正交平面是铅垂面。

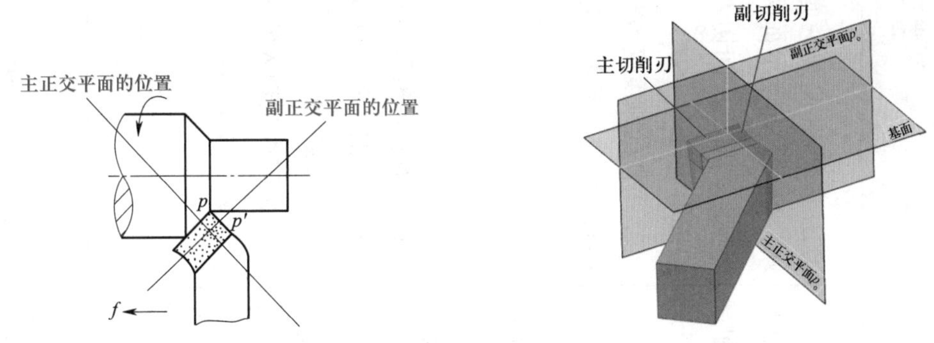

图 1-50　正交平面

四、车刀切削部分的几何角度

1. 车刀切削部分的几何角度及其主要作用和初步选择

车刀切削部分共有六个独立的基本角度：主偏角 κ_r、副偏角 κ'_r、前角 γ_o、主后角 α_o、副后角 α'_o 和刃倾角 λ_s；还有两个派生角度：刀尖角 ε_r 和楔角 β_o。如图 1-51 所示为外圆车刀角度图。

车刀切削部分的几何角度及其主要作用和初步选择见表 1-11。

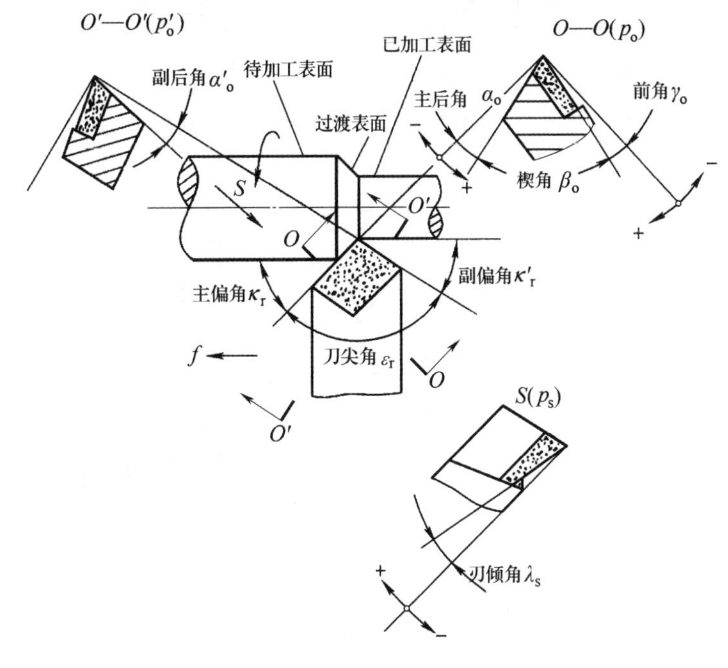

图 1-51　外圆车刀角度图

表 1–11　车刀切削部分的几何角度及其主要作用和初步选择

所在基准平面	图示	角度	定义	主要作用	初步选择
基面 p_r	1—主切削刃在基面上的投影 2—基面 3—副切削刃在基面上的投影 f—进给方向	主偏角 κ_r	主切削刃在基面上的投影与进给方向间的夹角 常用车刀的主偏角有45°、60°、75°和90°等几种	改变主切削刃的受力和导热能力，影响切屑的厚度	1. 选择主偏角时应先考虑工件的形状，例如，加工工件的台阶时，必须选取 κ_r>90°；加工中间切入的工件表面时，一般选用 κ_r=45°～60° 2. 工件的刚度高或材料较硬时，应选较小的主偏角；反之，应选较大的主偏角
		副偏角 κ'_r	副切削刃在基面上的投影与背离进给方向间的夹角	减小副切削刃与工件已加工表面间的摩擦。减小副偏角，可以减小工件的表面粗糙度值；但是副偏角不能太小，否则会使背向力增大	1. 副偏角一般采用 κ'_r=6°～8° 2. 精车时，如果在副切削刃上刃磨修光刃，则取 κ'_r=0° 3. 加工中间切入的工件表面时，副偏角应取 κ'_r= 45°～60°
		刀尖角 ε_r	主切削刃和副切削刃在基面上投影间的夹角	影响刀尖强度和散热性能	ε_r=180° −（κ_r+κ'_r）

续表

所在基准平面	图示	角度	定义	主要作用	初步选择
主正交平面 p_o	p_r γ_o A_γ p_o 进给方向	前角 γ_o	前面和基面间的夹角	影响刃口的锋利程度和强度，影响切削变形和切削力	前角的数值与工件材料、加工性质和刀具材料有关： 1. 车削塑性材料（如钢料）或工件材料较软时，可选择较大的前角；车削脆性材料（如灰铸铁）或工件材料较硬时，可选择较小的前角 2. 粗加工，尤其是车削有硬皮的铸件、锻件时，应选取较小的前角；精加工时，应选取较大的前角 3. 车刀材料的强度低、韧性较差时（如硬质合金车刀），前角应取较小值；反之（如高速钢车刀），前角可取较大值 车刀前角一般选择 γ_o=−5° ~ 25°。车削中碳钢（如 45 钢）工件，用高速钢车刀时，选取 γ_o=20° ~ 25°；用硬质合金车刀时，粗车选取 γ_o= 10° ~ 15°，精车选取 γ_o= 13° ~ 18°

续表

所在基准平面	图示	角度	定义	主要作用	初步选择
主正交平面 p_o	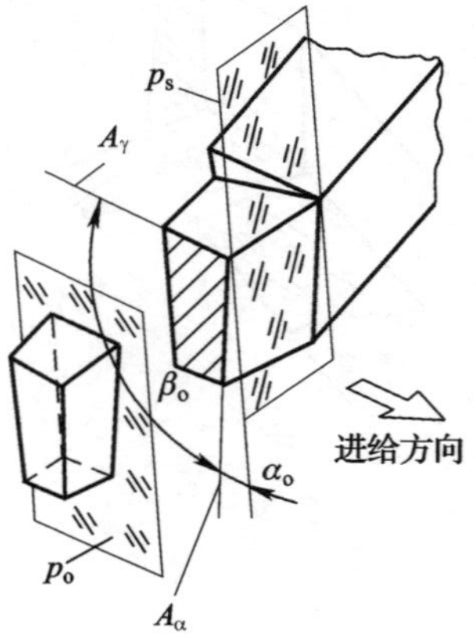	主后角 α_o	主后面和主切削平面间的夹角	减小车刀主后面与工件过渡表面间的摩擦	1. 粗加工时，应取较小的主后角；精加工时，应取较大的主后角 2. 工件材料较硬时，后角宜取较小值；工件材料较软时，后角宜取较大值 车刀后角一般选择 α_o= 4° ~ 12°。车削中碳钢工件，用高速钢车刀时，粗车选取 α_o=6° ~ 8°，精车选取 α_o=8° ~ 12°；用硬质合金车刀时，粗车选取 α_o= 5° ~ 7°，精车选取 α_o= 6° ~ 9°
		楔角 β_o	前面和主后面间的夹角	影响刀头截面的大小，从而影响刀头的强度	楔角可用下式计算： $\beta_o=90°-(\gamma_o+\alpha_o)$

续表

所在基准平面	图示	角度	定义	主要作用	初步选择
副正交平面 p'_o	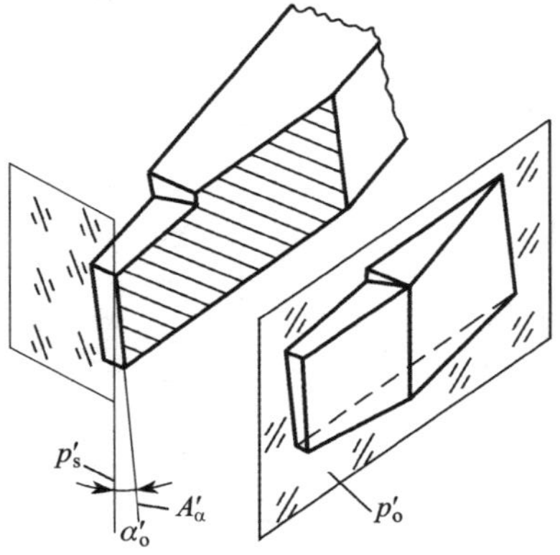	副后角 α'_o	副后面和副切削平面间的夹角	减小车刀副后面和工件已加工表面的摩擦	1. 副后角 α'_o 一般磨成与主后角 α_o 大小相等 2. 在切断刀等特殊情况下，为了保证刀具的强度，副后角应取较小值：α'_o=1° ~ 2°
主切削平面 p_s	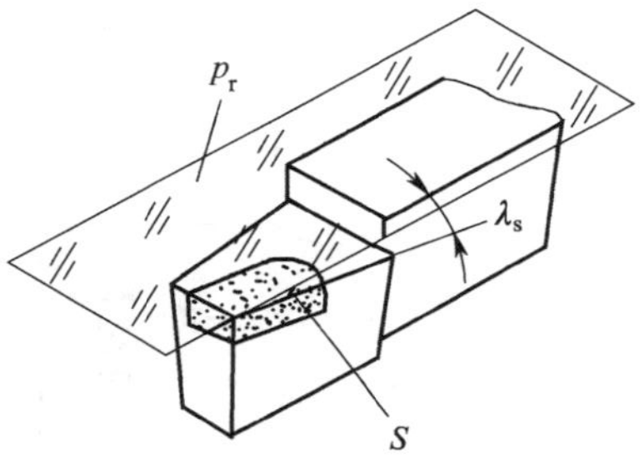	刃倾角 λ_s	主切削刃与基面间的夹角	控制排屑方向。当刃倾角为负值时，可提高刀头强度，并在车刀受冲击时保护刀尖	见表 1-13 中的适用场合

2. 车刀部分角度的规定

在车刀切削部分的基本角度中，主偏角和副偏角没有正、负值规定，但前角、主后角和刃倾角有正、负值规定。

（1）车刀前角和后角的规定

车刀前角和后角分别有正值、零度和负值三种，相关规定见表 1–12。

表 1–12　　车刀前角和后角的规定

角度值		$\gamma_o>0°$	$\gamma_o=0°$	$\gamma_o<0°$
前角 γ_o	图示	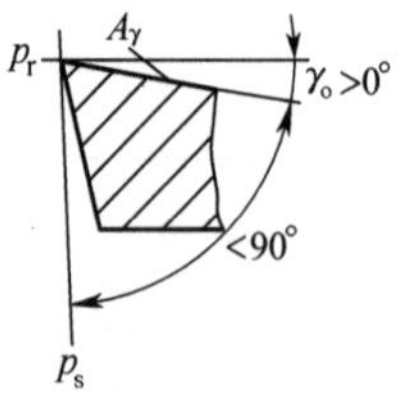	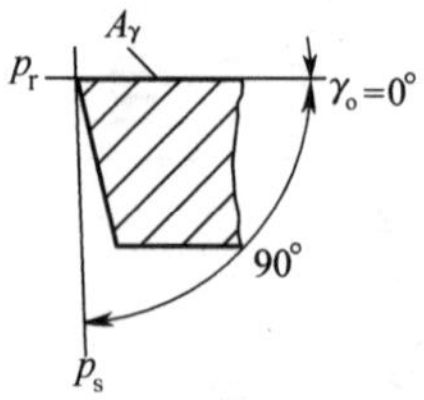	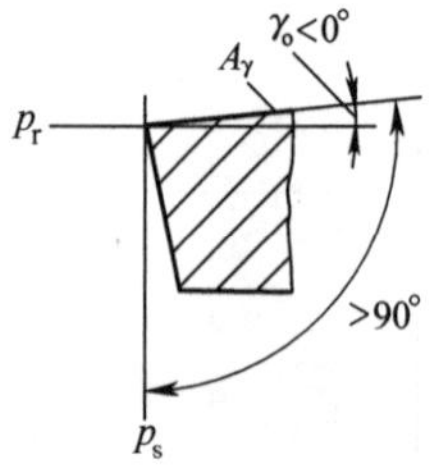
	正、负值的规定	前面 A_γ 与切削平面 p_s 间的夹角小于 90°时	前面 A_γ 与切削平面 p_s 间的夹角等于 90°时	前面 A_γ 与切削平面 p_s 间的夹角大于 90°时
角度值		$\alpha_o>0°$	$\alpha_o=0°$	$\alpha_o<0°$
后角 α_o	图示	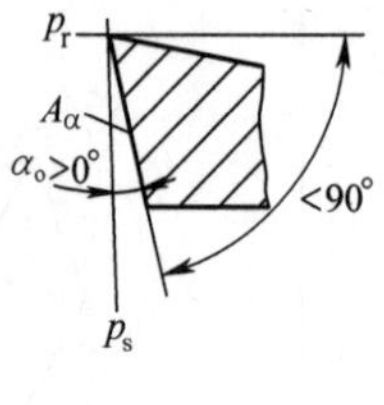	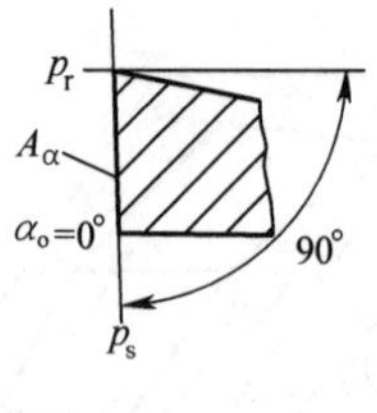	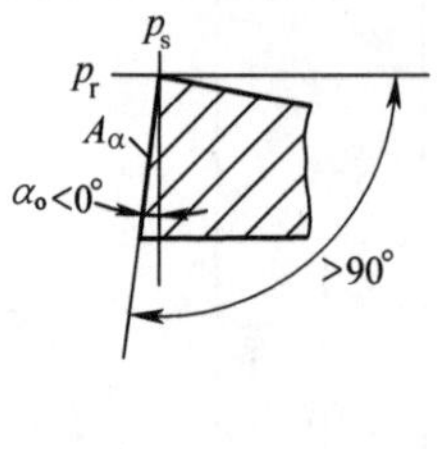
	正、负值的规定	后面 A_α 与基面 p_r 间的夹角小于 90°时	后面 A_α 与基面 p_r 间的夹角等于 90°时	后面 A_α 与基面 p_r 间的夹角大于 90°时

（2）车刀刃倾角的规定

车刀刃倾角正、负值的规定以及其排出切屑情况，刀尖强度，冲击点先接触车刀的位置和适用场合见表 1–13。

表 1–13　　　刃倾角正、负值的规定及使用情况

角度值	$\lambda_s>0°$	$\lambda_s=0°$	$\lambda_s<0°$
正、负值的规定	刀尖位于主切削刃 S 的最高点	主切削刃 S 与基面 p_r 平行	刀尖位于主切削刃 S 的最低点
车削时排出切屑的情况	车削时，切屑排向工件的待加工表面方向，切屑不易划伤已加工表面，车出的工件表面粗糙度值小	车削时，切屑基本上沿垂直于主切削刃方向排出	车削时，切屑排向工件的已加工表面，容易划伤已加工表面
刀尖强度和冲击点先接触车刀的位置	刀尖强度较低，尤其是在车削不圆整的工件受冲击时，冲击点先接触刀尖，刀尖易损坏	刀尖强度一般，冲击点同时接触刀尖和主切削刃	刀尖强度高，在车削有冲击的工件时，冲击点先接触远离刀尖的主切削刃处，从而保护了刀尖
适用场合	精车时，应取正值，λ_s 为 0° ~ 8°	一般在车削圆整、余量均匀的工件时取 $\lambda_s=0°$	断续车削时，为了提高刀头强度，λ_s 为 –5° ~ –15°

五、车刀切削部分的基本性能和常用材料

1. 车刀切削部分应具备的基本性能

车刀切削部分在很高的温度下工作，持续经受强烈的摩擦，并承受很大的切削力和冲击，因此，车刀切削部分的材料必须具备以下基本性能：

（1）较高的硬度和耐磨性。

（2）足够的强度和韧性。

（3）较高的耐热性和较好的导热性。

（4）良好的工艺性和经济性。

2. 车刀切削部分的常用材料

目前，车刀切削部分的常用材料有高速钢和硬质合金两大类。

（1）高速钢

高速钢是含钨（W）、钼（Mo）、铬（Cr）、钒（V）等合金元素较多的工具钢。高速钢刀具制造简单，刃磨方便，容易通过刃磨得到锋利的刃口，而且韧性较好，常用于承受冲击力较大的场合。高速钢特别适用于制造各种结构复杂的成形刀具和孔加工刀具，如成形刀、螺纹刀具、钻头和铰刀等。高速钢的耐热性较差，因此不能用于高速切削。

高速钢的类别、常用牌号、性质和应用见表 1–14。

表 1–14　　高速钢的类别、常用牌号、性质和应用

类别	常用牌号	性质	应用
钨系	W18Cr4V（18–4–1）	性能稳定，刃磨及热处理工艺控制较方便	金属钨的价格较高，国外已很少采用。目前国内普遍使用，以后将逐渐减少
钨钼系	W6Mo5Cr4V2（6–5–4–2）	最初是国外为解决缺钨问题而研制出的以取代 W18Cr4V 的高速钢（以 1% 的钼取代 2% 的钨）。其高温塑性与韧性都超过 W18Cr4V，而其切削性能却大致相同	主要用于制造热轧工具，如麻花钻等
	W9Mo3Cr4V（9–3–4–1）	根据我国资源的实际情况而研制的刀具材料，其强度和韧性均比 W6Mo5Cr4V2 好，高温塑性和切削性能良好	使用将逐渐增多

（2）硬质合金

硬质合金是用钨和钛的碳化物粉末加钴作为黏结剂，高压压制成形后再经高温烧结而成的粉末冶金制品。硬质合金的硬度、耐磨性和耐热性均高于高速钢，切削钢时，切削速度可达 220 m/min 左右。硬质合金的缺点是韧性较差，承受不了大的冲击力。硬质合金是目前应用最广泛的一种车刀材料。

切削用硬质合金按其切屑排出形式和加工对象的范围可分为三个主要类别，分别以字母 K、P、M 表示。各类硬质合金的用途、性能、代号以及与旧牌号的对照见表 1–15。

表 1–15　各类硬质合金的用途、性能、代号以及与旧牌号的对照

类别	用途	被加工材料	性能		适用加工阶段	常用代号	相当于旧牌号
			耐磨性	韧性			
K 类（钨钴类）	适用于加工铸铁、有色金属等脆性材料或冲击性较大的场合。但在切削难加工材料或振动较大（如断续切削塑性金属）的特殊情况下也较合适	适用于加工短切屑的黑色金属、有色金属和非金属材料	↑	↓	精加工	K01	YG3
					半精加工	K20	YG6
					粗加工	K30	YG8
P 类（钨钴钛类）	适用于加工钢或其他韧性较好的塑性金属，不宜用于加工脆性金属	适用于加工长切屑的黑色金属	↑	↓	精加工	P01	YT30
					半精加工	P10	YT15
					粗加工	P30	YT5
M 类［钨钛钽（铌）钴类］	既可加工铸铁、有色金属，又可加工碳素钢、合金钢，故又称通用合金。主要用于加工高温合金、高锰钢、不锈钢以及可锻铸铁、球墨铸铁、合金铸铁等难加工材料	适用于加工长切屑或短切屑的黑色金属和有色金属	↑	↓	精加工 半精加工	M10	YW1
					半精加工 粗加工	M20	YW2

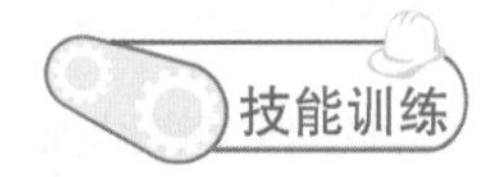

刃磨 90°外圆车刀

一、训练任务

按图 1–52 所示的要求刃磨 90°外圆车刀。

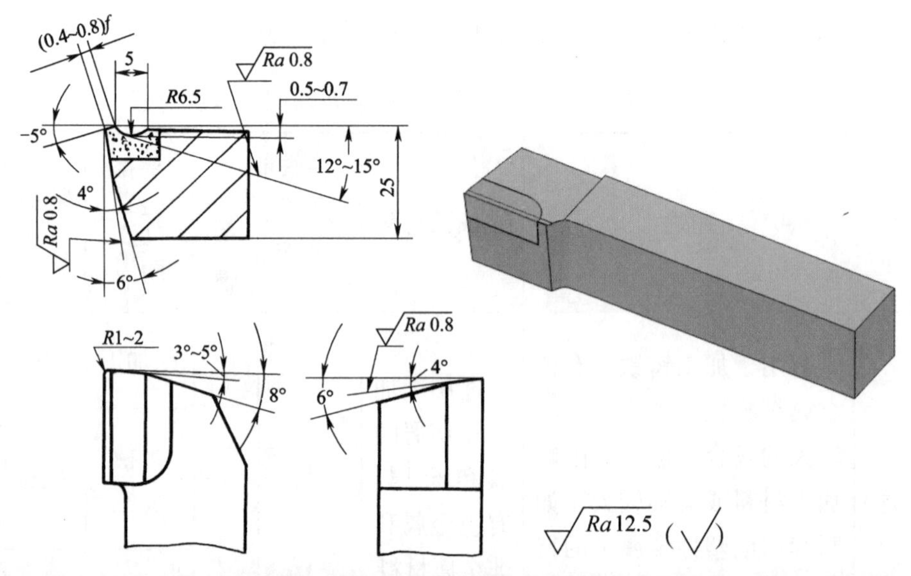

任务名称	练习内容	材料来源	件数
刃磨 90°外圆车刀	刃磨 90°外圆车刀	P10 硬质合金（刀片）	1

图 1–52　90°外圆车刀

二、砂轮

刃磨车刀前，首先要根据车刀材料选择砂轮的种类；否则，将达不到良好的刃磨效果。

刃磨车刀的砂轮大多采用平形砂轮，按其磨料不同，常用的砂轮有氧化铝砂轮和碳化硅砂轮两类，如图 1–53 所示。

图 1–53　砂轮

1. 氧化铝砂轮

氧化铝砂轮又称刚玉砂轮，多呈白色，其磨粒韧性好，比较锋利，硬度较低（是指磨粒在磨削抗力作用下容易从砂轮上脱落），自锐性好，适用于刃磨高速钢车刀和硬质合金车刀的刀柄。

2. 碳化硅砂轮

碳化硅砂轮多呈绿色，其磨粒的硬度高，刃口锋利，但脆性大，适用于刃磨硬质合金车刀。

三、砂轮的鉴别及选择

1. 砂轮外观的鉴别

常用的砂轮是脆性体，由于搬运和储存不当，可能会有损伤，严重的会产生裂纹。外观有损伤的砂轮不能使用；此外还要求砂轮两端面平整，不得有明显的歪斜。

2. 砂轮内在裂纹的鉴别

砂轮的裂纹主要是由于搬运不当造成的。但有时裂纹在砂轮内部，不易鉴别。为此，在使用砂轮前必须用响声检验法检查其是否有裂纹。

检查前一只手托住砂轮，另一只手用木锤轻敲听其声音。没有裂纹的砂轮发出清脆的声音；有裂纹的砂轮声音嘶哑。有裂纹的砂轮不能使用。

3. 砂轮的选择

刃磨车刀时砂轮的选择原则如下：

（1）刃磨高速钢车刀和硬质合金车刀刀柄时采用白色氧化铝砂轮；刃磨硬质合金车刀采用绿色碳化硅砂轮。

（2）粗磨车刀时采用基本粒尺寸大的粗粒度砂轮；精磨车刀时采用基本粒尺寸小的细粒度砂轮。

四、砂轮机

砂轮机是用来刃磨各种刀具、工具的常用设备，由砂轮机座、电动机、砂轮、防护罩和托架等部分组成，如图 1–54 所示。

砂轮机启动后，应在砂轮旋转平稳后再进行磨削。若砂轮跳动明显，应及时停机进行修整。平形砂轮一般用砂轮刀在砂轮上来回修整，如图 1–55 所示。

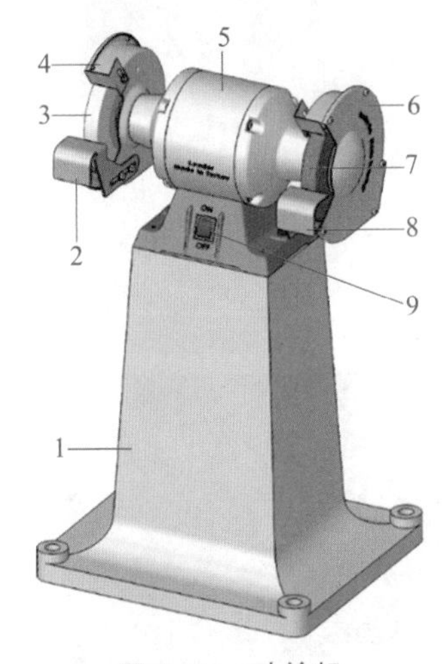

图 1–54　砂轮机

1—砂轮机座　2、8—托架　3、7—砂轮　4、6—防护罩　5—电动机　9—开关

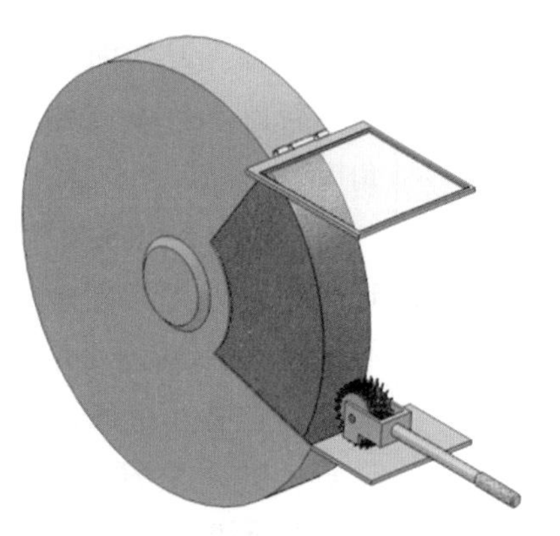

图 1–55　用砂轮刀修整砂轮

五、刃磨车刀的姿势和方法

1. 刃磨车刀的姿势

刃磨车刀时，操作者应站立在砂轮机的侧面，以防砂轮碎裂时碎片飞出伤人。两手紧握车刀，两肘应夹紧腰部，这样可以减少刃磨时的抖动。

刃磨时，车刀应放在砂轮中心的水平位置，刀尖略微上翘 3° ~ 8°；车刀接触砂轮后应匀速、缓慢沿左右方向水平移动；车刀离开砂轮时，刀尖需向上抬起，以免磨好的切削刃被砂轮碰伤。

2. 刃磨车刀的方法

车刀的刃磨分为粗磨和精磨。

刃磨硬质合金焊接车刀时还需先将车刀前面、后面上的焊渣磨去。

粗磨时按主后面→副后面→前面的顺序进行刃磨；精磨时按前面→主后面→副后面→刀尖的顺序进行刃磨。

硬质合金车刀还需用细油石研磨其切削刃。

六、刃磨 90°硬质合金焊接车刀

90°车刀刃磨步骤和刃磨工艺见表 1–16。

表 1–16　90°车刀刃磨步骤和刃磨工艺

刃磨步骤	刃磨工艺	图示
1. 磨刀柄部分	先磨去车刀前面、后面上的焊渣，并将车刀底面磨平	
2. 粗磨主后面	选白色氧化铝砂轮。刀柄与砂轮轴线保持平行（κ_r=90°），刀柄向外侧倾斜主后角（α_o=4° ~ 6°）的角度 刃磨时，应该是主后面近底平面处先靠到砂轮中心的水平外圆处，并以此为起始位置，继续向砂轮靠近，并左右缓慢移动，一直磨至切削刃处为止	

续表

刃磨步骤	刃磨工艺	图示
3. 粗磨副后面	选白色氧化铝砂轮。刀柄尾端向右偏摆，转过副偏角（κ'_r=8°～12°），刀头上翘副后角（α'_o=4°～6°）的角度 刃磨方法与步骤 2 相同，但应磨至刀尖处为止	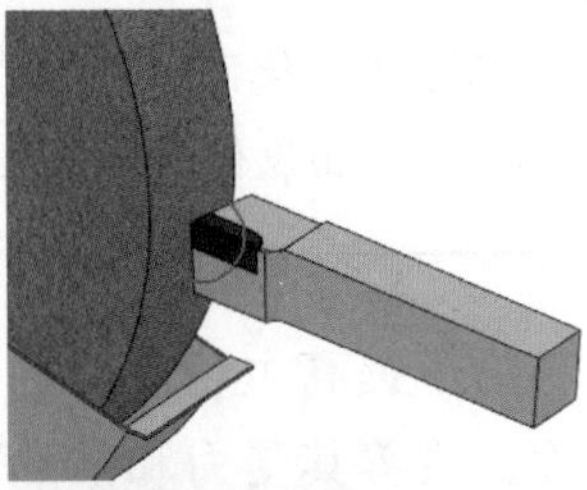 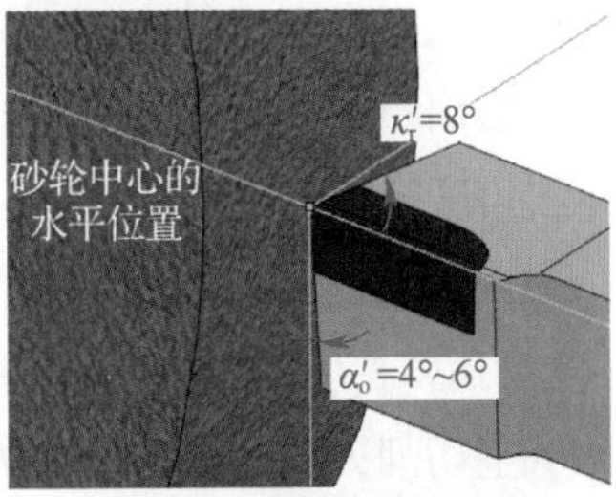
4. 粗磨前面	选白色氧化铝砂轮。刀柄与砂轮轴线平行，车刀前面远离主切削刃一侧先靠近砂轮外圆水平中心处，一直磨至主切削刃处	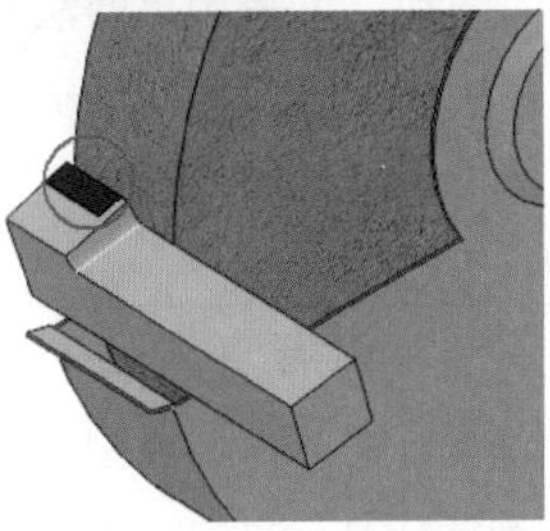
5. 刃磨断屑槽	选绿色碳化硅砂轮。断屑槽常见的有圆弧型和直线型两种 刃磨圆弧型断屑槽时，须先将砂轮外圆和端面的交角处用修砂轮的金刚石笔（或硬砂条）修磨成相应的圆弧。若刃磨直线型断屑槽，则砂轮的交角须修磨得很尖锐。刃磨时刀尖可向下磨或向上磨。但选择刃磨断屑槽的部位时，应考虑留出刀头倒棱的宽度（即留出相当于进给量大小的距离）	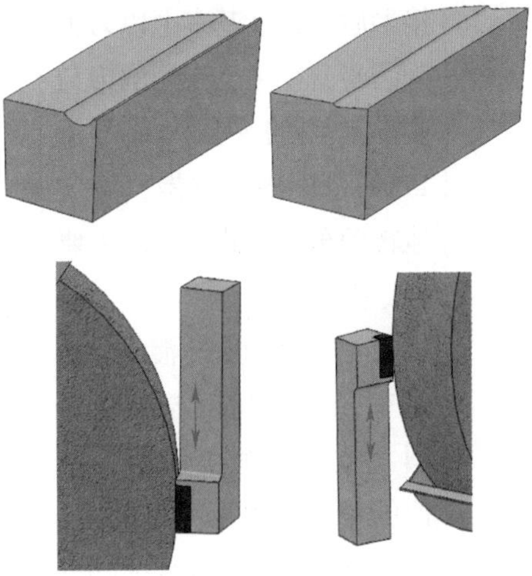

续表

刃磨步骤	刃磨工艺	图示
6. 精磨主后面和副后面	选绿色碳化硅砂轮。修整好砂轮，保持其回转平稳。刃磨时保持好手形，将车刀后面靠住砂轮圆周面缓慢地左右移动，保证车刀刃口平直	
7. 磨负倒棱	为了提高主切削刃的强度，改善其受力和散热条件。通常在车刀的主切削刃上磨出负倒棱。负倒棱的倾斜角度 γ_f 为 $-5°$，其宽度 $b=(0.4 \sim 0.8)f$（f 为进给量） 刃磨时，用力要轻微，要从主切削刃的后端向刀尖方向摆动。可采用直磨法和横磨法。为了保证切削刃的质量，最好采用直磨法	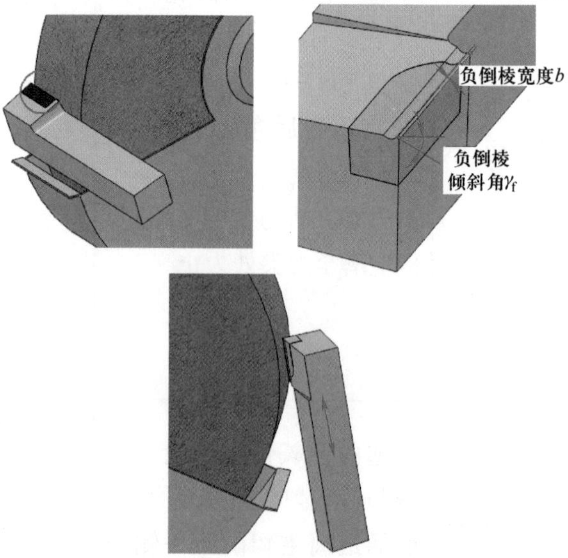 负倒棱宽度b 负倒棱倾斜角γ_f
8. 磨过渡刃	过渡刃有直线型（又称倒角刀尖）和圆弧型（又称修圆刀尖）两种。刃磨圆弧型过渡刃时（$R1 \sim 2$ mm），在车刀刀尖与砂轮外圆轻微接触后，刀柄基本上以刀尖为圆心，在主、副切削刃与砂轮外圆的夹角大致等于15°的范围内，缓慢、均匀地转动车刀，此时，用力要轻，推进要慢 刃磨直线型过渡刃时，使车刀主切削刃与砂轮外圆大致成一个主偏角一半值的角度，再用很小的力，缓慢地把刀尖向砂轮推进。当磨出的过渡刃长度符合要求时即可	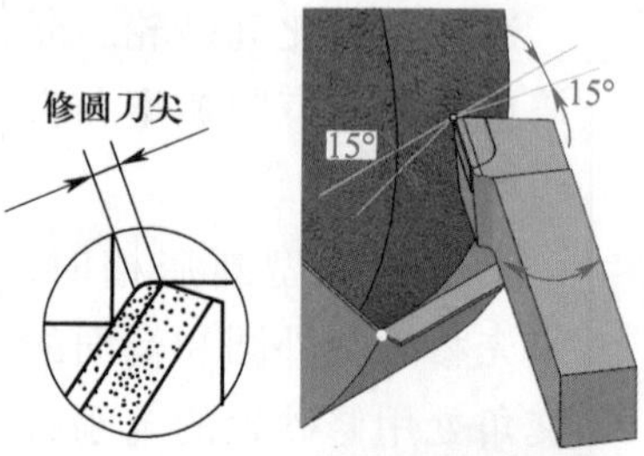 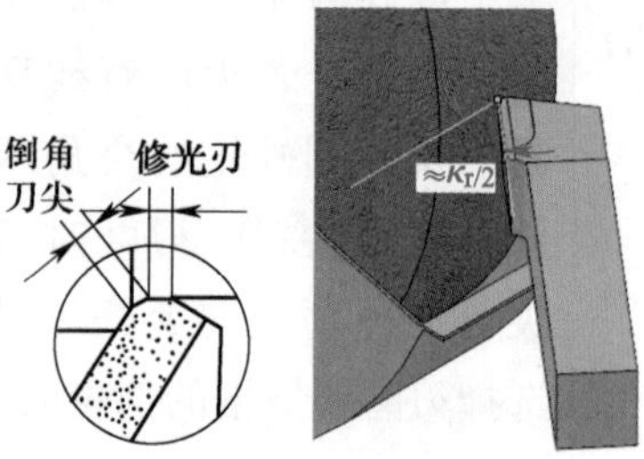 修圆刀尖 15° 15° 倒角刀尖 修光刃 $\approx\kappa_r/2$

续表

刃磨步骤	刃磨工艺	图示
9. 用油石研磨	在砂轮上刃磨的车刀，可以发现其刃口上呈微观凸凹不平的状态。因此，手工刃磨的车刀还应用细油石研磨其切削刃 研磨时，手持油石在切削刃上来回移动。要求向刀尖方向施力，离开刀尖则贴平刀面退回。要求动作平稳、用力均匀	

七、刃磨车刀的注意事项和安全知识

1. 刃磨时必须戴防护眼镜，操作者应按要求站立在砂轮机侧面。

2. 砂轮必须有防护罩。

3. 新安装的砂轮必须经严格检查，在试转合格后才能使用。砂轮的磨削表面须经常修整。

4. 使用平形砂轮时，应避免在砂轮的端面刃磨车刀。

5. 刃磨高速钢车刀时，应及时浸水冷却，以防切削刃退火，致使车刀硬度降低。刃磨硬质合金刀片焊接车刀时则不能浸水冷却，以防刀片因骤冷而崩裂。

6. 刃磨时不能用力过猛，以防打滑伤手。

7. 刃磨车刀时，手握车刀要平稳，压力不能过大，要不断左右移动，一方面使刀具受热均匀，防止硬质合金刀片产生裂纹或高速钢刀具退火；另一方面使砂轮不致因固定磨某一处而出现凹槽。

8. 刃磨结束应随手关闭砂轮机电源。

八、车刀角度检测方法

车刀刃磨好后，必须测量各角度是否符合图样要求。

1. 用样板测量

用样板测量车刀角度的方法如图 1–56 所示。先用样板测量车刀的后角，然后检查楔角。如果这两个角度已符合要求，那么前角也就正确了。

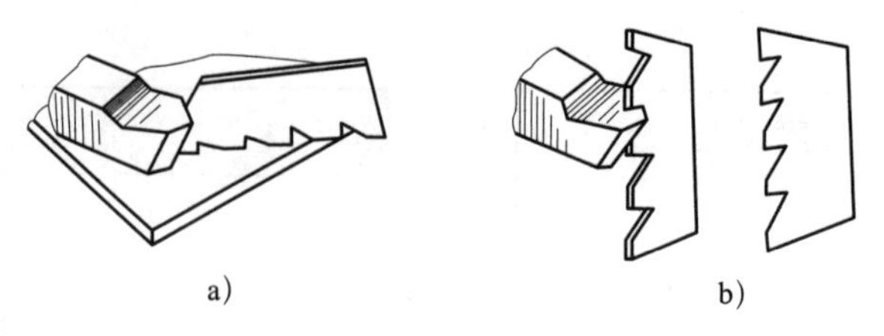

图 1–56　用样板测量车刀角度的方法

a）测量后角　b）测量楔角

2. 用车刀量角器测量

对于角度要求准确的车刀，可以用车刀量角器测量其角度，如图 1–57 所示。

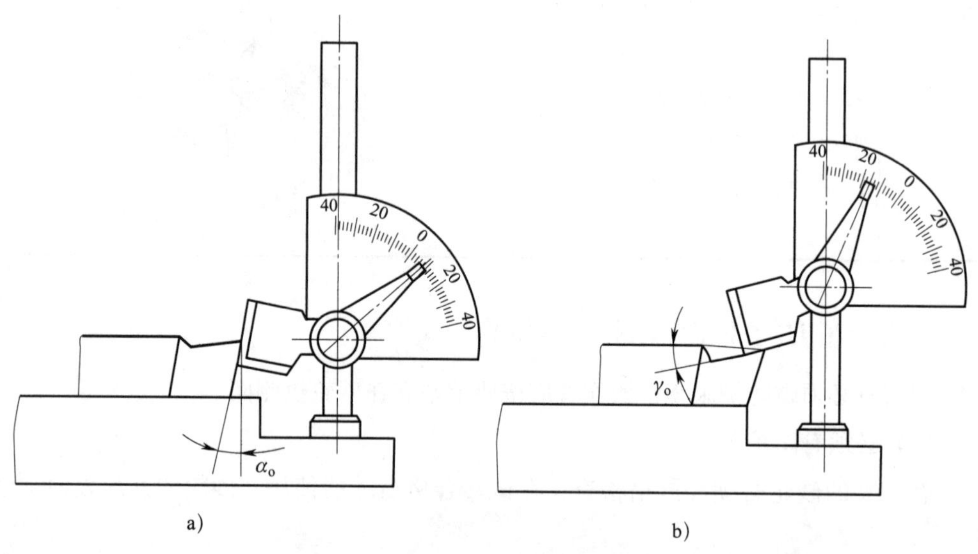

图 1–57　用车刀量角器测量车刀角度

a）测量后角　b）测量前角

课题四　车 削 加 工

一、车削运动和车削加工表面

1. 车削运动

车削时，为了切除多余的金属，必须使工件和车刀产生相对的车削运动。按其作用划分，车削运动可分为主运动和进给运动两种，如图 1–58 所示。

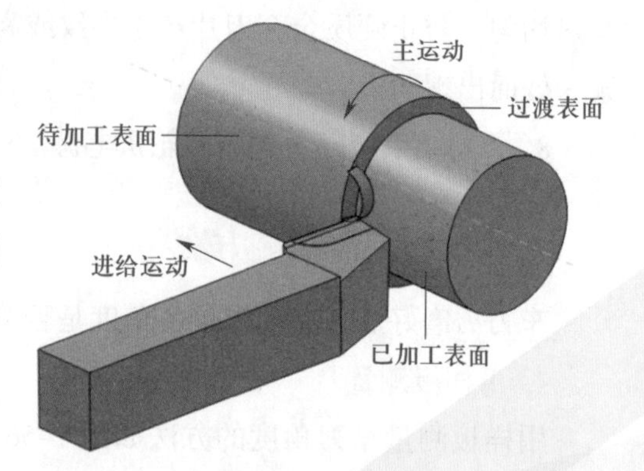

图 1–58　车削运动

（1）主运动

主运动是形成机床切削速度或消耗主要动力

的切削运动，如图 1–58 所示。车削时工件的旋转运动是主运动，通常主运动的速度较高。

（2）进给运动

进给运动是使工件的多余材料不断被去除的切削运动，如图 1–58 所示，如车外圆时的纵向进给运动，车端面时的横向进给运动等。

2. 工件上形成的表面

在车削运动中，工件上会形成已加工表面、过渡表面和待加工表面。

待加工表面是指工件上有待切除的表面，如图 1–59 所示。

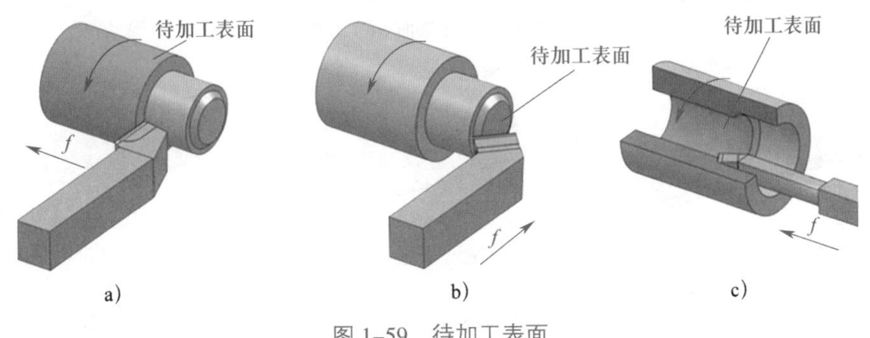

图 1–59 待加工表面

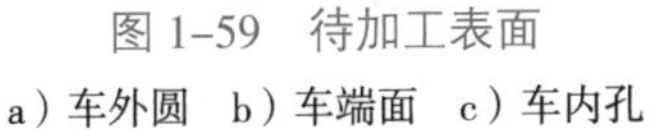

a）车外圆 b）车端面 c）车内孔

过渡表面是指工件上由切削刃正在形成的那部分表面，如图 1–60 所示。

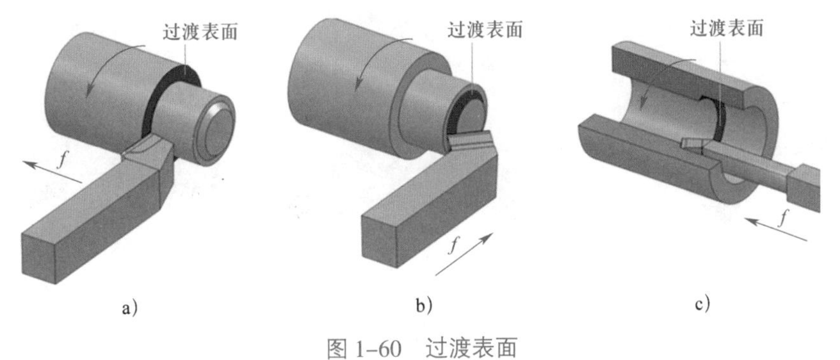

图 1–60 过渡表面

a）车外圆 b）车端面 c）车内孔

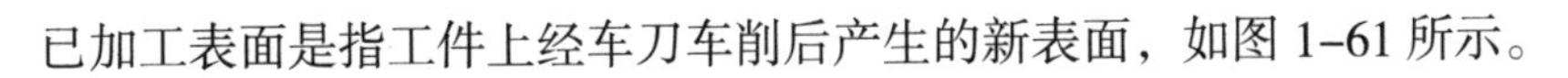

已加工表面是指工件上经车刀车削后产生的新表面，如图 1–61 所示。

二、工件的装夹

由于工件的形状、大小各异，加工精度和加工数量不同，因此，在车床上加工时，工件的装夹方法也不同。三爪自定心卡盘是车床上应用最为广泛的一种通用夹具，用以装夹工件并随主轴一起旋转做主运动，能够自动定心装夹工件，快捷方便，一般用于精度要求不是很高，形状规则（如圆柱形、正三棱柱、正六棱柱等）的中、小型工件的装夹，如图 1–62 所示。

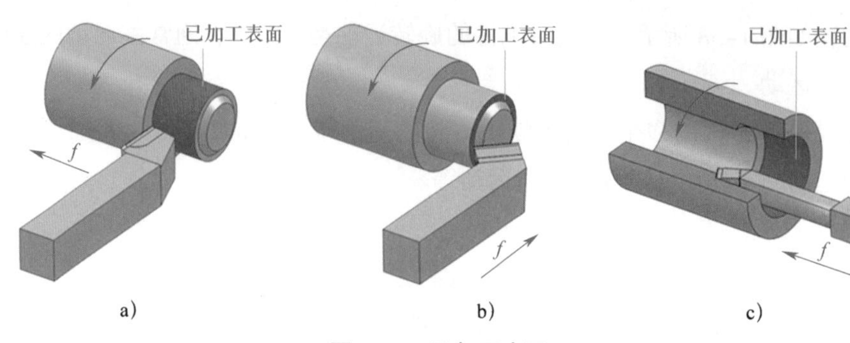

图 1-61　已加工表面

a）车外圆　b）车端面　c）车内孔

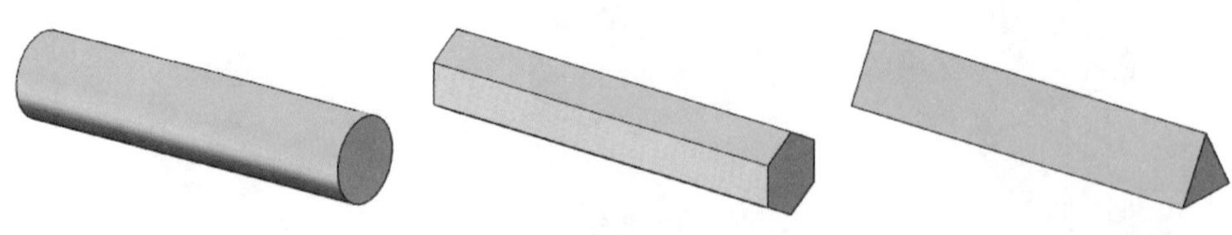

图 1-62　在三爪自定心卡盘上装夹的规则工件

三爪自定心卡盘的卡爪有正卡爪和反卡爪两种，如图 1-63 所示。正卡爪用于装夹外圆直径较小和内孔直径较大的工件（见图 1-63a、b）；反卡爪用于装夹外圆直径较大的工件（见图 1-63c）。

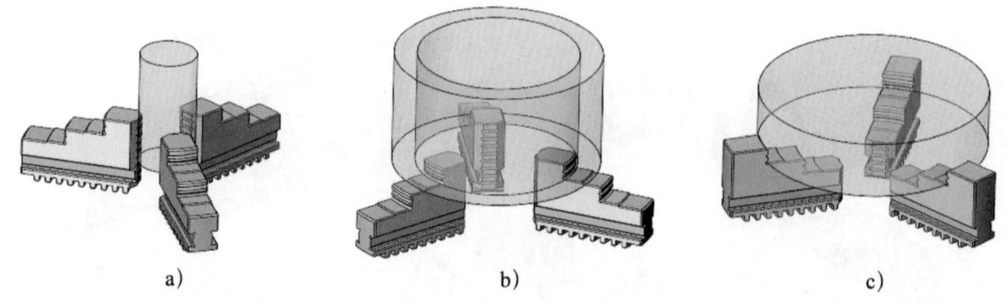

图 1-63　三爪自定心卡盘的正卡爪和反卡爪

a）、b）正卡爪　c）反卡爪

1. 三爪自定心卡盘的结构与规格

三爪自定心卡盘的结构如图 1-64 所示。用卡盘扳手插入小锥齿轮 3 端部的方孔中，转动扳手使小锥齿轮转动，并带动大锥齿轮 4 回转。大锥齿轮的背面有平面螺纹 5，与卡爪 6 的端面螺纹相啮合，大锥齿轮回转时，平面螺纹带动与其啮合的三个卡爪沿径向同时做向心或离心移动。

三爪自定心卡盘的规格是卡盘直径，常用的有 150 mm、200 mm、250 mm 等。

2. 在三爪自定心卡盘上装夹圆棒

三爪自定心卡盘能自动定心，装夹工件时一般不需要校正，如图 1-65 所示。但在装夹较长的工件时，工件上离卡盘夹持部分较远处的回转中心不一定与车床主轴轴线重合，

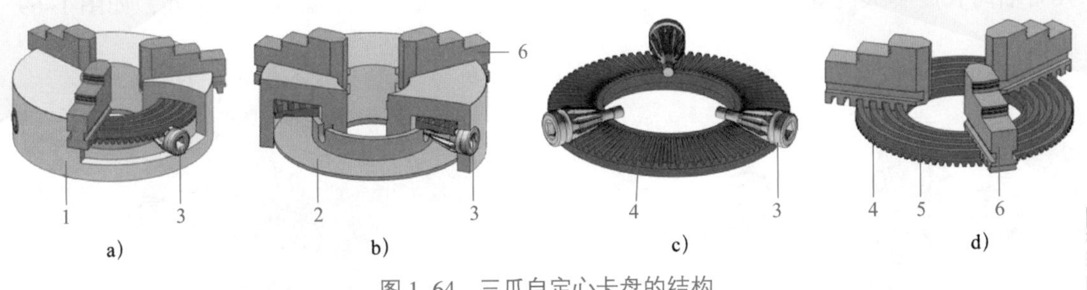

图 1-64　三爪自定心卡盘的结构

1—卡盘壳体　2—防尘盖板　3—带方孔的小锥齿轮　4—大锥齿轮　5—平面螺纹　6—卡爪

这时必须对工件位置进行校正。此外，当三爪自定心卡盘因使用时间较长已失去应有的精度，而工件的加工精度要求又较高时，也需要校正。校正的要求是使工件的回转中心与车床主轴的回转中心重合。

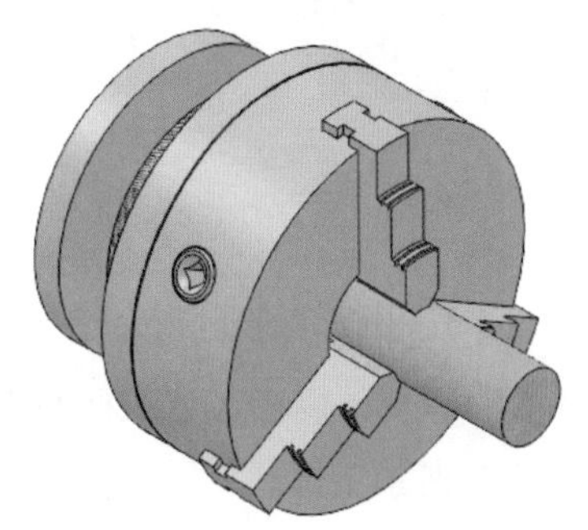

图 1-65　用三爪自定心卡盘装夹工件

（1）用划针校正

粗加工时可通过目测用划针找正工件表面。

1）用卡盘轻夹工件，将主轴箱上变速手柄置于空挡，将划线盘放置在适当位置，用划针尖接触工件悬伸端外圆柱表面，如图 1-66 所示。

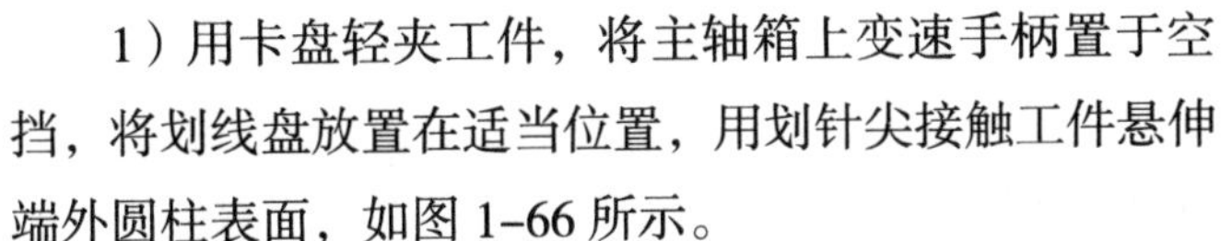

2）用手拨动卡盘带动工件缓慢转动，观察划针尖与工件表面接触情况，用铜棒轻击工件悬伸端，如图 1-67 所示。直至全圆周划针尖与工件表面间隙均匀、一致，校正结束。

3）夹紧工件。

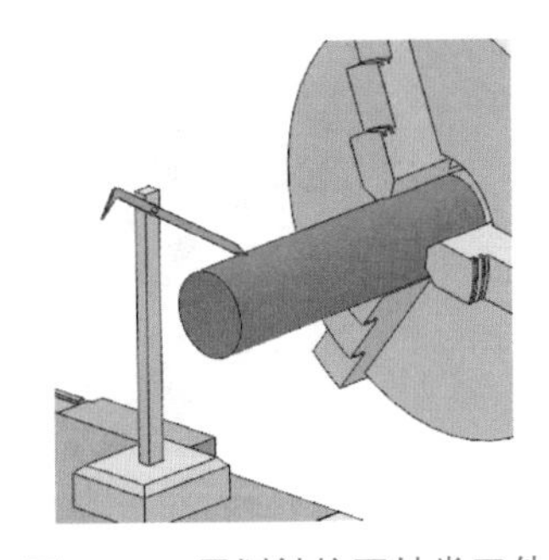

图 1-66　用划针校正轴类工件

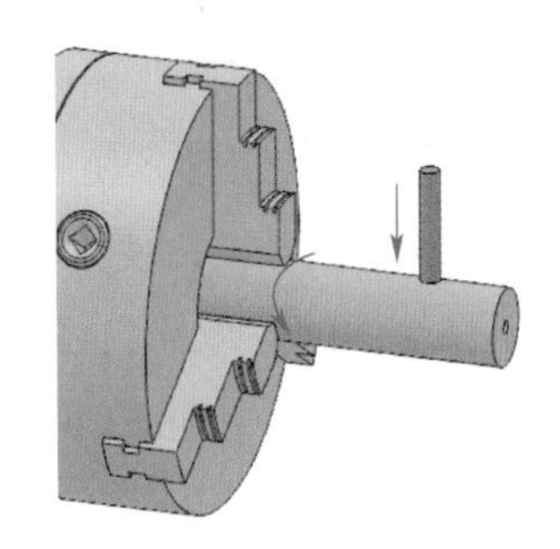

图 1-67　用铜棒轻击工件

（2）用指示表校正

指示表是一种指示式量仪。按照能源来分，指示表可分为指针式和数显式；按照分度值或分辨力来分，指示表可分为百分表和千分表；按照结构来分，指示表可分为钟面式和杠杆式。精加工时用指示表校正工件。

1）用卡盘轻轻夹住工件，将磁性表座吸在车床固定不动的表面（如导轨面）上，调整表架位置，使百分表测头垂直指向工件悬伸端外圆柱表面（见图 1-68）；对于直径较大而轴向长度不大的盘形工件，可将百分表测头垂直指向工件端面的外缘处，如图 1–69 所示。

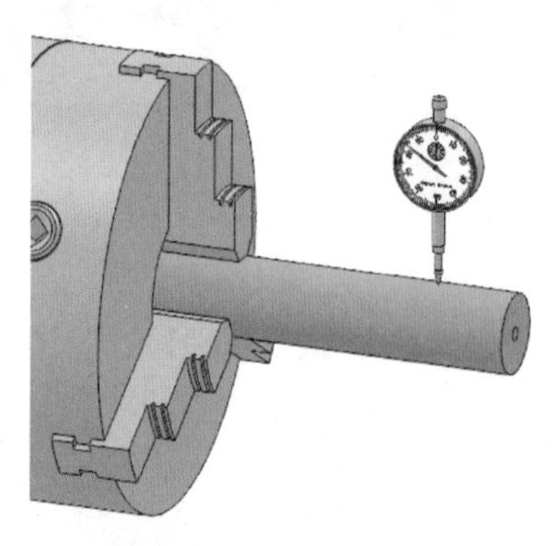

图 1–68　用百分表校正工件外圆

图 1–69　用百分表校正盘类工件端面

2）用手拨动卡盘带动工件缓慢转动，并校正工件，至工件每转中百分表示值的最大差值在 0.1 mm 以内（或视工件精度要求而定），校正结束。

3）夹紧工件。

提示

百分表测头预先压下 0.5 ~ 1 mm，再回转工件。

（3）用小铜棒端面校正

装夹端面经粗加工后的盘类工件时，常采用小铜棒端面校正，如图 1–70 所示。

1）在刀架上夹持一根圆头铜棒。

2）用卡盘轻轻夹住工件，使主轴低速转动。

3）移动床鞍和中滑板，使刀架上的圆头铜棒轻轻接触及挤压工件端面的外缘，当目测工件端面基本与主轴轴线垂直后，使主轴停止回转。

4）夹紧工件，退出铜棒。

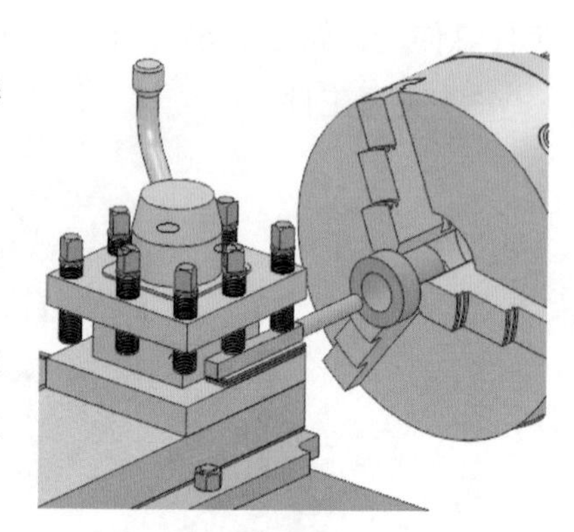

图 1–70　用小铜棒端面校正

三、常用车刀的装夹

1. 装夹车刀的要求

（1）车刀伸出刀架长度

如图 1–71a 所示，车刀装夹在刀架上的伸出部分应尽量短，以提高其刚度。车刀伸出长度为刀柄厚度的 1 ~ 1.5 倍。车刀下面垫片的数量要尽量少（一般为 1 ~ 2 片），并与刀架边缘对齐，且至少用两个螺栓平整压紧，以防产生振动。

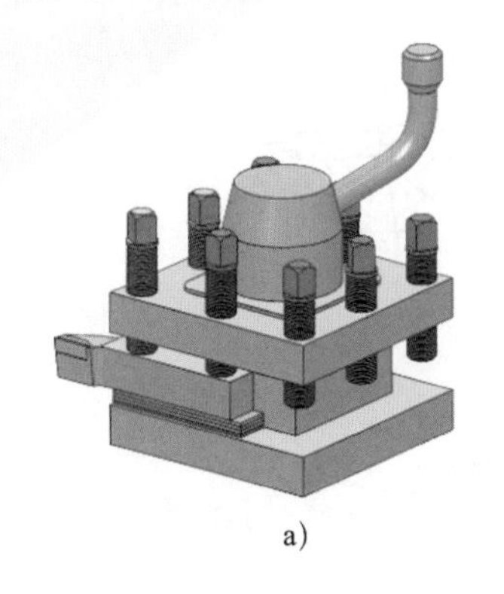

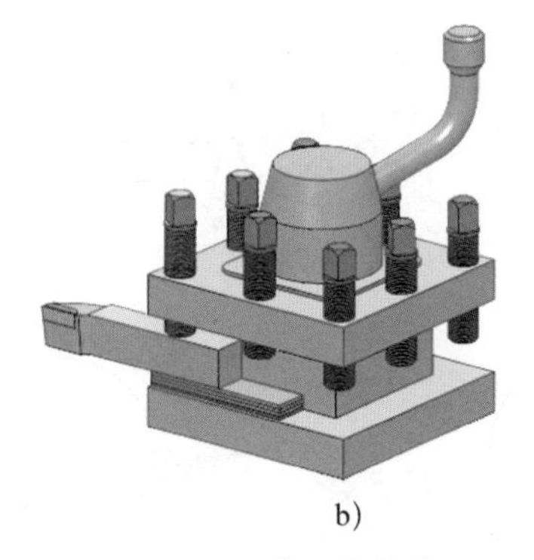

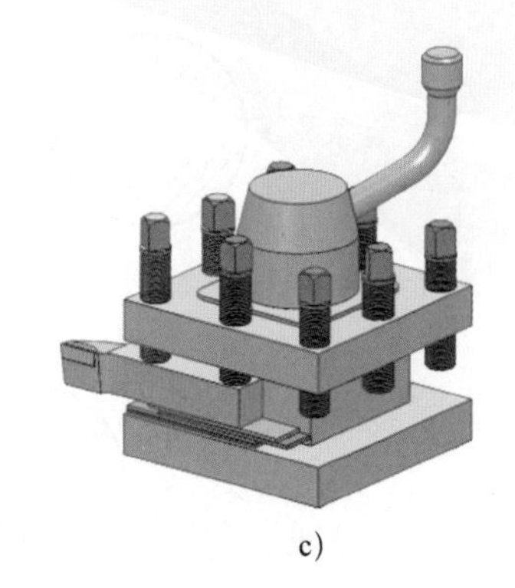

a)　　b)　　c)

图 1–71　车刀的装夹

a）正确　b）、c）不正确

（2）车刀刀柄中心线位置

如图 1–72 所示，车刀刀柄中心线应与进给方向垂直或平行，这样就不会改变刃磨好的刀具主偏角和副偏角。

考虑到实际装夹时车刀刀柄中心线并不一定能绝对地平行或垂直于进给方向，但一定要保证车刀实际的主偏角 κ_r。如 90° 车刀一般粗车时需保证 κ_r=85° ~ 90°，而精车时 κ_r=90° ~ 93°，如图 1–73 所示为车台阶时偏刀的装夹位置。

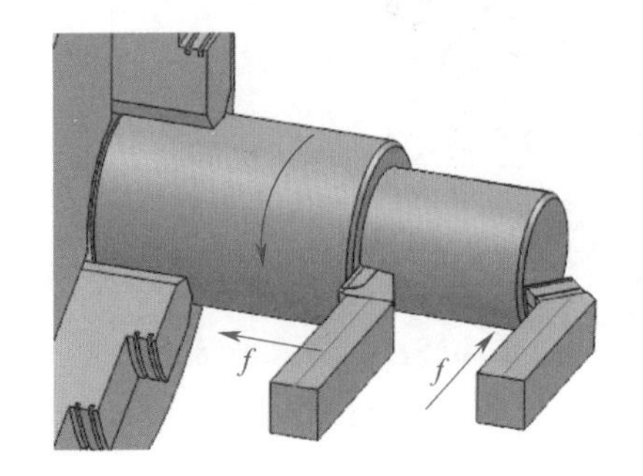

图 1–72　刀柄中心线与进给方向的关系

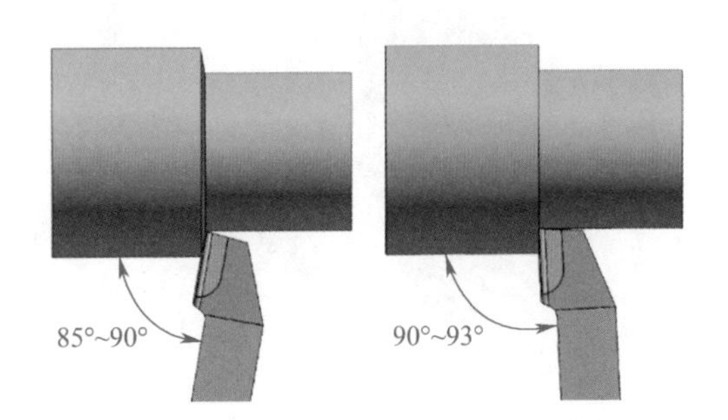

图 1–73　90° 车刀装夹时的主偏角

（3）车刀刀尖高度

车刀刀尖应与工件中心等高（见图 1–74b）。若车刀刀尖高于工件轴线（见图 1–74a），会使车刀的实际后角减小，车刀后面与工件之间的摩擦增大。若车刀刀尖低于工件轴线（见图 1–74c），会使车刀的实际前角减小，切削力增大。

若刀尖未对正工件中心，在车至端面中心时，会留有凸头（见图 1–74d）。使用硬质合金车刀时，若忽视此点，车到工件中心处会使刀尖崩碎（见图 1–74e）。

2. 车刀对中心的方法

（1）目测法

采用目测法装刀时，将车刀靠近工件端面，通过目测估计车刀的高低，然后夹紧车刀，试车端面，再根据端面的中心来调整车刀，如图 1–75 所示。

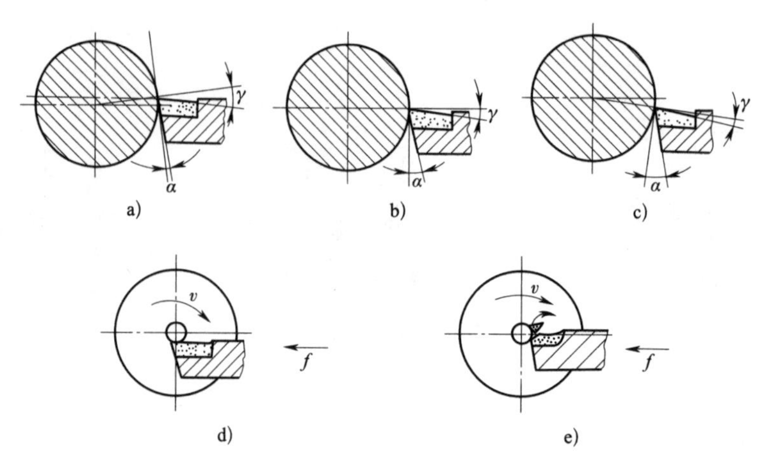

图 1–74　车刀刀尖与工件中心应等高

a）刀尖过高　b）刀尖对正中心　c）刀尖过低　d）留有凸头　e）刀尖崩碎

（2）测量法

首次操作时，测量并记录已对正工件回转中心的刀尖至中滑板面板的高度，以后装刀时用钢直尺测量中滑板面板至刀尖的高度，然后调整垫片的厚度进行装刀，如图 1–76 所示。

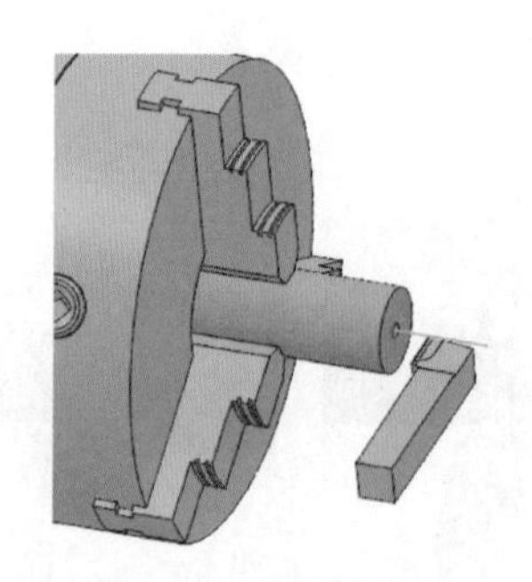

图 1–75　目测法装刀

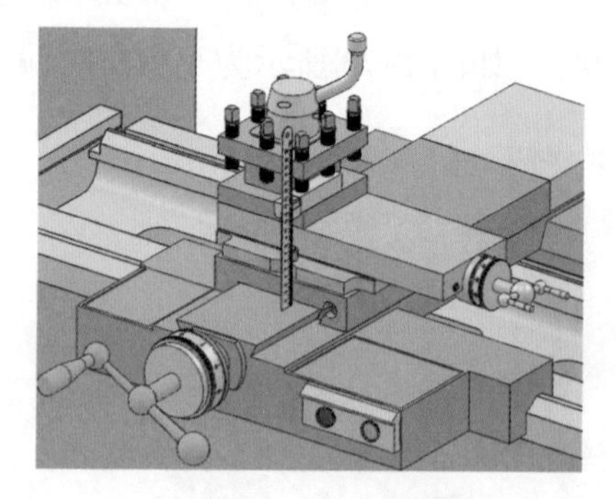

图 1–76　测量法装刀

（3）对尾座顶尖法

如图 1–77 所示，利用车床后顶尖与车床主轴中心等高的原理对刀尖并装夹车刀。

（4）快速对刀法

将已经对正工件中心的车刀连同垫片一起在中滑板端面做上中心高度记号（图示刻线处），以后装刀时只需将刀尖对准记号处，即可快速调整垫片的厚度，达到快速对刀的目的，如图 1–78 所示。

3. 车刀的夹紧

用刀架上的螺栓压紧车刀，每把车刀的压紧螺栓应不少于两个，注意不要产生虚压现象（车刀刀柄下面、压紧螺栓正下方短缺垫片，见图 1–71c）。

（1）采用对尾座顶尖和目测法装夹车刀

车刀装夹步骤和操作内容见表 1–17。

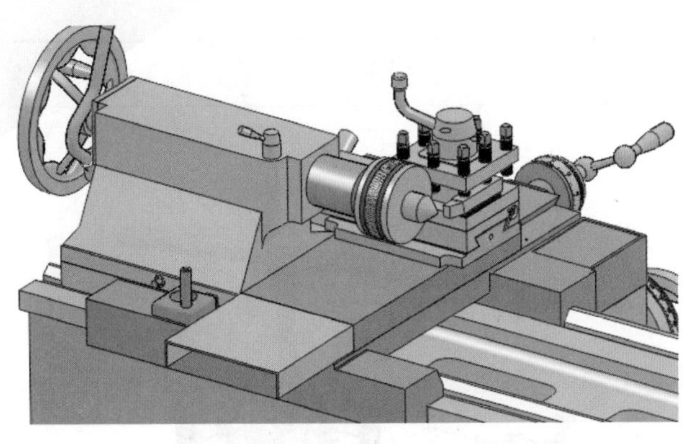

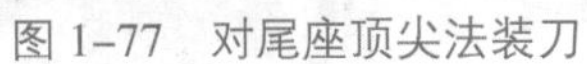
图 1-77　对尾座顶尖法装刀

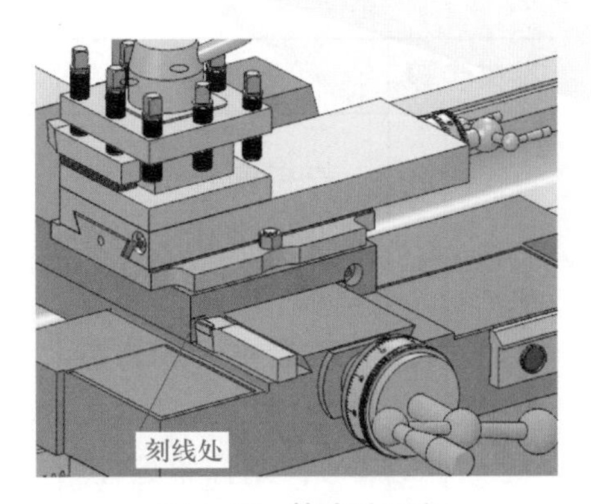

图 1-78　快速对刀法

表 1-17　车刀装夹步骤和操作内容

装夹步骤		操作内容	图示
90°车刀装夹	1	清理刀架装刀位置的切屑或其他杂物	
	2	用刀架扳手将压紧螺栓向上旋松，以便可以放入车刀	
	3	初选一些垫片，并与待装 90°车刀一起放入刀架中，用刀架扳手适当旋紧	
	4	转动刀架并移动床鞍，使刀尖与尾座顶尖尖端接近并比较其位置关系	

续表

装夹步骤		操作内容	图示
90°车刀装夹	5	若高度合适（一般刀尖略高于顶尖尖端，因为拧紧螺栓时会由于压力的作用使刀尖高度下降），则拧紧螺栓。拧紧时注意一般先适当拧紧第一个螺栓并使刀尖高度对齐尾座顶尖尖端，然后再拧紧第二个螺栓以紧固车刀	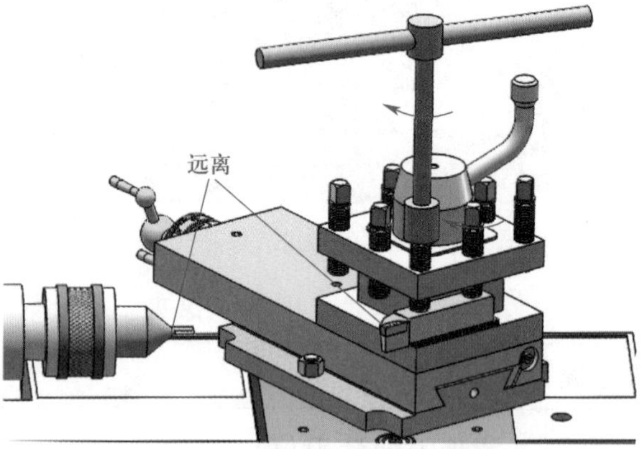 远离
		若刀尖高度偏高或偏低，则需重新调整（搭配）垫片的厚度，然后重复上述动作	 调整垫片厚度
	6	车刀夹紧后，还需再次比对刀尖与尾座顶尖尖端，以确认车刀刀尖中心高是否正确	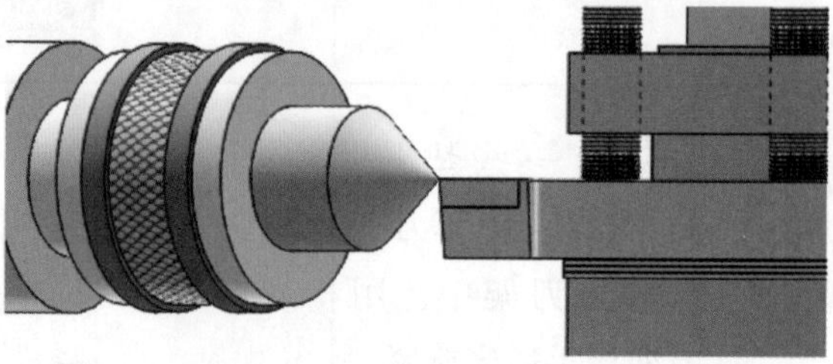
45°车刀装夹	1	在三爪自定心卡盘上装夹一段圆棒料	

续表

装夹步骤		操作内容	图示
45°车刀装夹	2	初选一些垫片，并与待装45°车刀一起放入刀架中，将车刀靠近工件端面，通过目测估计车刀的高低，然后夹紧车刀	垫片
	3	试车端面，观察端面中心处的车削痕迹，看其是否平整，若留有凸台，再根据端面的中心调整垫片，然后重新试切，判断刀尖的高度	端面平整 端面留有凸台

（2）装夹车刀的注意事项

1）夹紧车刀时，应先将刀架远离尾座顶尖，以防止在夹紧时刀架发生转动，从而使刀尖碰撞到尾座顶尖，这样容易碰碎刀尖以及损伤顶尖。

2）若装刀过程中使用垫片调整刀尖高度，夹紧时不要一次性完全夹紧，适当夹紧后需再次复核刀尖高度未因夹紧而变动，则可以继续夹紧直至符合要求。

3）夹紧车刀时只需用手扳动刀架扳手，直至扳不动为止，切忌使用加力杆夹紧，以免损坏螺栓。

四、切削用量

1. 切削用量的概念

切削用量是表示主运动和进给运动大小的参数，是背吃刀量、进给量和切削速度三者的总称，故又把这三者称为切削用量三要素。

（1）背吃刀量 a_p

工件上已加工表面和待加工表面间的垂直距离称为背吃刀量，如图 1-79 中的 a_p。背吃刀量是每次进给时车刀切入工件的深度，故又称切削深度。车外圆时，背吃刀量可用下式计算：

$$a_p=\frac{d_w-d_m}{2}$$

式中　a_p——背吃刀量，mm；

d_w——工件待加工表面直径，mm；

d_m——工件已加工表面直径，mm。

例 1-1　已知工件待加工表面直径为 55 mm，现一次进给车至直径为 48 mm，求背吃刀量。

解：

$$a_p=\frac{d_w-d_m}{2}=\frac{55\ \text{mm}-48\ \text{mm}}{2}=3.5\ \text{mm}$$

（2）进给量 f

如图 1-80 所示，进给量是指工件每转一周，车刀沿进给方向移动的距离，其单位为 mm/r。

根据进给方向的不同，进给量又分为纵向进给量和横向进给量。纵向进给量是指沿车床床身导轨方向的进给量，如图 1-80a 所示；横向进给量是指垂直于车床床身导轨方向的进给量，如图 1-80b 所示。

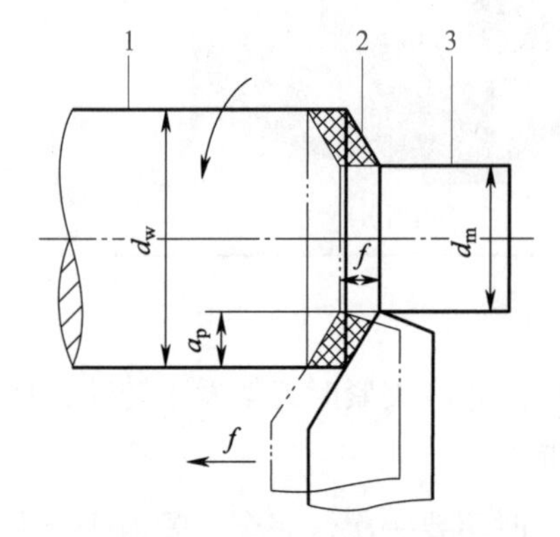

图 1-79　背吃刀量和进给量

1—待加工表面　2—过渡表面　3—已加工表面

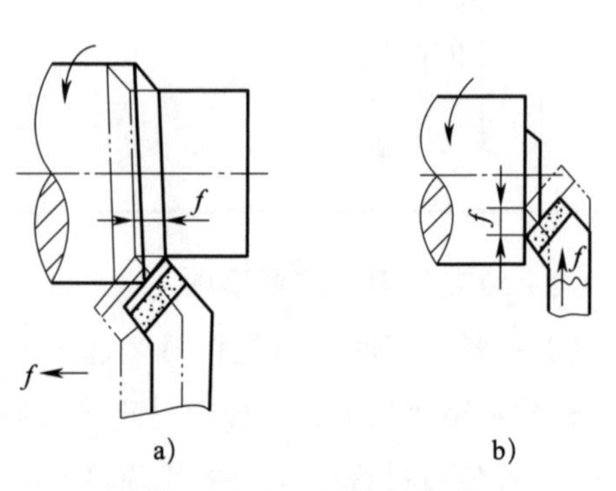

图 1-80　纵向和横向进给量

a）纵向进给量　b）横向进给量

（3）切削速度 v_c

车削时，刀具切削刃上选定点相对于待加工表面在主运动方向上的瞬时速度称为切削速度。切削速度也可理解为车刀在 1 min 内车削工件表面的理论展开直线长度（假定切屑没有变形或收缩），如图 1-81 所示，其单位为 m/min。切削速度可用下式计算：

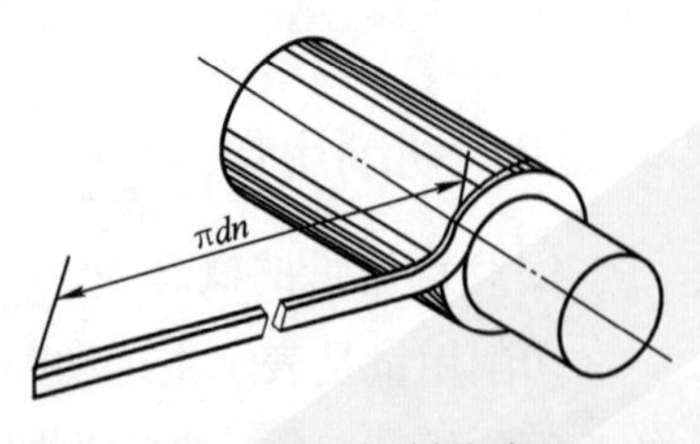

图 1-81　切削速度

$$v_c = \frac{\pi dn}{1\,000}$$

式中　v_c——切削速度，m/min；

d——工件（或刀具）的直径，mm，一般取最大直径；

n——车床主轴转速，r/min。

例 1-2　车削直径为 60 mm 的工件的外圆，选定的车床主轴转速为 600 r/min，求切削速度。

解：

$$v_c = \frac{\pi dn}{1\,000} \approx \frac{3.14 \times 60 \times 600}{1\,000}\ \text{m/min} \approx 113\ \text{m/min}$$

在实际生产中，往往是已知工件直径，根据工件材料、刀具材料和加工要求等因素选定切削速度，再将切削速度换算成车床主轴转速，以便于调整车床，这时可把切削速度计算公式改写成：

$$n = \frac{1\,000 v_c}{\pi d} \approx \frac{318 v_c}{d}$$

例 1-3　在 CA6140 型卧式车床上车削 260 mm 的带轮外圆，选择切削速度为 90 m/min，求车床主轴转速。

解：

$$n = \frac{1\,000 v_c}{\pi d} \approx \frac{1\,000 \times 90}{3.14 \times 260}\ \text{r/min} \approx 110\ \text{r/min}$$

计算出车床主轴转速后，应选取与其接近的车床铭牌转速。故车削该工件时，应选取与 CA6140 型卧式车床铭牌上接近的转速，即选取 n=110 r/min 作为车床的实际转速。

2. 切削用量的选择

（1）粗车时切削用量的选择

粗车时选择切削用量主要是考虑提高生产效率，同时兼顾刀具寿命。加大背吃刀量 a_p、进给量 f 和提高切削速度 v_c 都能提高生产效率。但是，它们都对刀具寿命产生不利影响，其中影响最小的是 a_p，其次是 f，最大的是 v_c。因此，粗车时选择切削用量，首先应选择一个尽可能大的背吃刀量 a_p，其次选择一个较大的进给量 f，最后根据已选定的 a_p 和 f，在工艺系统刚度、刀具寿命和机床功率允许的条件下选择一个合理的切削速度 v_c。

（2）半精车和精车时切削用量的选择

半精车和精车时选择切削用量应首先考虑保证加工质量，并注意兼顾生产效率和刀具寿命。

1）背吃刀量。半精车、精车时的背吃刀量是根据加工精度和表面粗糙度要求，由粗车后留下的余量确定的。一般情况下，在数控车床上所留的精车余量比在普通卧式车床上小。

半精车和精车时的背吃刀量规定：半精车时选取 a_p=0.5 ~ 2.0 mm；精车时选取 a_p=0.05 ~ 0.8 mm。在数控车床上进行精车时，选取 a_p=0.1 ~ 0.5 mm。

2）进给量。半精车和精车的背吃刀量较小，产生的切削力不大，所以加大进给量对工艺系统强度和刚度的影响较小。半精车和精车时，进给量的选择主要受表面粗糙度的限制，表面粗糙度值小，进给量可选择小些。

3）切削速度。为了提高工件的表面质量，用硬质合金车刀精车时，一般采用较高的切削速度（v_c>80 m/min）；用高速钢车刀精车时，一般选用较低的切削速度（v_c<5 m/min）。在数控车床上车削工件时，切削速度可选择高些。加工碳素钢时，如果形成暗褐色或蓝色切屑，说明采用的切削速度适当；如果切屑为银白色或黄色，说明切削速度未充分发挥；如果切屑变黑或有火花，表明切削温度过高，此时应降低切削速度。

五、切削过程与控制

切削过程是指通过切削运动，刀具从工件表面切下多余的金属层，从而形成切屑和已加工表面的过程。在各种切削过程中，一般都伴随有切屑的形成、切削力、切削热和刀具磨损等物理现象，它们对加工质量、生产效率和生产成本等都有直接影响。

1. 切屑的形成和种类

在切削过程中，刀具推挤工件，首先使工件上的一层金属产生弹性变形，刀具继续进给时，在切削力的作用下，金属产生不能恢复原状的滑移（塑性变形）。当塑性变形超过金属的抗拉强度时，金属就从工件上断裂下来成为切屑。随着切削继续进行，切屑不断地产生，逐步形成已加工表面。由于工件材料和切削条件不同，切削过程中材料变形程度也不同，因而产生了各种不同的切屑，其类型见表 1–18。其中比较理想的是短弧形切屑、短环形螺旋切屑和短锥形螺旋切屑。

表 1–18　　切屑形状的分类

切屑形状	长	短	缠乱
带状切屑		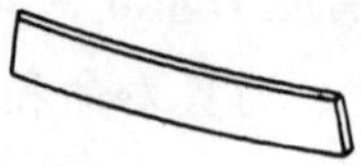	
管状切屑		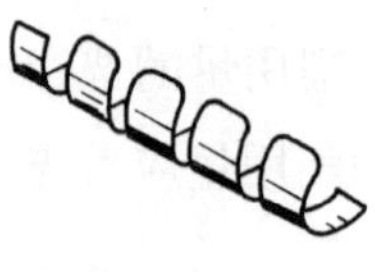	
盘旋状切屑	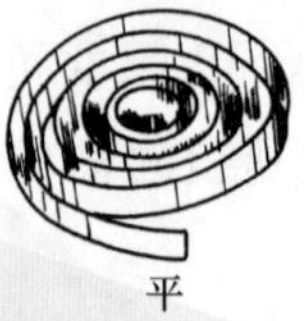 平	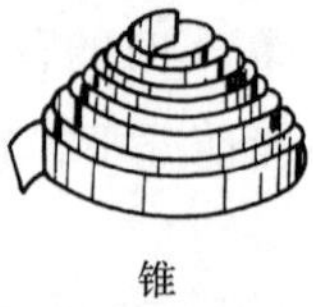 锥	

续表

切屑形状	长	短	缠乱
环形螺旋切屑			
锥形螺旋切屑	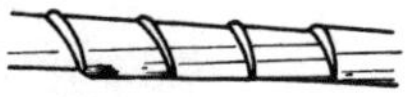	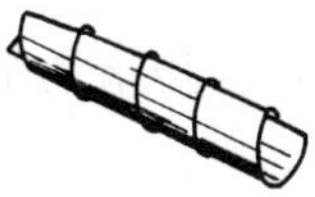	
弧形切屑	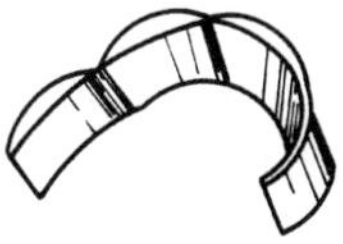		
单元切屑			
针形切屑			

在生产中最常见的是带状切屑，产生带状切屑时，切削过程比较平稳，因而工件表面较光滑，刀具磨损也较慢。但带状切屑过长时会妨碍工作，并容易发生人身事故，所以应采取断屑措施。

影响断屑的主要因素如下：

（1）断屑槽的宽度

断屑槽的宽度 L_{Bn} 对断屑的影响很大。一般来说，宽度减小，能使切屑卷曲半径 r_{ch} 减小，卷曲变形和弯曲应力增大，容易断屑。

（2）切削用量

生产实践和试验证明：切削用量中对断屑影响最大的是进给量，其次是背吃刀量和切削速度。

（3）刀具角度

刀具角度中以主偏角 κ_r 和刃倾角 λ_s 对断屑的影响最为明显。

2. 切削力

切削加工时，工件材料抵抗刀具切削所产生的阻力称为切削力。切削力是在车刀车削工件的过程中产生的，大小相等、方向相反地作用在车刀和工件上的力。

（1）切削力的分解

为了测量方便，可以把切削力 F 分解为主切削力 F_c、背向力 F_p 和进给力 F_f 三个分力，如图 1–82 所示，其中 F_D 为切削力 F 在水平面上的投影。

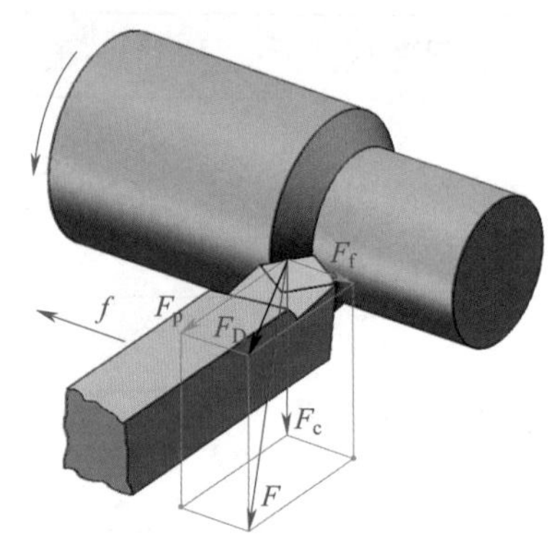

图 1–82　切削力的分解

1）主切削力 F_c。是指切削力在主运动方向上的分力。

2）背向力 F_p（切深抗力）。是指切削力在垂直于进给运动方向上的分力。

3）进给力 F_f（进给抗力）。是指切削力在进给运动方向上的分力。

（2）影响切削力的主要因素

切削力的大小与工件材料、刀具角度和切削用量等因素有关。

1）工件材料。工件材料的强度和硬度越高，车削时的切削力就越大。

2）刀具角度

①主偏角 κ_r。主偏角变化使切削分力 F_D 的作用方向改变，当 κ_r 增大时，F_p 减小，F_f 增大。

②前角 γ_o。增大车刀的前角，车削时的切削力就减小。

3）切削用量。一般车削时，当进给量 f 不变，背吃刀量 a_p 增大一倍时，切削力 F_c 也成倍增大；而当 a_p 不变，f 增大一倍时，F_c 增大 70% ~ 80%。

六、切削液及其选用

切削液又称冷却润滑液，是在切削过程中为改善切削效果而使用的液体。在车削过程中，在切屑、刀具与加工表面间存在着剧烈的摩擦，并产生很大的切削力和大量的切削热。合理地使用切削液，不仅可以减小表面粗糙度值，减小切削力，而且还会使切削温度降低，从而延长刀具寿命，提高生产效率和产品质量。

1. 切削液的作用

（1）冷却作用

切削液能吸收并带走切削区域大量的热量，降低刀具和工件的温度，从而延长刀具寿命，并能减小工件因热变形而产生的尺寸误差，同时也为提高生产效率创造了条件。

（2）润滑作用

切削液能渗透到工件与刀具之间，在切屑与刀具的微小间隙中形成一层很薄的吸附膜，因此，可减小刀具与切屑、刀具与工件间的摩擦，减少刀具的磨损，使排屑流畅，并提高工件的表面质量。对于精加工，润滑就显得更加重要。

（3）清洗作用

车削过程中产生的细小切屑很容易吸附在工件和刀具上，尤其是铰孔和钻深孔时，切屑更容易堵塞。如加注一定压力、足够流量的切削液，则可将切屑迅速冲走，使切削顺利进行。

（4）防锈作用

切削液能起到防锈作用，使车床、工件、刀具不受周围介质（如空气、水分、汗液等）的腐蚀。

2. 切削液的种类及其使用

车削时常用的切削液有水溶性切削液和油溶性切削液两大类。切削液的种类、成分、性能和作用、用途见表 1–19。

表 1–19　　切削液的种类、成分、性能和作用、用途

<table>
<tr><th colspan="2">种类</th><th>成分</th><th>性能和作用</th><th>用途</th></tr>
<tr><td rowspan="5">水溶性切削液</td><td>水溶液</td><td>以软水为主，加入防锈剂、防霉剂，有的还加入油性添加剂和表面活性剂，以增强润滑性</td><td>主要起冷却作用</td><td>常用于粗加工</td></tr>
<tr><td rowspan="3">乳化液</td><td>配制成 3% ~ 5% 的低浓度乳化液</td><td>主要起冷却作用，但润滑和防锈性能较差</td><td>用于粗加工、难加工材料和细长工件的加工</td></tr>
<tr><td>配制成高浓度乳化液</td><td rowspan="2">提高其润滑和防锈性能</td><td>精加工用高浓度乳化液</td></tr>
<tr><td>加入一定的极压添加剂和防锈添加剂，配制成极压乳化液等</td><td>用高速钢刀具粗加工和对钢料精加工时用极压乳化液
在钻削、铰削和加工深孔等半封闭状态下，用黏度较低的极压乳化液</td></tr>
<tr><td>合成切削液</td><td>由水、各种表面活性剂和化学添加剂组成。使用国产 DX–148 多效合成切削液有良好的效果</td><td>冷却、润滑、清洗和防锈性能良好，不含油，可节省能源，有利于环保</td><td>国内外推广使用的高性能切削液。国外的使用率达到 60%，在我国企业中的使用率也日益提高</td></tr>
</table>

续表

<table>
<tr><th colspan="2">种类</th><th colspan="2">成分</th><th>性能和作用</th><th>用途</th></tr>
<tr><td rowspan="5">油溶性切削液</td><td rowspan="4">切削油</td><td rowspan="2">矿物油</td><td>牌号为 L-AN15、L-AN22、L-AN32 的全损耗系统用油</td><td>润滑作用较好</td><td>在外圆、端面等的精车及螺纹精加工中使用很广泛</td></tr>
<tr><td>轻柴油、煤油等</td><td>煤油的渗透作用和清洗作用较突出</td><td>在精加工铝合金、铸铁及高速钢铰刀铰孔中使用</td></tr>
<tr><td>动、植物油</td><td>食用油</td><td>能形成较牢固的润滑膜，其润滑效果比纯矿物油好，但易变质</td><td>应尽量少用或不用</td></tr>
<tr><td>复合油</td><td>矿物油与动、植物油的混合油</td><td>润滑作用、渗透作用和清洗作用均较好</td><td>应用范围广泛</td></tr>
<tr><td>极压切削油</td><td colspan="2">在矿物油中添加氯、硫、磷等极压添加剂和防锈添加剂配制而成。常用的有氯化切削油、硫化切削油</td><td>在高温下不会破坏润滑膜，具有良好的润滑效果，防锈性能也得到提高</td><td>用高速钢刀具精加工钢料时使用
钻削、铰削和加工深孔等半封闭状态下工作时，用黏度较低的极压切削油</td></tr>
</table>

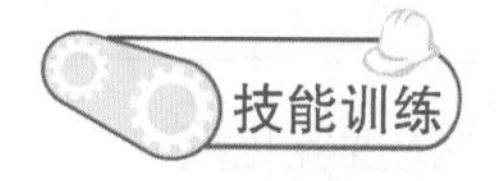

车削体验

一、训练任务

在 CA6140 型卧式车床上完成工件的装夹和切削用量的调整，并进行车削体验。

二、准备工作

1. 材料：直径为 50 mm、长 165 mm 的 45 钢棒料一根。
2. 在车床上已装夹好外圆车刀（由教师提前装好）。

三、用三爪自定心卡盘装夹工件

1. 将卡盘扳手的方榫插入卡盘外圆上的小方孔中，转动卡盘扳手，松开卡爪（见图 1–83），将工件放入卡爪内，工件伸出卡爪长度为 90 mm（用钢直尺测量，见图 1–84）。

图 1–83　转动卡盘扳手松开卡爪

图 1–84　用钢直尺测量工件伸出长度

2. 左手握住卡盘扳手，右手握住加力杆，用力转动卡盘扳手夹紧工件，如图 1–85 所示。

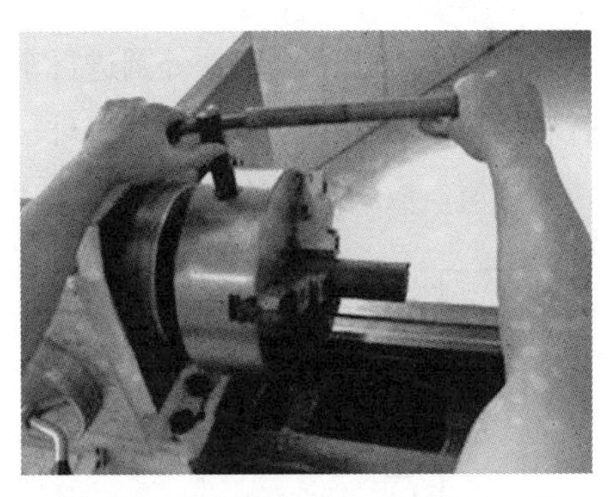

图 1–85　用三爪自定心卡盘夹紧工件

四、调整机床

根据车床主轴转速和进给量的标牌，将操作手柄调节到正确的位置。

1. 调节主轴转速手柄，将主轴转速调至 110 r/min 左右，如图 1–86a 所示。

2. 调节进给量手柄，将进给量调至 0.05 mm/r 左右，如图 1–86b 所示。

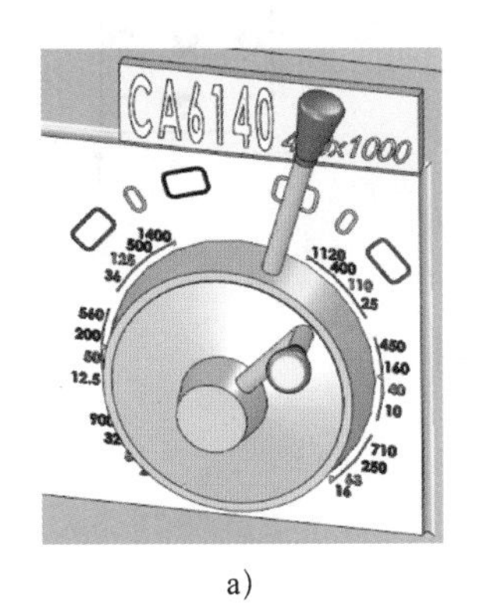

a)

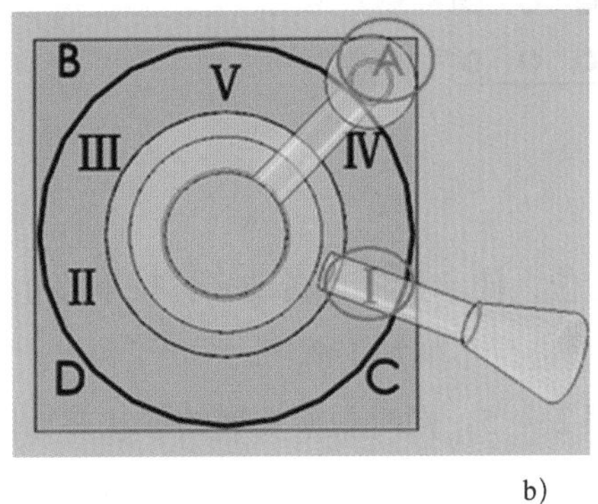

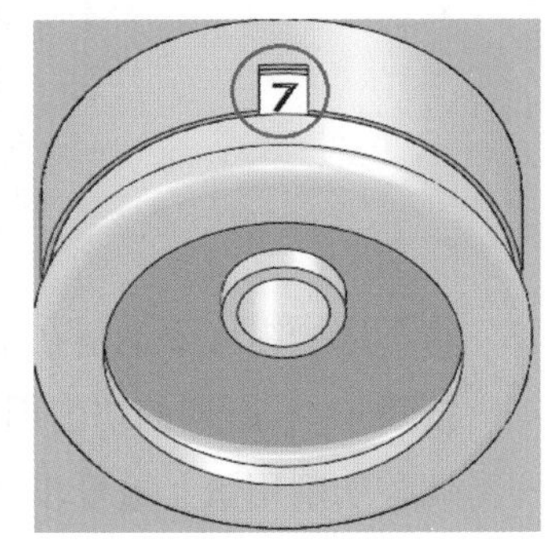

b)

图 1–86　机床调整

五、车削体验

启动车床，用外圆车刀完成车削全过程。

1. 启动车床

接通车床启动电源（按下启动按钮），抬起车床操纵杆手柄，使卡盘转动。

2. 对刀

摇动车床床鞍手轮和中滑板手柄，使车刀刀尖移至工件外圆处，轻轻碰到工件外圆，然后中滑板静止不动，床鞍往右移离开工件，如图 1–87 所示。

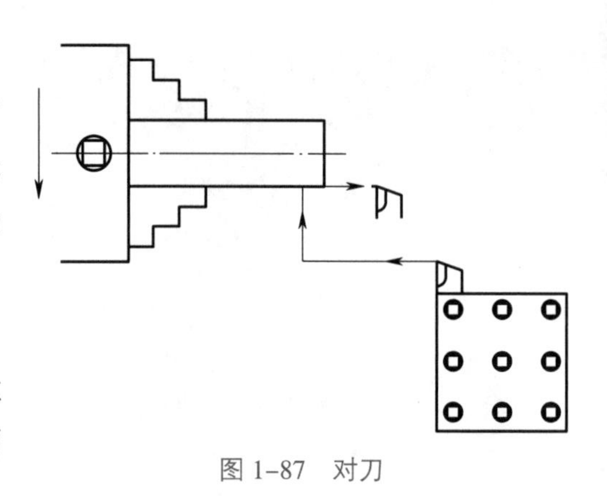

图 1–87　对刀

3. 进刀

将中滑板往前移动 0.5 mm。中滑板刻度盘上的刻度值为每格 0.05 mm，因此，中滑板手柄往顺时针方向转 10 格，如图 1–88 所示。

4. 车削

开动机动进给对工件外圆进行车削，当车刀切削至离卡盘 15 ~ 20 mm 时停止，逆时针转动中滑板手柄使车刀离开工件一段距离，如图 1–89 所示。车削结束后不可用手直接清除切屑，应用专用的钩子清除。

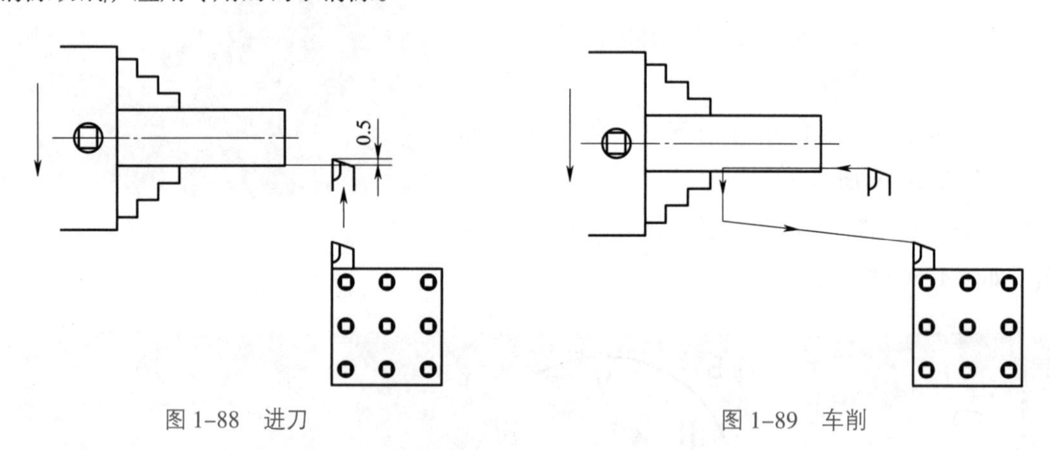

图 1–88　进刀　　图 1–89　车削

5. 停车

将车床操纵杆手柄落在中位，使卡盘停止转动，再按下停止按钮。

按表 1–20 所列的切削用量进行车削加工练习。

调整切削用量，重复步骤 2 ~ 5，同时观察切屑的形状并加以分析。

表 1–20　不同切削用量车削加工练习

练习次数	转速（切削速度）/（r/min）	进给量 /（mm/r）	背吃刀量 /mm
1	250	0.28	0.5
2	900	0.18	0.3
3	1 120	0.039	0.15

六、清理机床

图 1–90　用刷子将车床上的切屑刷到切屑盘内

1. 从刀架开始从上往下用刷子将车床上的切屑刷到切屑盘内，如图 1–90 所示。

2. 用棉纱擦除车床上的灰尘。

3. 用棉纱擦净各导轨上的油污，然后加上导轨油，将中滑板退至靠近手柄处。

4. 摇动床鞍手轮，使其移至接近卡盘处，用棉纱擦净导轨上的油污，然后加上导轨油，再使其移至靠近尾座处，如图 1–91 所示。

5. 清除切屑盘内的切屑。

6. 在尾座、中滑板、小滑板等弹子油杯处加油，如图 1–92 所示。

7. 做好车床周围的清理工作。

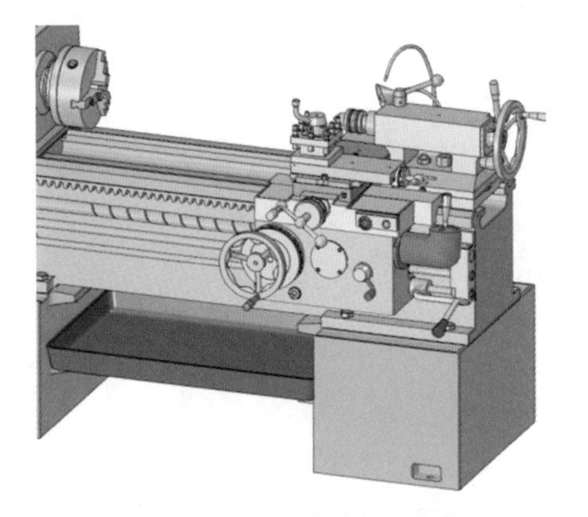

图 1–91　使床鞍移至尾座处

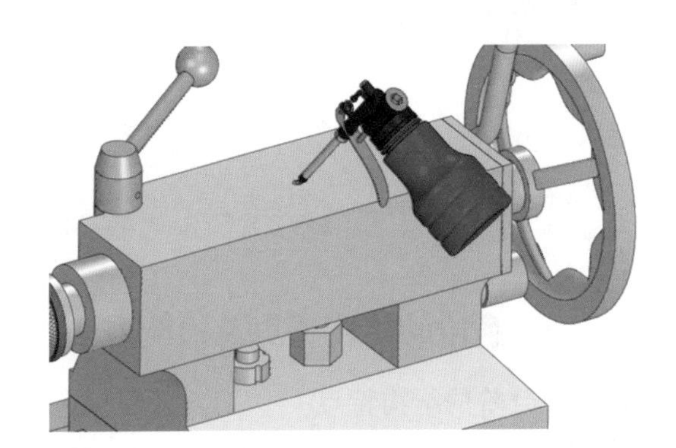

图 1–92　在弹子油杯处加油

第二单元
轴类零件的车削

学习目标

1. 掌握轴类零件的几种加工方法，包括钻中心孔及外沟槽的车削加工。

2. 能选择合适的车刀进行轴类零件不同结构和不同加工阶段的车削。

3. 能使用游标卡尺、千分尺、百分表等量具对轴类零件的尺寸精度和几何精度进行检测。

课题一　车端面、外圆和台阶

一、台阶的结构特点及检测方法

1. 台阶的结构特点

轴的台阶包含端面、外圆和轴肩，其结构如图 2–1 所示。除了应保证外圆直径和台阶的长度外，还应保证端面平整、外圆素线平直以及外圆素线与轴肩端面的垂直度。

2. 台阶的检测方法

（1）台阶直径可用游标卡尺进行测量，如图 2–2 所示。

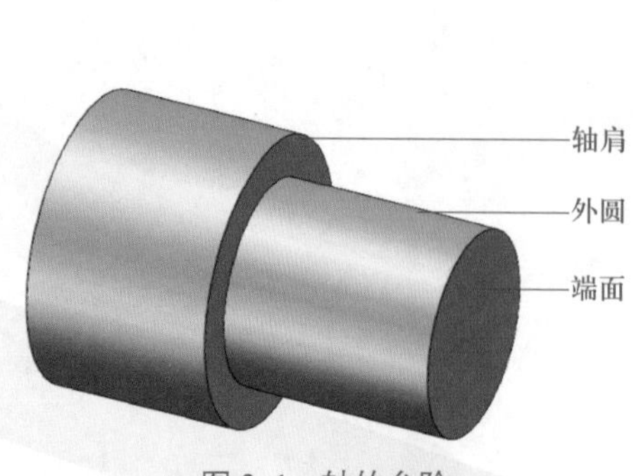

图 2–1　轴的台阶

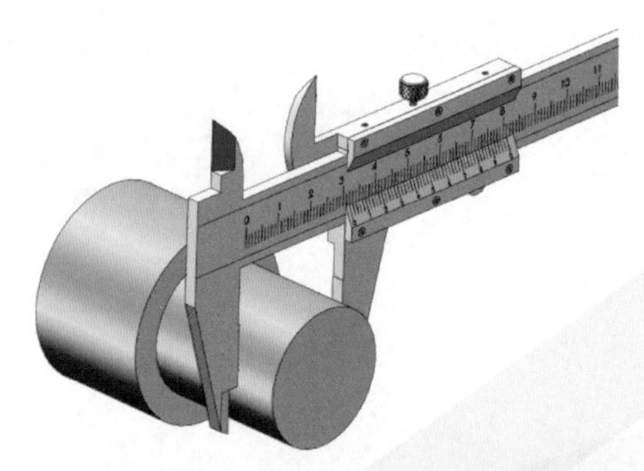

图 2–2　用游标卡尺测量台阶直径

（2）台阶长度可用钢直尺（见图 2-3）或深度游标卡尺（见图 2-4）进行测量。

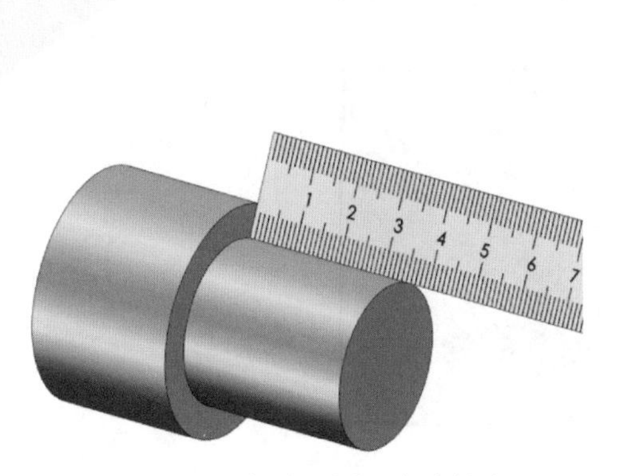

图 2-3　用钢直尺测量台阶长度

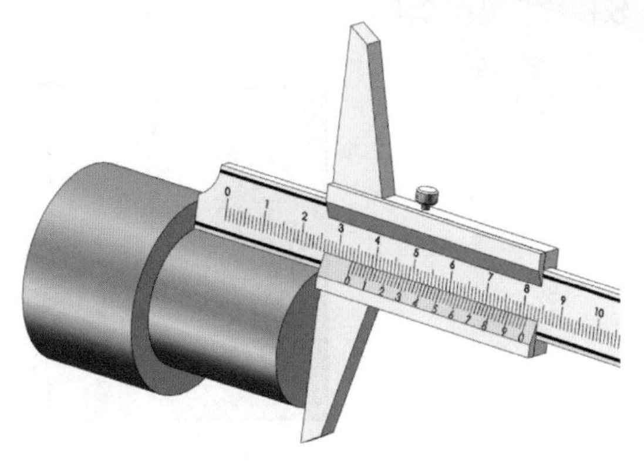

图 2-4　用深度游标卡尺测量台阶长度

（3）直线度和平面度误差可用刀口形直尺和塞尺检测，如图 2-5 所示。

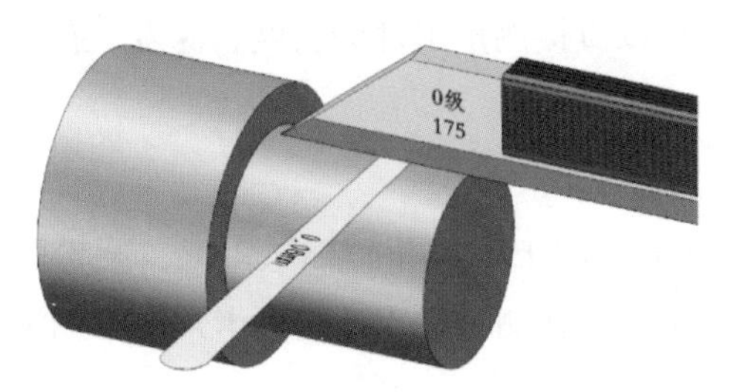

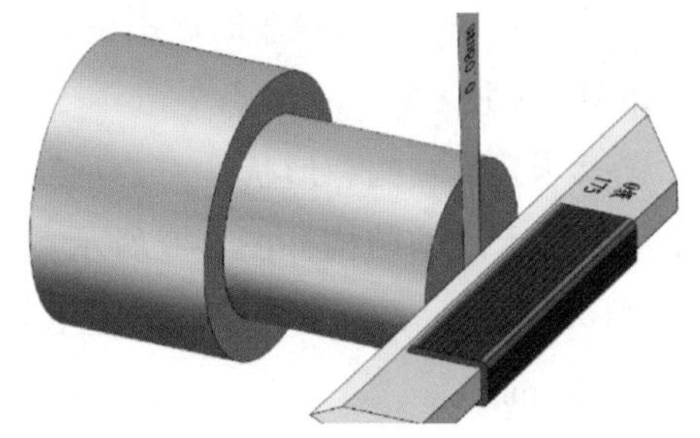

图 2-5　用刀口形直尺和塞尺检测直线度和平面度误差

（4）端面、台阶平面对工件轴线的垂直度误差可用直角尺（见图 2-6）或标准套和百分表（见图 2-7）检测。

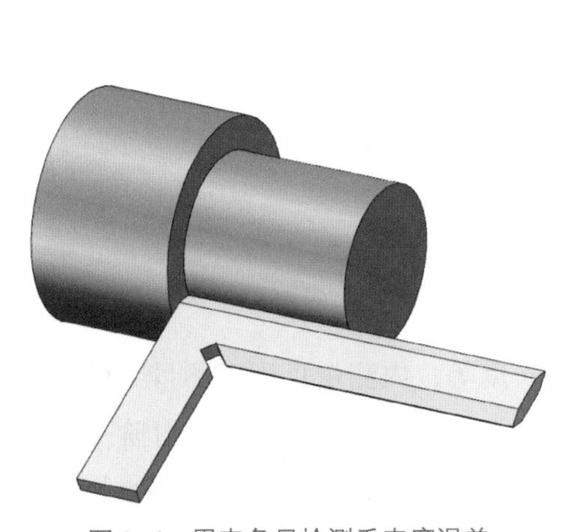

图 2-6　用直角尺检测垂直度误差

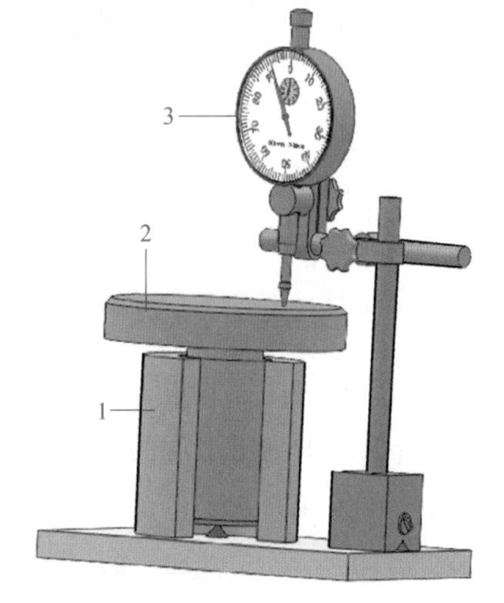

图 2-7　用标准套和百分表检测垂直度误差
1—标准套　2—工件　3—百分表

（5）对于工件表面粗糙度的检测，通常凭经验判断。对于初学者，可用表面粗糙度比较样块（见图 2–8）进行对比，目测检查工件的表面粗糙度是否符合要求。

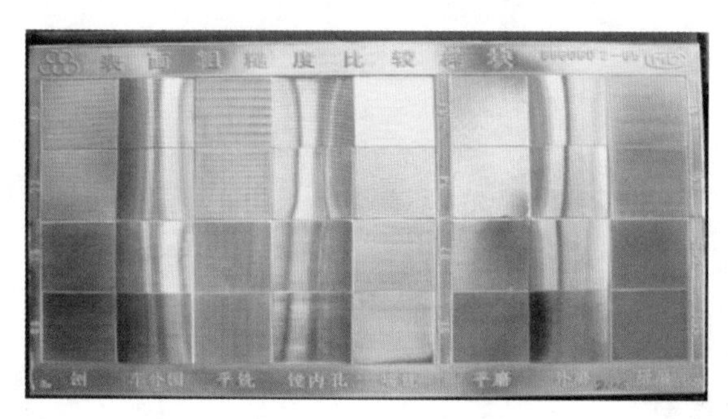

图 2–8　表面粗糙度比较样块

二、游标卡尺

游标卡尺是车工应用最多的通用量具，它可以直接测量工件的长度、深度、孔径、孔距等，如图 2–9 所示。

1. 游标卡尺的结构和形状

Ⅰ型游标卡尺的结构如图 2–9 所示。游标卡尺由主标尺和游标尺组成。旋松制动螺钉，即可移动游标尺，调节内、外测量爪分开距离进行测量。Ⅰ型游标卡尺的常用测量范围为 0 ～ 150 mm。

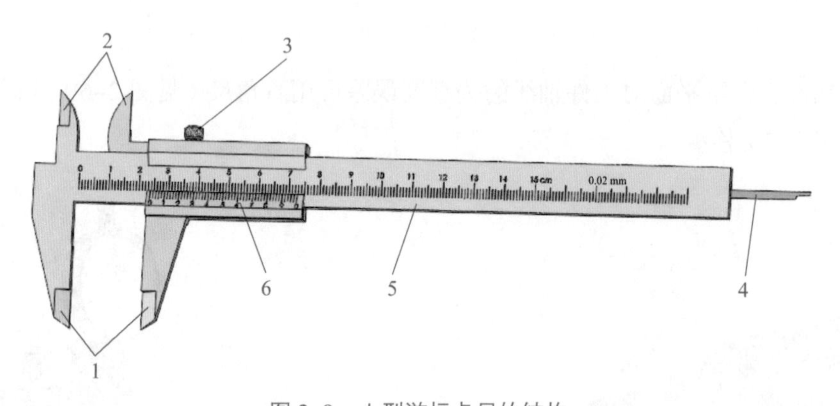

图 2–9　Ⅰ型游标卡尺的结构

1—外测量爪　2—内测量爪　3—制动螺钉　4—深度尺　5—主标尺　6—游标尺

2. 游标卡尺的使用方法

外测量爪用于测量工件的外表面，如外径和长度等；内测量爪用于测量工件的内表面，如孔径和各种槽宽等；深度尺用于测量工件的深度，如台阶的长度或台阶孔的深度等，如图 2–10 所示。测量时移动游标尺，先使其取得所需的尺寸，然后拧紧制动螺钉，读出尺寸，以防所测的尺寸发生变动。

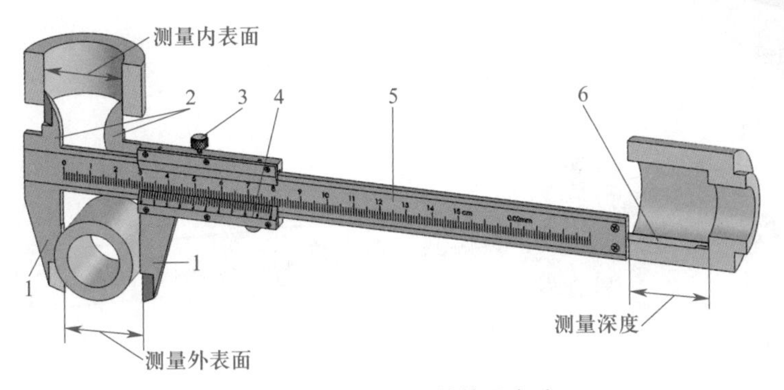

图 2-10　游标卡尺的使用方法

1—外测量爪　2—内测量爪　3—制动螺钉　4—游标尺　5—主标尺　6—深度尺

3. 游标卡尺的读数原理和方法

游标卡尺的分度值有 0.1 mm、0.05 mm 和 0.02 mm 三种。现在分度值为 0.1 mm 的游标卡尺已很少使用。

下面以分度值为 0.02 mm 的游标卡尺为例介绍其读数方法：

分度值为 0.02 mm（1/50）游标卡尺主标尺的每小格为 1 mm，游标尺刻线总长为 49 mm 并均分为 50 格，每格为 49 mm ÷ 50=0.98 mm，则主标尺刻线与游标尺刻线一格之间的长度相差为 1 mm−0.98 mm=0.02 mm，即分度值为 0.02 mm，如图 2-11 所示。

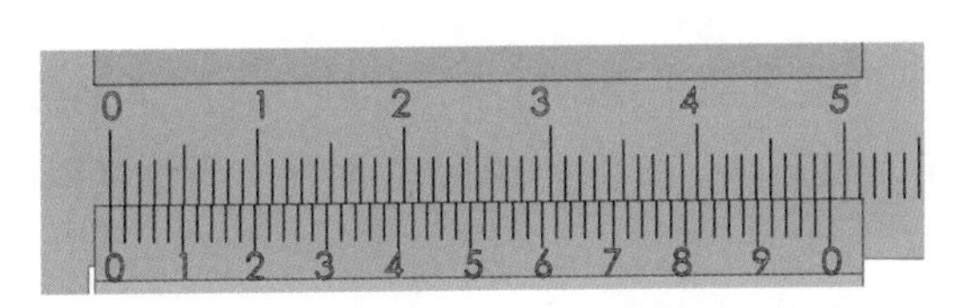

图 2-11　分度值为 0.02 mm 的游标卡尺

读数时先读出游标尺零线左边在主标尺上的整毫米数，再用游标尺上与主标尺刻线对齐的刻线格数乘以游标卡尺的分度值，得到小数部分，两者相加即为被测表面的实际尺寸。如图 2-12 所示游标卡尺的读数为 3 mm+43 × 0.02 mm=3.86 mm。

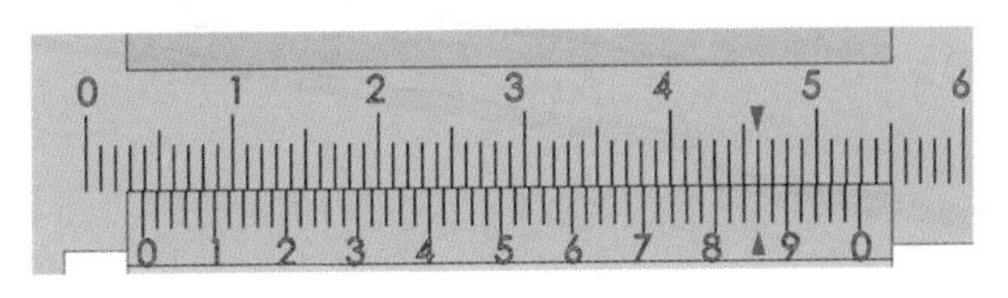

图 2-12　读数方法

4. 其他游标卡尺

（1）Ⅲ型游标卡尺（见图 2-13）

与Ⅰ型游标卡尺相比，主要区别是Ⅲ型游标卡尺增加了微动装置，测量爪布局位置不同，取消了深度尺，增大了测量范围。

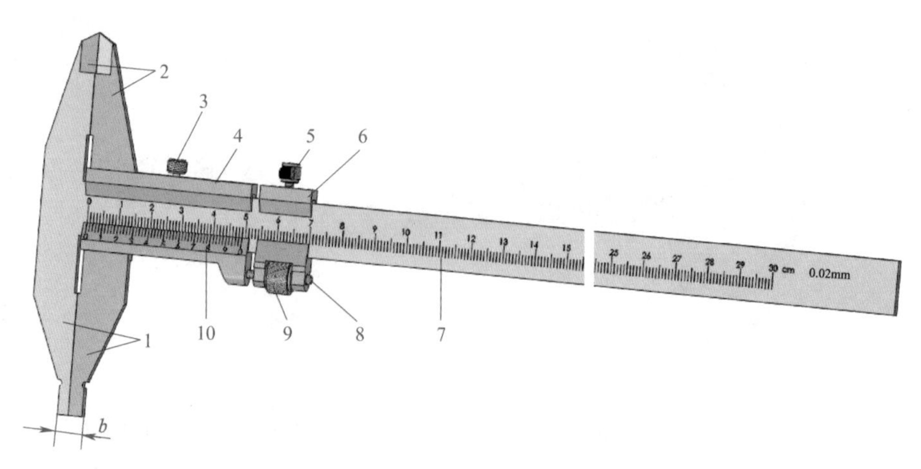

图 2-13　Ⅲ型游标卡尺的结构

1—内、外测量爪　2—刀口外测量爪　3—制动螺钉　4—尺框　5—微动装置制动螺钉
6—微动装置　7—主标尺　8—小螺杆　9—螺母　10—游标尺

微动时，拧紧微动装置制动螺钉，松开尺框上的制动螺钉，用手指转动螺母，通过小螺杆可实现尺框（游标尺）的微动调节。测量孔径时，游标卡尺的读数值必须加上内、外测量爪的厚度 b 才是孔径值，通常 b=10 mm。Ⅲ型游标卡尺的常用测量范围有 0 ～ 200 mm 和 0 ～ 300 mm 两种。

（2）Ⅱ型游标卡尺

Ⅱ型游标卡尺测量爪的配置与Ⅰ型游标卡尺相同，并同Ⅲ型游标卡尺一样增加了微动装置，常用测量范围有 0 ～ 200 mm 和 0 ～ 300 mm 两种。当测量范围超过 300 mm 时则不带深度尺。

（3）深度游标卡尺

台阶的长度也可以用深度游标卡尺来测量，其结构如图 2-14 所示，测量方法如图 2-4 所示。深度游标卡尺的读数原理和方法与普通游标卡尺一样。

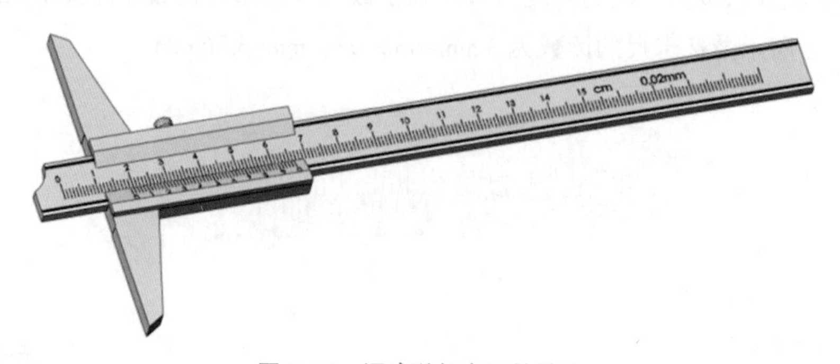

图 2-14　深度游标卡尺的结构

5. 游标卡尺使用注意事项

（1）使用前应擦净测量爪，并将两测量爪闭合，检查主标尺、游标尺零线是否重合

（见图 2–15）；若不重合，应在测量后根据零线不重合误差修正读数。

（2）测量时不要用测量爪用力压工件，以免测量爪变形或磨损，降低测量的精度。

（3）游标卡尺仅用于测量已加工的光滑表面，不宜用于测量表面粗糙的工件，以免测量爪过快磨损。

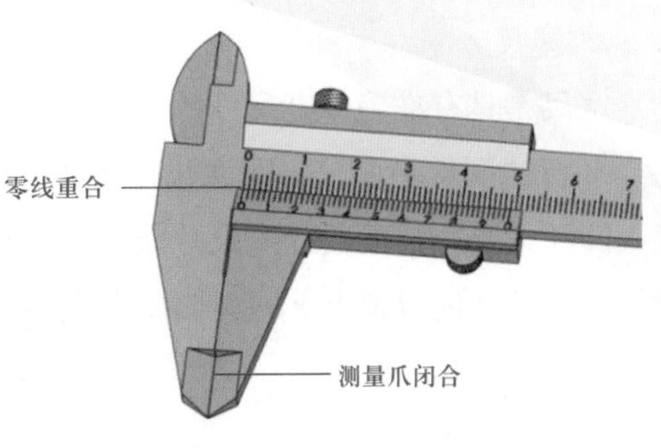

图 2–15　零线重合

三、刀口形直尺和塞尺

1. 刀口形直尺

具有一个刀口状测量面，用于测量工件平面形状误差的测量器具称为刀口形直尺，其结构如图 2–16 所示。刀口形直尺主要用来测量工件的直线度或平面度误差，具有结构简单、操作方便、测量效率高等优点，是机械加工常用的测量器具。

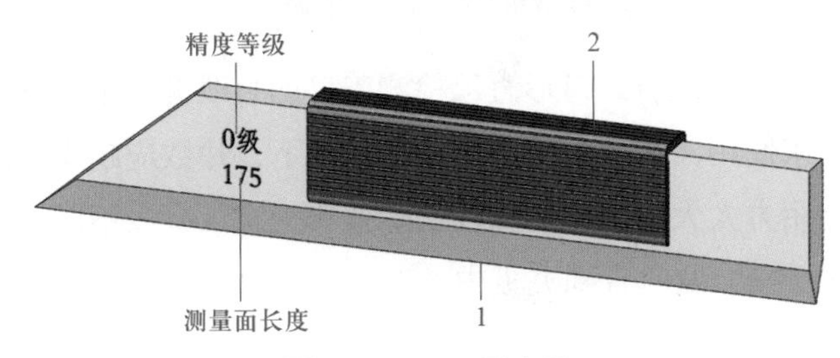

图 2–16　刀口形直尺

1—刀口状测量面　2—绝热护板

刀口形直尺的精度等级分为 0 级和 1 级两个级别，其测量面长度和直线度公差应不大于表 2–1 的规定。

表 2–1　常用刀口形直尺的测量面长度和直线度公差（摘自 GB/T 6091—2004）

测量面长度 /mm	直线度公差 /μm	
	0 级	1 级
75	0.5	1.0
125	0.5	1.0
200	1.0	2.0
300	1.5	3.0
400	1.2	3.0
500	2.0	4.0

注：直线度公差值为温度在 20 ℃时的规定值。

2. 塞尺

塞尺是具有准确厚度尺寸的单片或成组的薄片，是用于检测间隙的实物量具。塞尺有两个平行的测量平面，每套塞尺由若干片组成，如图 2–17 所示。测量时，用塞尺片直接塞入间隙，当一片或数片塞尺片能塞进两贴合面之间时，则一片或数片塞尺片的厚度（可由每片上的标记值读出）即为两贴合面的间隙值。

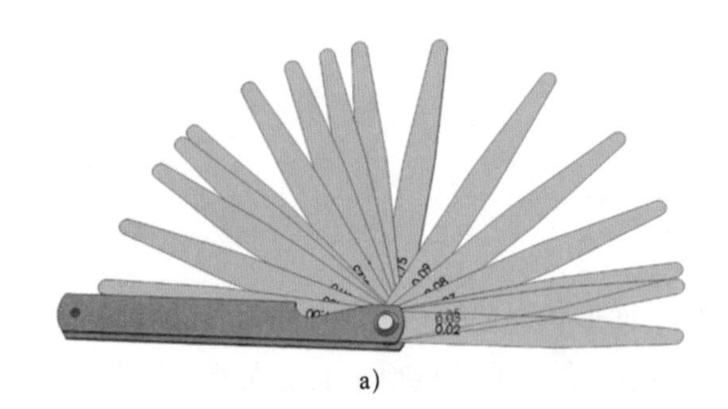
a)

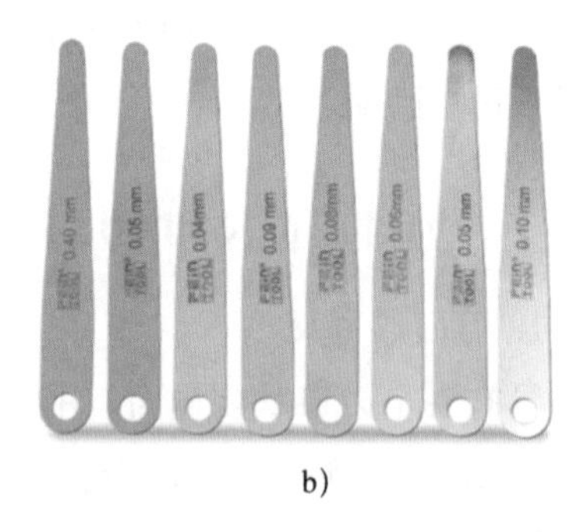
b)

图 2–17　塞尺

a）成组塞尺　b）单片塞尺

如图 2–5 所示为用塞尺配合刀口形直尺检测工件的直线度和平面度误差。塞尺可单片使用，也可多片叠起来使用，在满足所需尺寸的前提下，片数应越少越好。塞尺容易弯曲和折断，测量时不能用力太大，塞入间隙以稍感拖滞为宜。塞尺不能用于测量温度较高的工件，用完后要擦拭干净，及时合到夹板中。

四、车削外圆、端面和台阶用车刀

常用的车削外圆、端面、台阶以及倒角用的车刀主偏角有 45°、75° 和 90° 等几种，如图 2–18 所示。

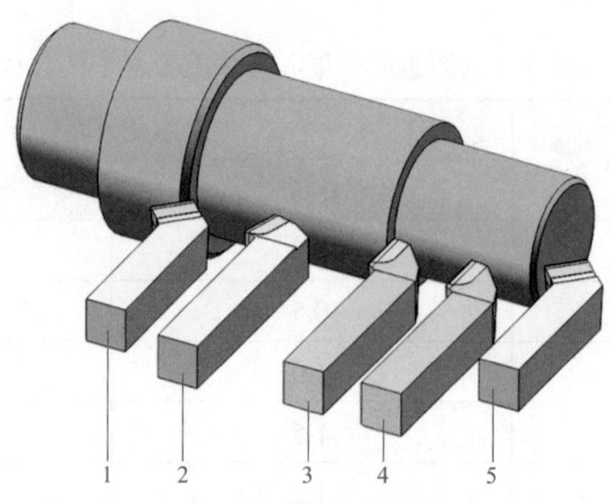

图 2–18　车台阶轴常用的车刀

1—45° 车刀倒角　2—75° 车刀车外圆　3—90° 车刀车台阶

4—90° 车刀车外圆　5—45° 车刀车端面

1. 90°车刀

90°外圆车刀俗称偏刀，其主偏角 κ_r=90°。按车削时进给方向不同分为右偏刀和左偏刀两种，如图 2–19 所示。

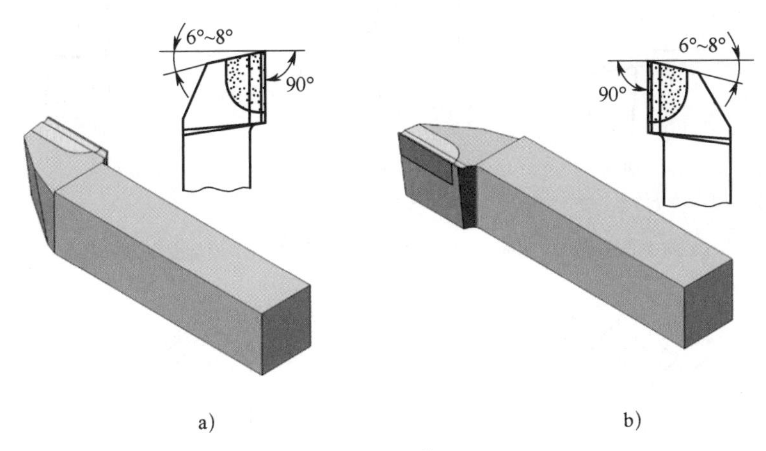

图 2–19　偏刀

a）左偏刀　b）右偏刀

右偏刀的主切削刃在刀柄左侧，一般用来车削工件的外圆、端面和右向台阶。左偏刀的主切削刃在刀柄右侧，一般用来车削工件的外圆和左向台阶，也适用于车削直径较大而长度较短的工件的端面。偏刀的使用方法如图 2–20 所示。

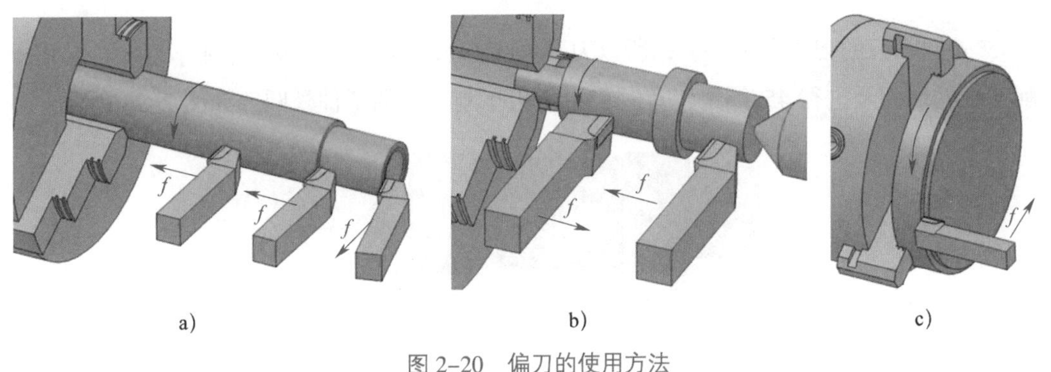

图 2–20　偏刀的使用方法

a）用右偏刀车外圆、端面和台阶　b）用左、右偏刀车外圆和台阶　c）用左偏刀车端面

偏刀由于主偏角较大，车削外圆时作用于工件的径向切削力较小，工件不容易被顶弯。用右偏刀车削工件端面时，车刀由工件外缘向中心进给，此时由车刀副切削刃担负切削任务，如果背吃刀量 a_p 较大，因切削力 F 的作用会使车刀扎入工件而形成凹面（见图 2–21a）。为了避免产生这种现象，可改从中心向外缘进给，由主切削刃切削，但背吃刀量 a_p 较小（见图 2–21b）。在切削余量较大时，可用图 2–21c 所示的端面车刀车削。

2. 45°车刀

45°外圆车刀俗称弯头车刀，分为右弯头车刀和左弯头车刀两种，如图 2–22 所示。

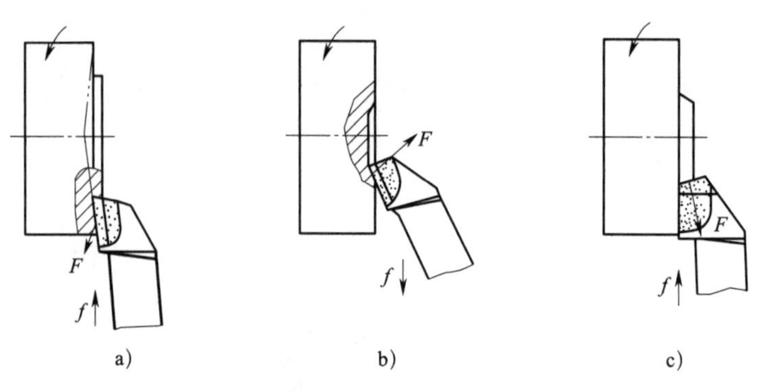

图 2–21　用右偏刀车端面

a）向中心进给产生凹面　b）由中心向外缘进给　c）用端面车刀车端面

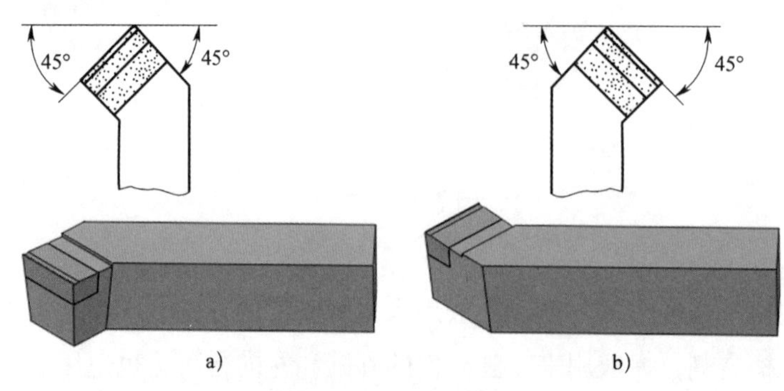

图 2–22　45°外圆车刀

a）45°右弯头车刀　b）45°左弯头车刀

45°外圆车刀的刀尖角 ε_r=90°，所以刀具强度和散热条件都比 90°外圆车刀好。常用于车削工件的端面及进行 45°倒角，有时也用于粗车刚度高的工件外圆，如图 2–23 所示。

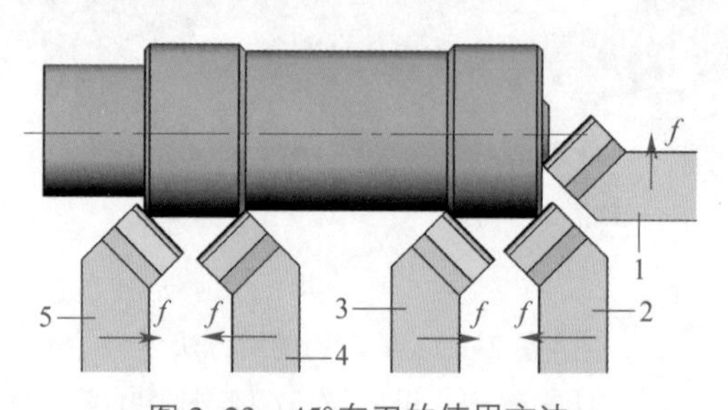

图 2–23　45°车刀的使用方法

1、3、5—45°左车刀　2、4—45°右车刀

3. 75° 车刀

75°外圆车刀的刀尖角 ε_r>90°，刀头强度高，较耐用，图 2–24 所示为加工钢件的典型 75°硬质合金粗车刀。

75°外圆车刀也分为右偏刀和左偏刀两种。75°右偏刀适用于粗车轴类工件的外圆及对加工余量较大的铸件、锻件外圆进行强力车削；75°左偏刀还适用于车削铸件、锻件的大端面，如图 2–25 所示。

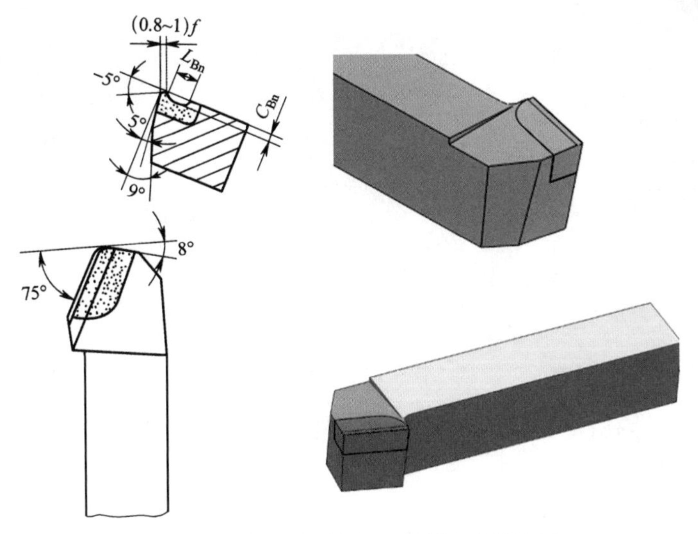

图 2–24　加工钢件的 75°硬质合金粗车刀

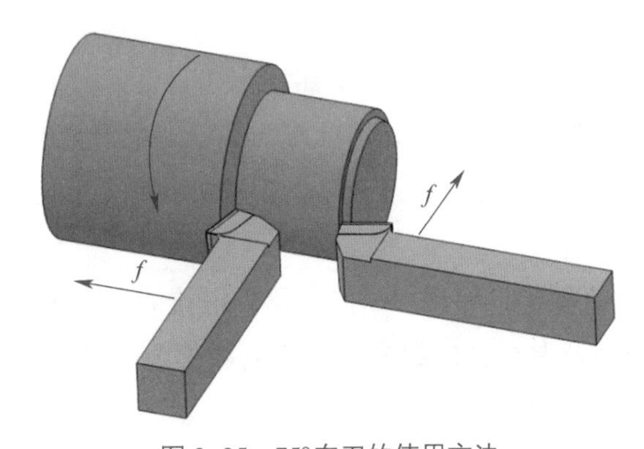

图 2–25　75°车刀的使用方法

五、车削端面、外圆和台阶的方法

1. 车端面的方法

开动车床使工件旋转，移动中滑板和床鞍，使 45°车刀刀尖轻触工件端面后，退出中滑板，此时床鞍不要移动。待刀尖横向离开工件后，再移动床鞍或小滑板，控制背吃刀量，摇动中滑板手柄做横向进给，由工件外缘向中心车削，如图 2–26a 所示；也可采取车刀端面对刀后，横向移动 45°车刀至工件中心，纵向进刀后由工件中心向外缘车削，如图 2–26b 所示；若采用 90°车刀车削端面，也应采用由工件中心向外缘车削的方法，如图 2–26c 所示。

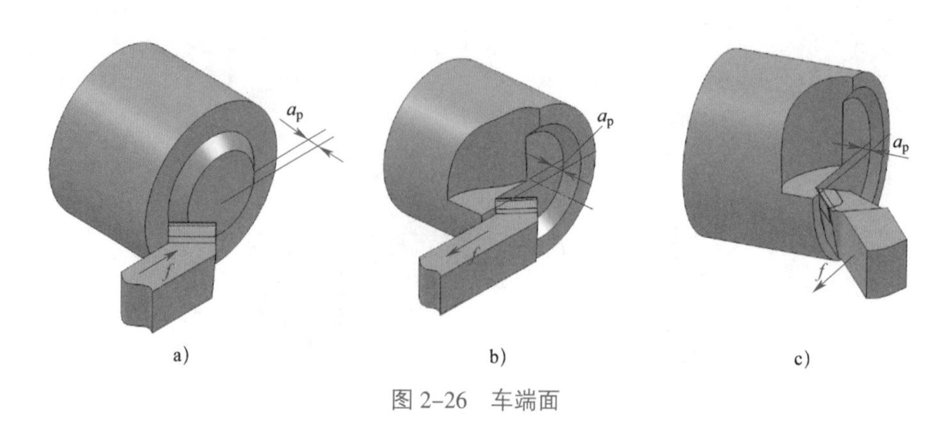

图 2–26　车端面

提示

只有在启动机床后，移动刀具，具备工件转动的主运动和刀具移动的进给运动，才可能使刀具不崩刃。

2. 车外圆的方法

（1）粗车

1）对刀。启动车床，使工件回转。左手摇动床鞍手轮，右手摇动中滑板手柄，使车刀刀尖趋近并轻轻接触工件待加工表面，以此作为确定背吃刀量的零点位置，如图 2–27a 所示。然后反向摇动床鞍手轮（此时中滑板手柄不动），使车刀向右离开工件 3 ～ 5 mm，如图 2–27b 所示。

2）进刀。摇动中滑板手柄，使车刀横向进给，进给的量即为背吃刀量，其大小通过中滑板上刻度盘进行控制及调整，格数等于半径上加工余量除以 0.05 或直径上加工余量除以（0.05 × 2），如图 2–27c 所示。

3）车削。双手均匀摇动床鞍手轮对工件外圆进行车削，车削至接近长度时（一般留 0.3 mm），逆时针转动中滑板手柄使车刀离开工件。若加工余量过大，可按照背吃刀量由大至小的原则选择，但进刀次数应尽可能少。

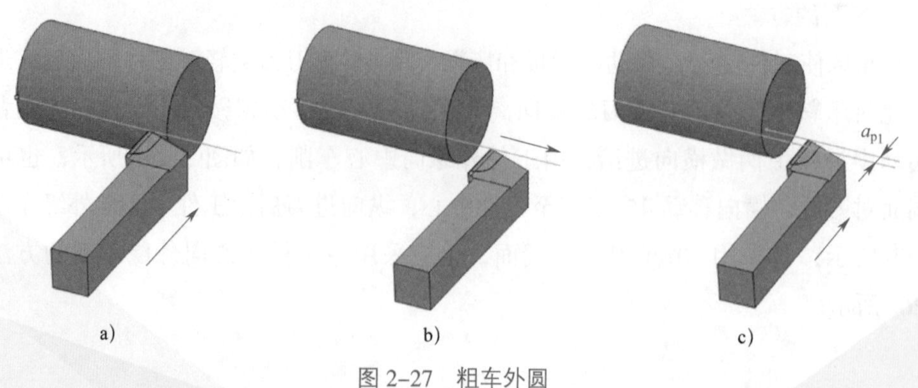

图 2–27　粗车外圆

a）对刀　b）纵向退出　c）进刀

（2）精车

在车削外圆时通常要进行精车，目的是控制背吃刀量，保证工件的尺寸精度，试车削和试测量是一个较好的方法，具体做法如下：启动车床，移动车刀至外圆表面对刀后，再移动床鞍纵向退出，如图 2–28a 所示；根据工件直径余量的 1/2 移动中滑板横向进刀（背吃刀量一般小于加工余量），然后再移动床鞍纵向车削（长度小于 5 mm），纵向快速退刀（横向不动），如图 2–28b 所示；停车后用游标卡尺或千分尺测量外圆直径，如图 2–28c 所示；根据所测的实际尺寸，按尺寸精度计算好进刀格数，再微调背吃刀量，车削至长度要求后退刀，如图 2–28d 所示。

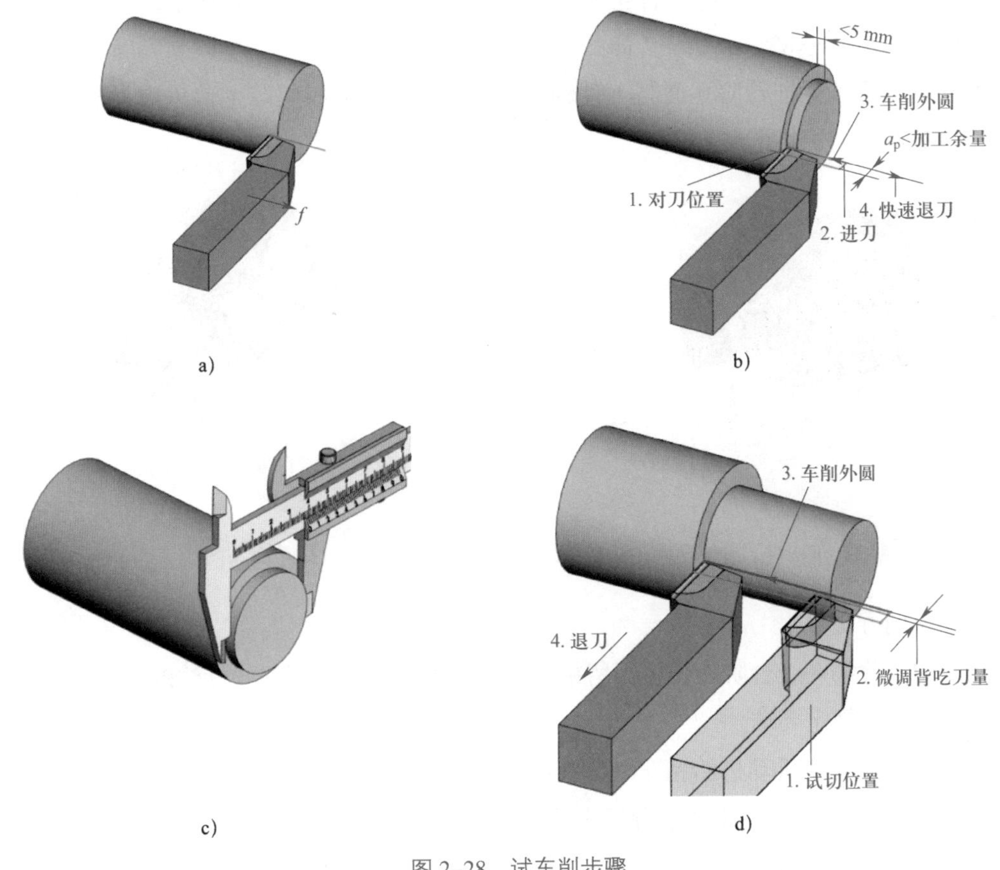

图 2–28 试车削步骤

a）对刀 b）进刀试车 c）测量直径 d）修正背吃刀量后车削

3. 车台阶的方法

车削台阶时，不仅要车削组成台阶的外圆，还要车削台阶处的端面，它是外圆车削和平面车削的组合。因此，车削台阶时既要保证外圆的尺寸精度和台阶的长度要求，还要保证台阶平面与工件轴线的垂直度要求。

（1）刀具的选择及安装

车削台阶时，通常选用 90°外圆车刀（偏刀），如图 2–29 所示。

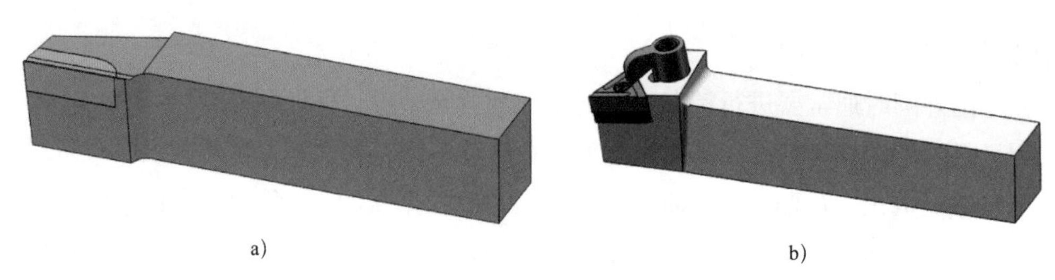

图 2-29　90°外圆车刀
a）焊接式　b）机夹式

装夹车刀时应根据粗车、精车和余量的多少进行调整。

粗车时，余量多，为了增大背吃刀量及减小刀尖的压力，装夹车刀时实际主偏角以小于 90°为宜（一般 κ_r=85° ~ 90°），如图 2-30 所示。

精车时，为了保证台阶平面与工件轴线垂直，装夹车刀时实际主偏角应大于 90°（一般 κ_r 为 93°左右），如图 2-31 所示。

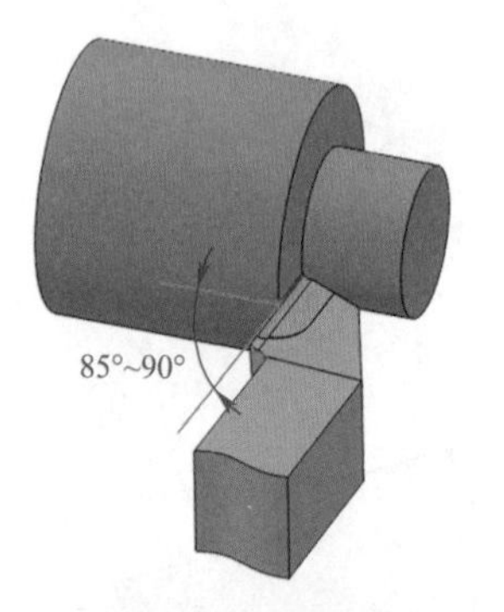

图 2-30　粗车台阶时偏刀的装夹位置

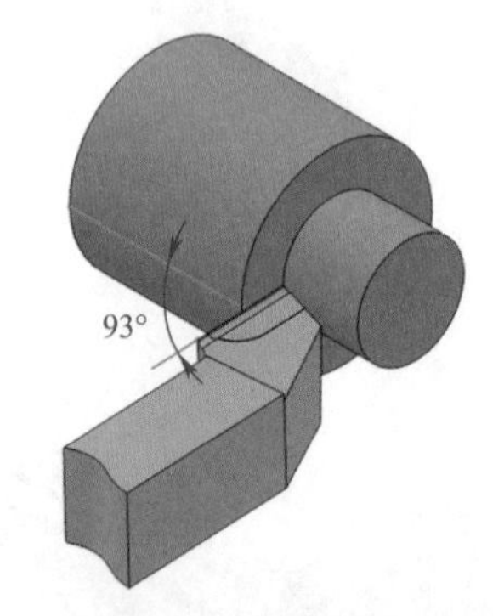

图 2-31　精车台阶时偏刀的装夹位置

（2）车削方法

粗车时，除第一级台阶的长度因留精车余量而略短外，采用链式标注的其余各级台阶的长度可以车至规定要求。

精车时，通常在机动进给精车外圆至接近台阶处时改成手动进给。当车至台阶面时，变纵向进给为横向进给，移动中滑板由里向外慢慢精车台阶平面，以确保其对工件轴线的垂直度要求。

1）刻线法。先用钢直尺或样板量出台阶的长度，然后用车刀刀尖在台阶的所在位置处车出一圈细线，按线痕车削台阶，如图 2-32 所示。

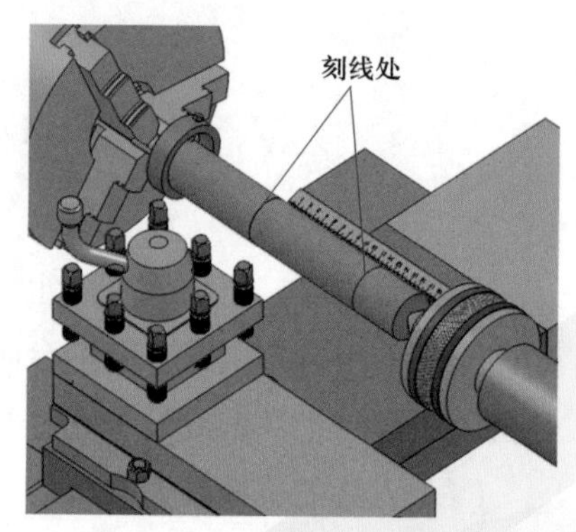

图 2-32　用刻线法车台阶

2）挡铁控制法。是指用挡铁定位控制台阶长度，主要用于成批车削台阶轴。

挡铁 1 固定在床身导轨上，并与工件上长度为 a_1 的台阶平面轴向位置一致，挡铁 2 和挡铁 3 的长度分

别等于台阶长度 a_2、a_3。纵向进给时，当床鞍碰到挡铁 1 时，长度为 a_1 的台阶车到要求，移除挡铁 1，调整好下一个台阶，继续纵向进给；当床鞍碰到挡铁 2 时，长度为 a_2 的台阶车到要求，以此类推，继续车完所有台阶，如图 2-33 所示。

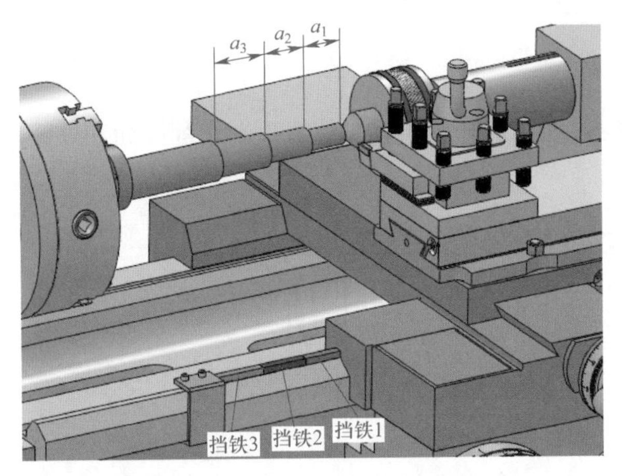

图 2-33　用挡铁控制法车台阶

用挡铁控制法车台阶，可节省加工中大量的测量时间，且成批生产时工件长度一致性较好，台阶长度的尺寸精度可达 0.1 ~ 0.2 mm。

当床鞍纵向机动进给快碰到挡铁时，应改机动进给为手动进给。

提示

采用一夹一顶方式装夹工件时，主轴锥孔内应设置限位支承，以保证工件的轴向位置。

3）床鞍刻度盘控制法。CA6140 型卧式车床床鞍刻度盘一格等于 1 mm，可先将 90° 车刀在工件端面（台阶）处轻轻接触，此时床鞍刻度盘刻度加上台阶长度即为床鞍进给车削的长度，如图 2-34 所示。

图 2-34　用床鞍刻度盘控制法车台阶

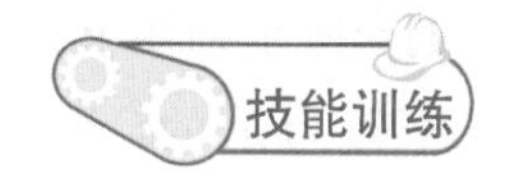

手动车削短台阶轴

一、训练任务

手动车削如图 2–35 所示的短台阶轴，练习手动车削端面和外圆。

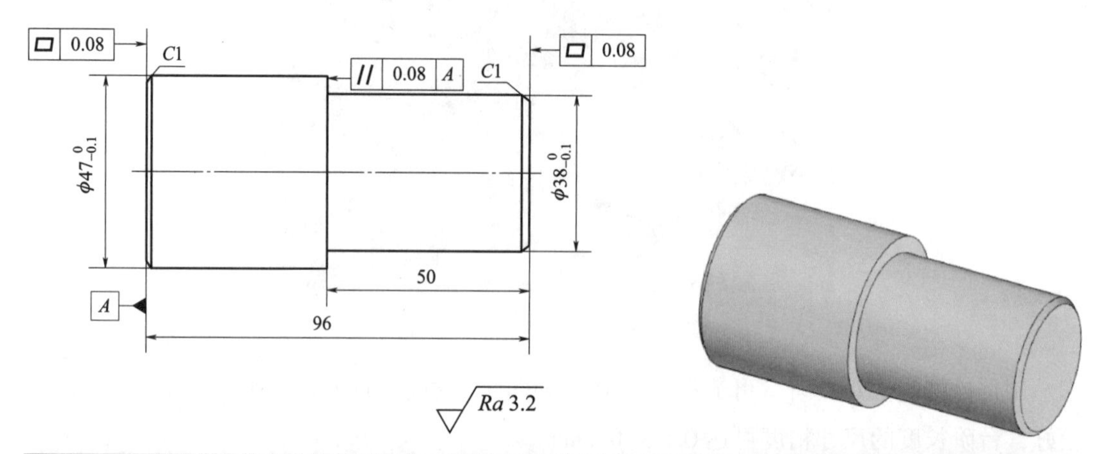

任务名称	练习内容	材料	材料来源	件数
手动车削短台阶轴	手动车削外圆、端面	45 钢	$\phi50\times100$	1

图 2–35　短台阶轴

二、手动进给车削短台阶轴

短台阶轴手动进给车削步骤见表 2–2。

表 2–2　　　短台阶轴手动进给车削步骤

步骤	加工内容描述	图示
1	检查备料 $\phi50$ mm × 100 mm	

续表

步骤	加工内容描述	图示
2	车削工件右端	
（1）	在三爪自定心卡盘上夹住 ϕ50 mm 毛坯外圆，伸出长度为 60 mm 左右，找正并夹紧	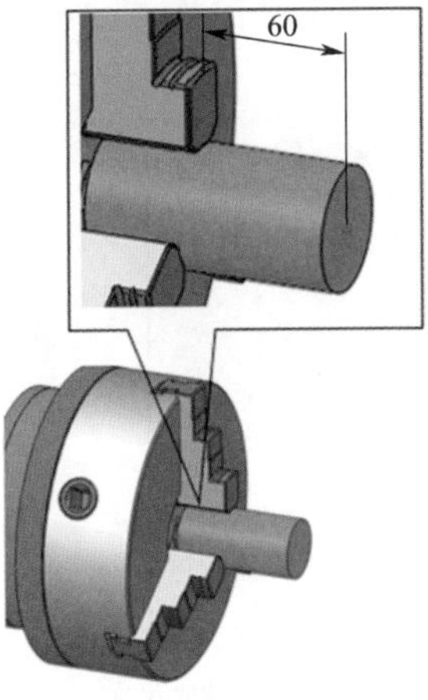 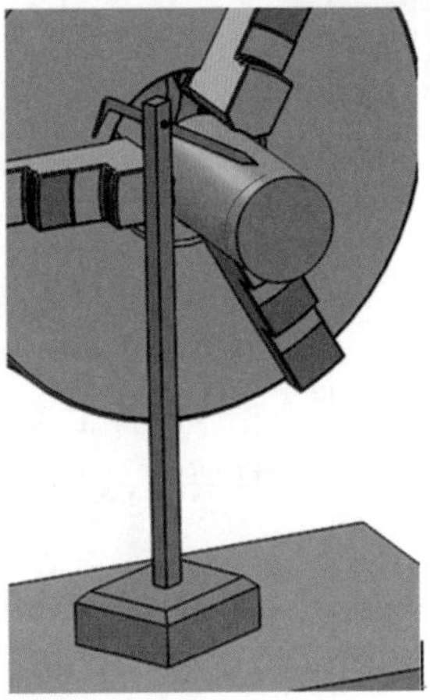
（2）	车端面，车平即可	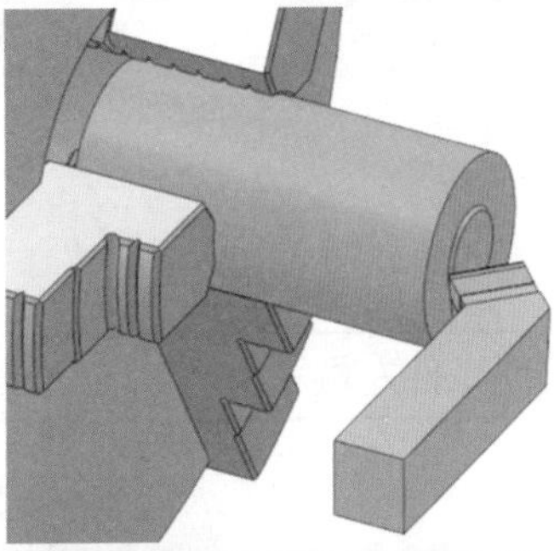
（3）	粗车图样上 $\phi\ 38_{-0.1}^{\ 0}$ mm 外圆至 ϕ38.5 mm，长 49 mm	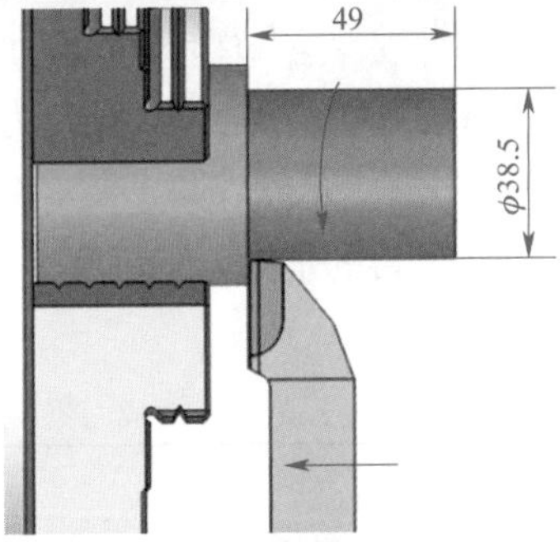
（4）	精车端面	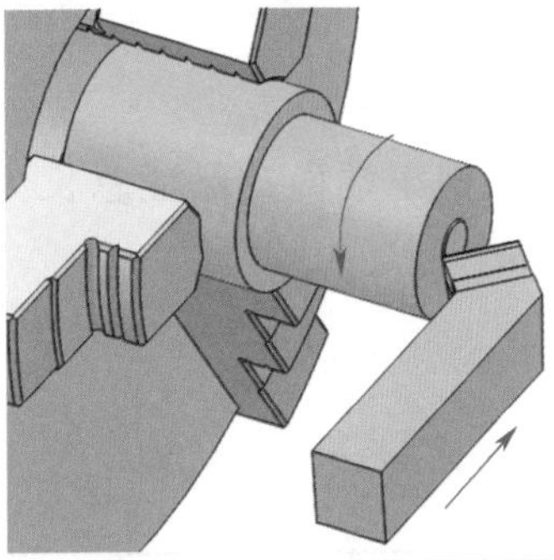

续表

步骤	加工内容描述	图示
（5）	精车图样上 ϕ 38$_{-0.1}^{0}$ mm 外圆至图样要求，长度为 50 mm，倒角 C1 mm	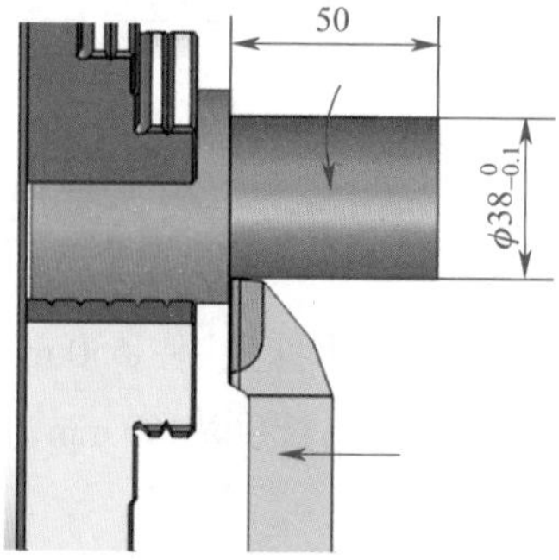 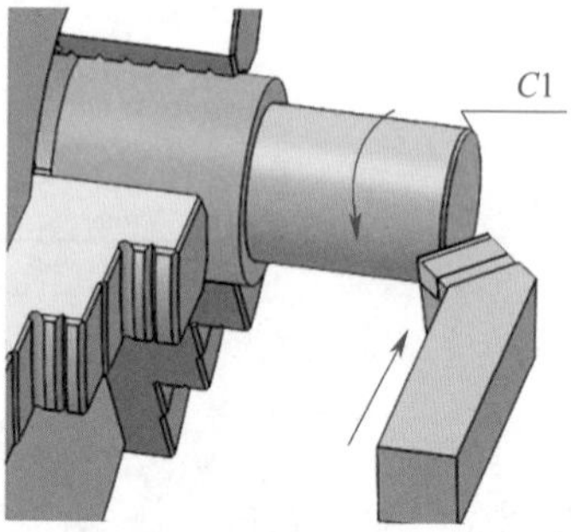
3	车削工件左端	
（1）	将工件掉头，垫铜皮夹住 ϕ 38$_{-0.1}^{0}$ mm 外圆，伸出长度约为 65 mm，找正卡爪处外圆，夹紧工件（找正的目的是保证平行度）	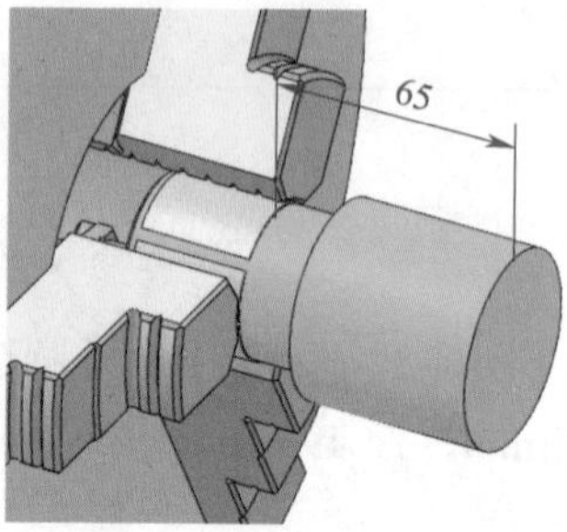
（2）	粗、精车端面，保证总长为 97 mm	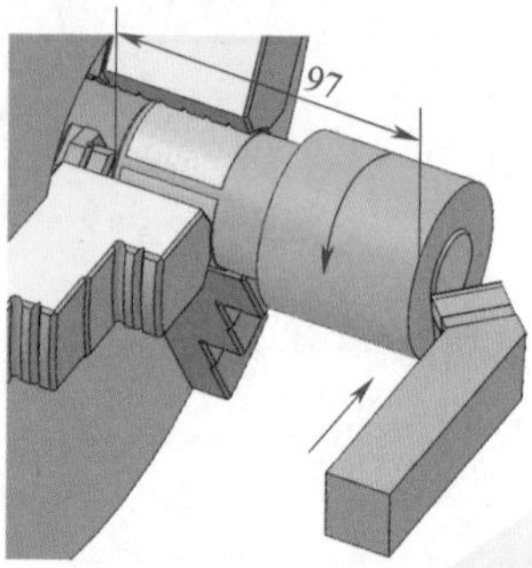

续表

步骤	加工内容描述	图示
（3）	粗车图样上 $\phi 47_{-0.1}^{0}$ mm 外圆至 ϕ47.5 mm	
（4）	精车端面，控制总长为 96 mm	
（5）	精车 $\phi 47_{-0.1}^{0}$ mm 外圆至图样要求，倒角 C1 mm	
4	检查各项尺寸，合格后卸下工件	

三、手动进给车削短台阶轴误差分析

1. 毛坯车不到尺寸，原因是毛坯余量不够或者毛坯弯曲未找正、工件装夹时未找正等。
2. 工件端面中心留有凸头，原因是刀尖没有对准工件中心，偏高或者偏低。
3. 工件端面中心处凹凸不平，原因是进给时背吃刀量过大，车刀磨损后不锋利等。
4. 车削时工件表面粗糙度达不到要求，表面痕迹粗细不一，主要是手动进给不均匀。
5. 车削时工件外圆产生锥度的原因如下：

（1）切削速度过高，在车削过程中车刀磨损。

（2）摇动中滑板进给车削时未消除空行程（中滑板丝杆和螺母间的间隙）。

（3）用卡盘装夹工件时，工件悬伸太长，受力后工件末端让刀。

课题二　钻中心孔及车台阶轴

一、台阶轴的结构特点和检测方法

1. 台阶轴的结构特点

轴是机器中最常用的零件之一，一般由外圆柱面、端面、台阶、倒角、过渡圆角、槽和中心孔等结构要素构成，如图 2–36 所示。车削轴类工件时，除了保证图样上标注的尺寸精度和表面粗糙度要求外，一般还应达到一定的几何精度要求。

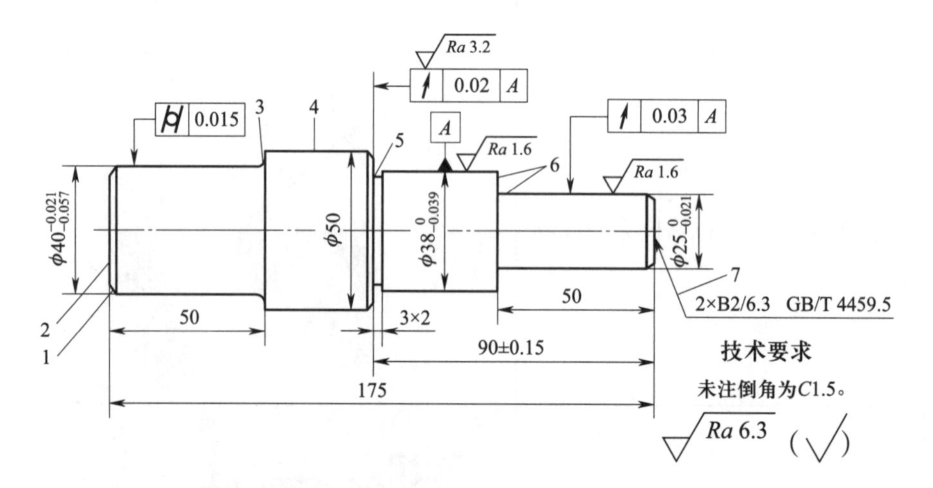

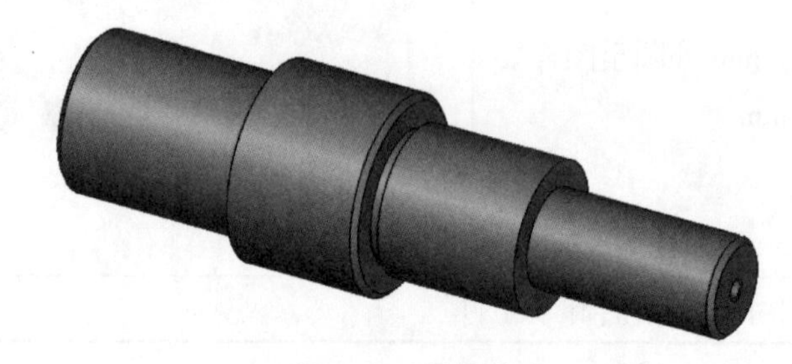

图 2–36　台阶轴

1—倒角　2—端面　3—过渡圆角　4—外圆柱面（外圆）　5—槽　6—台阶　7—中心孔

2. 台阶轴的检测方法

（1）长度的检测

可用游标卡尺或深度游标卡尺测量轴的长度，粗加工时也可用钢直尺测量。

（2）外径的检测

轴的外径可用游标卡尺进行测量，精度较高时一般常用千分尺进行测量，如图 2–37 所示。

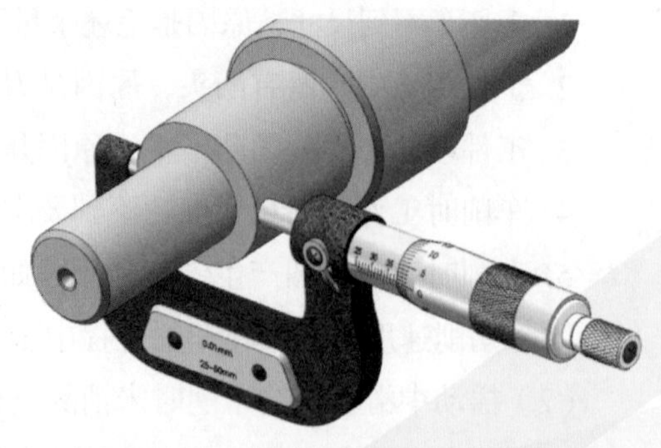

图 2–37　用千分尺测量轴的外径

（3）几何公差的检测

在实际生产中，常用百分表检测轴类工件的几何误差。

1）圆柱度误差的测量。一般用百分表测量轴类工件的圆柱度误差。测量时只需在被测表面的全长上取前、中、后几点，比较其测量值，其最大值与最小值之差的一半即为被测表面全长上的圆柱度误差，如图 2–38 所示。

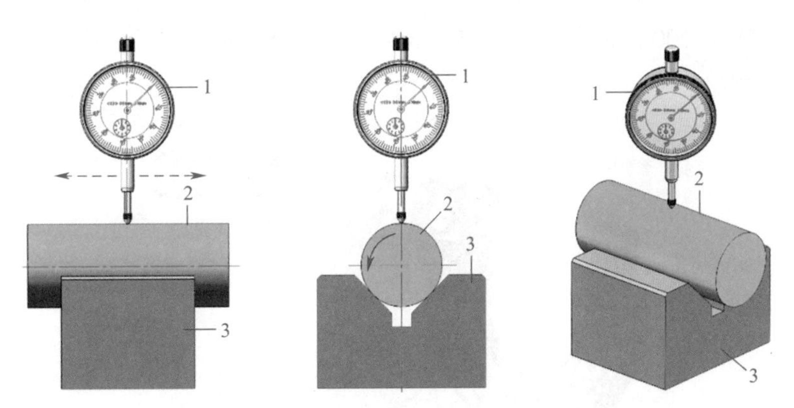

图 2–38　在 V 形架上测量轴类工件圆柱度误差

1—百分表　2—被测工件　3—V 形架

2）轴向圆跳动误差的测量。测量一般轴类工件的轴向圆跳动误差时，可以把工件用两顶尖装夹，然后把杠杆式百分表的圆测头靠在需要测量的工件左侧或右侧端面上，转动工件，测得百分表的示值差就是轴向圆跳动误差，如图 2–39 中 2 的位置所示。

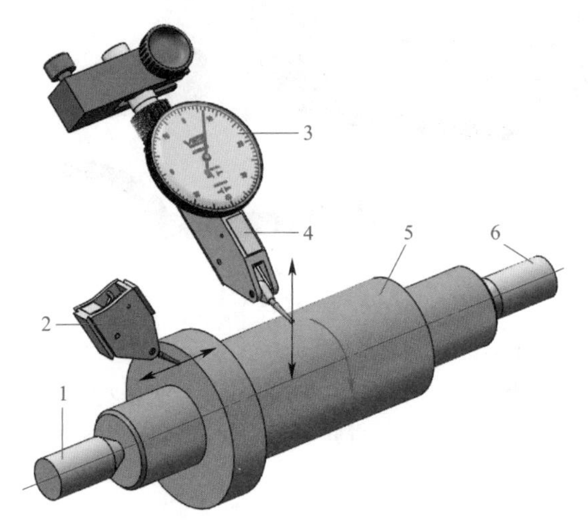

图 2–39　轴类工件在两顶尖间测量轴向圆跳动误差和径向圆跳动误差

1、6—顶尖　2—测量轴向圆跳动误差　3—杠杆式百分表　4—测量径向圆跳动误差　5—轴类工件

3）径向圆跳动误差的测量。测量一般轴类工件的径向圆跳动误差时，可以把工件用两顶尖装夹，然后把杠杆式百分表的圆测头靠在工件外圆面上，工件转一周，百分表所得的示值差就是径向圆跳动误差，如图 2–39 中 4 的位置所示。

二、千分尺

1. 千分尺的结构和形状

外径千分尺是各种千分尺中应用最多的一种，简称千分尺。外径千分尺属螺旋测微量具（见图 2–40），它的分度值一般为 0.01 mm。由于测微螺杆精度受制造上的限制，其移动量通常为 25 mm，因此，常用千分尺的测量范围分为 0 ~ 25 mm、25 ~ 50 mm、50 ~ 75 mm、75 ~ 100 mm 等，每隔 25 mm 为一档规格；测量尺寸大于 500 mm 的，每隔 100 mm 为一档规格。

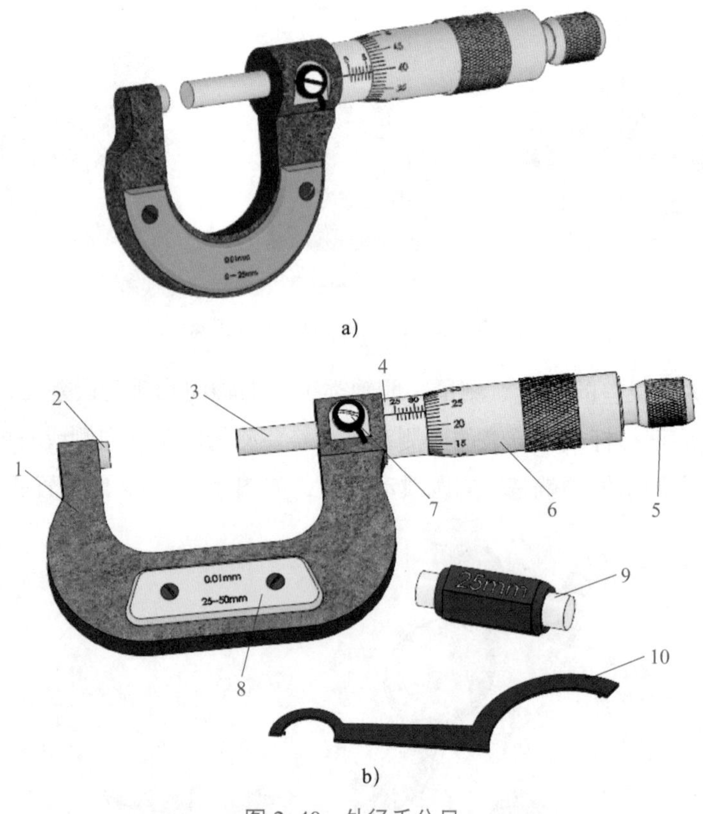

图 2–40　外径千分尺

a）0 ~ 25 mm 外径千分尺　b）25 ~ 50 mm 外径千分尺

1—尺架　2—测砧　3—测微螺杆　4—固定套管　5—测力装置　6—微分筒

7—锁紧装置　8—隔热装置　9—量棒　10—扳手

2. 千分尺的使用方法

（1）零位检查

测量工件尺寸前应检查千分尺的零位，即检查微分筒上的零线与固定套管上的基准线是否对齐，若未对齐，应用配套扳手进行调整。对于 0 ~ 25 mm 的千分尺，只需测砧面和测微螺杆端面贴平后对正“0”即可；对于 25 ~ 50 mm 的千分尺，则需要测砧面和测微螺杆端面分别与标准量棒的两端贴平后对正“0”，如图 2–41 所示。

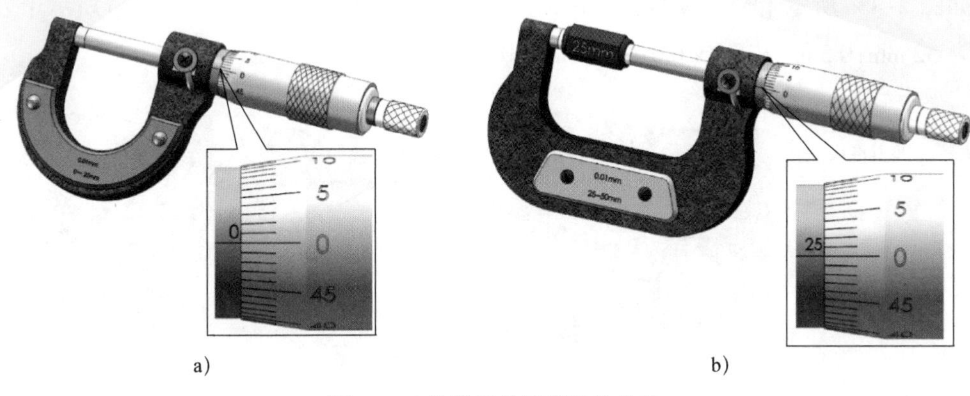

a)　　b)

图 2–41　外径千分尺零位的检查

a）0 ~ 25 mm 千分尺　b）有标准量棒的千分尺

（2）测量工件

当工件尺寸较小时，可单手握千分尺进行测量（见图 2–42a）；若在加工中测量，可双手握千分尺（见图 2–42b）；当被测工件数量较多或批量生产中、小型工件时，也可将千分尺固定在尺架上进行测量，如图 2–42c 所示。

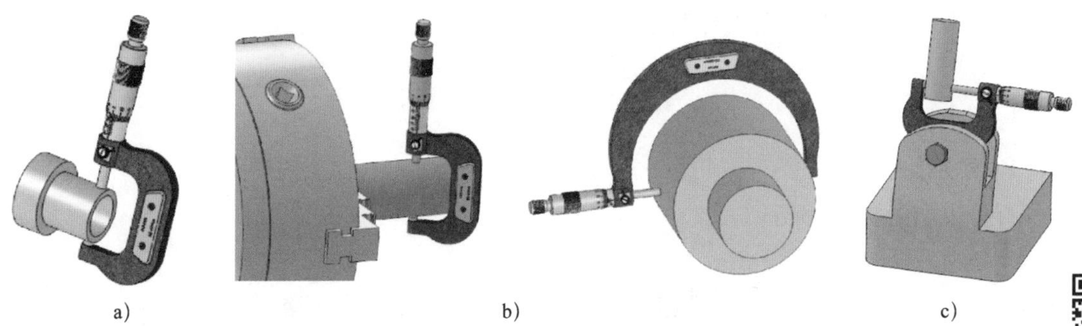

a)　　b)　　c)

图 2–42　用千分尺测量工件

3. 千分尺的读数原理

由于固定套管沿轴向刻度每小格为 0.5 mm，微分筒圆周上分为 50 小格，测微螺杆的螺距为 0.5 mm，因此，微分筒每转一周带动测微螺杆移动 0.5 mm。当微分筒转过一小格（1/50 周）时，测微螺杆移动距离为：

$$0.5\ \text{mm} \times \frac{1}{50} = 0.01\ \text{mm}$$

这就是用千分尺测量尺寸时可以读出 0.01 mm 的原理。因此，外径千分尺的测量精度为 0.01 mm，高于游标卡尺的测量精度。

千分尺的读数方法如下：先读出微分筒左侧固定套管上露出刻线的整毫米数和半毫米数；再数出微分筒上与固定套管的基准线对齐的刻线格数，用刻线格数 ×0.01 mm；将上述数值相加，即为测得的实际尺寸。

如图 2-43a 所示千分尺读数为 7 mm+38.2 × 0.01 mm=7.382 mm；图 2-43b 所示千分尺读数为 32 mm+0.5 mm+35.0 × 0.01 mm=32.850 mm。

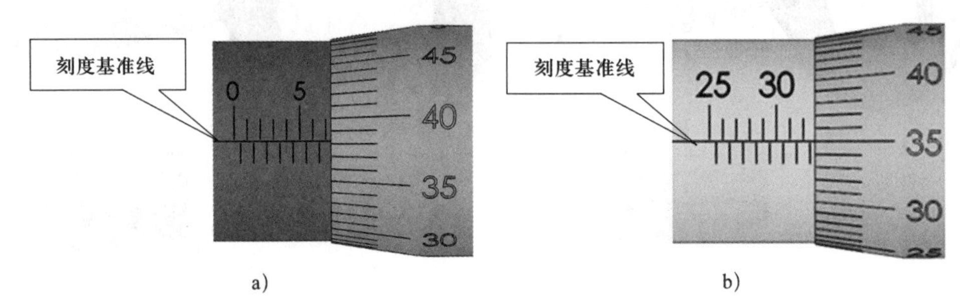

图 2-43　千分尺的读数方法

4. 千分尺使用注意事项

（1）千分尺使用前后均应擦拭干净，使用后应涂防锈油，放在盒内妥善保管。

（2）不准在旋转的工件上进行测量。

（3）测量时要注意工件温度的影响，温度在 30 ℃以上的工件尽量不要进行测量。

（4）不准将千分尺先调整好尺寸，当作卡规使用。

（5）不准用千分尺测量工件毛坯等粗糙表面。

三、指示表

1. 百分表

百分表如图 2-44 所示。

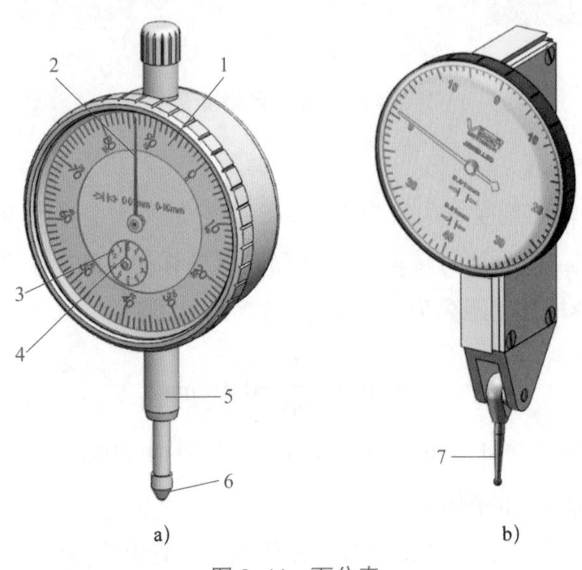

图 2-44　百分表

a）钟面式　b）杠杆式

1—大分度盘　2—大指针　3—小分度盘　4—小指针　5—测杆　6—测头　7—球面测杆

（1）钟面式百分表

钟面式百分表的分度值为 0.01 mm，量程为 0 ～ 3 mm、0 ～ 5 mm、0 ～ 10 mm。

钟面式百分表的结构如图 2–44a 所示，大分度盘每格为 0.01 mm，沿圆周共有 100 格。当大指针沿大分度盘转过一周时，小指针转过一格，测头移动 1 mm，因此，小分度盘每格为 1 mm。测量时，测头移动的距离等于小指针的示值加上大指针的示值。

（2）杠杆式百分表

杠杆式百分表体积较小，球面测杆可以根据测量需要改变位置，尤其是对小孔的测量或当钟面式百分表放不进去或测杆无法垂直于工件被测表面时，杠杆式百分表就显得十分灵活、方便。杠杆式百分表的分度值为 0.01 mm，量程为 0 ～ 0.8 mm，如图 2–44b 所示。

2. 千分表

千分表的量程为 0 ～ 1 mm、0 ～ 2 mm、0 ～ 3 mm、0 ～ 5 mm，其分度值为 0.001 mm、0.002 mm、0.005 mm 三种，分度值为 0.001 mm 的千分表如图 2–45 所示。显然千分表适用于更高精度的测量。

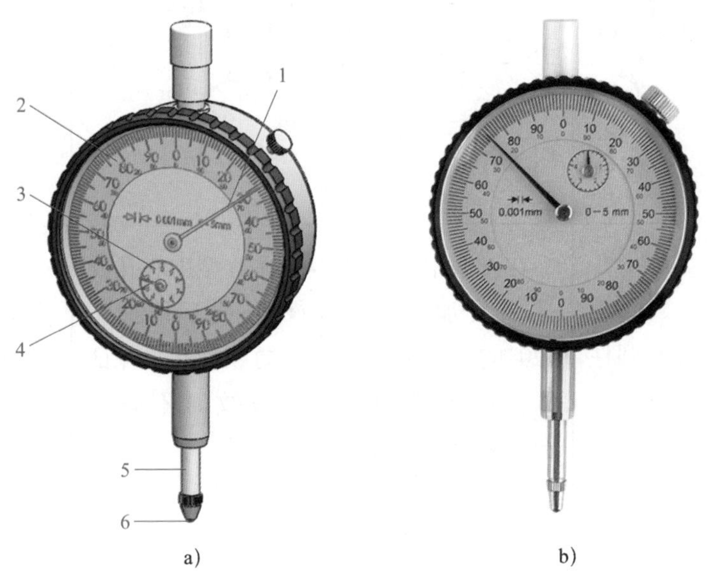

图 2–45　分度值为 0.001 mm 的千分表

a）结构　b）实物图

1—大指针　2—大分度盘　3—小分度盘　4—小指针　5—测杆　6—测头

如图 2–45 所示，千分表的结构与钟面式百分表相似，只是分度盘的分度值不同。大分度盘每格为 0.001 mm，沿圆周共有 200 格。当大指针沿大分度盘转过一周时，小指针转过一格，测头移动 0.2 mm，因此小分度盘每格为 0.2 mm。测量时，测头移动的距离等于小指针的示值加上大指针的示值。

百分表和千分表是指示式量仪。百分表和千分表应固定在测架或磁性表座上使用，测量前应转动表圈，使表的长指针对准“0”刻线。

四、钻中心孔

1. 中心孔和中心钻的种类

用一夹一顶和两顶尖装夹工件，必须先用中心钻在工件一端或两端的端面加工出合适的中心孔。

国家标准《机械制图　中心孔表示法》（GB/T 4459.5—1999）和《中心孔》（GB/T 145—2001）规定中心孔有 A 型（不带护锥）、B 型（带护锥）、C 型（带护锥和螺纹）和 R 型（弧形）四种，其类型、结构、作用、使用的中心钻和用途见表 2–3。

表 2–3　　中心孔的类型、结构、作用、使用的中心钻和用途

类型	A	B	C	R
结构图				
结构说明	由圆锥孔和圆柱孔两部分组成	在 A 型中心孔的端部再加工一个 120° 的圆锥面，用以保护 60° 锥面不至于被碰毛，并使工件端面容易加工	在 B 型中心孔的 60° 锥孔后面加工一短圆柱孔（保证攻螺纹时不碰毛 60° 锥孔），后面再用丝锥攻出内螺纹	形状与 A 型中心孔相似，只是将 A 型中心孔的 60° 锥面改成圆弧面，这样使其与顶尖的配合变成线接触
结构和作用	圆锥孔的圆锥角一般为 60°，重型工件用 75° 或 90°。它与顶尖锥面配合，起定心作用并承受工件重力和切削力，因此圆锥孔的表面质量要求较高			在装夹轴类工件时，线接触的圆弧面能自动纠正少量的位置偏差
	中心孔的基本尺寸为圆柱孔的直径 d，它是选取中心钻的依据 圆柱孔可储存润滑脂，并能防止顶尖头部触及工件，保证顶尖锥面与中心孔锥面配合贴切，以正确定中心 圆柱孔直径 $d \leqslant 6.3$ mm 的中心孔常用高速钢制成的中心钻直接钻出，$d>6.3$ mm 的中心孔常用锪孔或车孔等方法加工			

续表

使用的中心钻	A 型中心钻	B 型中心钻		R 型中心钻
用途	适用于精度要求一般的工件，应用较广泛	适用于精度要求较高或工序较多的工件，应用最广泛	适用于需要把其他零件轴向固定在轴上或需要将零件吊挂放置时	适用于轻型和高精度轴类工件

2. 钻中心孔的方法

（1）在尾座套筒锥孔中安装钻夹头

先擦净钻夹头柄部和尾座套筒锥孔，然后用左手握住钻夹头外部，沿尾座套筒轴线方向将钻夹头锥柄用力插入尾座套筒锥孔中。如钻夹头柄部与车床尾座套筒锥孔大小不吻合，可增加合适的过渡锥套后再插入尾座套筒的锥孔内，如图 2–46 所示。

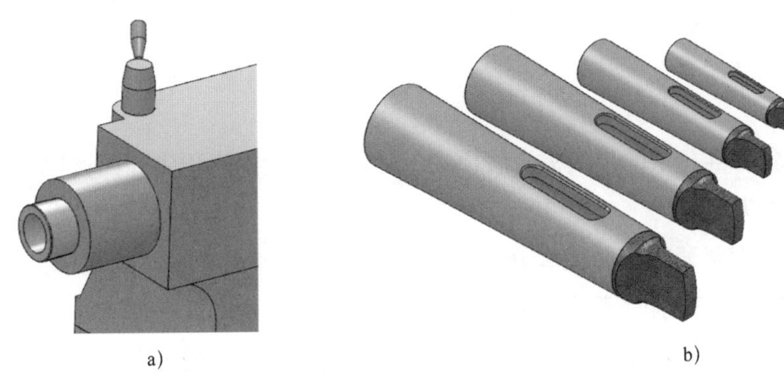

图 2–46　过渡锥套

a）在尾座套筒锥孔中装过渡锥套　b）不同型号的过渡锥套

（2）在钻夹头上装夹中心钻

用钻夹头钥匙逆时针方向转动钻夹头的外套，使钻夹头的三个夹爪张开，然后将中心钻插入三个夹爪之间，再用钻夹头钥匙顺时针方向转动钻夹头外套，通过三个夹爪将中心钻夹紧，如图 2–47 所示。

（3）开始钻削

移动尾座至近工件端面，启动车床，使主轴带动工件回转，观察中心钻钻尖是否与工件回转中心一致，校正后紧固尾座。

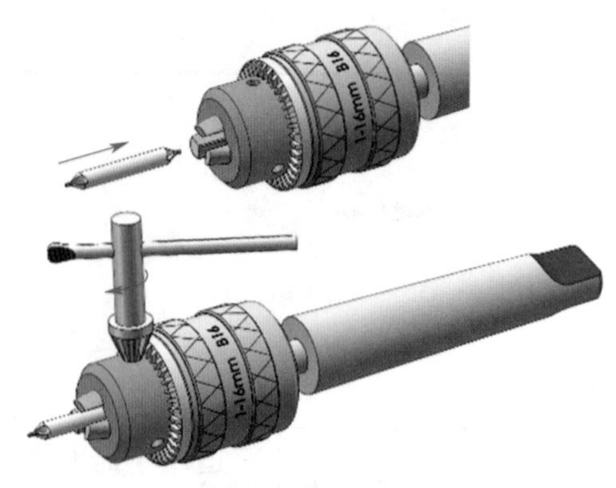

图 2-47　装夹中心钻

钻削时取较高的转速，进给量小而均匀，当中心钻进入工件后应及时加切削液进行冷却和润滑。钻完中心孔，中心钻在孔中稍停留，以修光中心孔，提高中心孔的形状精度和表面质量，然后退出中心钻。

提示

工件端面必须车平，不允许出现小凸头，尾座必须找正，中心钻前端小圆柱进入端面前不可用力过大。

五、顶尖

1. 后顶尖

插入尾座套筒锥孔中的顶尖称为后顶尖，后顶尖分为固定顶尖和回转顶尖两类。

（1）固定顶尖

固定顶尖分为普通固定顶尖和硬质合金固定顶尖，如图 2-48 所示。固定顶尖的优点是定心好，刚度高，切削时不易产生振动；缺点是与工件中心孔之间有相对运动，容易磨损且产生热量较多。普通固定顶尖用于低速切削，硬质合金固定顶尖可用于高速切削。

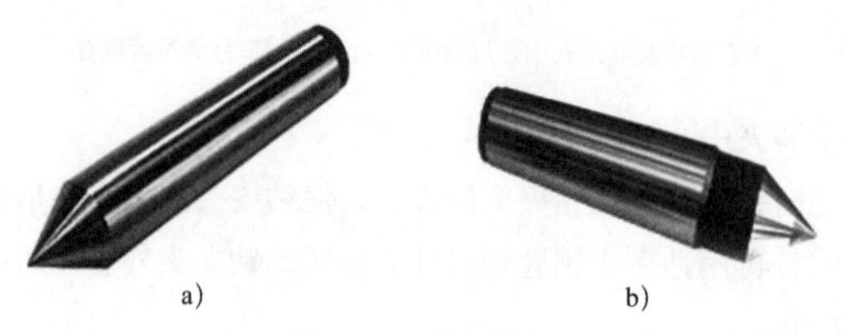

图 2-48　固定顶尖

a）普通固定顶尖　b）硬质合金固定顶尖

（2）回转顶尖

回转顶尖如图 2-49 所示，它将顶尖与中心孔之间的滑动摩擦转变成顶尖内部轴承的

滚动摩擦，克服了固定顶尖容易磨损且产生热量较多的缺点，可以承受很高的转速，但其定心精度不如固定顶尖高，刚度也稍低。

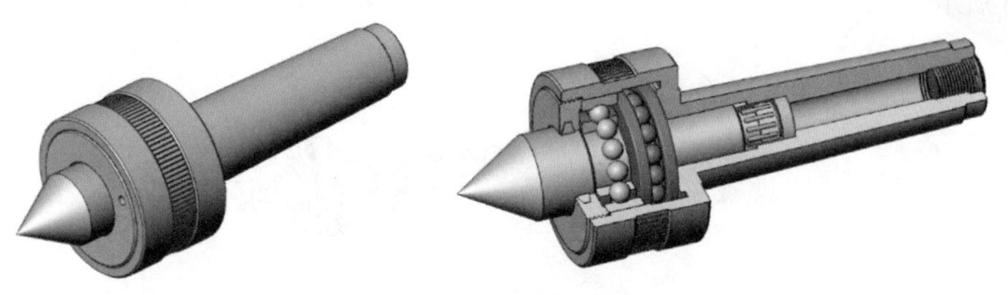

图 2-49　回转顶尖

2. 前顶尖

前顶尖是安装在主轴锥孔中的顶尖，它随主轴和工件一起回转。因此，与工件中心孔无相对运动，不产生摩擦。

前顶尖有两种类型：一种是以带锥度的柄部插入主轴锥孔内的前顶尖，如图 2-50 所示，这种顶尖装夹牢靠，可重复使用，适用于批量生产。另一种是夹在三爪自定心卡盘上的前顶尖，如图 2-51 所示，通常可在卡盘上夹持一段钢料，车削成锥角 $2\alpha=60°$ 的顶尖，这种顶尖的特点是制造及装夹方便，定心准确；缺点是顶尖的硬度较低，容易磨损，车削中如受到冲击，容易产生位移，只适用于小批量生产，且顶尖自卡盘上取下后，如需再次装夹后使用，必须修整顶尖的锥面，以保证锥面轴线与主轴轴线重合。

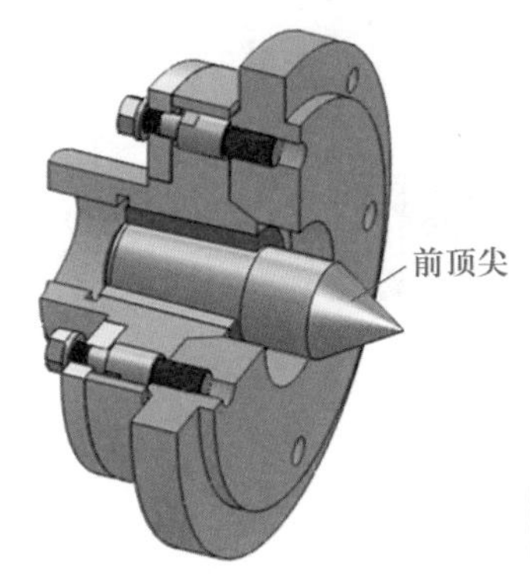

图 2-50　前顶尖

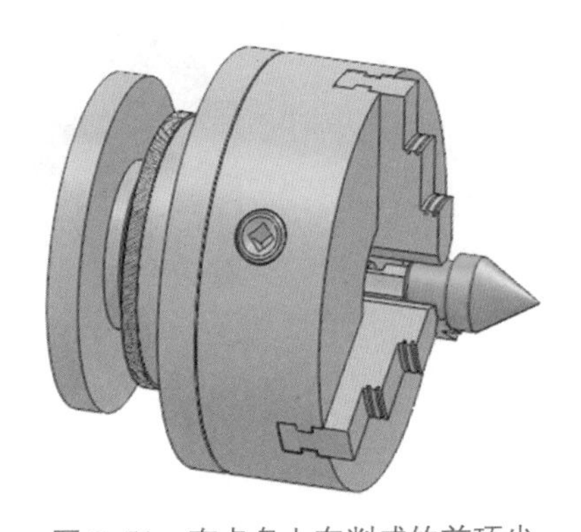

图 2-51　在卡盘上车削成的前顶尖

六、一夹一顶装夹

用两顶尖装夹轴类工件，虽定位精度高，但其刚度较低，尤其是对粗大、笨重的工件，装夹时稳定性不够，切削用量的选择受到限制，这时通常选用工件一端用卡盘夹持，另一端用后顶尖支承，即一夹一顶的方法装夹工件，如图 2-52 所示。这种装夹方法安全、可靠，能承受较大的轴向切削力。但对相互位置精度要求较高的工件，掉头车削时校正较困难。

1. 用限位支承限位

在卡盘内装一个轴向限位支承，以防止工件在轴向切削力作用下发生轴向窜动，如图 2–53 所示。

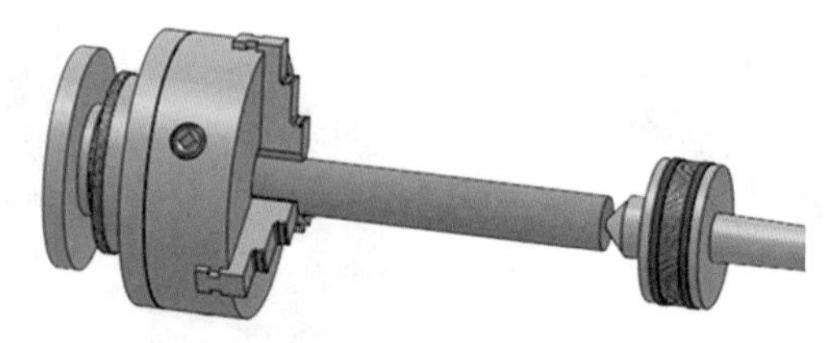

图 2–52　一夹一顶装夹工件

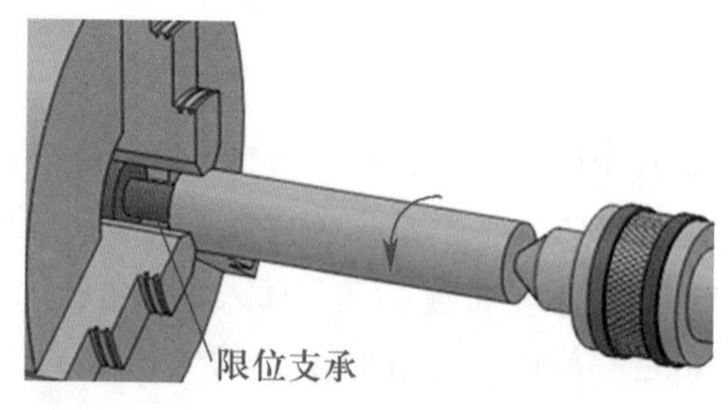

图 2–53　用限位支承限位

2. 用台阶限位

在工件被夹持部位车削一个长 10 ~ 20 mm 的台阶作为轴向限位支承，防止切削中工件发生轴向窜动，如图 2–54 所示。

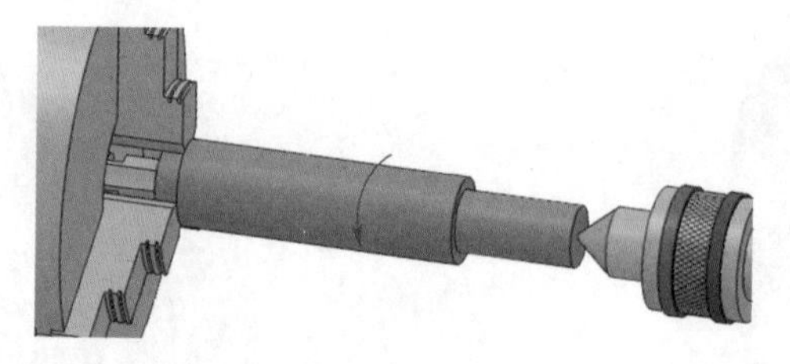

图 2–54　用台阶限位

七、两顶尖装夹

1. 装夹形式

在两顶尖间装夹，主要用于加工较长或必须经多道工序才能完成的轴类工件。用两顶尖装夹工件前必须先在工件的两端面加工出合适的中心孔，如图 2–55 所示。

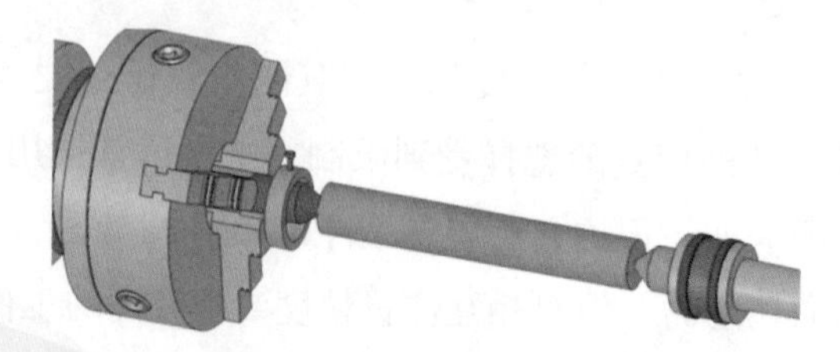

图 2–55　两顶尖装夹工件

2. 适用场合和装夹特点

两顶尖装夹适用于装夹较长的工件或必须经过多次装夹才能加工好的工件（如细长轴、长丝杠等），以及工序较多、在车削后还要铣削或磨削的工件。

采用两顶尖装夹工件的优点是装夹方便，不需找正，装夹精度高；缺点是因装夹刚度低而影响切削用量的提高。

3. 装夹方法

（1）安装并找正顶尖

1）擦净主轴锥孔和前顶尖柄部，将前顶尖插入主轴锥孔内，如图 2–56 所示。

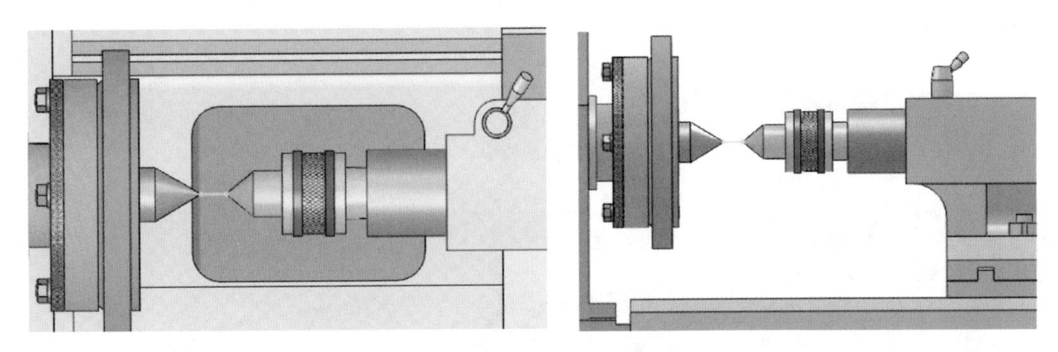

图 2–56　前、后顶尖相对位置的找正

2）擦净尾座套筒锥孔和后顶尖柄部，将后顶尖插入尾座套筒锥孔内。

3）拉动尾座，使其慢慢向主轴靠近，位置合适后，摇动尾座手轮，使尾座套筒带着后顶尖趋近并轻轻接触前顶尖，如图 2–56 所示。

4）从正上方与正前方（从操作者站立处向前看）两个方向观察前、后顶尖是否对准。若两顶尖没有对准，调整尾座的螺栓至符合要求。

（2）装夹工件

1）用鸡心夹头或平行对分夹头（见图 2–57）夹紧工件一端的适当部位（应使夹头上的拨杆超出工件轴端）。

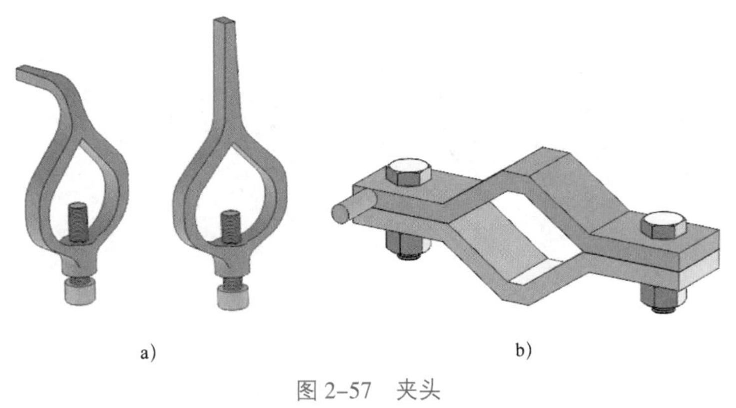

图 2–57　夹头

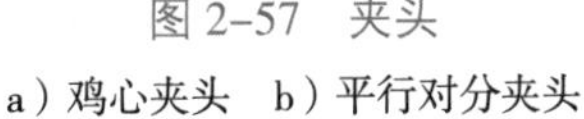

a）鸡心夹头　b）平行对分夹头

2）左手托起工件，将夹有夹头一端的工件中心孔放置在前顶尖上，并使夹头的拨杆插入拨盘的凹槽中（若前顶尖用卡盘夹持，则将拨杆贴近卡盘的卡爪侧面），以通过拨盘（或卡盘）带动工件回转，如图 2–58a 所示。

3）右手摇动事先已根据工件长度调整好位置并紧固的尾座手轮，使后顶尖顶入工件另一端的中心孔，其松紧程度以工件在两顶尖间可以灵活转动而又没有轴向窜动为宜。

4）注意尾座套筒从尾座伸出的长度应尽量短，只要车刀车削工件端面时中滑板与尾座不碰即可，如图 2–58b 所示；若后顶尖使用固定顶尖，应加注润滑脂。最后，将尾座套筒的固定手柄压紧。

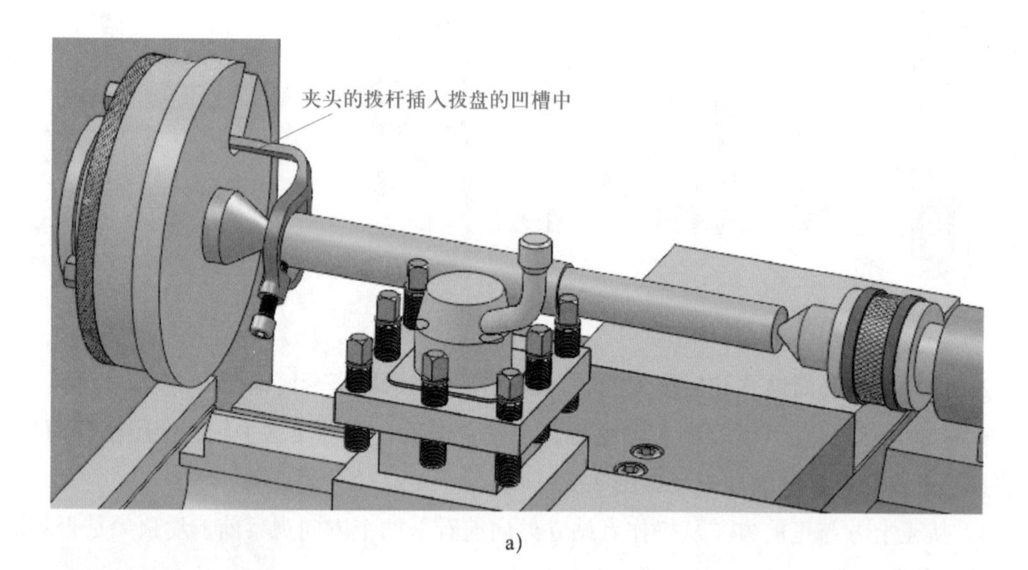

a）

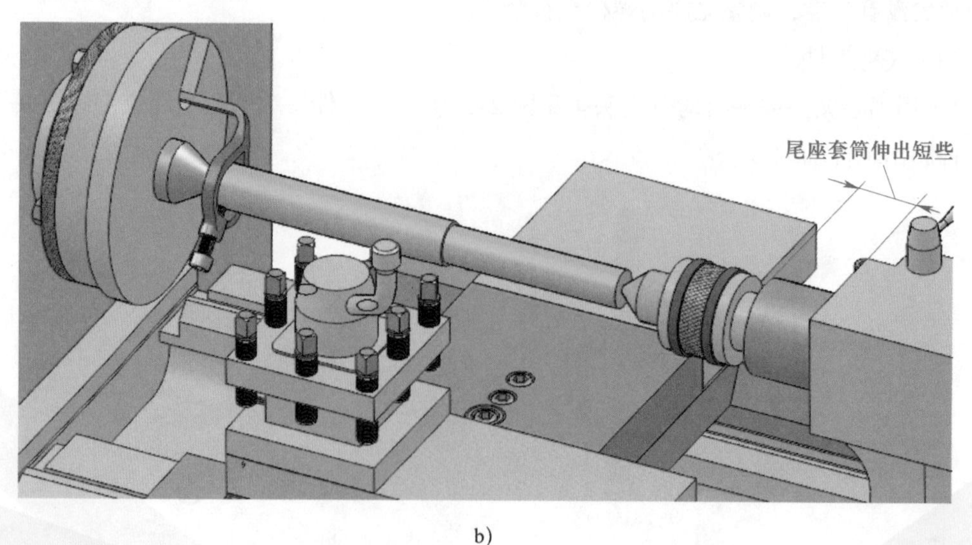

b）

图 2–58　在两顶尖间装夹工件的方法

a）夹头的拨杆插入拨盘的凹槽中　b）尾座套筒伸出短些

一夹一顶装夹车削台阶轴

一、训练任务

依据图 2–59 所示台阶轴图样完成台阶轴的粗加工。

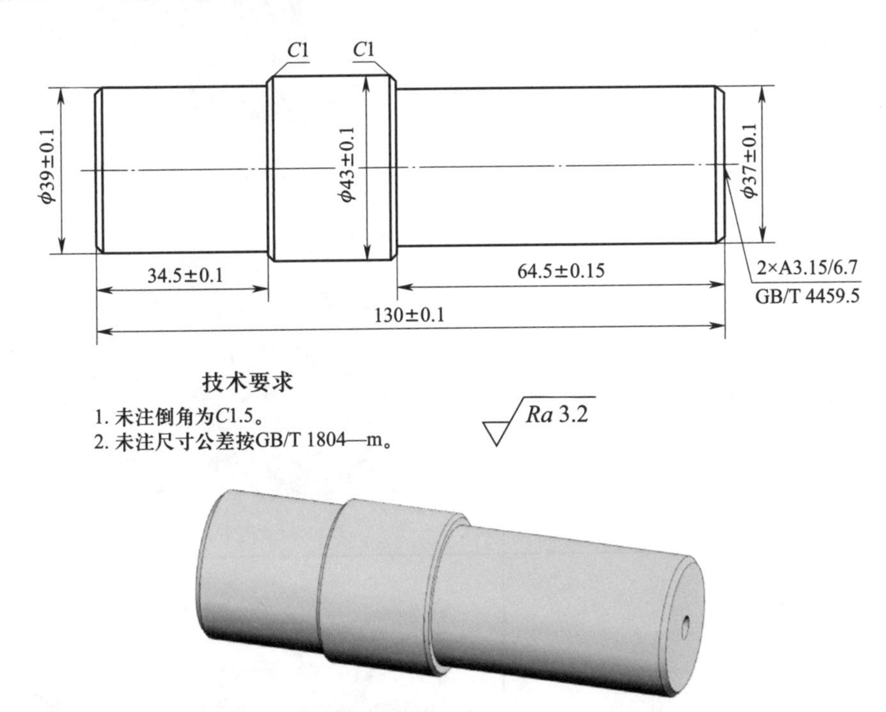

任务名称	练习内容	材料	材料来源	件数
一夹一顶装夹车削台阶轴	粗车外圆、端面、台阶及钻中心孔	45 钢	$\phi45\times133$	1

图 2–59　粗车台阶轴

二、一夹一顶粗车台阶轴

一夹一顶粗车台阶轴步骤见表 2–4。

表 2–4　　一夹一顶粗车台阶轴步骤

步骤	加工内容描述	图示
1	检查备料 $\phi45$ mm × 133 mm	
2	车削限位台阶，钻中心孔	

续表

步骤	加工内容描述	图示
（1）	在三爪自定心卡盘上夹住 ϕ45 mm 毛坯外圆，伸出长度为 60 mm 左右，找正并夹紧	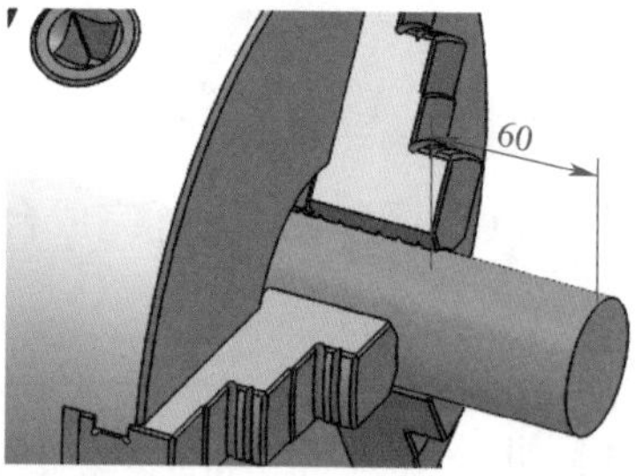
（2）	粗、精车端面，车平即可，表面粗糙度达到要求	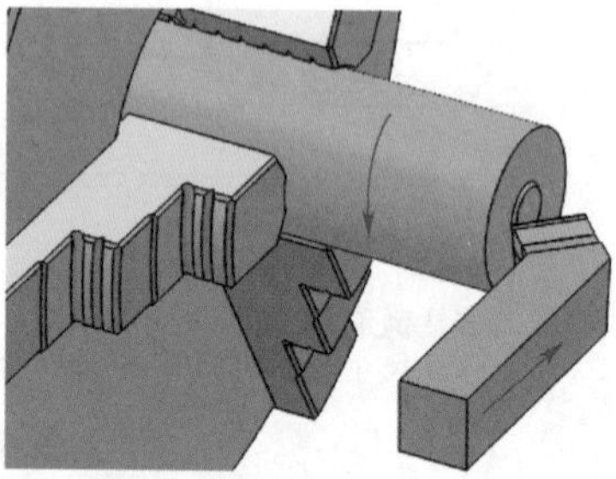
（3）	钻中心孔 A3.15 mm/6.7 mm	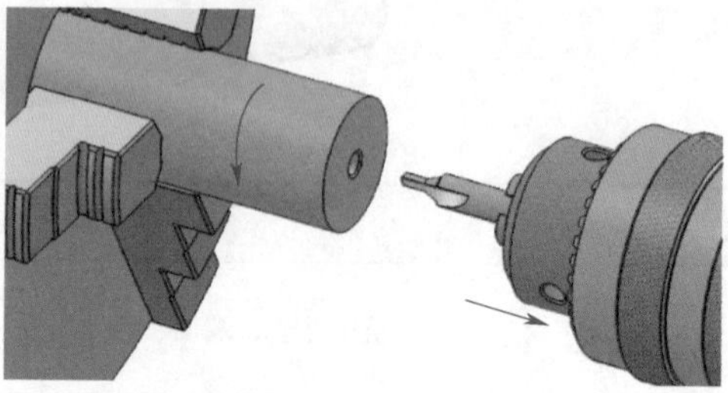
（4）	车削限位台阶 ϕ42 mm × 20 mm	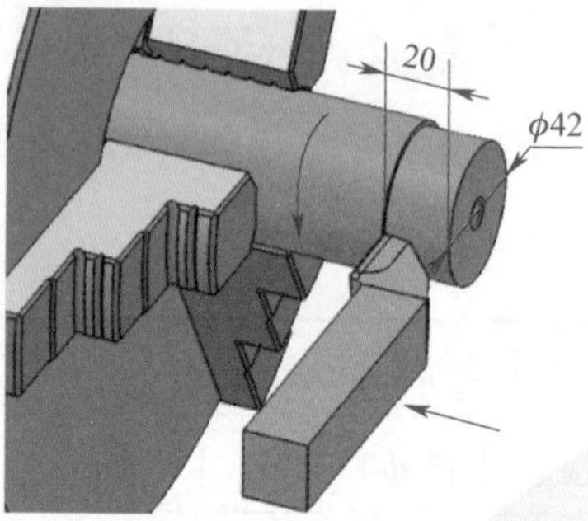

续表

步骤	加工内容描述	图示
3	保证总长，钻中心孔	
（1）	掉头，在三爪自定心卡盘上夹住工件 ϕ42 mm × 20 mm 限位台阶，找正并夹紧	
（2）	粗、精车端面，保证总长（130 ± 0.1）mm	130±0.1
（3）	钻中心孔 A3.15 mm/6.7 mm	
4	一夹一顶装夹工件，粗车左端外圆	
（1）	在三爪自定心卡盘上夹住工件 ϕ42 mm × 20 mm 限位台阶，与后顶尖配合一夹一顶装夹工件	

续表

步骤	加工内容描述	图示
（2）	粗车左端外圆至 ϕ（43±0.1）mm，长度为 66 mm	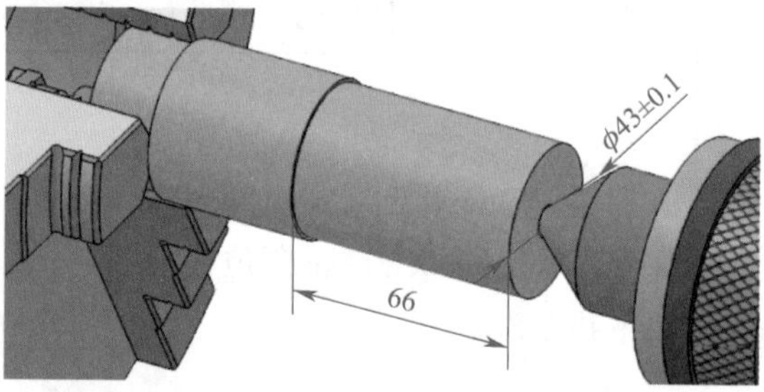
（3）	粗车左端外圆至 ϕ（39±0.1）mm，长度为（34.5±0.1）mm，倒角 C1 mm、C1.5 mm 各一处	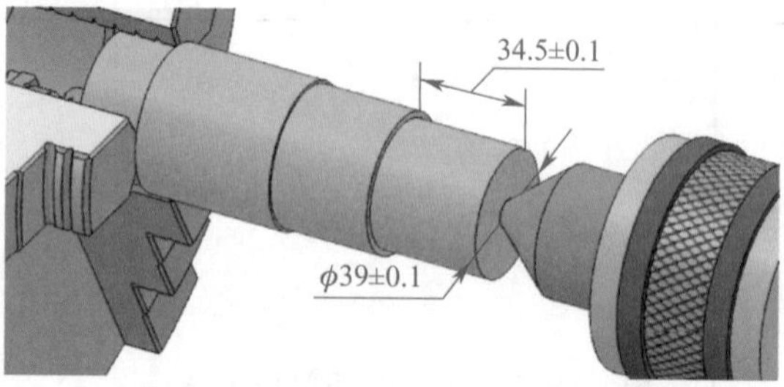
5	一夹一顶装夹工件，粗车右端外圆	
（1）	在三爪自定心卡盘上夹住工件 ϕ（39±0.1）mm 外圆，与后顶尖配合一夹一顶装夹工件	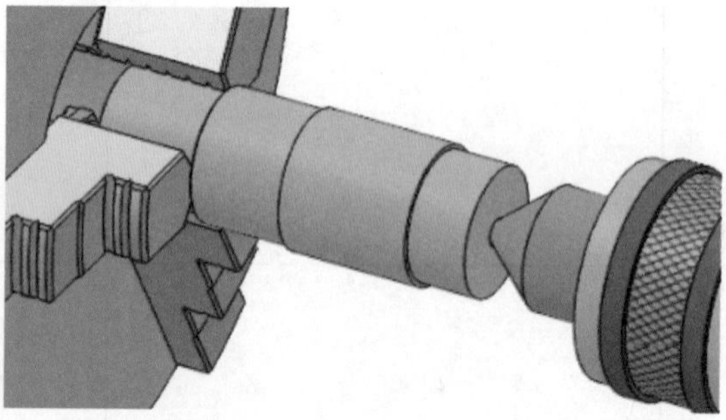
（2）	粗车右端外圆至 ϕ(37±0.1)mm，长度为（64.5±0.15）mm，倒角 C1 mm、C1.5 mm 各一处	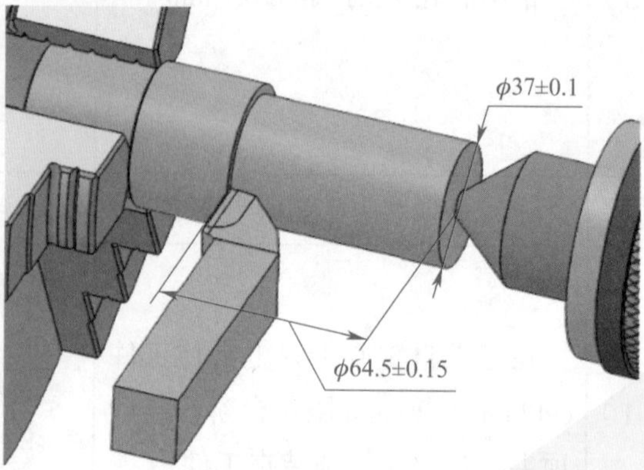
6	检查各项尺寸，合格后卸下工件	

三、一夹一顶粗车台阶轴的注意事项

1. 一夹一顶车削台阶轴最好要求用轴向限位支承；否则，在轴向切削力的作用下，工件容易产生轴向位移。如果不采用轴向限位支承，就要求操作者随时注意后顶尖支顶的松紧情况，并及时进行调整，以防发生事故。

2. 顶尖支顶不能过松或过紧，过松，工件产生跳动，外圆变形；过紧，易产生摩擦热，烧坏固定顶尖和工件中心孔。

3. 不准用手拉切屑，以防割破手指。

4. 粗车多台阶工件时，台阶长度余量一般只需留在靠近尾座的第一段台阶上。

5. 台阶处应保持垂直、清角，并防止产生凹坑和小台阶。

6. 注意工件锥度的方向性。

两顶尖装夹车削台阶轴

一、训练任务

在图 2–59 所示粗车台阶轴的基础上，根据图 2–60 所示的要求完成台阶轴的精加工。

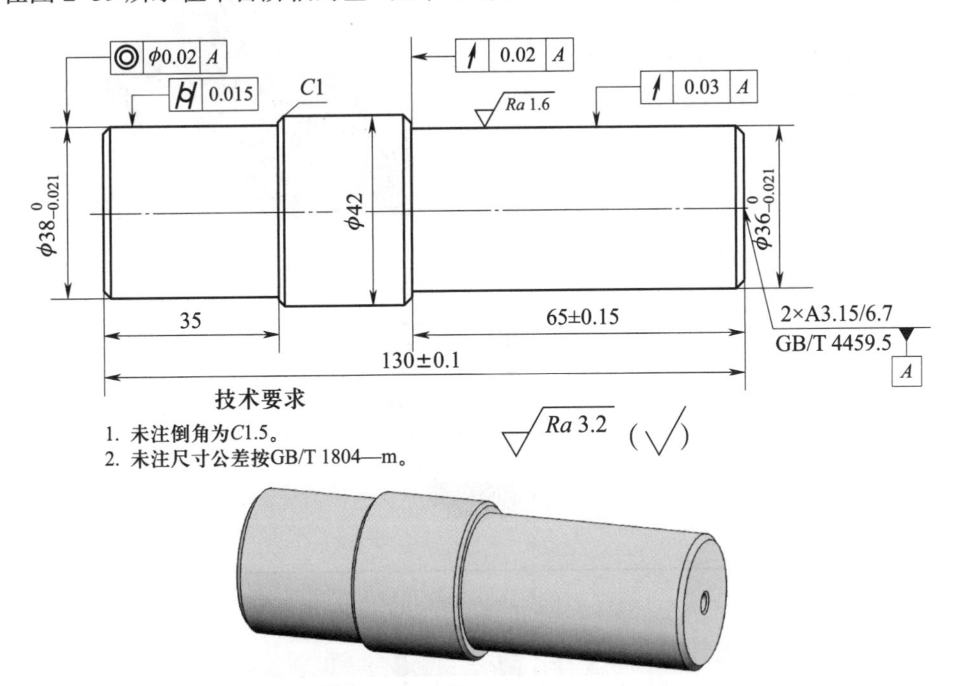

任务名称	练习内容	材料	材料来源	件数
两顶尖装夹车削台阶轴	精车外圆、端面、台阶及研修中心孔	45 钢	图 2–59 所示粗车台阶轴	1

图 2–60　精车台阶轴

二、两顶尖装夹精车台阶轴

两顶尖装夹精车台阶轴步骤见表 2–5。

表 2–5　　两顶尖装夹精车台阶轴步骤

步骤	加工内容描述	图示
1	研修中心孔	
（1）	用三爪自定心卡盘夹住油石的圆柱部分	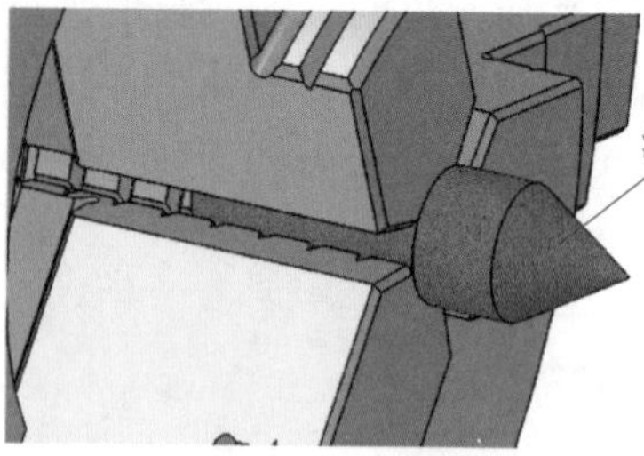 油石
（2）	用 90° 车刀车削油石的 60° 顶尖（该步骤可由教师演示）	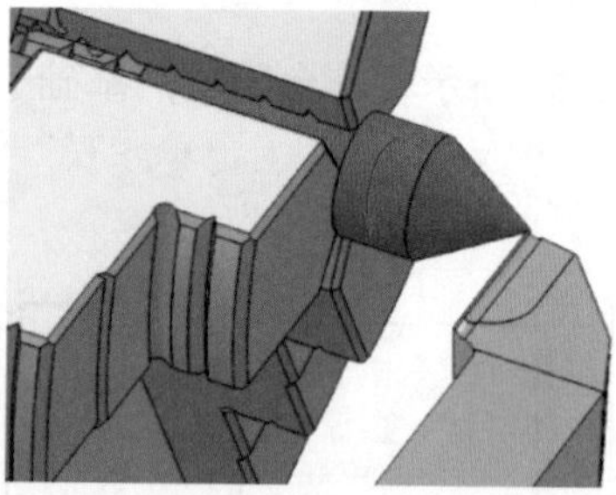
（3）	将已粗车的工件安放在两顶尖间，后顶尖不要顶得太紧	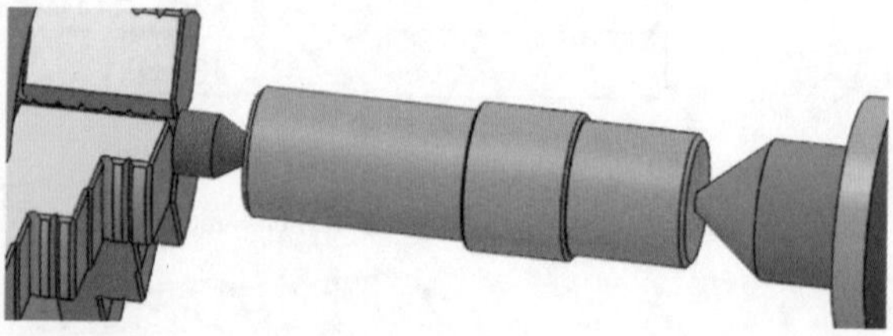
（4）	车床主轴低速旋转，在前顶尖处加机油，用手握住工件分别研修两端中心孔，操作过程中后顶尖要略用力慢慢向前	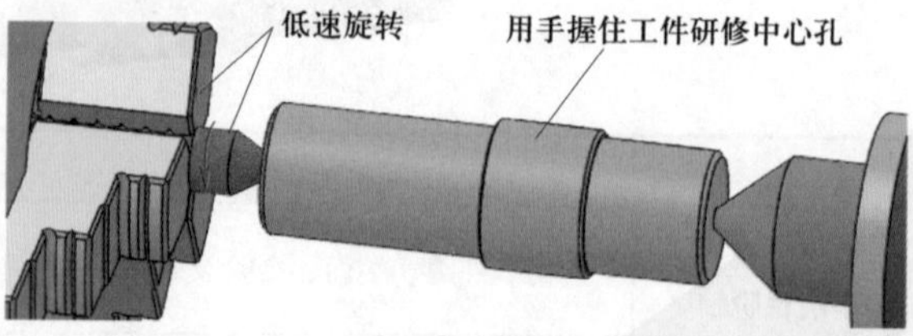 低速旋转 用手握住工件研修中心孔

续表

步骤	加工内容描述	图示
2	车削前顶尖	
（1）	用活扳手将小滑板转盘上前、后锁紧螺母松开，小滑板逆时针方向转动30°，使小滑板上的基准“0”线与30°刻线对齐，然后拧紧转盘上的锁紧螺母	
（2）	用双手配合均匀、不间断地转动小滑板手柄，手动进给分层车削前顶尖的圆锥面	
（3）	将转盘上的锁紧螺母松开，将小滑板恢复到原始位置后再紧固	
3	精车台阶轴的左端	
（1）	在两顶尖间装夹工件	
（2）	精车 ϕ42 mm 的外圆至 ϕ(42 ± 0.3) mm（按未注公差要求），表面粗糙度 Ra 值达到 3.2 μm	

续表

步骤	加工内容描述	图示
（3）	精车左端外圆至 $\phi\ 38_{-0.021}^{\ 0}$ mm，长度为（35 ± 0.3）mm（按未注公差要求），表面粗糙度 *Ra* 值达到 3.2 μm，圆柱度误差小于等于 0.015 mm	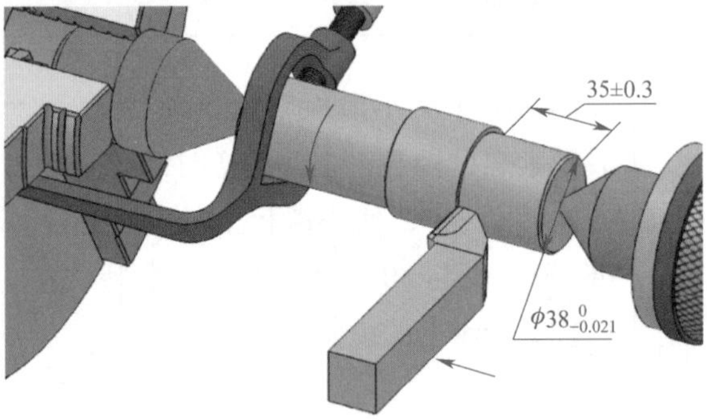
（4）	倒角 *C*1.5 mm 和 *C*1 mm 各一处	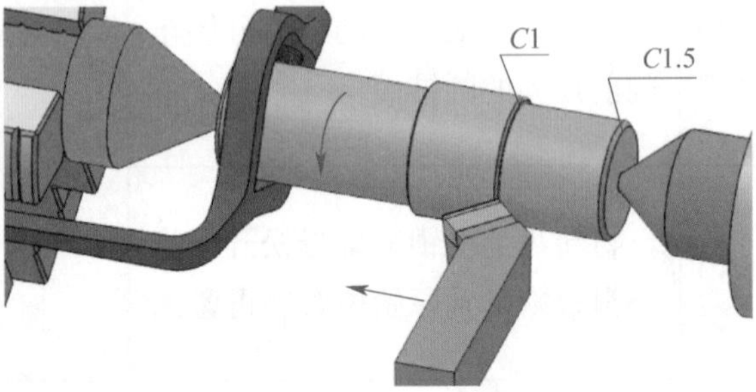
4	精车台阶轴的右端	
（1）	将工件掉头，用两顶尖装夹（铜皮垫在 $\phi\ 38_{-0.021}^{\ 0}$ mm 的外圆处）	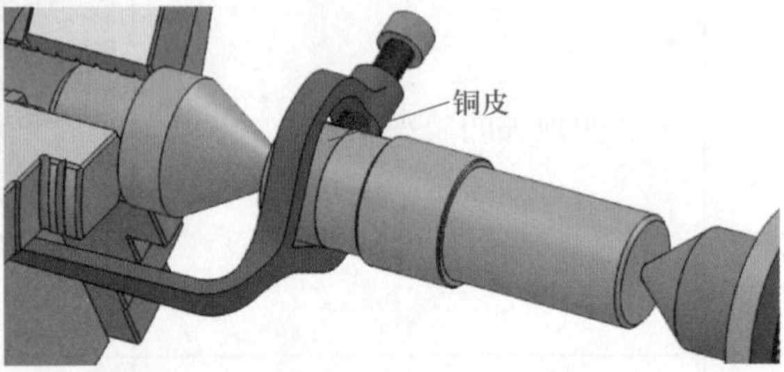
（2）	精车右端外圆至 $\phi\ 36_{-0.021}^{\ 0}$ mm，长度为（65 ± 0.15）mm，表面粗糙度 *Ra* 值达到 1.6 μm，径向圆跳动误差小于等于 0.03 mm	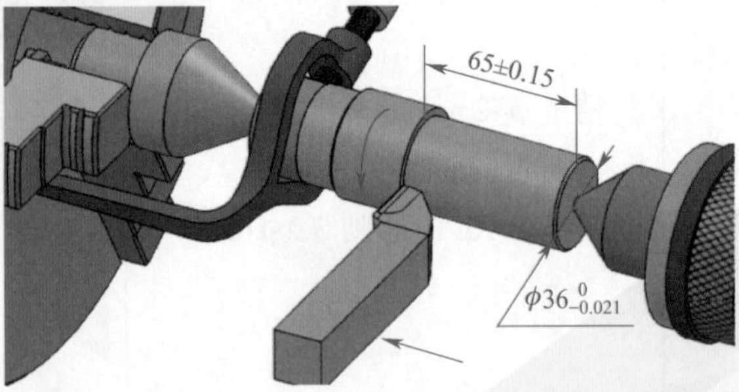

续表

步骤	加工内容描述	图示
（3）	倒角 $C1.5$ mm 两处	
5	检查各项尺寸，合格后卸下工件	

三、两顶尖装夹精车轴类零件时容易产生的问题和注意事项

1. 车削前，床鞍应在全行程内左右移动，观察床鞍有无碰撞现象。

2. 注意防止鸡心夹头或对分夹头的拨杆与卡盘发生碰撞而破坏顶尖的定心作用。

3. 防止固定顶尖支顶太紧；否则，工件易发热，变形，还会烧坏顶尖和中心孔。

4. 若顶尖支顶太松，工件产生轴向窜动和径向跳动，切削时易振动，会影响外圆圆度、同轴度精度。

5. 随时注意前顶尖是否移位，以防工件不同轴而产生废品。

6. 在顶尖上装夹工件时，应保持中心孔的清洁及防止碰伤。

7. 在车削过程中，要随时注意工件在两顶尖间的松紧程度，并及时加以调整。

8. 为了提高车削时的刚度，在条件允许时尾座套筒不宜伸出过长。

9. 鸡心夹头或对分夹头必须牢靠地夹住工件，以防车削时移动、打滑或损坏车刀。

10. 车削台阶轴时，台阶处要保持清角，不要出现小台阶和凹坑。

11. 注意安全，防止鸡心夹头或对分夹头钩住衣服伤人，应及时使用专用钩子清除切屑。

课题三　车槽和切断

一、外圆沟槽的结构和检测方法

1. 外圆沟槽的种类与结构

沟槽的形状和种类较多，常用的外沟槽有矩形沟槽、圆弧形沟槽、梯形沟槽等，如

图 2–61 所示。矩形沟槽的作用通常是使所装配的零件有正确的轴向位置，在磨削、车螺纹等加工过程中便于退刀。

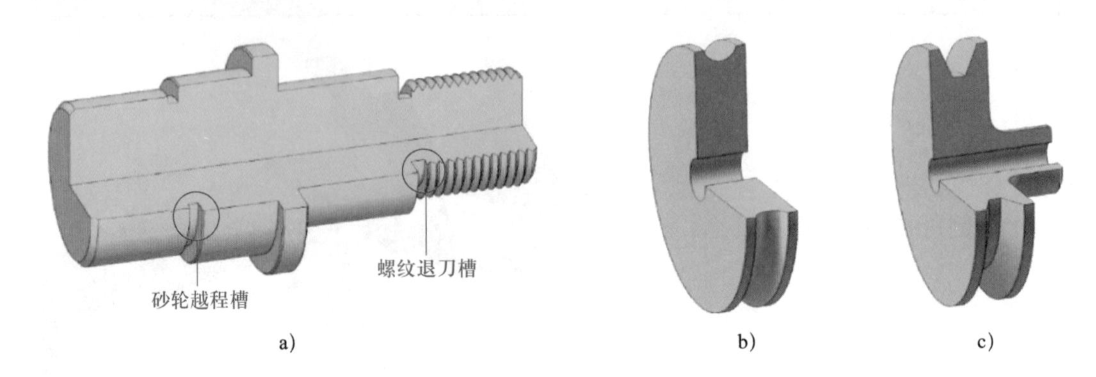

图 2–61 常见的外沟槽
a）矩形 b）圆弧形 c）梯形

2. 外圆沟槽的检测方法

（1）对于精度要求低的沟槽，可用钢直尺测量沟槽宽度（见图 2–62a），用外卡钳测量沟槽直径（见图 2–62b）；对于精度要求一般的沟槽，其直径可用游标卡尺测量，如图 2–62c 所示。

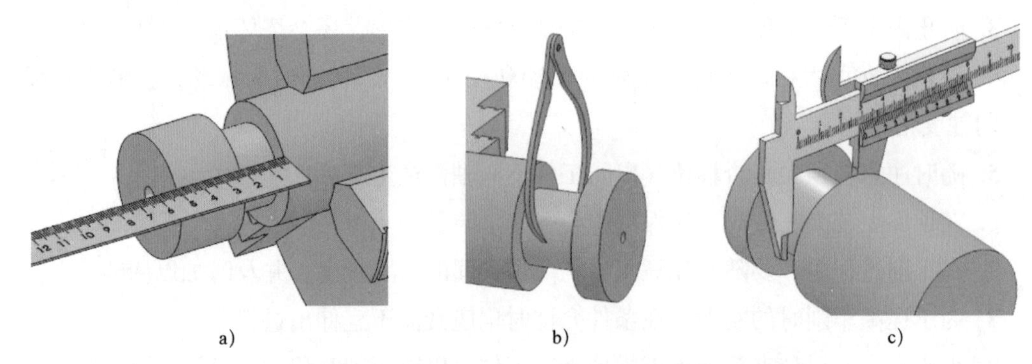

图 2–62 测量精度要求低或要求一般的沟槽
a）用钢直尺测量宽度 b）用外卡钳测量直径 c）用游标卡尺测量直径

（2）对于精度要求高的沟槽，通常用千分尺测量沟槽的直径，用游标卡尺、样板或塞规测量沟槽宽度，如图 2–63 所示。

二、切断刀和车槽刀

按切削部分材料不同，车槽刀分为高速钢车槽刀和硬质合金车槽刀。高速钢车槽刀的切削部分与刀柄为同一材料锻造而成，是目前使用较普遍的车槽刀，如图 2–64a 所示。硬质合金车槽刀是由用作切削部分的硬质合金焊接在刀柄上而成的，适用于高速切削，如图 2–64b 所示。

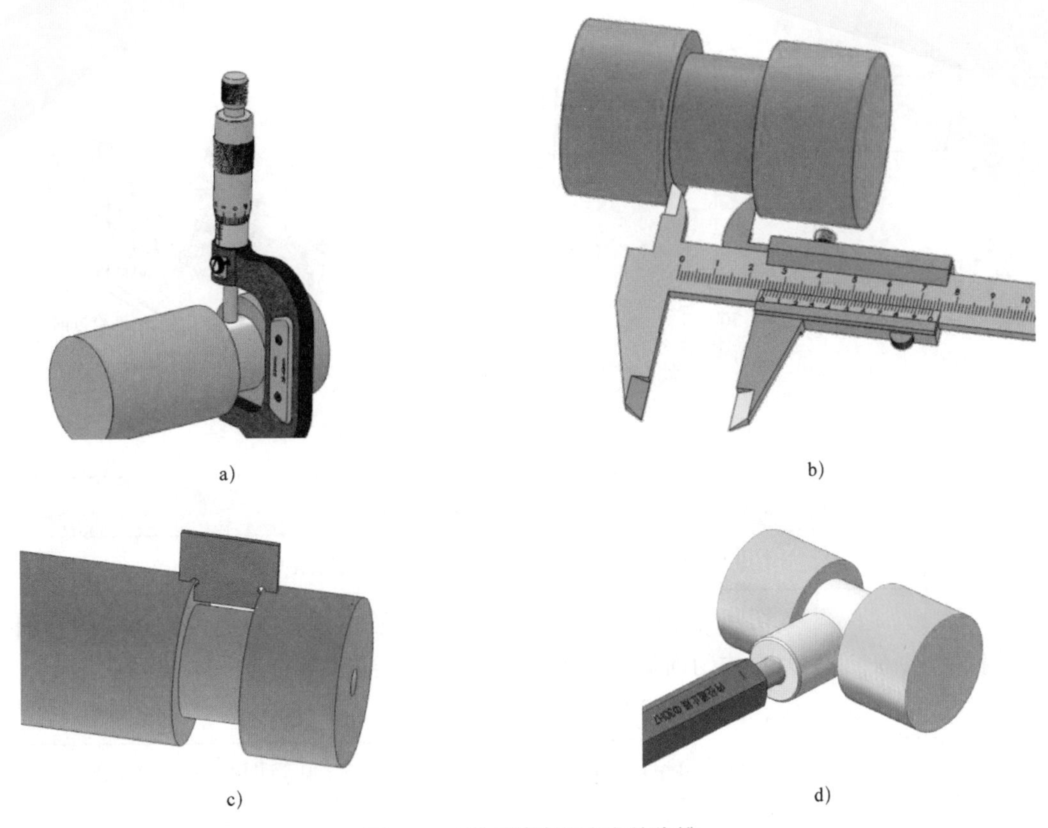

图 2-63　测量精度要求高的沟槽

a）用千分尺测量直径　b）用游标卡尺测量宽度　c）用样板测量宽度　d）用塞规测量宽度

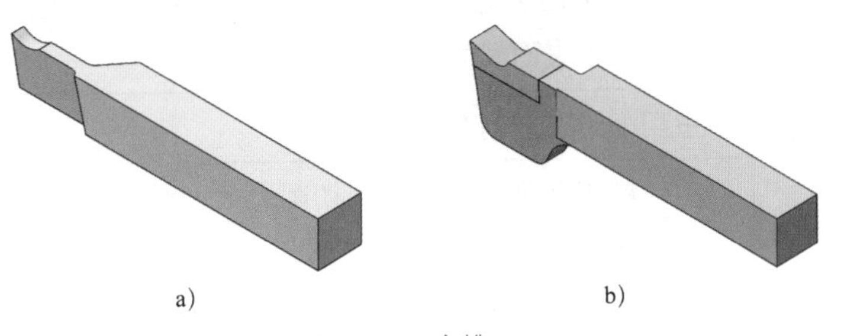

图 2-64　车槽刀

a）高速钢车槽刀　b）硬质合金车槽刀

1. 高速钢切断（车槽）刀

（1）高速钢切断刀几何参数

高速钢切断刀的形状如图 2-65 所示，以横向进给为主，前端的切削刃为主切削刃，两侧的切削刃是副切削刃。其几何参数的选择原则见表 2-6。

（2）高速钢反切刀

在切断直径较大的工件时，由于刀头较长，刚度低，正向切断时容易引起振动。这时可采用反向切断法，即主轴与工件反转，用反切刀进行切断，如图 2-67 所示。

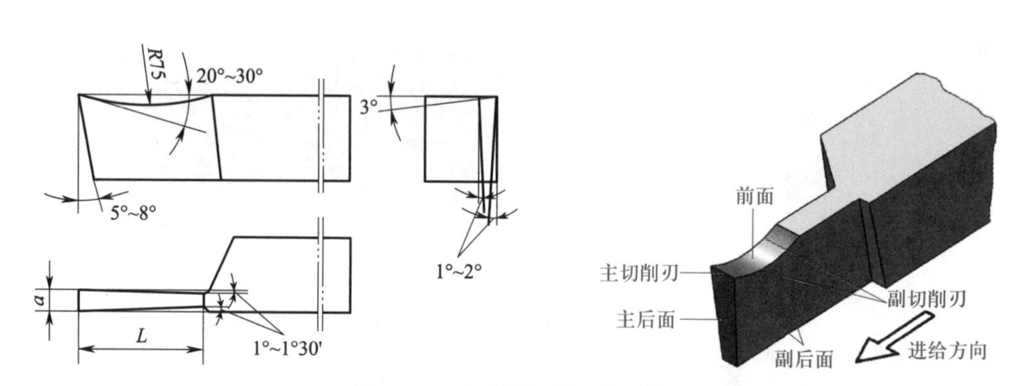

图 2–65　高速钢切断刀的形状

表 2–6　　高速钢切断刀几何参数的选择原则

角度	符号	数据和公式
主偏角	κ_r	切断（车槽）刀以横向进给为主，因此 κ_r=90°
副偏角	κ_r'	切断（车槽）刀的两个副偏角必须对称，以免两侧所受的切削力不均匀而影响平面度和断面对轴线的垂直度。副偏角 κ_r' 不宜过大，以免削弱刀具强度，一般 κ_r'=1°～1°30′
前角	γ_o	车削中碳钢材料时，γ_o=20°～30°；车削铸铁材料时，γ_o=0°～10°
后角	α_o	一般 α_o=6°～8°。切断塑性材料时取大值，切断脆性材料时取小值
副后角	α_o'	切断（车槽）刀有两个对称的副后角，其作用是减小副后面与工件已加工表面间的摩擦，α_o'=1°～2°
刃倾角	λ_s	主切削刃要左高右低，取 λ_s=3°
主切削刃宽度	a	主切削刃宽度太宽，会因切削力太大而引起振动，且浪费材料；宽度太窄，则会削弱切断刀的强度。主切削刃宽度一般可按下列经验公式计算确定： $$a \approx (0.5 \sim 0.6)\sqrt{d}$$ 式中　a——主切削刃宽度，mm； d——工件待切断表面的直径，mm
刀头长度	L	刀头长度应满足工件切断要求，但不宜太长，以免引起振动和使刀头折断。刀头长度（见图 2–66）可按下式计算确定： $$L=h+(2 \sim 3)\ \text{mm}$$ 式中　L——刀头长度，mm； h——切入深度（实心工件 $h=d/2$；空心工件 h 等于被切工件壁厚），mm

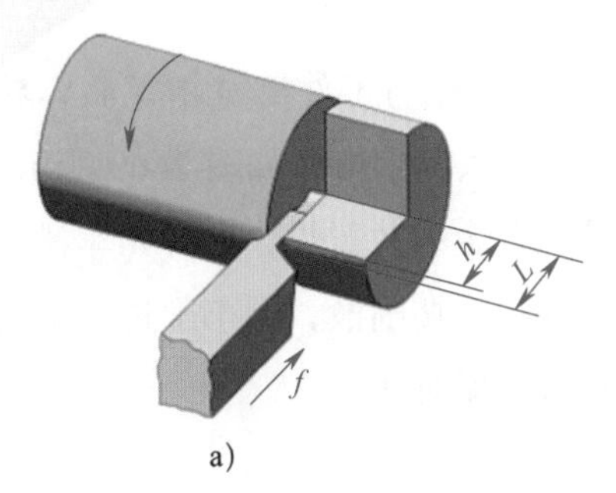

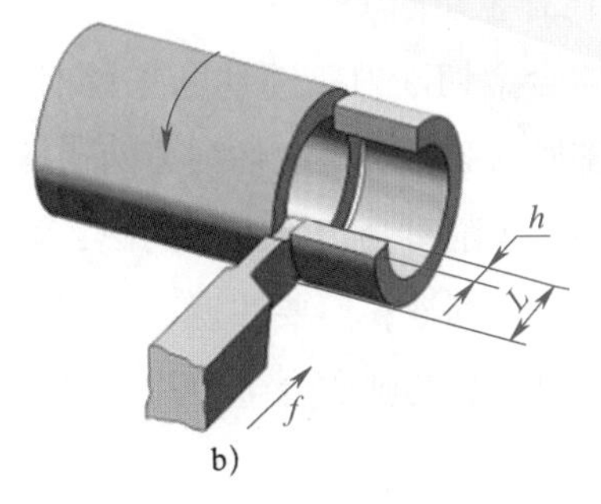

图 2-66　切断刀的刀头长度

a）切断实心工件　b）切断空心工件

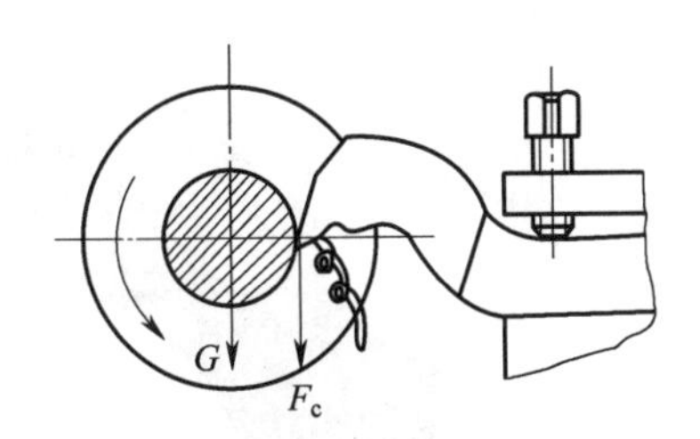

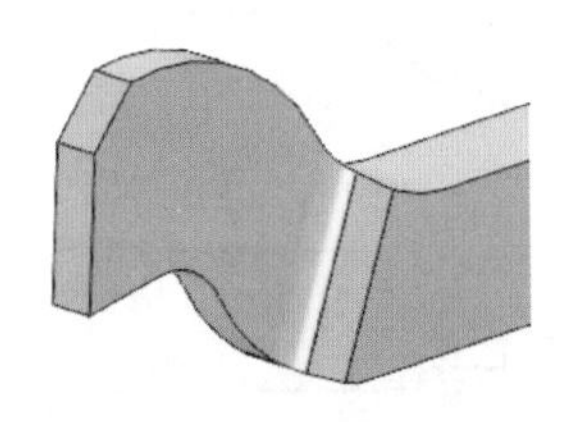

图 2-67　反切刀及其应用

用反切刀切断工件时，切削力 F_c 的方向与工件重力 G 方向一致，不容易引起振动。此外，切断时切屑从下面排出，不容易堵塞在工件槽内。

提示

用反向切断法切断工件时，对于卡盘与主轴采用螺纹连接的车床，其连接部分必须装有保险装置，以防工作中卡盘松脱。

反向切断时刀架受力方向向上，所选用车床的刀架应有足够的刚度。

（3）弹性切断（车槽）刀

将用高速钢做成的片状刀头装夹在弹性刀柄上，组成弹性切断刀，如图 2-68 所示。

弹性切断（车槽）刀不仅可节省高速钢材料，而且在切削中，当进给量过大时，弹性刀柄受力变形，由于刀柄的弯曲中心在刀柄的上部，刀头会自动让刀，可避免因扎刀而造成切断刀折断。

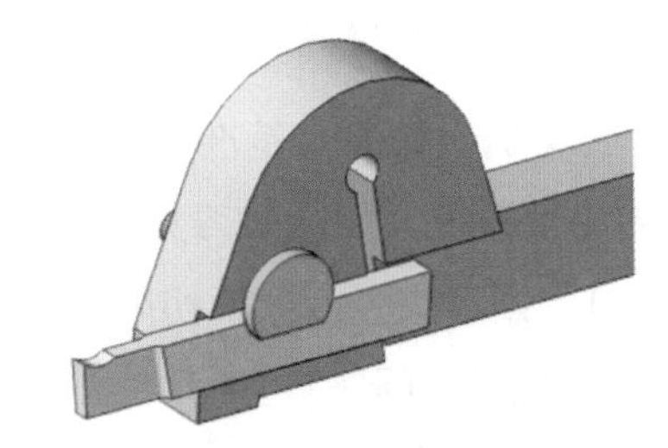

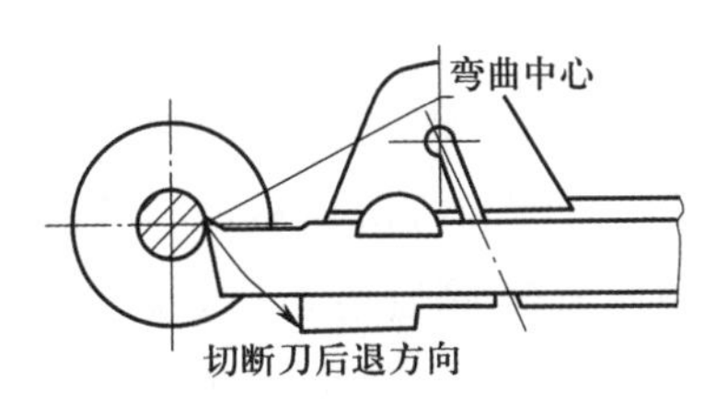

图 2-68　弹性切断刀

2. 硬质合金切断（车槽）刀

用硬质合金切断刀高速切断工件时，由于切屑宽度与工件槽宽相等而容易堵塞在槽内，为了排屑顺畅，可将主切削刃两边倒角或磨成“人”字形，如图 2–69 所示。

由于高速车削时会产生大量的热，为防止硬质合金刀片脱焊，在开始车槽或切断时就可以充分浇注切削液；但要注意，若开始车削时未浇注切削液，则车削过程中切记不能浇注切削液，以免热的硬质合金刀片因受到切削液的冷却而开裂。

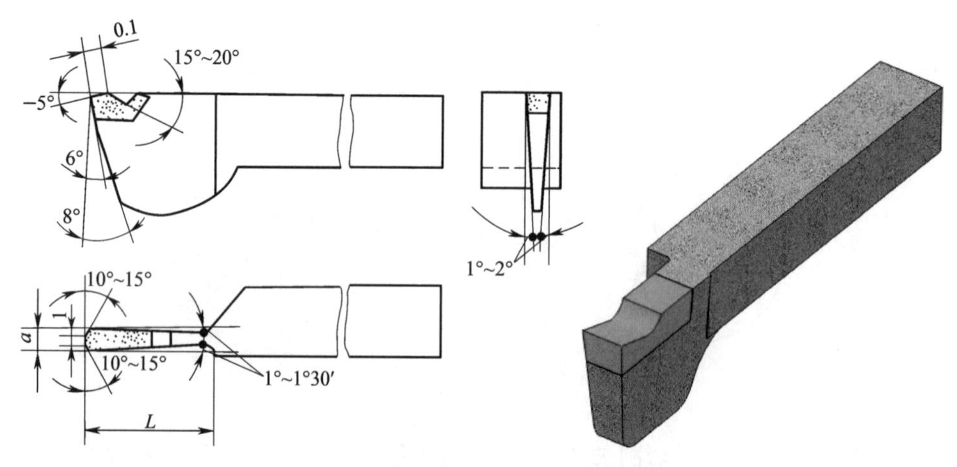

图 2–69　硬质合金切断（车槽）刀

三、切断刀和车槽刀的刃磨要求

1. 切断刀的卷屑槽不宜磨得太深，一般为 0.75 ~ 1.5 mm（见图 2–70a）。若卷屑槽刃磨太深，刀头强度低，容易折断，如图 2–70b 所示。

2. 不允许把切断刀前面磨低或磨成台阶形（见图 2–70c），这种刀切削不顺畅，排屑困难，切削负荷增大，刀头容易折断。

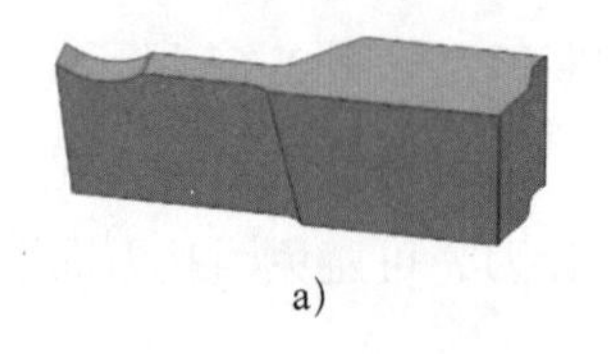

a)

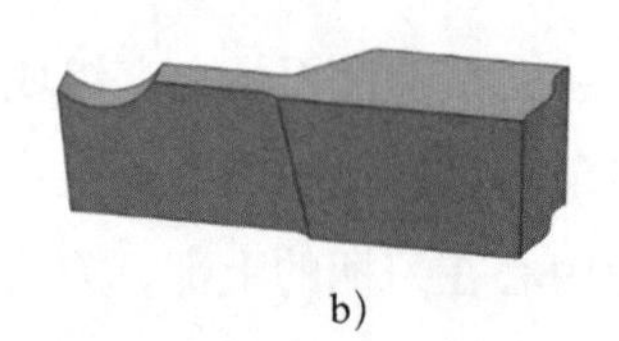

b)

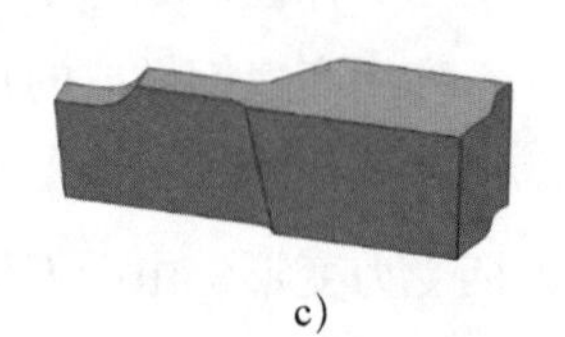

c)

图 2–70　切断刀前面和卷屑槽刃磨情况

a）切断刀的卷屑槽　b）卷屑槽太深　c）前面被磨低

3. 刃磨切断刀和车槽刀的两侧副后面时，应以车刀底面为基准，用钢直尺或直角尺检查两侧副后角，如图 2–71a 所示。如果副后角出现负值，切断时刀具会与工件侧面产生摩擦（见图 2–71b）。若副后角太大（见图 2–71c），则刀头强度低，切削时容易折断。

4. 刃磨切断刀和车槽刀的副后面时，要避免出现以下问题：

（1）副偏角太大（见图 2–72a），刀头强度低，容易折断。

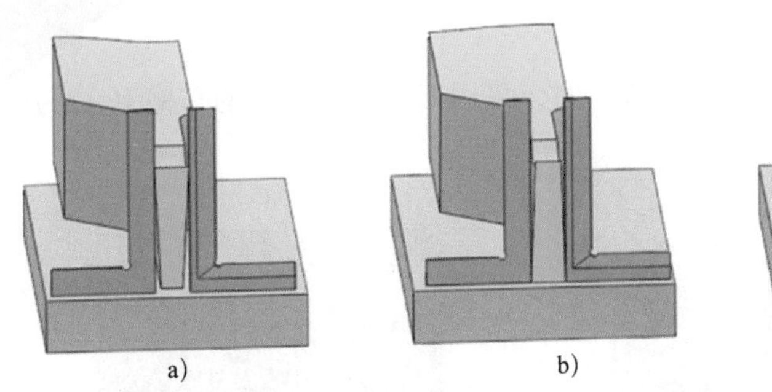

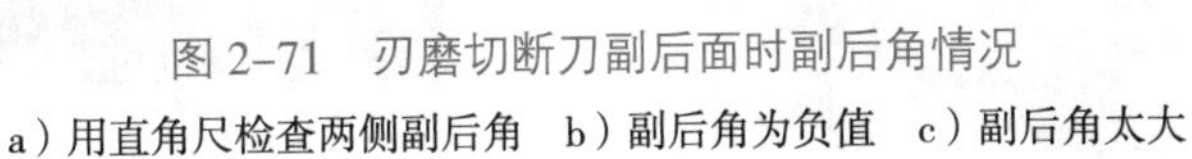
图 2-71　刃磨切断刀副后面时副后角情况

a）用直角尺检查两侧副后角　b）副后角为负值　c）副后角太大

（2）副偏角为负值（见图 2-72b）或副切削刃不平直（见图 2-72c），不能用直进法切削。

（3）车刀左侧磨去太多（见图 2-72d），不能切削有高台阶的工件。

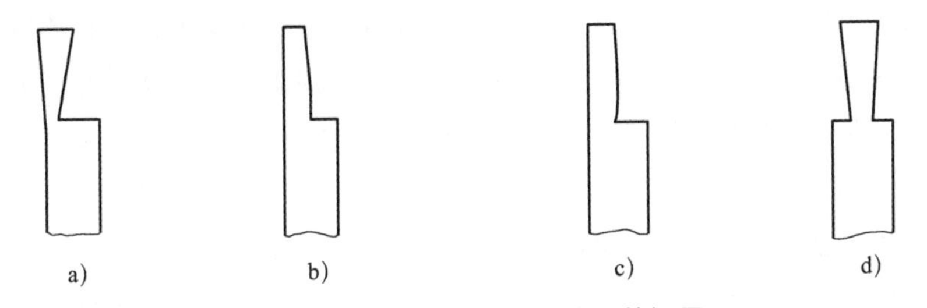

图 2-72　刃磨副后面时容易产生的问题

a）副偏角太大　b）副偏角为负值　c）副切削刃不平直　d）车刀左侧磨去太多

四、车削外圆槽

1. 车槽刀的装夹

装刀时，刀头轴线应与工件轴线垂直；否则，车出的槽壁可能不平直。主切削刃必须装得与工件中心等高，可用直角尺检查车槽刀副偏角，如图 2-73 所示。

高速钢车刀窄而长，刚度低，不宜伸出过长，而装夹时刀架上螺栓常会夹偏。可在刀柄上面与刀架压紧螺栓之间垫一片垫片，如图 2-74 所示，使车削时刀柄受力均匀，提高刀柄强度。

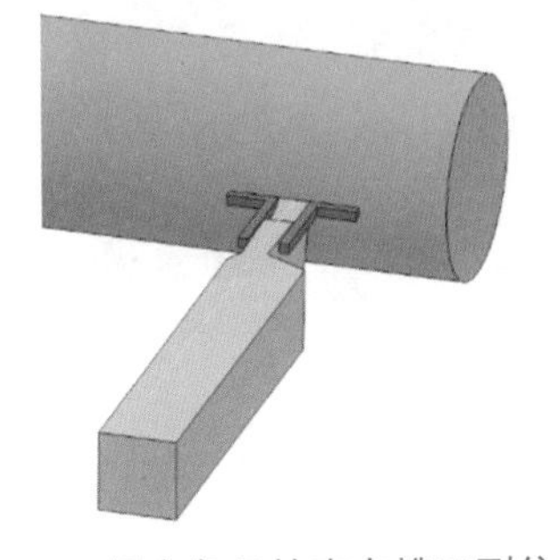

图 2-73　用直角尺检查车槽刀副偏角

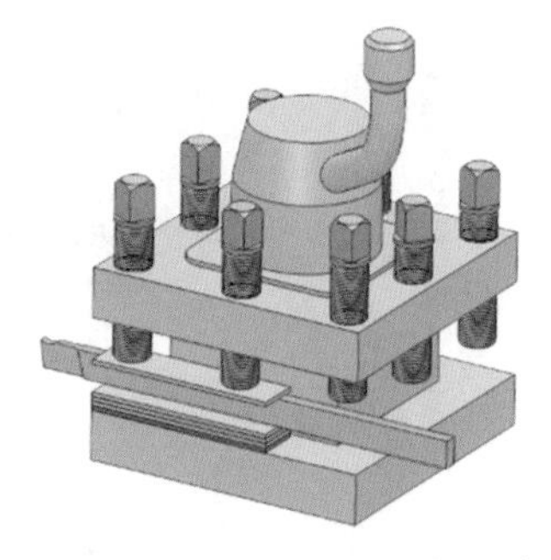

图 2-74　用垫片提高刀柄强度

2. 外圆沟槽车削方法

（1）车削精度不高和宽度较窄的沟槽时，可用刀宽等于槽宽的车槽刀，采用一次直进法车出，如图 2–75 所示。

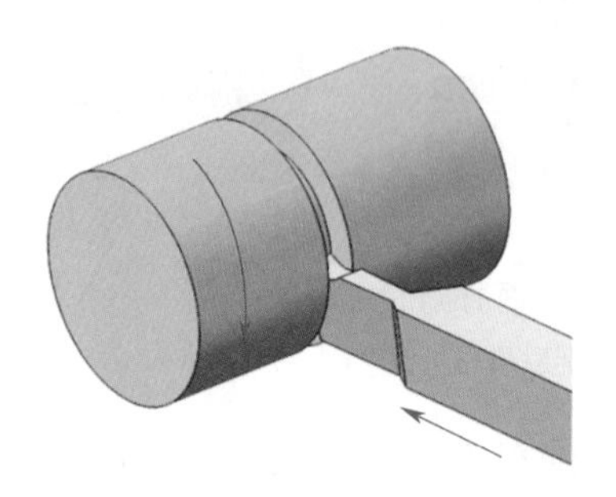
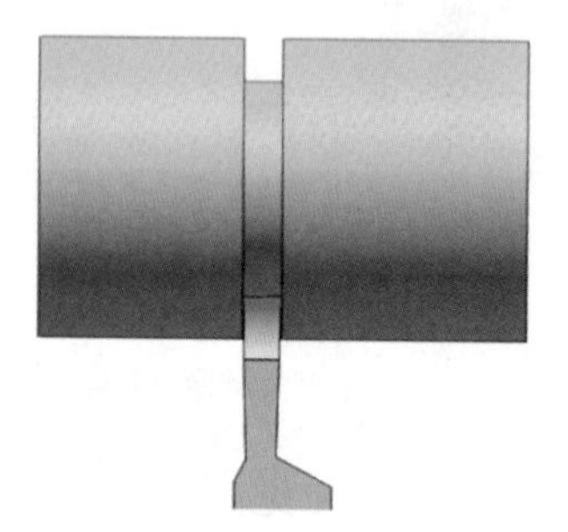

图 2–75　用直进法车沟槽

（2）车削宽度较宽、精度较高的矩形沟槽

1）车削时可采用多次直进法，将车刀每次进给至同样的深度，并在槽壁两侧和槽底径留一定精车余量，最后车刀在槽的右侧（长度基准）退出，如图 2–76a 所示。

2）测量工件端面至槽右侧尺寸后，用小滑板对刀在槽右侧以消除间隙，计算小滑板右移格数，用直进法切至粗车的中滑板刻度，将车槽刀横向退出（纵向不动），这样就保证了端面至槽右侧的尺寸，如图 2–76b 所示。

3）测量槽宽余量，车削时控制槽的宽度尺寸，车槽刀以上一尺寸的终点为起点，直接摇动床鞍手轮将车槽刀左移，靠近槽左侧时改为移动小滑板对刀并消除间隙，计算好小

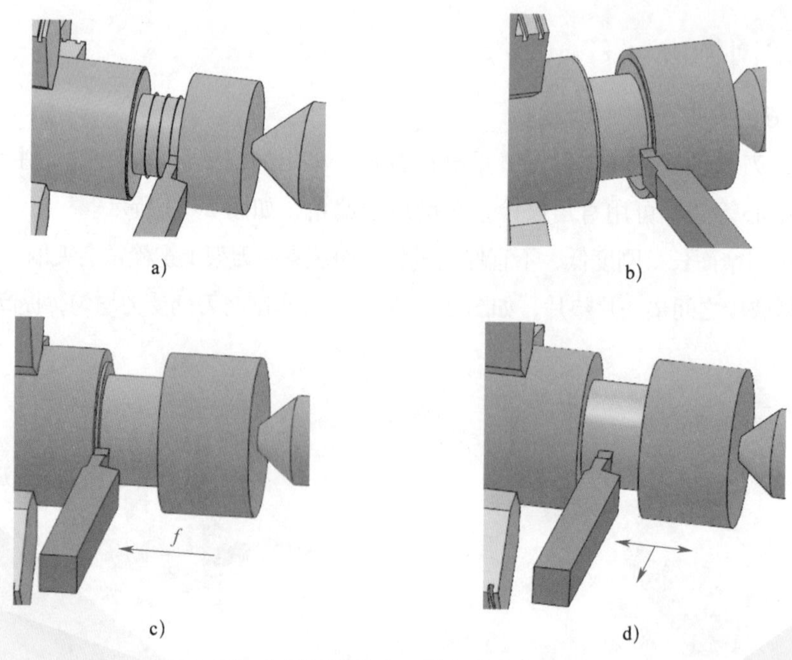

图 2–76　车削宽度较宽、精度较高的矩形沟槽

滑板左移格数，用直进法切至粗车的中滑板刻度，将车槽刀从槽的中间退出，这样就保证了槽宽尺寸，如图 2–76c 所示。

4）测量槽底的直径 d，将车槽刀在槽底表面对刀，计算好中滑板横向进刀格数，将车槽刀在槽底径上切入并纵向移动，至尺寸后将车槽刀从槽的中间退出，这样保证了沟槽的直径尺寸，如图 2–76d 所示。

五、切断

1. 切断刀的装夹

切断刀装夹是否正确，对切断工件能否顺利进行，切断的工件断面是否平直有直接的关系。切断刀的装夹必须注意以下几点：

（1）切断实心工件时，切断刀的主切削刃必须严格对准工件的回转中心，刀头中心线与工件轴线垂直。

（2）刀头不宜伸出过长，以提高切断刀的刚度并防止产生振动。

2. 切断方法

（1）直进法

直进法是指垂直于工件轴线方向进行切断，如图 2–77 所示。这种方法切断效率高，但对车床、切断刀的刃磨和安装都有较高的要求，达不到要求则容易造成刀头折断。

（2）左右借刀法

左右借刀法是指切断刀在工件轴线方向反复地往返移动，并在槽两侧做径向进给，直至将工件切断，如图 2–78 所示。在工艺系统（如刀具、工件、车床等）刚度不足的情况下，可采用左右借刀法切断工件。

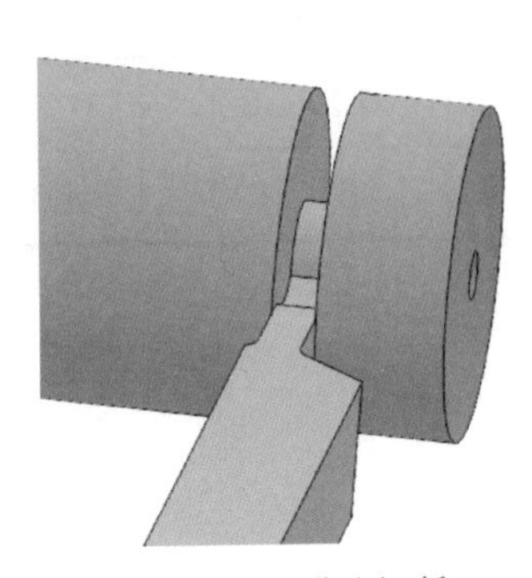

图 2–77　直进法切断

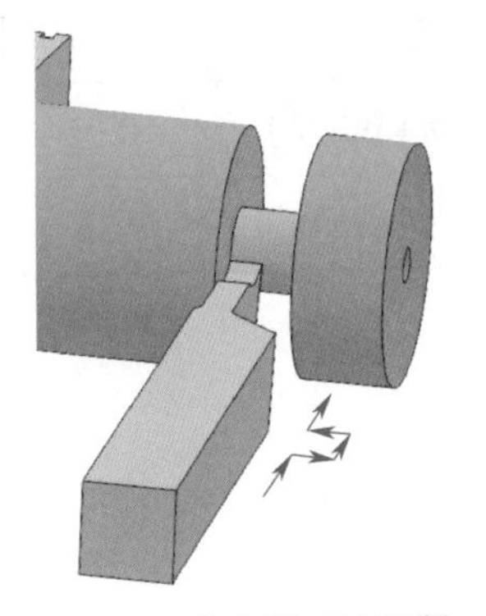

图 2–78　左右借刀法切断

（3）反切法

反切法是指工件反转，车刀反向装夹进行切断，如图 2–79 所示。这种切断方法宜用于直径较大的工件的切断。

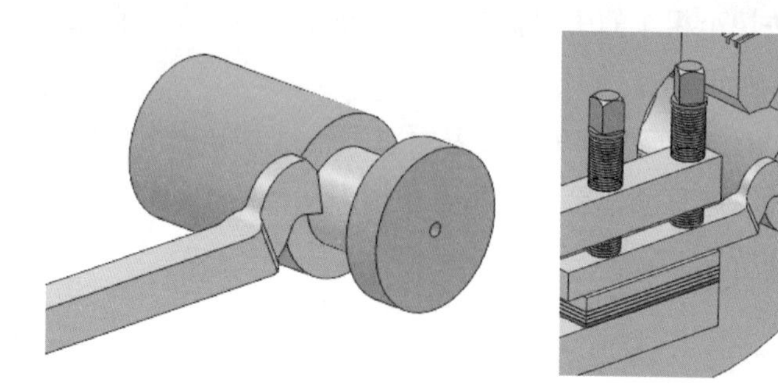

图 2-79　反切法切断

六、车槽（切断）时切削用量的选择

由于车槽刀的刀头强度较低，在选择切削用量时应适当减小其数值。硬质合金车槽刀所选用的切削用量比高速钢车槽刀要大，车削钢料时的切削速度比车削铸铁材料时的切削速度要高，而进给量要略小一些。

1. 背吃刀量 a_p

车槽为横向进给车削，背吃刀量是垂直于已加工表面方向所量得的切削层宽度的数值。所以，车槽时的背吃刀量等于车槽刀主切削刃宽度。

2. 进给量 f 和切削速度 v_c

车槽时进给量 f 和切削速度的选择见表 2-7。

表 2-7　车槽时进给量和切削速度的选择

刀具种类	高速钢车槽刀		硬质合金车槽刀	
工件材料	钢料	铸铁	钢料	铸铁
进给量 f/（mm/r）	0.05 ~ 0.1	0.1 ~ 0.2	0.1 ~ 0.2	0.15 ~ 0.25
切削速度 v_c/（m/min）	30 ~ 40	15 ~ 25	80 ~ 120	60 ~ 100

刃磨车槽刀

一、训练任务

按图 2-80 所示的车槽刀图样要求，刃磨高速钢车槽刀。

二、刃磨步骤

刃磨车槽刀的步骤和工艺见表 2-8。

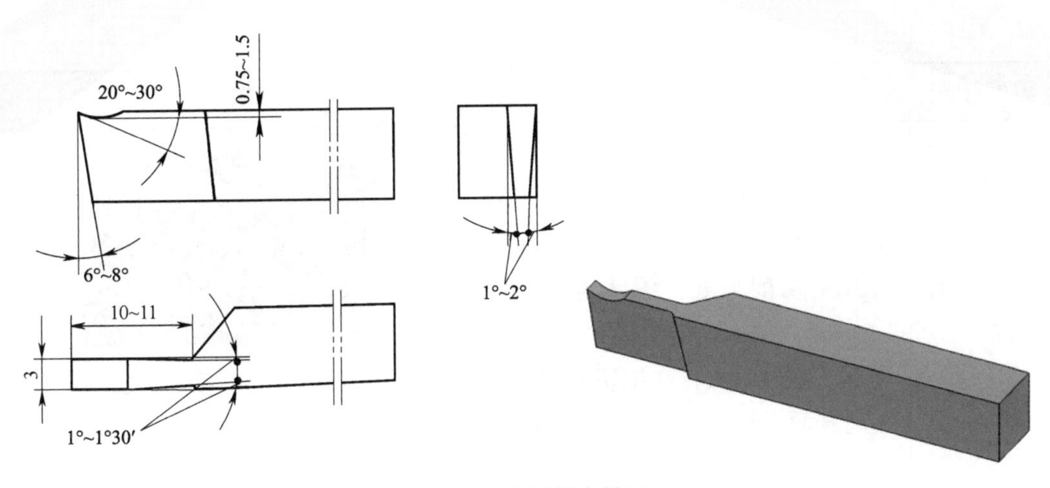

图 2–80　高速钢车槽刀

表 2–8　　刃磨车槽刀的步骤和工艺

刃磨步骤	刃磨工艺	图示
1. 刃磨左侧副后面	利用高速钢刀具两端面形成的后角，判定好前面，使其向上，同时刀柄向外侧倾斜 1° ~ 2°，刀柄尾部向内倾斜 1° ~ 1° 30′，根据需要的刀头长度［$L=h+$（2 ~ 3）mm］，磨出左侧副后角和副偏角即可	1°~2° 1°~1°30′
2. 刃磨右侧副后面	刀具前面向上，刃磨右侧副后面，将刀柄向外侧倾斜 1° ~ 2°，刀柄尾部向内倾斜 1° ~ 1° 30′，边刃磨边观察，磨出与左侧对称的副后角和副偏角，至合适的刀头宽度［$a\approx$（0.5 ~ 0.6）$\sqrt{d}$］	1°~2° 1°~1°30′

续表

刃磨步骤	刃磨工艺	图示
3. 刃磨前面	将车刀前面对着砂轮，利用砂轮端面和圆周的交界圆弧刃磨车刀离开主切削刃处，深度为 0.75 ~ 1.5 mm，然后以其为支点摆动刀柄尾部，使砂轮火花在主切削刃处最后离开而主切削刃处前面未被磨低	
4. 刃磨主后面	保持主切削刃与砂轮轴线平行，刀头上翘 6° ~ 8°（利用高速钢车刀端面角度），磨出主后角。此处要保证主切削刃与刀柄中心线垂直	6°~8°
5. 磨过渡刃	为保护刀尖，在两刀尖上各磨出一个小圆弧过渡刃	

车削外沟槽

一、训练任务

按图 2–81 所示的台阶轴车槽工序图将外沟槽车至图样要求。

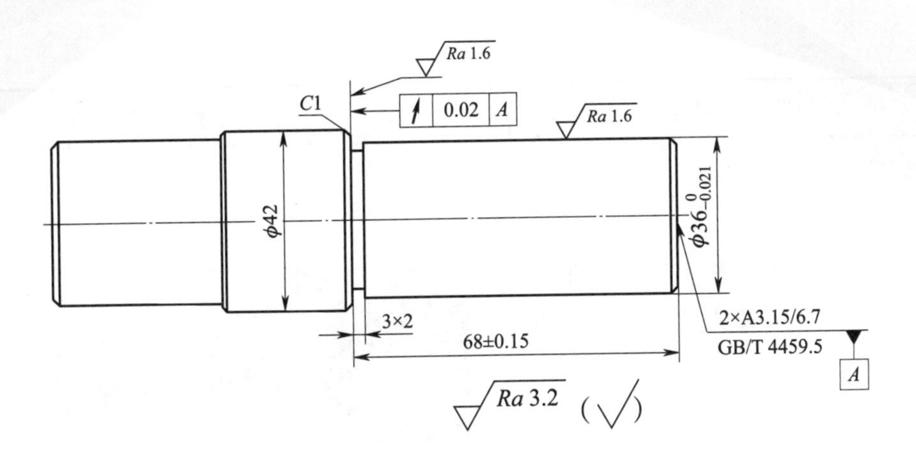

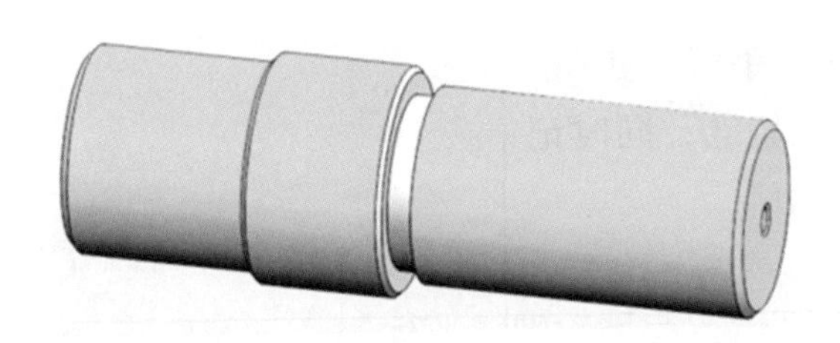

任务名称	练习内容	材料	材料来源	件数
车削外沟槽	两顶尖装夹车削矩形外沟槽	45 钢	图 2–60 所示精车台阶轴	1

图 2–81　车削矩形外沟槽

二、车削外沟槽

车削外沟槽的步骤见表 2–9。

表 2–9　车削外沟槽的步骤

步骤	加工内容描述	图示
1	两顶尖装夹精车后的台阶轴（铜皮垫在 $\phi\ 38_{-0.021}^{\ 0}$ mm 外圆处）	

续表

步骤	加工内容描述	图示
2	对刀	
（1）	同时摇动床鞍手轮和中滑板手柄，使刀尖从位置①趋近并轻轻接触工件右端面（位置②）	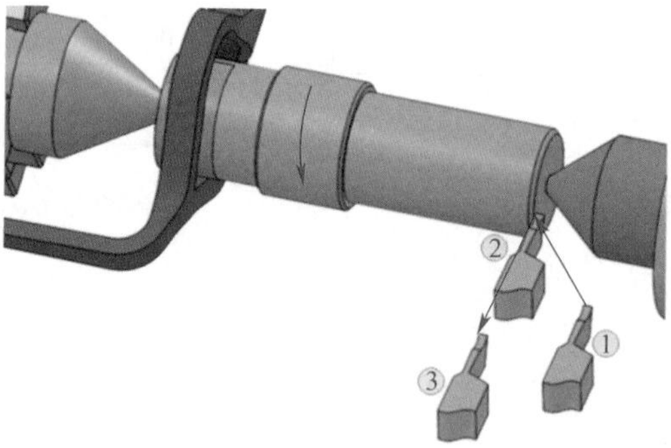
（2）	反向摇动中滑板手柄，使车槽刀横向退出至位置③，同时记住床鞍刻度盘数值	
3	确定沟槽位置：摇动床鞍手轮，利用床鞍刻度盘的刻度，使车刀向左移动 68 mm，确定沟槽的位置	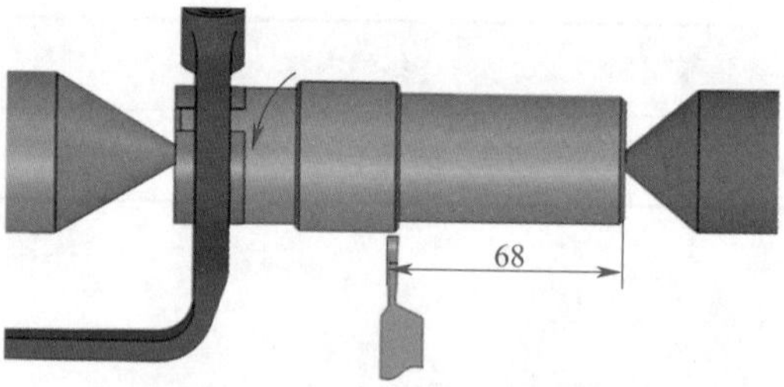
4	试车外沟槽	
（1）	摇动中滑板手柄，使车刀轻轻接触工件 $\phi 42$ mm 的外圆，记下中滑板刻度盘的刻度，或把此位置调至中滑板刻度盘零位，用来作为横向进给的起点	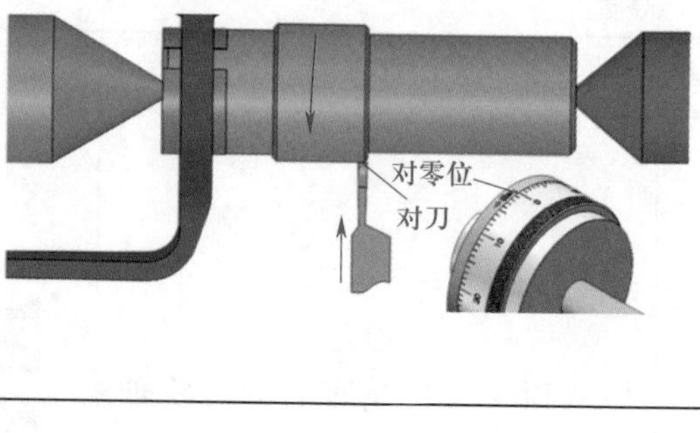
（2）	计算出中滑板的横向进给量，中滑板进给刻度为 100 格 $\left[\frac{42-(36-4)}{2}\text{ mm}\div 0.05\text{ mm}=100/\text{格}\right]$	

续表

步骤	加工内容描述	图示
（3）	横向进给车削工件 2 mm 左右，横向快速退出车刀，试车外沟槽	68 2 试切 横向退出
（4）	停车，测量沟槽左侧壁与工件右端面之间的距离，根据测量结果，利用小滑板刻度盘相应地调整车刀位置，直至测量结果符合（68 ± 0.15）mm 的要求为止	68±0.15
5	车外沟槽：双手均匀摇动中滑板手柄，车外沟槽至 3 mm × 2 mm［槽底径至 ϕ（32 ± 0.15）mm（按未注公差要求）］	ϕ32±0.15
6	倒角：用 45° 车刀倒角 $C1$ mm	C1
7	检查各项尺寸，合格后卸下工件	

三、车外沟槽时常见问题的产生原因和预防方法

车外沟槽时常见问题的产生原因和预防方法见表 2–10。

表 2–10　　车外沟槽时常见问题的产生原因和预防方法

常见问题描述	产生原因	预防方法
沟槽的宽度不正确	1. 车槽刀主切削刃刃磨得不正确 2. 测量不正确	1. 根据沟槽宽度刃磨车槽刀 2. 仔细、正确测量
沟槽位置不对	测量和定位不正确	正确定位，并仔细测量
沟槽深度不正确	1. 没有及时测量 2. 尺寸计算错误	1. 车槽过程中应及时测量 2. 仔细计算尺寸，对留有磨削余量的工件，车槽时必须将磨削余量考虑进去
沟槽槽底两侧直径大小有异	车槽刀的主切削刃与工件轴线不平行	装夹车槽刀时必须使主切削刃与工件轴线平行
与槽壁相交处有圆角；槽底中间直径小，靠近槽壁处直径大	1. 车槽刀主切削刃不直或刀尖圆弧太大 2. 车槽刀磨钝	1. 正确刃磨车槽刀 2. 车槽刀磨钝后应及时修磨
槽壁与工件轴线不垂直，使沟槽内侧狭窄、外口大，呈喇叭状	1. 车槽刀磨钝后让刀 2. 车槽刀角度刃磨不正确 3. 车槽刀刀头中心线与工件轴线不垂直	1. 车槽刀磨钝后应及时刃磨 2. 正确刃磨车槽刀 3. 装夹车槽刀时应使刀头中心线与工件轴线垂直
槽底与槽壁产生小台阶	多次车削时接刀不当	正确接刀，或留出一定的精车余量
表面粗糙度达不到要求	1. 两副偏角太小，产生摩擦 2. 切削速度选择不当，没有加注切削液进行润滑 3. 切削时产生振动 4. 切屑拉毛已加工表面	1. 正确选择两副偏角的数值 2. 选择适当的切削速度，并浇注切削液进行润滑 3. 采取防振措施 4. 控制切屑的形状和排出方向

第三单元
套类零件的加工

学习目标

1. 了解套类零件的类型和用途，掌握套类零件的加工方法。
2. 掌握钻孔、扩孔、铰孔的方法和适用加工范围、刀具选择及其能达到的精度。
3. 掌握内孔车刀的选择要求、装刀和切削加工方法。
4. 掌握内沟槽的加工方法和不同内孔的测量方法。

课题一　钻孔和扩孔

一、麻花钻

1. 麻花钻的组成

麻花钻由柄部、颈部和工作部分组成，工作部分分为切削部分和导向部分。柄部是麻花钻上的夹持部分，切削时用来传递转矩。柄部有锥柄（莫氏标准锥度）和直柄两种，如图 3–1 所示。麻花钻的组成部分和作用见表 3–1。

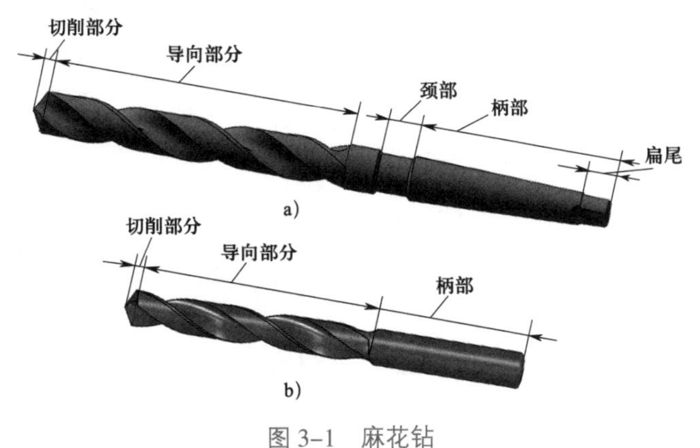

图 3–1　麻花钻

a）锥柄麻花钻　b）直柄麻花钻

表 3-1　　麻花钻的组成部分和作用

麻花钻组成部分		作用
柄部		麻花钻的夹持部分，装夹时起定心作用，钻削时用来传递转矩。柄部有莫氏锥柄（见图 3-1a）和直柄（见图 3-1b）两种。常用莫氏锥柄麻花钻的直径见表 3-2，直柄麻花钻的直径一般为 0.3 ~ 16 mm
颈部		直径较大的麻花钻在颈部标有麻花钻的直径、材料牌号和商标。直径小的直柄麻花钻没有明显的颈部
工作部分	切削部分	主要起切削作用
	导向部分	在钻削过程中起到保持钻削方向、修光孔壁的作用，也是切削部分的后备部分

表 3-2　　常用莫氏锥柄麻花钻的直径

莫氏锥柄号	morse No.1	morse No.2	morse No.3	morse No.4
钻头直径 /mm	3 ~ 14	14 ~ 23.02	23.02 ~ 31.75	31.75 ~ 50.8

2. 麻花钻工作部分的几何参数

麻花钻的工作部分是麻花钻的主要组成部分，如图 3-2 所示。麻花钻有两条对称的主切削刃、两条副切削刃和一条横刃。用麻花钻钻孔时，相当于用两把反向的内孔车刀同时进行切削。

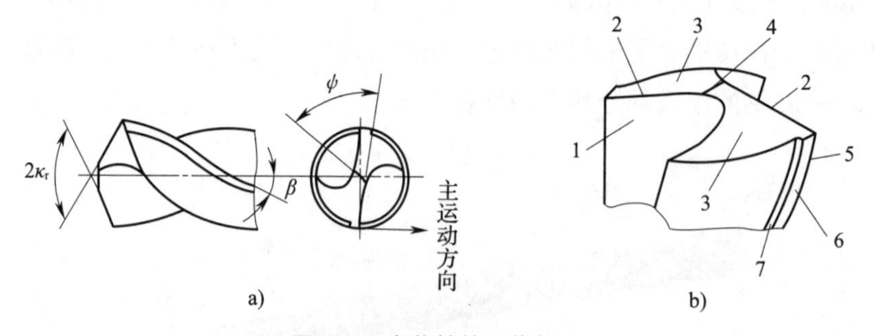

图 3-2　麻花钻的工作部分

1—前面　2—主切削刃　3—主后面　4—横刃　5—副切削刃　6—副后面　7—棱边

（1）螺旋槽

麻花钻的工作部分有两条螺旋槽，其作用是构成切削刃、排出切屑和流通切削液。

（2）前面

麻花钻的螺旋槽面称为前面，切屑沿此面排出，如图 3-2b 所示。

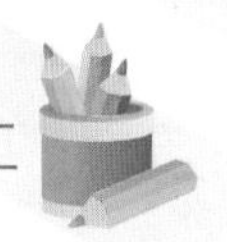

（3）主后面

麻花钻钻顶的螺旋圆锥面称为主后面，如图 3–2b 所示。

（4）主切削刃

前面和主后面的交线称为主切削刃，担负主要的钻削任务，如图 3–2b 所示。

（5）顶角 $2\kappa_r$

在通过麻花钻轴线并与两条主切削刃平行的平面上，两条主切削刃投影间的夹角称为顶角，如图 3–2a 所示。一般麻花钻的顶角 $2\kappa_r$ 为 100° ~ 140°，标准麻花钻的顶角 $2\kappa_r$ 为 118°。麻花钻顶角大小对切削刃和加工的影响见表 3–3。在刃磨麻花钻时，可根据表 3–3 判断顶角的大小。

表 3–3　　麻花钻顶角大小对切削刃和加工的影响

顶角	$2\kappa_r$>118°	$2\kappa_r$=118°	$2\kappa_r$<118°
图示	>118°　凹形切削刃	118°　直线形切削刃	凸形切削刃　<118°
两条主切削刃的形状	凹曲线	直线	凸曲线
对加工的影响	顶角大，则切削刃短，定心差，钻出的孔容易扩大；同时前角也增大，使切削省力	适中	顶角小，则切削刃长，定心准确，钻出的孔不容易扩大；同时前角也减小，使切削力增大
适用的材料	适用于钻削较硬的材料	适用于钻削中等硬度的材料	适用于钻削较软的材料

（6）横刃

麻花钻两条主切削刃的连接线称为横刃，也就是两主后面的交线，如图 3–2b 所示。横刃担负着钻心处的钻削任务。横刃太短，会影响麻花钻的钻尖强度；横刃太长，会使轴向的进给力增大，对钻削不利。

（7）横刃斜角 ψ

在垂直于麻花钻轴线的端面投影图中，横刃与主切削刃之间的夹角称为横刃斜角，如图 3–2a 所示。它的大小由后角决定，后角大时，横刃斜角减小，横刃变长；后角小时，情况相反。横刃斜角一般为 55°。

（8）棱边

在麻花钻的导向部分特地制出了两条略带倒锥形的刃带，即棱边，如图 3–2b 所示。它减小了钻削时麻花钻与孔壁之间的摩擦。

二、钻孔时的切削用量

钻孔时的切削用量如图 3–3 所示。

1. 背吃刀量 a_p

钻孔时的背吃刀量为麻花钻的半径（见图 3–3），即：

$$a_p=\frac{d}{2}$$

式中　a_p——背吃刀量，mm；

d——麻花钻的直径，mm。

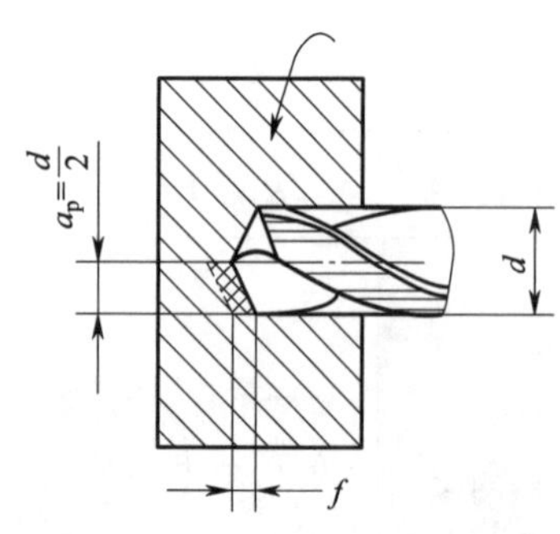

图 3–3　钻孔时的切削用量

2. 进给量 f

在车床上钻孔时的进给量是用手转动车床尾座手轮来实现的。用小直径麻花钻钻孔时，若进给量太大，麻花钻会折断，一般选 $f=(0.01\sim0.02)d$，用直径为 12 ～ 15 mm 的麻花钻钻钢料时，选进给量 f=0.15 ～ 0.35 mm/r，钻铸铁时进给量可略大些。

3. 切削速度 v_c

钻孔时的切削速度 v_c 可按下式计算：

$$v_c=\frac{\pi dn}{1\,000}$$

式中　v_c——切削速度，m/min；

d——麻花钻的直径，mm；

n——车床主轴转速，r/min。

用高速钢麻花钻钻钢料时，切削速度一般取 v_c=15 ～ 30 m/min；钻铸铁时，取 v_c=10 ～ 25 m/min；钻铝合金时，取 v_c=75 ～ 90 m/min。

三、钻孔时切削液的选用

在车床上钻孔属于半封闭加工，切削液很难进入切削区域，因此，钻孔时对切削液的要求也比较高，其选用方法见表 3–4。在加工过程中，切削液的浇注量和压力也要大一些；同时还应经常退出钻头，以利于排屑和冷却。

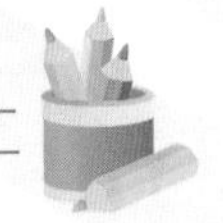

表 3-4　　钻孔时切削液的选用方法

麻花钻的种类	被钻削的材料		
	低碳钢	中碳钢	淬硬钢
高速钢麻花钻	用 1% ~ 2% 的低浓度乳化液、电解质水溶液或矿物油	用 3% ~ 5% 的中等浓度乳化液或极压切削油	用极压切削油
镶硬质合金麻花钻	一般不用，如用可选 3% ~ 5% 的中等浓度乳化液		用 10% ~ 20% 的高浓度乳化液或极压切削油

四、在普通车床上钻孔

1. 麻花钻的选用

（1）麻花钻直径的选择

对于精度要求不高的孔，可用麻花钻直接钻出；对于精度要求较高的孔，钻孔后还要再经过车孔或扩孔、铰孔等加工才能完成，在选择麻花钻的直径时，应根据后续工序的要求留出加工余量，一般孔直径在 30 mm 以下的，可选择直径比孔径小 2 mm 的钻头。

（2）麻花钻长度的选择

选择麻花钻的长度时，应使导向部分（麻花钻螺旋槽部分）略长于孔深。麻花钻过长，则刚度低；麻花钻过短，则排屑困难，也不宜钻通孔。

2. 麻花钻的装拆

（1）直柄麻花钻的装夹

直柄麻花钻用钻夹头装夹，再将钻夹头的锥柄插入尾座套筒的锥孔中，如图 3-4 所示。

（2）锥柄麻花钻的装夹

锥柄麻花钻可直接或用莫氏锥套（变径套）插入尾座套筒锥孔中，如图 3-5 所示。

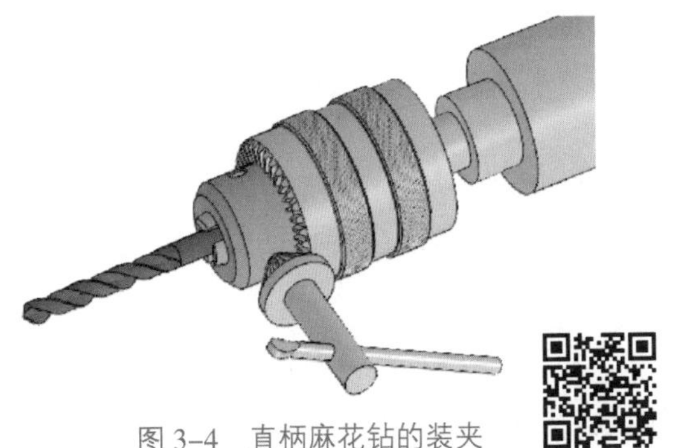

图 3-4　直柄麻花钻的装夹

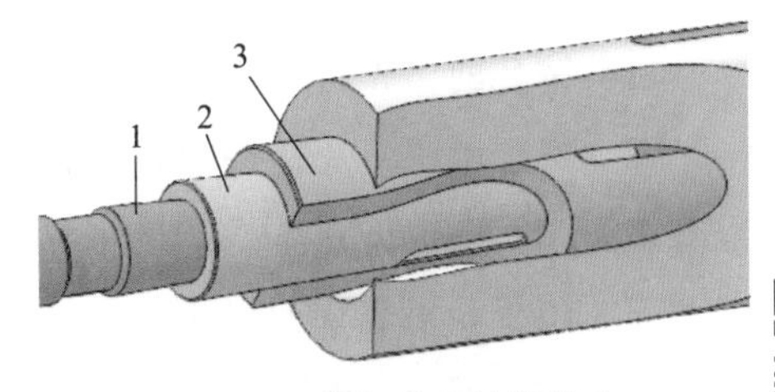

图 3-5　锥柄麻花钻的装夹
1—麻花钻　2、3—锥柄套筒

有时，锥柄麻花钻也可用专用工具进行装夹，如图 3–6 所示。

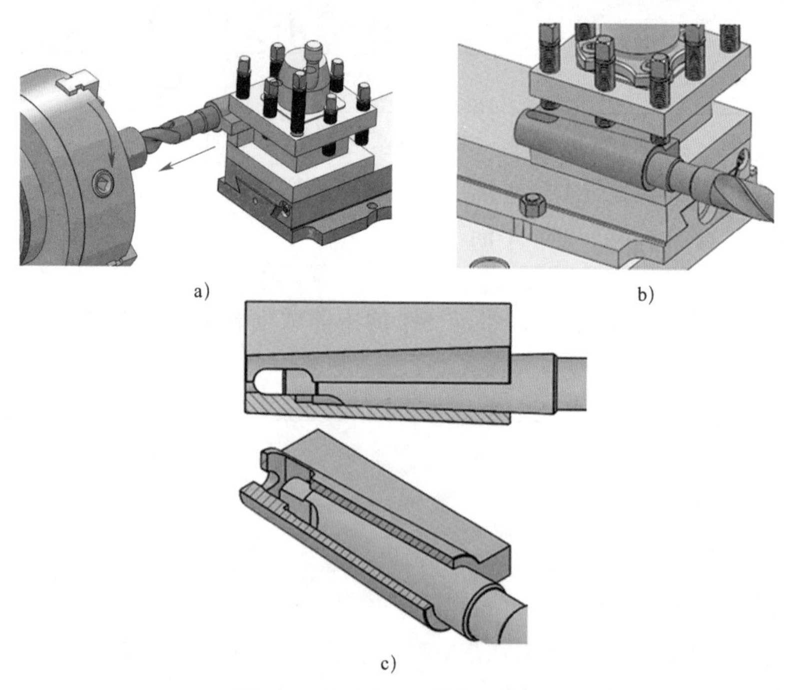

图 3–6　用专用工具装夹麻花钻

（3）莫氏锥套（变径套）中锥柄麻花钻的拆卸

将楔铁插入莫氏锥套尾部的腰形孔中，敲击楔铁，通过挤压力的作用就可把麻花钻从莫氏锥套中卸下来，如图 3–7 所示。

图 3–7　锥柄麻花钻的拆卸

3. 钻孔方法

（1）钻孔前，先将工件端面车平，中心处不允许留有凸台，以利于钻头正确定心。

（2）找正尾座，使钻头中心对准工件回转中心；否则，可能会将孔钻大、钻偏，甚至偏磨钻头或使钻头折断。

（3）用细长麻花钻钻孔时，为防止钻头晃动，可在刀架上夹一根挡铁，支顶钻头头部，帮助钻头定心，如图 3–8 所示。具体方法如下：先用钻头尖端少量钻入工件端面，然后缓慢摇动中滑板手柄，移动挡铁逐渐接近钻头前端，使钻头中心稳定地落在工件回转中心的位置上后，继续钻削即可，当钻头已正确定心时，挡铁即可退出。

（4）用小直径麻花钻钻孔时，钻孔前先在工件端面钻出中心孔，再钻孔，这样既便于定心，且钻出的孔同轴度精度高。

（5）在实体材料上钻孔，孔径不大时可以用钻头一次钻出；若孔径较大（超过 30 mm），应分两次钻出，即先用小直径钻头钻出底孔，再用大直径钻头钻至所要求的尺寸。通常第一次所用钻头的直径为（0.5 ～ 0.7）*D*（*D* 为孔径）。

（6）对于钻孔后需铰孔的工件，由于所留铰削余量较少，因此，钻孔时当钻头钻进工件 1 ～ 2 mm 后，应将钻头退出，停车检查孔径，防止因孔径扩大没有铰削余量而报废。

（7）钻不通孔与钻通孔的方法基本相同，只是钻孔时需要控制孔的深度。常用的控制方法如下：钻削开始时，摇动尾座手轮，当麻花钻切削部分（钻尖）切入工件端面时，用钢直尺测量尾座套筒的伸出长度，钻孔时用套筒伸出的长度加上孔深来控制尾座套筒的伸出量，如图 3–9 所示。如尾座套筒有刻度，只需按刻度控制钻孔深度。

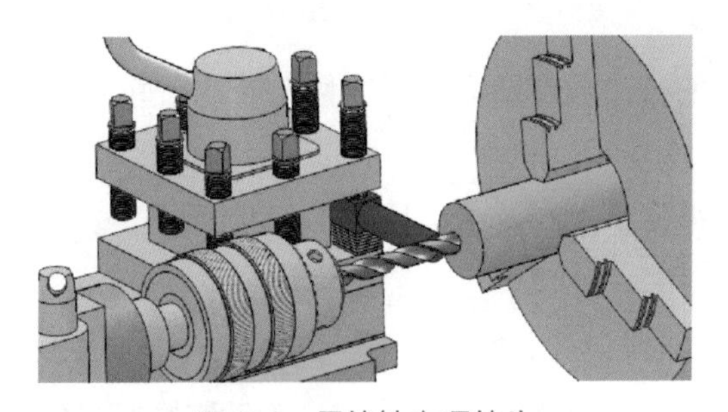

图 3–8　用挡铁支顶钻头

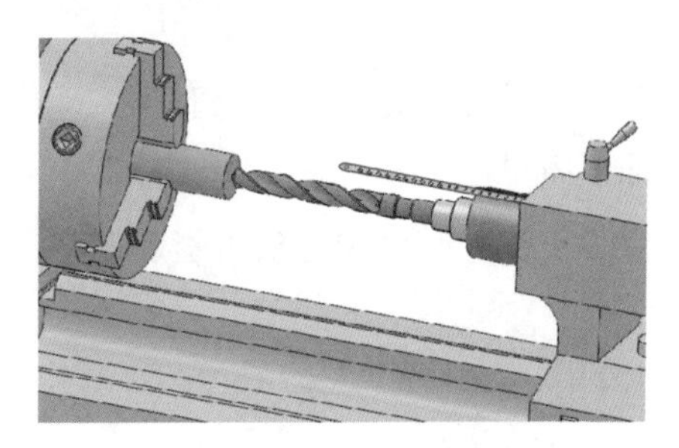

图 3–9　钻不通孔时深度的控制

五、扩孔

用扩孔工具扩大工件孔径的加工方法称为扩孔。扩孔精度一般可达 IT10 ～ IT9 级，表面粗糙度 *Ra* 值达 6.3 μm 左右。常用的扩孔工具有麻花钻和扩孔钻等。孔精度要求一般时可用麻花钻扩孔；对于精度要求较高的孔，可用扩孔钻进行半精加工。

1. 用麻花钻扩孔

在实体材料上钻孔时，孔径较小的孔可一次钻出。如果孔径较大（*D*>30 mm），则所用麻花钻直径也较大，横刃长，进给力大，钻孔时很费力，这时可分两次钻削，第一次钻出直径为（0.5 ～ 0.7）*D* 的孔，第二次扩削到所需的孔径 *D*。扩孔时的背吃刀量为扩孔余量的一半。

2. 用扩孔钻扩孔

扩孔钻有高速钢扩孔钻和镶硬质合金扩孔钻两种，其结构如图 3–10 所示。扩孔钻在自动车床和镗床上用得较多，其主要特点如下：

（1）扩孔钻的钻心粗，刚度高，且扩孔时背吃刀量小，切屑少，排屑容易，可提高切削速度和进给量，如图 3–11 所示。

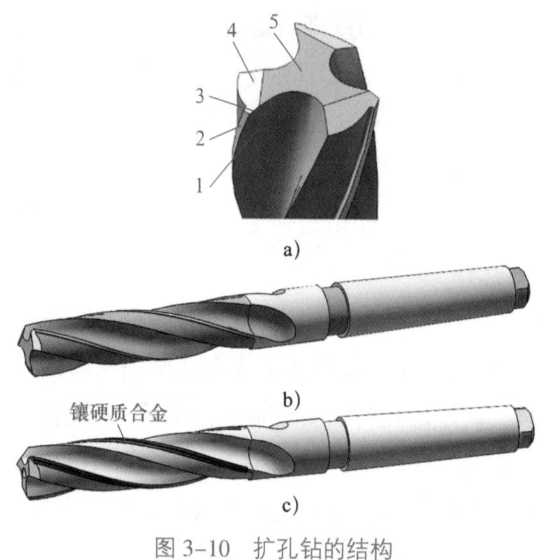

图 3-10　扩孔钻的结构

1—前面　2—棱边　3—主切削刃　4—主后面　5—钻心

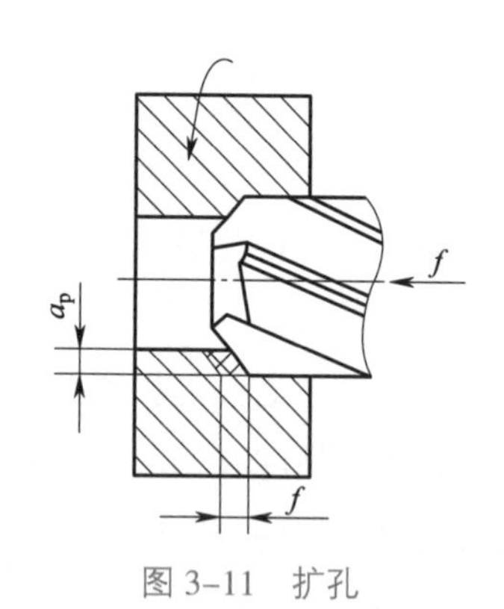

图 3-11　扩孔

（2）扩孔钻的刃齿一般有 3 ～ 4 齿，周边的棱边数量增多，导向性比麻花钻好，可改善加工质量。

（3）扩孔时可避免横刃引起的不良影响，提高了生产效率，如图 3-11 所示。

六、锪孔

用锪削方法加工平底或锥形沉孔的方法称为锪孔。车削中常用圆锥形锪钻锪锥形沉孔。

圆锥形锪钻有 60°、90° 和 120° 等几种，如图 3-12 所示。60° 和 120° 锪钻用于锪削圆柱孔直径 d>6.3 mm 的中心孔的圆锥孔和护锥，90° 锪钻用于孔口倒角或锪沉头螺钉孔。锪内圆锥时，为减小表面粗糙度值，应选取进给量 $f \leqslant 0.05$ mm/r，切削速度 $v_c \leqslant 5$ m/min。

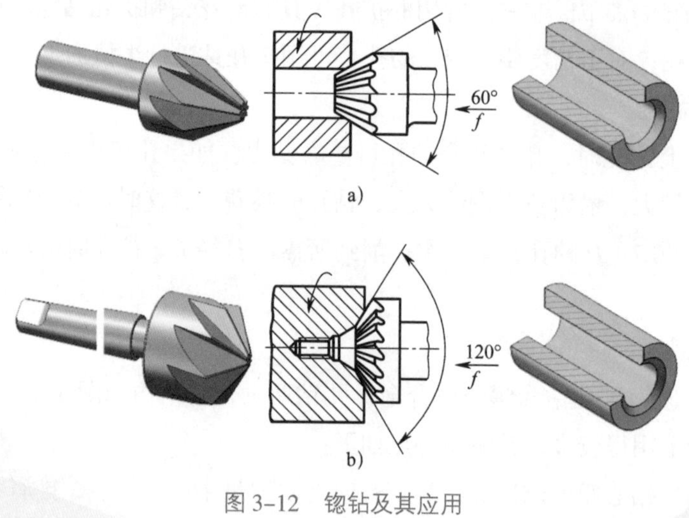

图 3-12　锪钻及其应用

a）60° 锪钻　b）120° 锪钻

刃磨麻花钻

一、训练任务

按图 3–13 所示的麻花钻图样要求刃磨高速钢麻花钻。

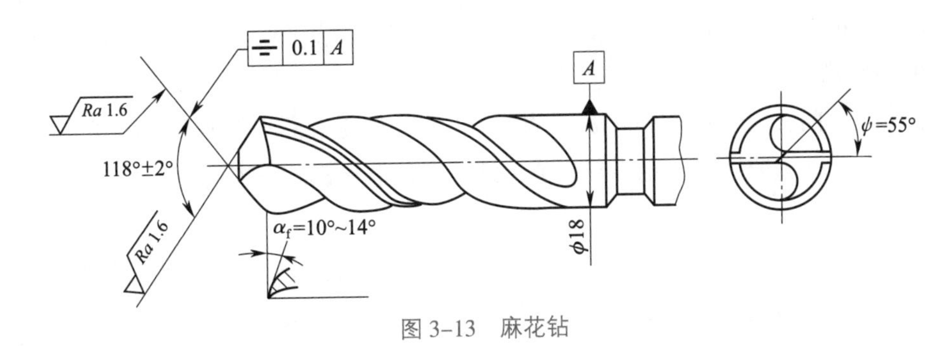

图 3–13　麻花钻

二、麻花钻的刃磨要求

麻花钻的刃磨质量直接关系到所钻孔的尺寸精度、表面粗糙度和钻削效率。

如图 3–14 所示为刃磨正确的麻花钻钻削情形，图 3–15 所示为刃磨不正确的麻花钻钻削情形。图 3–15a 所示的麻花钻顶角不对称，钻削时两边受力不平衡，会使钻出的孔扩大和倾斜；图 3–15b 所示的麻花钻顶角对称但主切削刃长度不等，使钻出的孔径扩大；图 3–15c 所示的麻花钻顶角和主切削刃长度不对称，钻出的孔径不仅扩大，而且还会产生台阶。

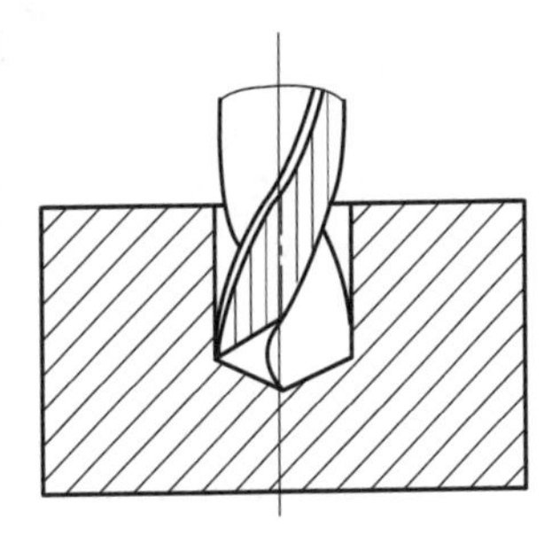

图 3–14　用刃磨正确的麻花钻钻孔

麻花钻一般只刃磨两个主后面，并同时磨出顶角、后角和横刃斜角，其刃磨技术要求高，是车工必须掌握的基本功。

麻花钻的刃磨要求如下：

1. 刃磨出正确的顶角 $2\kappa_r$，钻削一般中等硬度的钢和铸铁时，$2\kappa_r$ 为 116° ~ 118°。

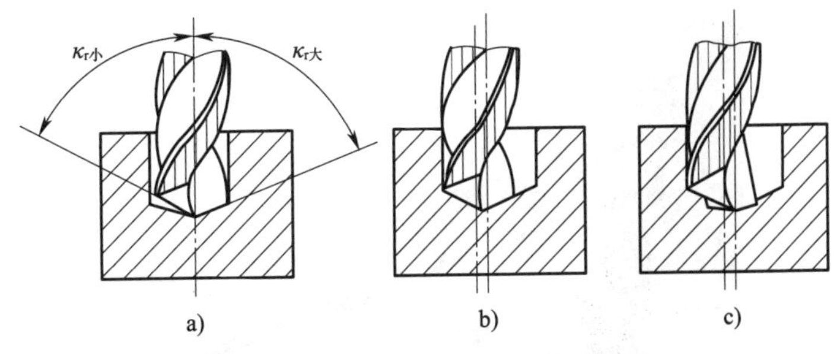

图 3–15　用刃磨不正确的麻花钻钻孔

a）顶角不对称　b）主切削刃长度不等　c）顶角和主切削刃长度不对称

2. 两条主切削刃必须对称，即主切削刃的长度应相等，它们与轴线的夹角也应相等。主切削刃应为直线。

3. 后角应适当，以获得正确的横刃斜角，一般ψ =50° ~ 55°。

4. 主切削刃、刃尖和横刃应锋利，不允许有钝口、崩刃。

三、刃磨麻花钻

刃磨麻花钻的具体操作步骤如下：

1. 修整砂轮

刃磨麻花钻前，先应检查砂轮表面是否平整，如砂轮表面不平或有跳动现象，必须先修整砂轮。麻花钻一般用高速钢材料制成，选择白色氧化铝砂轮刃磨。

2. 刃磨方法

（1）用右手握住钻头前端作为支点，左手紧握钻头柄部；摆正钻头与砂轮的相对位置，使钻头轴线与砂轮外圆柱面母线在水平面内的夹角等于顶角的 1/2，即 κ_r=59°；同时钻尾向下倾斜 1° ~ 2°。麻花钻的刃磨位置如图 3–16 所示。

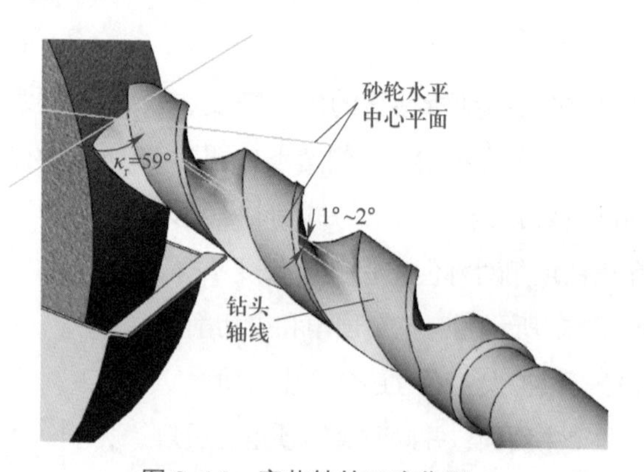

图 3–16　麻花钻的刃磨位置

（2）以钻头前端支点为圆心，缓慢地使钻头绕其轴线由下向上转动，右手配合左手的向上摆动缓慢地同步下压（略带转动），刃磨压力逐渐增大，磨出主切削刃和主后面。为保证在钻头近中心处磨出较大的后角，还应适当做右移运动。具体刃磨方法如图 3–17 所示。

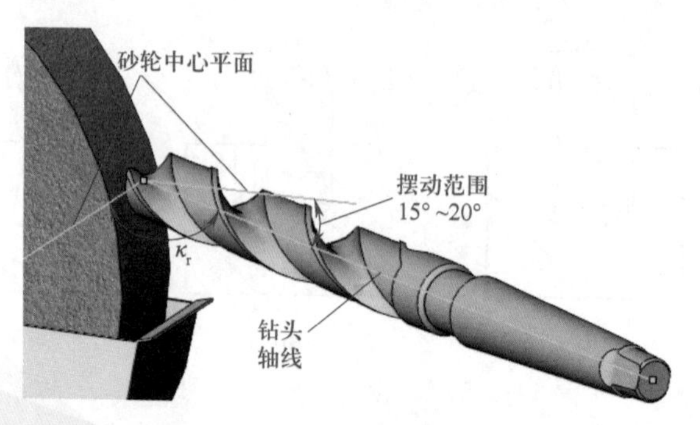

图 3–17　刃磨方法

（3）当刃磨一个主后面后，将钻头转过 180° 刃磨另一个主后面，人的站立位置和手的姿势要保持不变，这样才能使磨出的两条主切削刃对称。按此法不断反复，两主后面经常交换磨，边磨边检查，直至达到要求为止。

（4）将横刃磨短，并将钻心处前角磨大。通常 5 mm 以上的横刃需要修磨，修磨后的横刃长度为原长的 1/5 ~ 1/3。一般情况下，工件材料较软时，横刃可修磨得短些；工件材料较硬时，横刃可少修磨些。修磨横刃时，钻头轴线在水平面内与砂轮侧面左倾约 15°，在垂直平面内与刃磨点的砂轮半径方向约成 55°，修磨方法如图 3–18 所示。

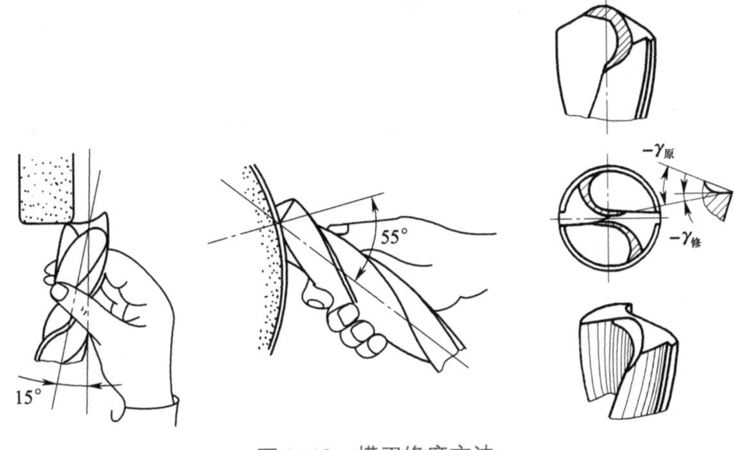

图 3–18　横刃修磨方法

3. 麻花钻角度的检查

（1）目测法

麻花钻刃磨好后，通常采用目测法检查。其方法是将钻头垂直竖立在与操作者眼睛等高的位置，在明亮的背景下用肉眼观察两条主切削刃的长短、高低及后角等（见图 3–19）。由于视差的原因，往往会感到左刃高、右刃低，此时则应将钻头转过 180° 再观察是否仍是左刃高、右刃低，经反复对比观察，直至觉得两刃基本对称时方可使用。使用时如发现仍有偏差，则需再次修磨。

（2）用角度尺检查

将角度尺的一边贴靠在麻花钻的棱边上，另一边放在麻花钻的刃口上，测量其刃长和角度，如图 3–20 所示，然后将麻花钻转过 180°，用同样的方法检查另一条主切削刃。

四、麻花钻刃磨注意事项

1. 刃磨时，用力要均匀，不能过大，应经常目测磨削情况，随时修正。

2. 刃磨时，钻头切削刃位置应略高于砂轮中心平面，以免磨出负后角，致使钻头无法切削。

3. 刃磨时，不要由刃背磨向刃口，以免造成刃口退火。

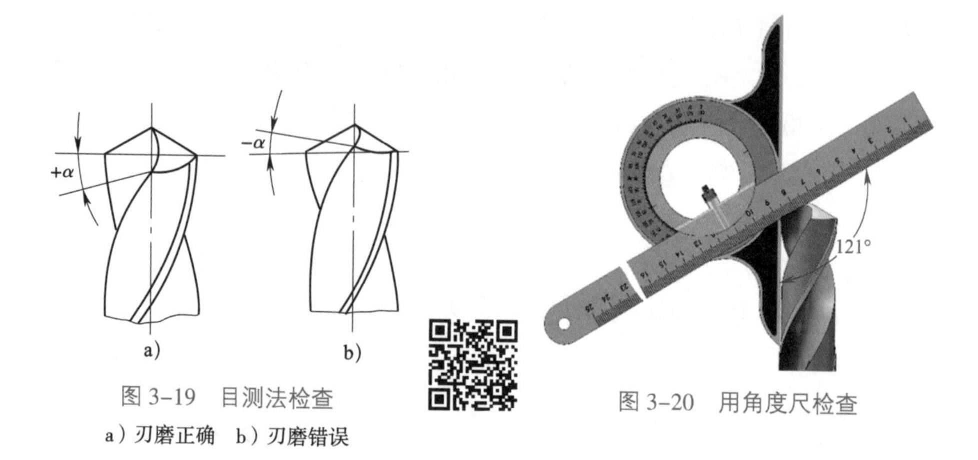

图 3–19　目测法检查

a）刃磨正确　b）刃磨错误

图 3–20　用角度尺检查

4. 刃磨时，应注意磨削温度不应过高，要经常在水中冷却钻头，以防因退火而降低硬度，降低切削性能。

钻孔和扩孔

一、训练任务

按图 3–21 所示套筒钻孔和扩孔工序图的要求进行加工。

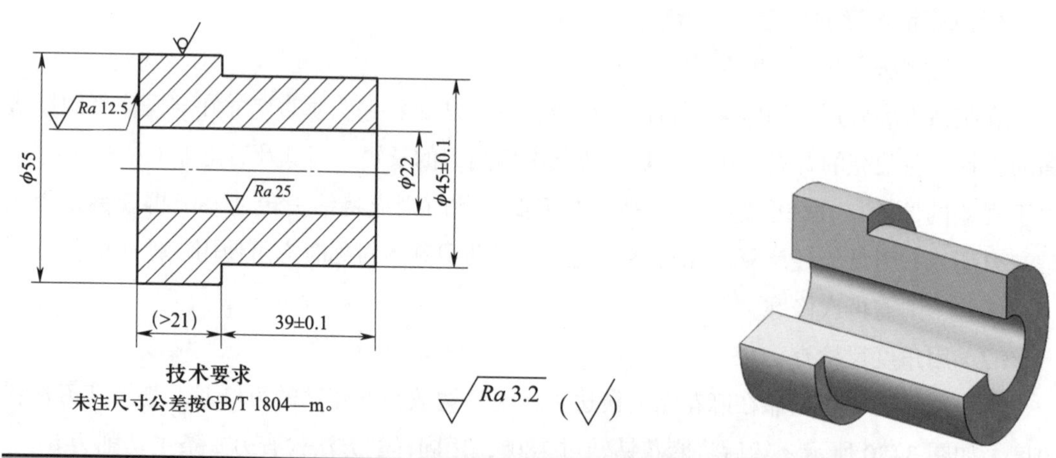

任务名称	练习内容	材料	材料来源	件数
钻孔和扩孔	套筒钻孔和扩孔	45 钢	ϕ55 × 105	1

图 3–21　套筒钻孔和扩孔

二、钻孔和扩孔操作

钻孔和扩孔的加工步骤见表 3–5。

表 3–5　　钻孔和扩孔的加工步骤

步骤	加工内容描述	图示
1	用三爪自定心卡盘夹住毛坯外圆，伸出长度为 70 mm 左右，找正毛坯	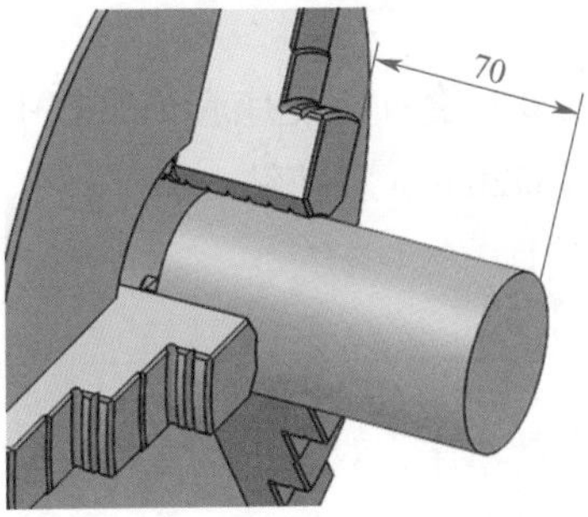
2	用 45°粗车刀手动车端面，车平即可	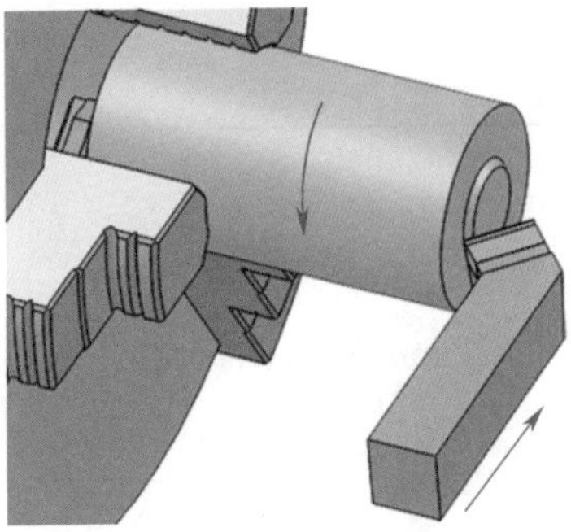
3	第一次粗车外圆至 ϕ48 mm × 38.5 mm	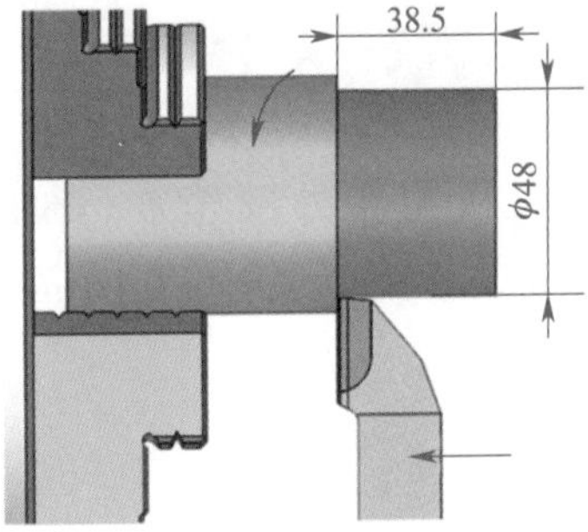
4	采用 B2 mm/8 mm 中心钻在工件端面钻出中心孔，供麻花钻起钻时起定心作用	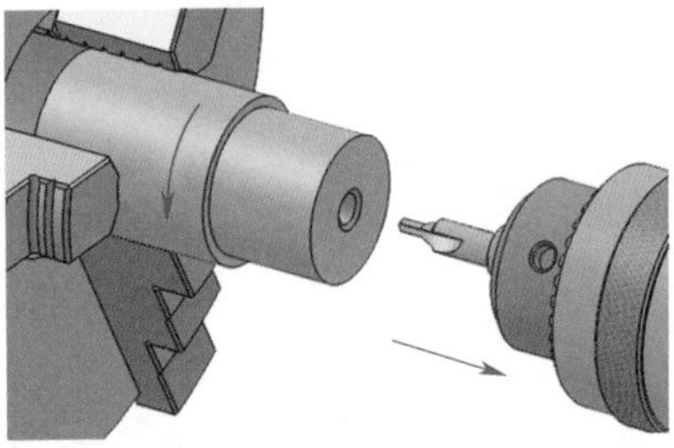

续表

步骤	加工内容描述	图示
5	用变径套插入尾座套筒锥孔中装夹 ϕ20 mm 麻花钻	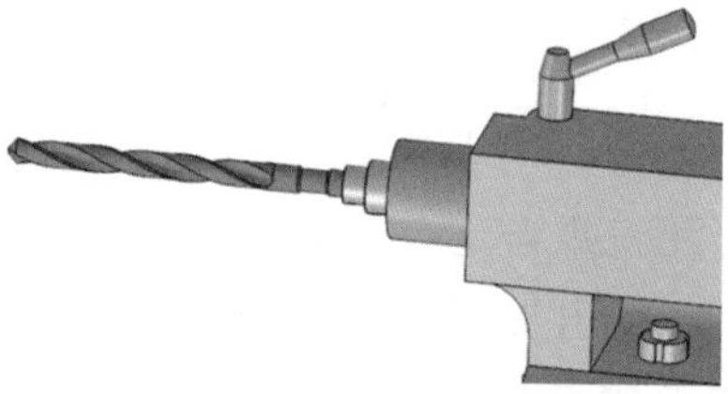
6	启动车床，双手摇动尾座手轮均匀进给，钻 ϕ20 mm 孔，深度超过 60 mm，同时浇注足量的乳化液	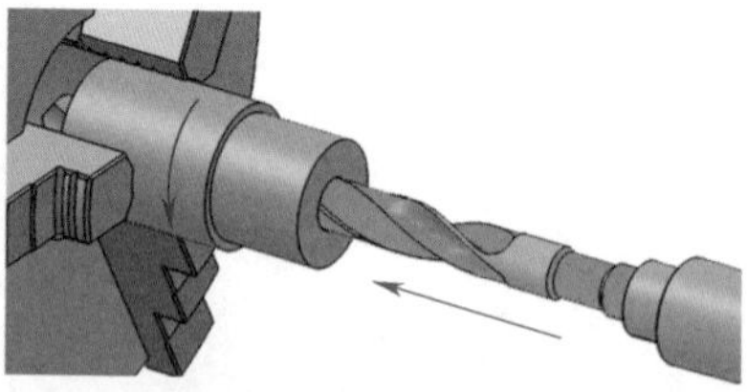
7	用 ϕ22 mm 麻花钻扩孔	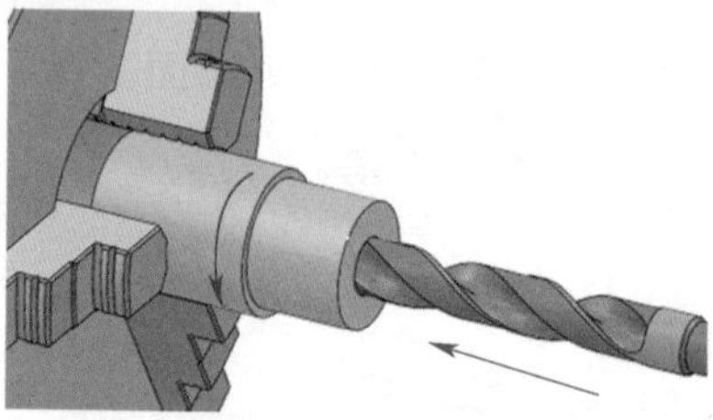
8	第二次粗车外圆至 ϕ（45 ± 0.1）mm，长度为（39 ± 0.1）mm	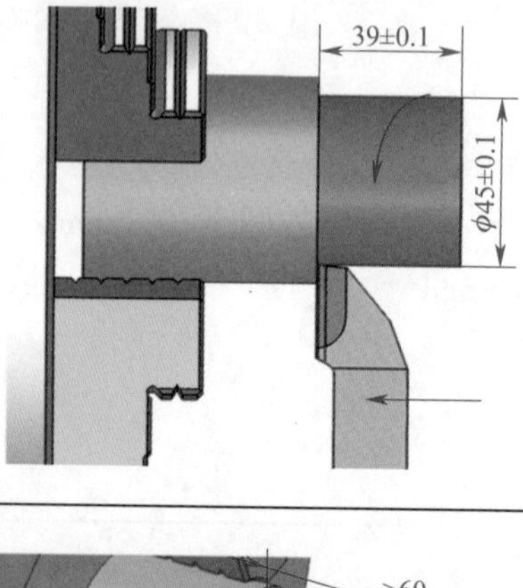 39±0.1 ϕ45±0.1
9	切断工件，保证总长大于 60 mm	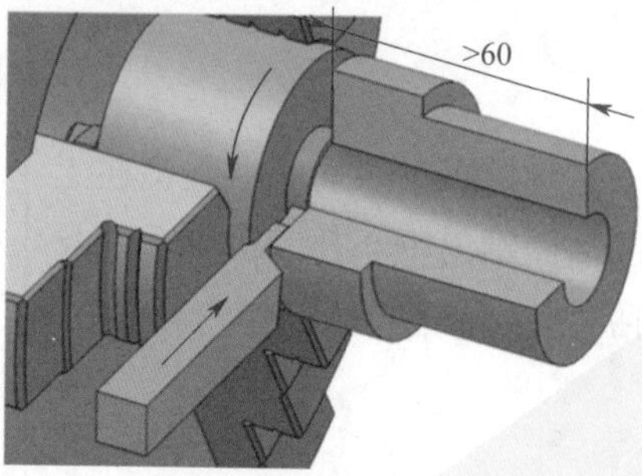 >60

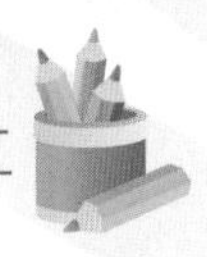

三、在车床上钻孔的注意事项

1. 起钻时进给量要小，待钻头切削部分全部进入工件后才可正常钻削。

2. 钻通孔将要钻穿工件时，进给量要小，以防钻头折断。

3. 钻小孔或较深的孔时，必须经常退出钻头清除切屑，以防止因切屑堵塞而将钻头“咬死”或折断。

4. 钻削钢料时，必须充分浇注切削液冷却钻头，以防止钻头因过热而退火。钻削镁合金等其他金属材料时，应考虑材料的性能，适当提高切削速度，加大进给量。

课题二　车　　孔

一、孔的检测

车孔时孔的测量主要包括孔径的测量、几何误差的测量等。

测量孔径时，应根据工件孔径的大小、精度以及工件数量，采用相应的量具进行测量。当孔的精度要求较低时，可采用钢直尺、内卡钳、游标卡尺等测量；当孔的精度要求较高时，一般可采用以下方法测量：

1. 孔径的测量

（1）用塞规测量

在成批生产中，常用塞规测量孔径。塞规由通端、止端和手柄组成，如图 3–22 所示。塞规的通端尺寸等于孔的最小极限尺寸，止端尺寸等于孔的最大极限尺寸。用塞规测量孔径方便且效率高。

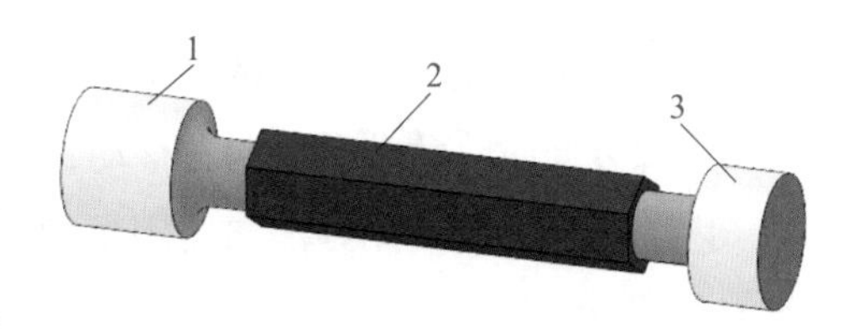

图 3–22　塞规

1—通端　2—手柄　3—止端

塞规通端的长度比止端的长度长，一方面便于修磨通端，以延长塞规的使用寿命；另一方面则便于区分通端和止端。

测量时，通端通过，而止端不能通过，说明尺寸合格，如图 3–23 所示。测量时塞规轴线应与孔轴线一致，不可歪斜，更不可硬塞强行通过。

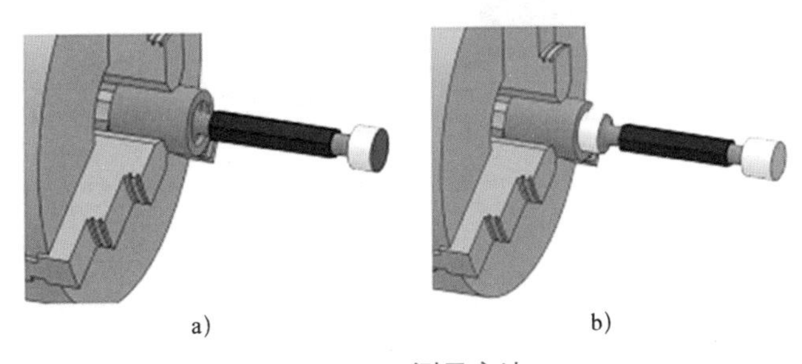

a)　b)

图 3–23　测量方法

a）用通端测量　b）用止端测量

提示

测量盲孔用的塞规，应在通端和止端的圆柱面上沿轴向开排气槽。使用塞规时，应尽可能使塞规与被测工件的温度一致，不要在工件还未冷却到室温时就去测量，以免影响测量精度。

（2）用内测千分尺测量

内测千分尺的测量范围为 5 ～ 30 mm 和 25 ～ 50 mm，其分度值为 0.01 mm，其结构如图 3–24 所示。

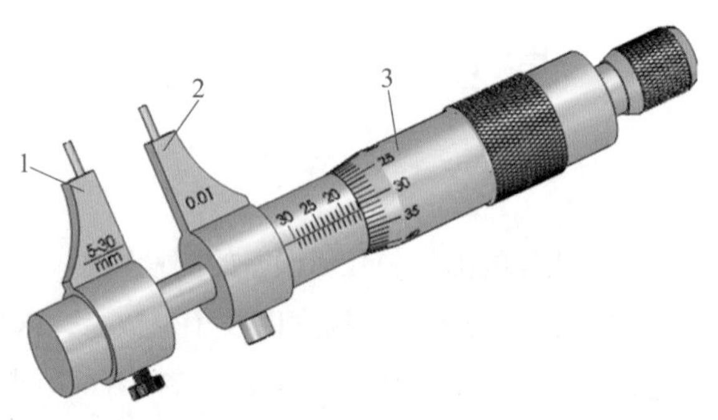

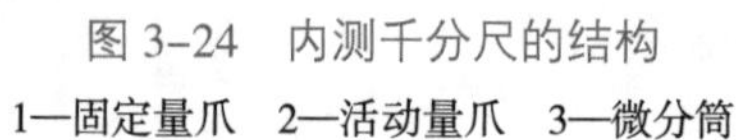

图 3–24　内测千分尺的结构

1—固定量爪　2—活动量爪　3—微分筒

内测千分尺是测量孔径的一种特殊的千分尺，其刻线方向与外径千分尺相反。当顺时针旋转微分筒时，活动量爪向右移动，测量值增大。

内测千分尺的使用方法与使用Ⅲ型游标卡尺的内、外测量爪测量内径的方法相同，如图 3–25 所示。

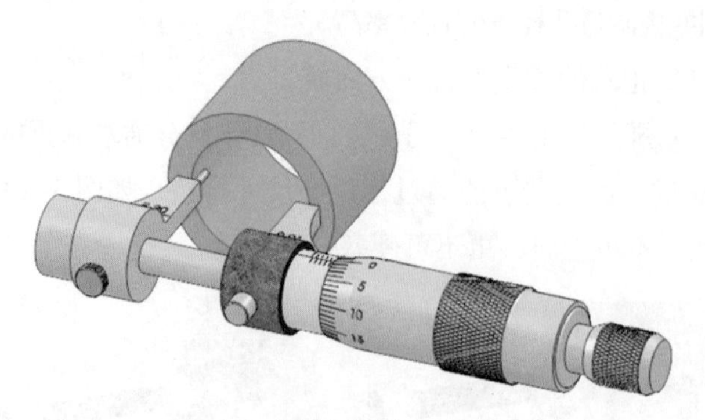

图 3–25　用内测千分尺测量孔径

（3）用内径千分尺测量

内径千分尺由测头和各种规格的接杆组成，如图 3–26 所示。每根接杆上都注有公称尺寸和编号，可按需要选用。

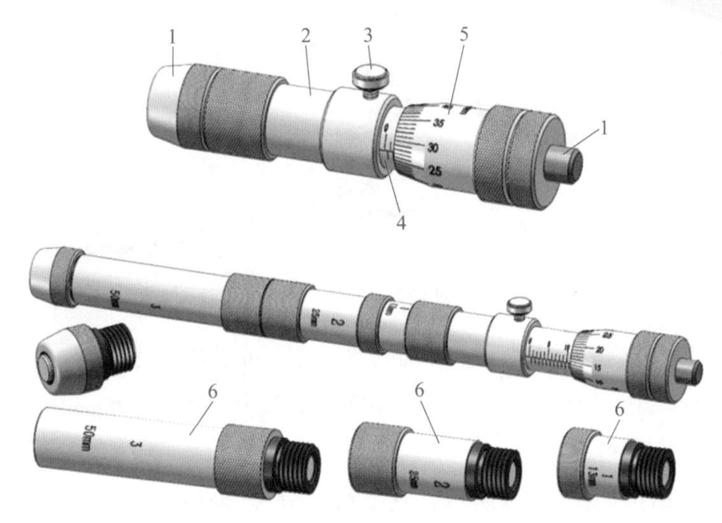

图 3–26　内径千分尺

1—测头　2—螺纹轴套　3—紧固螺钉　4—固定套管　5—微分筒　6—接杆

内径千分尺的测量范围为 50 ~ 125 mm、125 ~ 200 mm、200 ~ 325 mm、325 ~ 500 mm、500 ~ 800 mm、…、4 000 ~ 5 000 mm，其分度值为 0.01 mm。

内径千分尺的读数方法与外径千分尺相同，但由于无测力装置，因此测量误差较大。

用内径千分尺测量孔径时，必须使其轴线位于径向，且垂直于孔的轴线，如图 3–27 所示。

使用时尽可能选用最少量的接杆组成孔的公称尺寸，用校对卡板校对内径千分尺零位，如图 3–28 所示。

图 3–27　用内径千分尺测量孔径

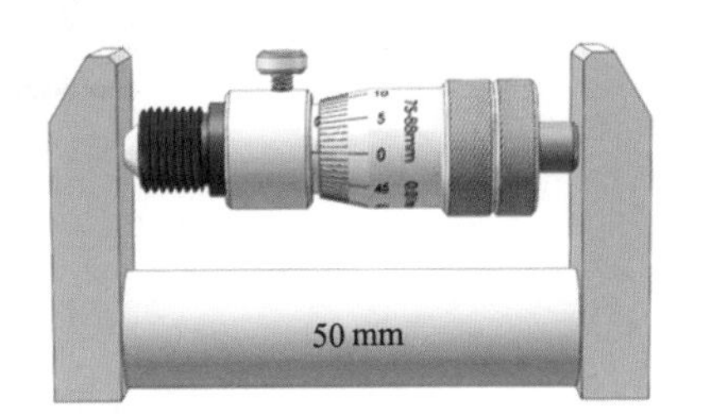

图 3–28　内径千分尺对零

测量时将测头测量面支承在被测表面上，调整微分筒，使其一侧的测量面在孔的径向截面摆动，找出最大尺寸。然后在孔的轴向截面摆动，找出最小尺寸，几次反复后旋紧螺钉，取出内径千分尺，按与外径千分尺相同的方法读数。

（4）用三爪内径千分尺测量

三爪内径千分尺用于测量 $\phi6$ ~ 100 mm 的精度较高、深度较大的孔径，如图 3–29 所示。它的三个测量爪在很小幅度的摆动下能自动地位于孔的直径位置，此时的读数即为孔的实际尺寸。

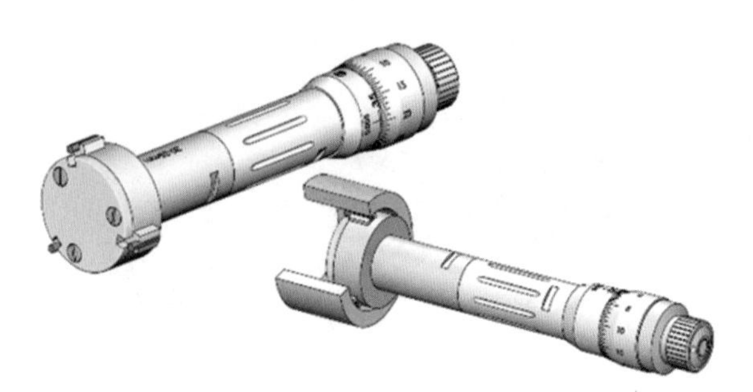

图 3–29　用三爪内径千分尺测量孔径的方法

三爪内径千分尺的测量范围为 6 ~ 8 mm、8 ~ 10 mm、10 ~ 12 mm、12 ~ 14 mm、14 ~ 17 mm、17 ~ 20 mm、20 ~ 25 mm、…、90 ~ 100 mm，其分度值为 0.01 mm 或 0.005 mm。

（5）用内径百分表测量

内径百分表的结构如图 3–30 所示，它是将百分表装夹在测架上，在测头端部有一活动测头，另一端的固定测头可根据孔径的大小进行更换。为了便于测量，测头旁装有定心器。

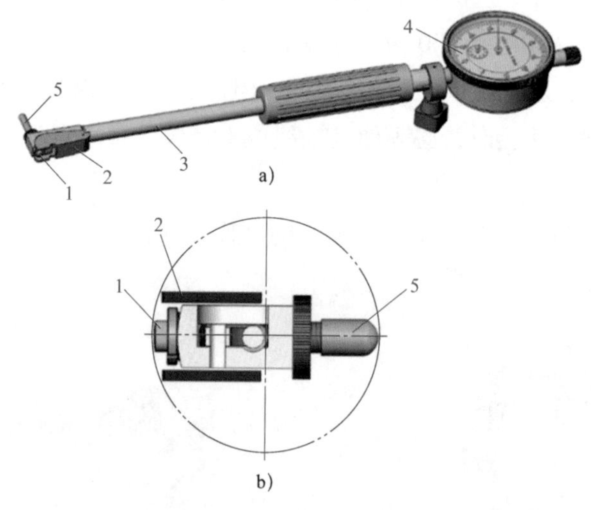

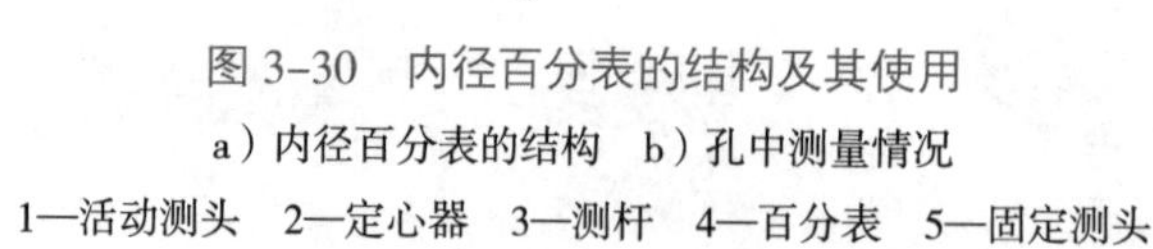

图 3–30　内径百分表的结构及其使用

a）内径百分表的结构　b）孔中测量情况

1—活动测头　2—定心器　3—测杆　4—百分表　5—固定测头

内径百分表主要用于测量精度要求较高而且又较深的孔。测量前应根据被测孔径公称尺寸的大小，用外径千分尺调整好尺寸并锁紧（见图 3–31a），再将内径百分表放入孔中进行测量。

测量时活动测头应在径向摆动找出最大值，在轴向摆动找出最小值（两值应一致），这个值相对于百分表零点的格数即为孔径公称尺寸的偏差值（当表针按顺时针方向未达到零点时的示值是正值，当表针按顺时针方向超过零点时的示值是负值），并由此计算出孔径的实际尺寸（公称尺寸 ± 偏差值），如图 3–31b 所示。

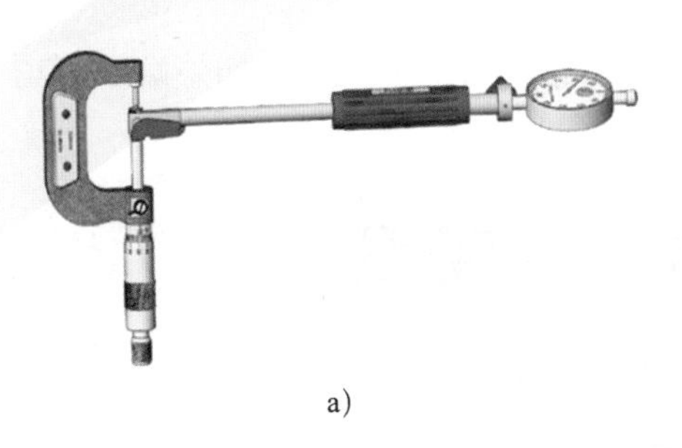

a)

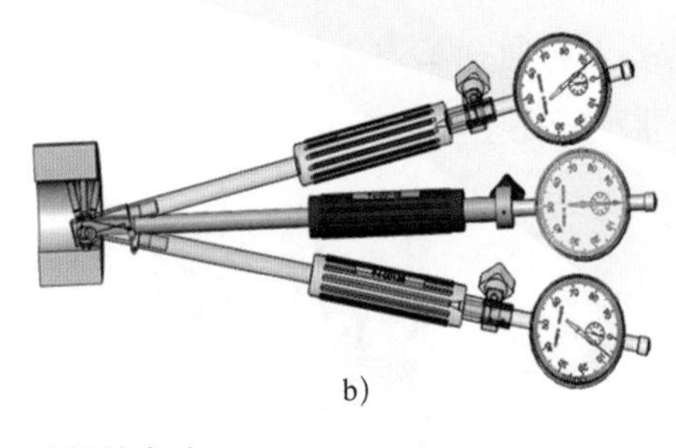

b)

图 3–31　用内径百分表测量孔径的方法

2. 孔几何误差的测量

（1）圆度误差

在车床上车削圆柱孔时，其形状精度一般只检测圆度误差和圆柱度误差。孔的圆度误差可用内径百分表（或内径千分表）检测。测量时将测头放入孔内，在垂直于孔轴线的某一截面内各方向上测量，示值中最大值与最小值之差的 1/2 即为该截面的圆度误差。

（2）圆柱度误差

孔的圆柱度误差可用内径百分表在孔全长的前、中、后各位置测量若干个截面，比较各截面的测量结果，取所有示值中最大值与最小值之差的 1/2，即为孔全长的圆柱度误差。

二、内孔车刀

1. 内孔车刀的种类

（1）通孔车刀

通孔车刀切削部分的几何形状基本上与外圆车刀相似，如图 3–32 所示。

为了减小背向力，防止车孔时产生振动，主偏角 κ_r 应取得大些，一般在 60° ~ 75°之间，副偏角 κ_r' 一般为 15° ~ 30°。为了减小内孔车刀副后面和孔壁的摩擦，又不使副后角磨得太大，一般磨成两个后角，其中 α_{o1}' 取 6° ~ 12°，α_{o2}' 取 30°左右。

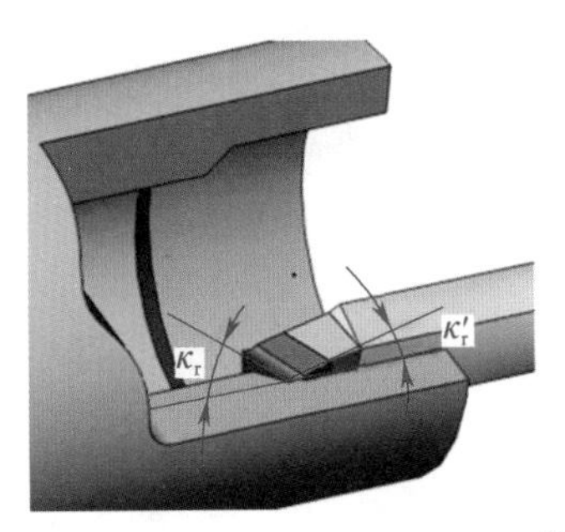

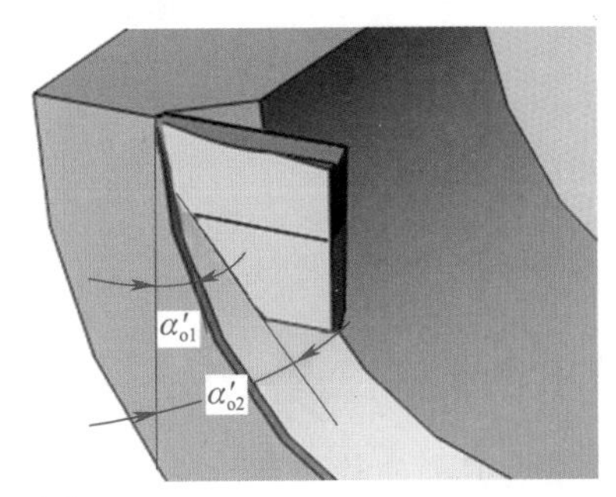

图 3–32　通孔车刀

（2）盲孔车刀

盲孔车刀用来车削盲孔或台阶孔，它的主偏角 κ_r 大于 90°，一般为 92° ~ 95°，后角的要求与通孔车刀一样，如图 3–33 所示。不同之处是盲孔车刀的刀尖到刀柄外端的距离 a 要小于孔半径 R；否则无法车平孔的底面。

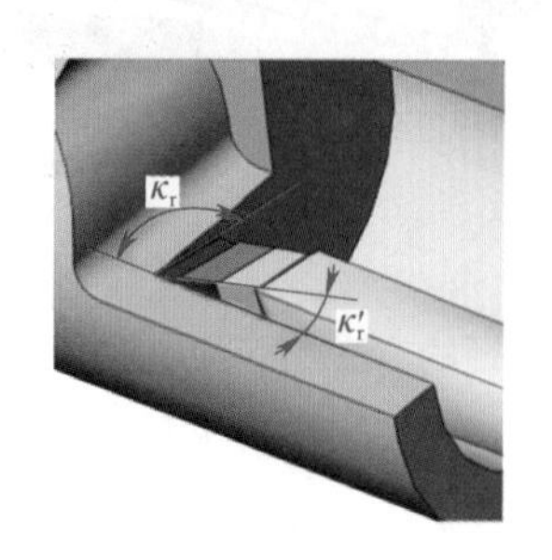

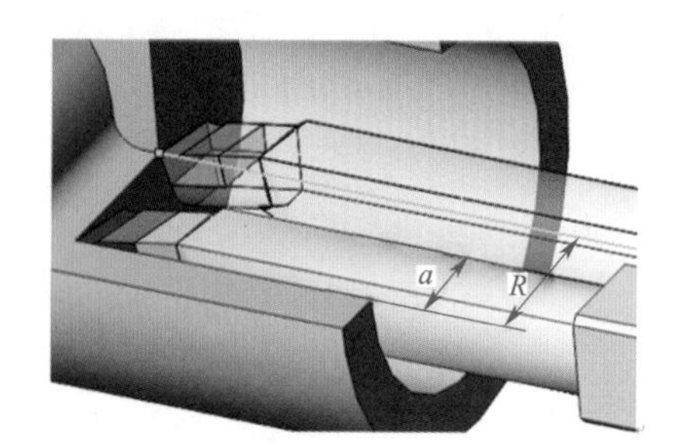

图 3–33　盲孔车刀

2. 内孔车刀的常用结构

内孔车刀可以制成整体式（见图 3–34），也常用机夹可换刀片内孔车刀，如图 3–35 所示。实际生产中也可把高速钢或硬质合金做成较小的刀头，安装在由碳素钢或合金结构钢制成的刀柄前端的方孔中，并在刀柄顶端或上面用螺钉固定，如图 3–36 所示，以达到节省刀具材料和提高刀柄强度的目的。

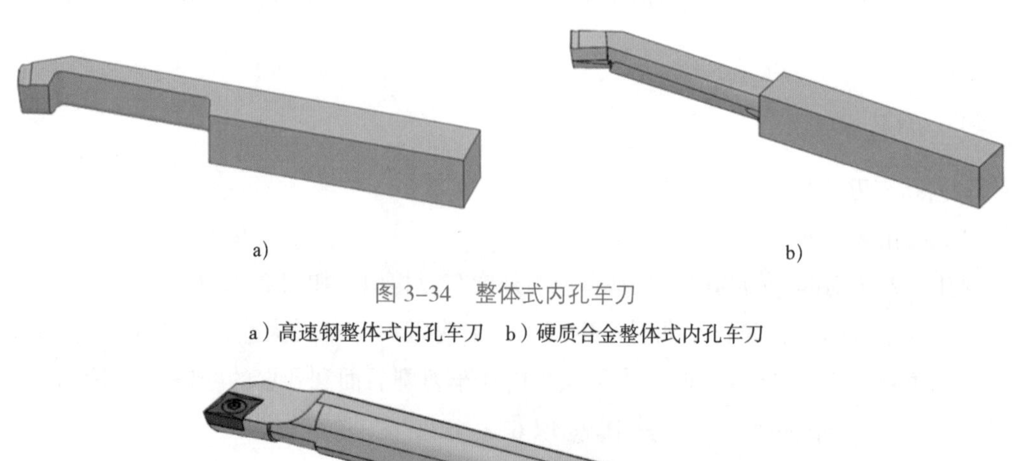

a）　　b）

图 3–34　整体式内孔车刀

a）高速钢整体式内孔车刀　b）硬质合金整体式内孔车刀

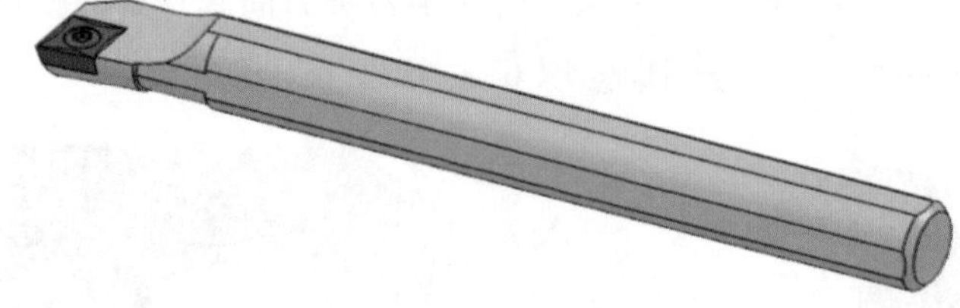

图 3–35　机夹可换刀片内孔车刀

三、车孔的关键技术

1. 尽量增大刀柄的截面积

一般内孔车刀的刀尖位于刀柄的上面，这种车刀有一个缺点，即刀柄的截面积小于孔截面积的 1/4，如图 3–37a 所示。如果使内孔车刀的刀尖位于刀柄的中心线上（见图 3–37b），则刀柄的截面积可大大地增加。

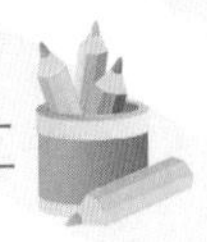

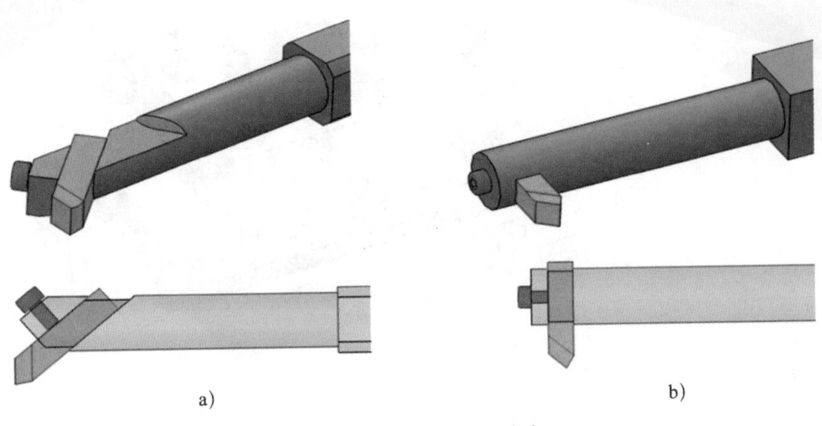

图 3-36　机械夹固式内孔车刀

a）通孔车刀　b）盲孔车刀

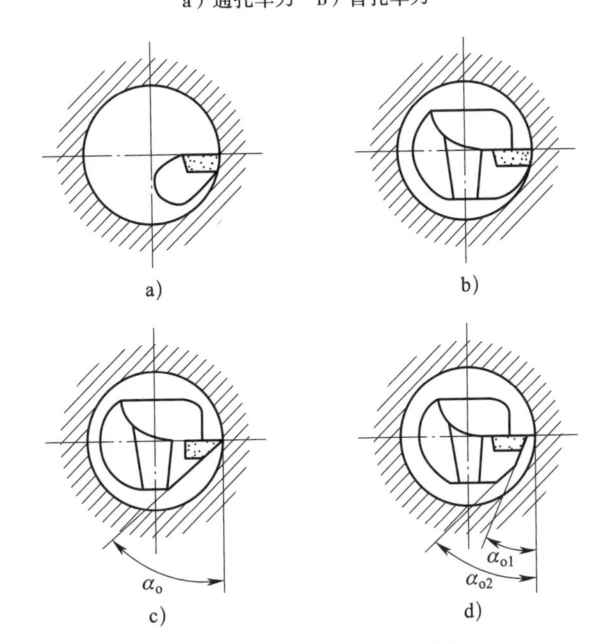

图 3-37　车孔时的端面投影

a）刀尖位于刀柄上面　b）刀尖位于刀柄中心　c）一个主后角　d）两个主后角

内孔车刀的主后面如果刃磨出一个大的副后角（见图 3-37c），则刀柄的截面积必然减小。如果刃磨成两个副后角（见图 3-37d），或将副后面磨成圆弧状，则既可防止内孔车刀的副后面与孔壁摩擦，又可使刀柄的截面积增大。

2. 刀柄的伸出长度尽可能缩短

如果刀柄伸出太长，就会降低刀柄的刚度，容易引起振动。如图 3-36 所示内孔车刀圆刀柄的伸出长度固定，不能适应各种不同孔深的工件。为此，可把内孔车刀刀柄做成两个平面，刀柄做得很长，如图 3-35 所示的机夹式内孔车刀刀柄那样，使用时根据不同的孔深调节车刀的伸出长度，如图 3-38 所示。调节时只要车刀的伸出长度大于孔深即可，这样有利于使刀柄以最大刚度的状态工作。

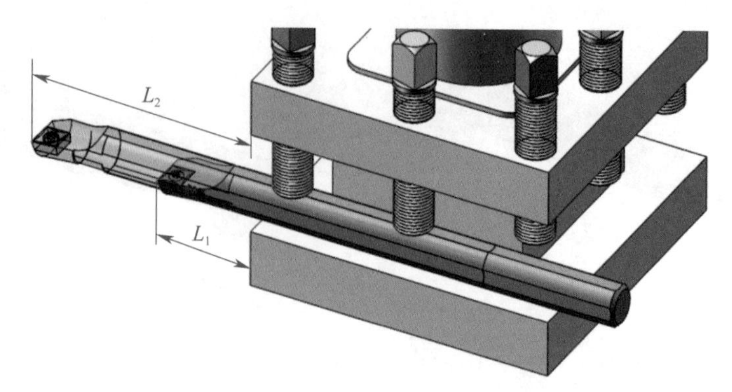

图 3–38　调节车刀的伸出长度

3. 解决排屑问题

排屑问题主要是控制切屑流出的方向。精车孔时，要求切屑流向待加工表面（前排屑），前排屑主要是采用正值刃倾角的内孔车刀，如图 3–39 所示。车削盲孔时，切屑从孔口排出（后排屑），后排屑主要是采用负值刃倾角的内孔车刀，如图 3–40 所示。

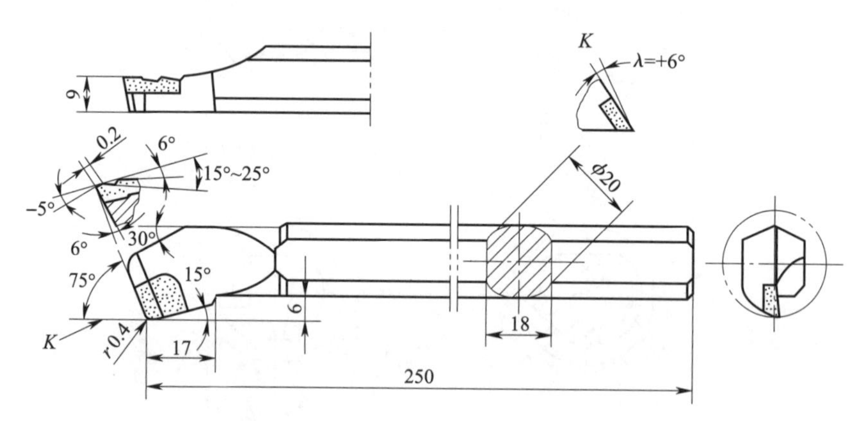

图 3–39　前排屑通孔车刀

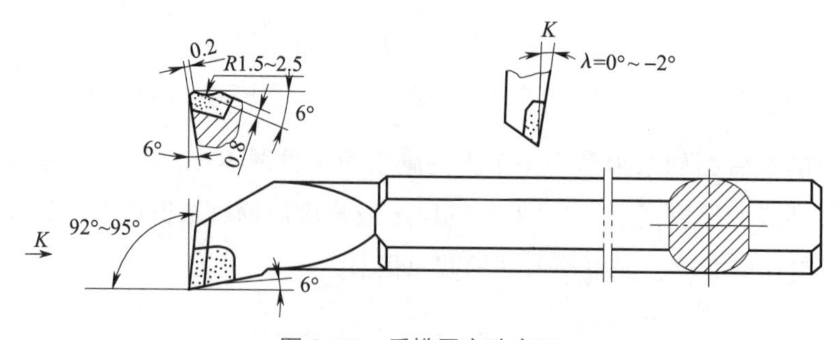

图 3–40　后排屑盲孔车刀

四、车通孔

1. 内孔车刀的安装

（1）内孔车刀的刀尖应与工件中心等高或稍高于工件中心。若刀尖低于工件中心，切

削时在切削力的作用下，容易将刀柄压低而产生扎刀现象，并可造成孔径扩大。

（2）刀柄伸出刀架不宜过长，一般比被加工孔深长 5 ~ 10 mm，如图 3–41 所示，$L_2=L_1+$（5 ~ 10）mm。

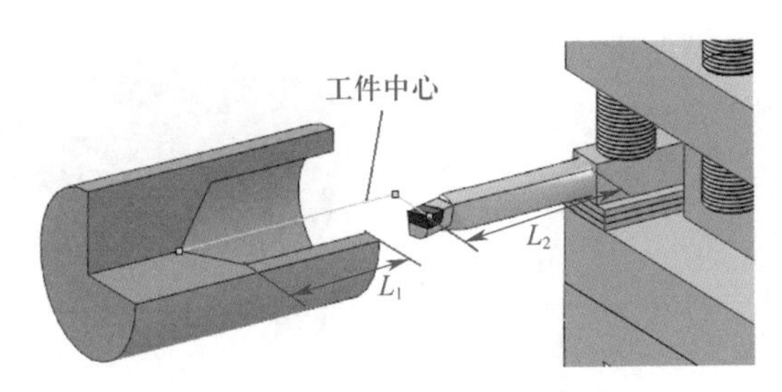

图 3–41　车通孔时车刀的安装

（3）内孔车刀刀柄与工件轴线应基本平行；否则，在车削到一定深度时刀柄后半部位容易碰到工件的孔口。

提示

内孔车刀装夹正确与否直接影响车削情况和孔的精度，内孔车刀装夹好后，在车孔前应先在孔内试走一遍，检查有无碰撞现象，以确保安全。

2. 车通孔的方法

（1）粗车

粗车内孔的操作步骤见表 3–6。

表 3–6　粗车内孔的操作步骤

步骤	加工内容描述	图示
1	启动车床，摇动车床床鞍手轮和中滑板手柄，使车刀刀尖轻轻碰到工件孔壁	
2	床鞍往右移离开工件（中滑板静止不动）	

续表

步骤	加工内容描述	图示
3	将中滑板按要求横向进给 a_{p1}，开动机动进给或双手均匀摇动床鞍手轮对工件内孔进行车削	
4	重复操作，直至孔径保留精车余量 0.5 mm 提示：车削内孔与车削外圆的进刀、退刀方向相反，切削用量的选择比外圆加工要小	

（2）精车

中滑板进刀小于 0.5 mm，纵向进给长度大于 5 mm 后快速纵向退出，停车测量，如果尺寸未至要求，则计算好进刀格数，横向微量进给，再试切削及测量，直至符合孔径要求为止，最后纵向车削至孔全长，如图 3–42 所示。

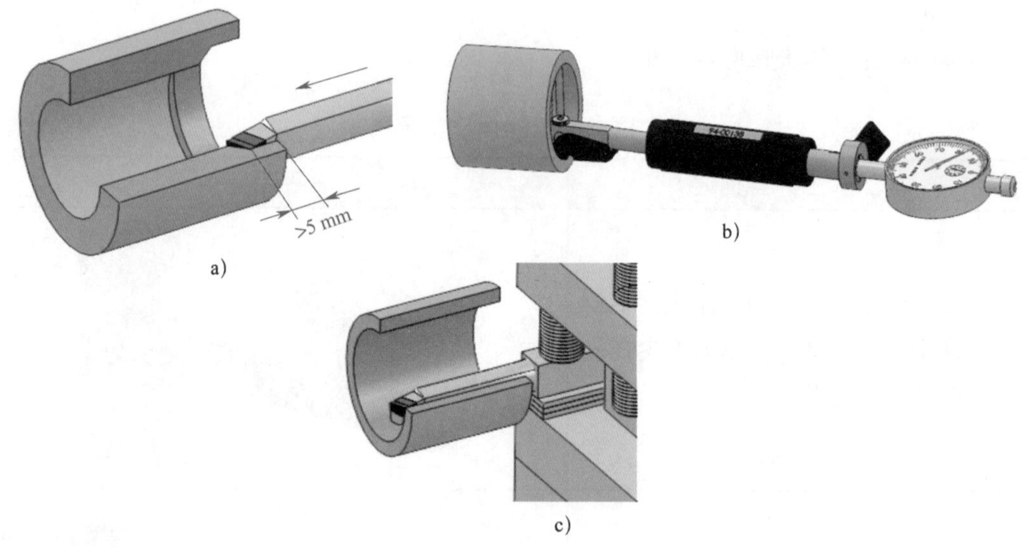

图 3–42　精车内孔的操作步骤

五、车台阶孔

1. 台阶孔车刀的装夹

车台阶孔时车刀的装夹要求基本与内孔车刀的要求一样，但要注意盲孔车刀的主切

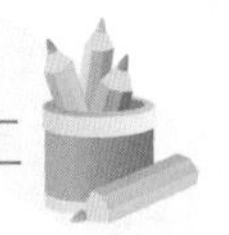

削刃应与底孔平面成 3° ~ 5°角，如图 3–43 所示。车台阶孔底平面时，横向应有足够的退刀余地。为防止车孔时刀柄与孔壁相碰，可在车孔前先在孔内试走一遍，以确保安全。

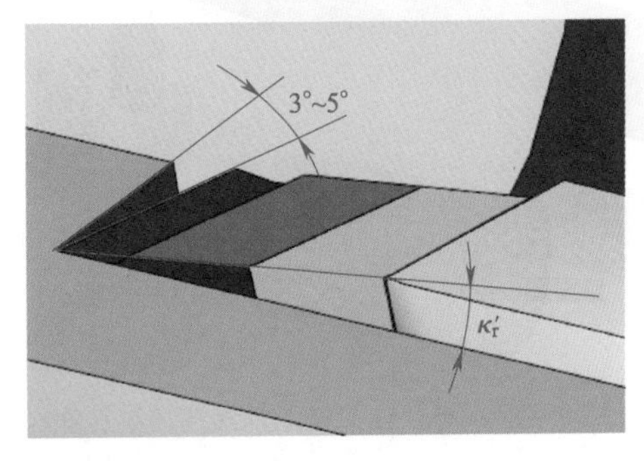

图 3–43　车台阶孔时车刀的装夹

2. 车台阶孔的方法

（1）车直径较小的台阶孔时，先粗车、精车小孔，再粗车、精车大孔。

（2）车直径大的台阶孔时，先粗车大孔和小孔，再精车大孔和小孔。

为保证台阶尺寸，开始车削时与车削台阶外圆相似，启动车床，车刀先在端面用床鞍和小滑板对刀，再在孔壁用中滑板对刀，将滑板刻度调至零位，纵向粗车时每一次都到床鞍刻度盘同一刻度，如图 3–44 ①所示，精车时则车孔径至台阶处后横向退刀（见图 3–44 ②），接着用小滑板进刀（见图 3–44 ③）精车台阶长度，按图 3–44 ④所示用中滑板进刀，并使车刀进至刚才车孔径的尺寸，如图 3–44 ⑤所示。

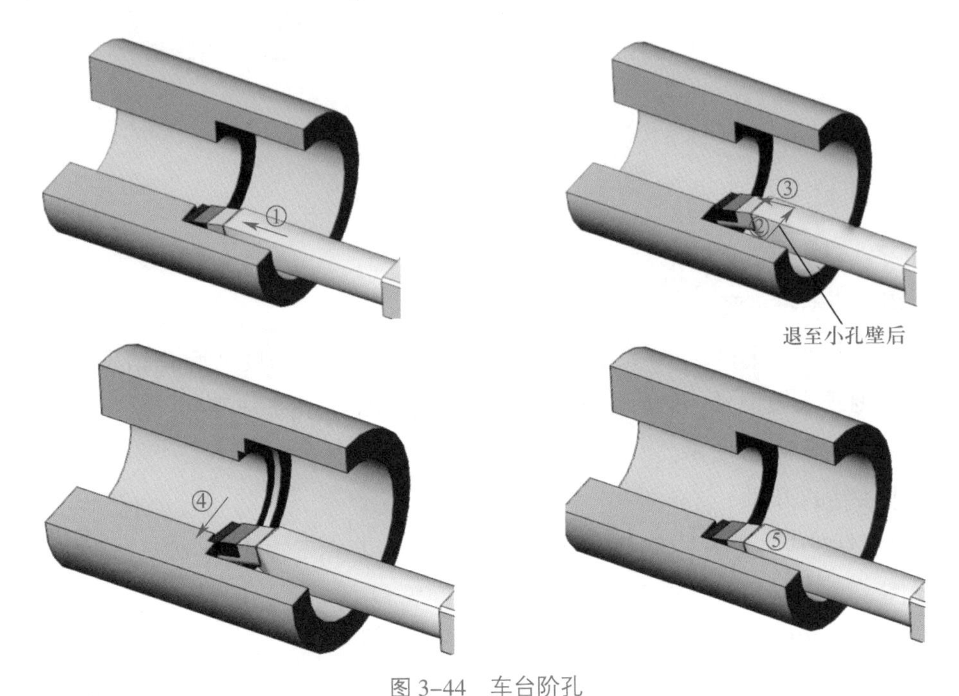

图 3–44　车台阶孔

3. 车孔深度的控制

（1）粗车控制方法

1）在刀柄上刻线痕做记号，如图 3–45 所示。

2）装夹内孔车刀时安放限位铜片，如图 3–46 所示。

3）利用床鞍刻度盘的刻线控制。

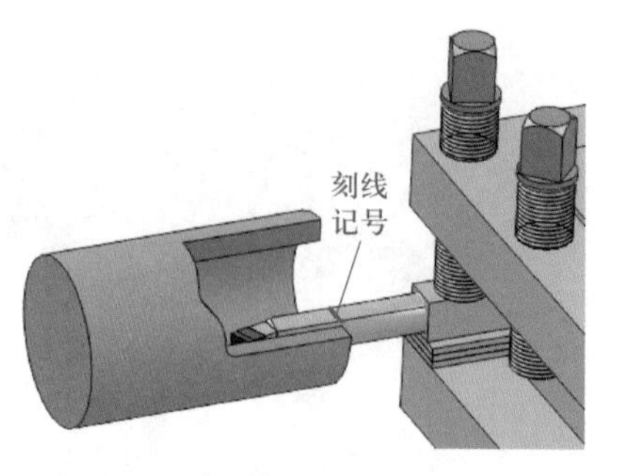

图 3–45　在刀柄上刻线痕控制孔深

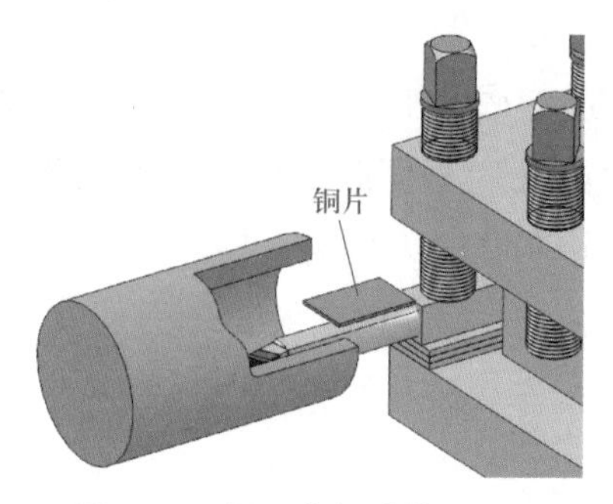

图 3–46　用限位铜片控制孔深

（2）精车控制方法

1）利用小滑板刻度盘的刻线控制。

2）用深度游标卡尺测量及控制，如图 3–47 所示。

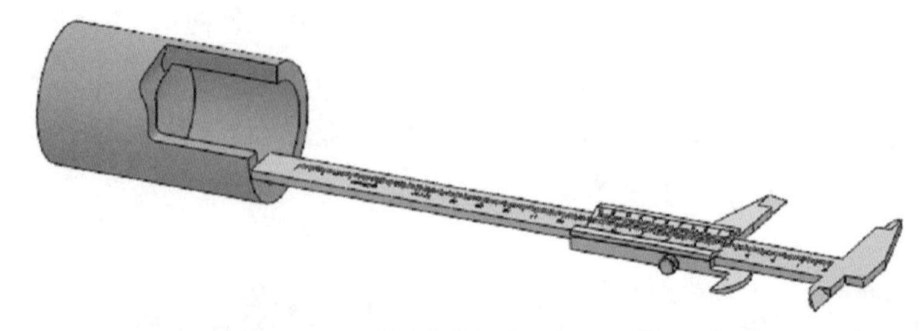
图 3–47　用深度游标卡尺测量及控制

六、车平底孔

1. 用平头钻扩平孔底锥形

（1）用平头钻扩平底

选择比孔径小 1.5 ~ 2 mm 的钻头先钻出底孔，其钻孔深度从麻花钻顶尖量起，并在麻花钻上刻线痕做记号，然后用相同直径的平头钻将底孔扩成平底，底平面处留余量 0.5 ~ 1 mm，如图 3–48 所示。

（2）平头钻的刃磨

刃磨平头钻时应将两条主切削刃磨平直，横刃要短，后角不宜过大，外缘处前角要修磨得小些，如图 3–49 所示；否则容易引起扎刀现象，还会使孔底产生波浪形，甚至使钻头折断。

加工盲孔的平头钻最好采用凸形钻心，如图 3–50 所示，以获得良好的定心效果。

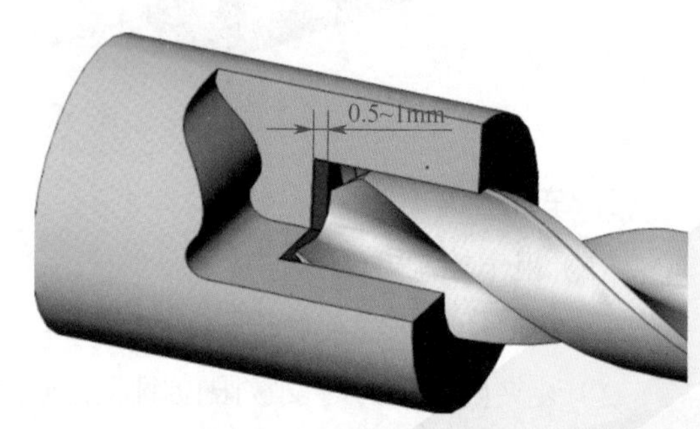

图 3–48　用平头钻扩平底

2. 用车刀车削孔底锥形

启动车床，将车刀在工件端面用床鞍刻度盘对零位，如图 3–51 所示，然后将车刀沿孔壁移到孔壁与锥形的交界处（大而浅的

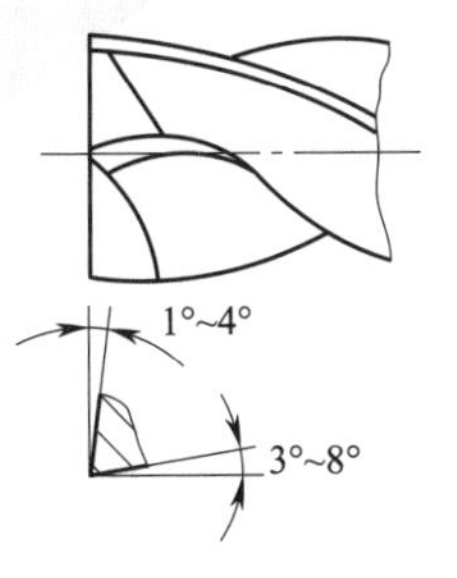

图 3–49　平头钻

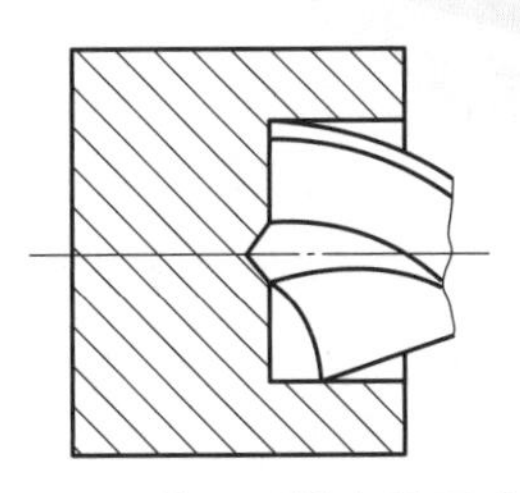

图 3–50　带凸形钻心的平头钻

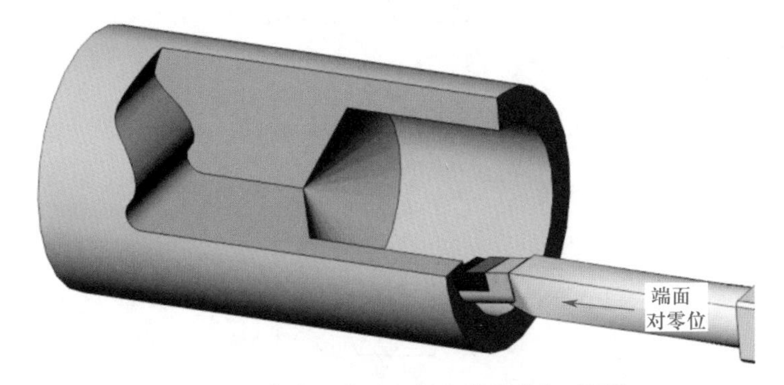

图 3–51　将车刀在端面用床鞍刻度盘对零位

孔可观察，小而深的孔听切削声音，也可通过手感觉到纵向切削力变大），将车刀横向退出（纵向不动，见图 3–52 ①），再根据床鞍刻度盘刻度距孔深公称尺寸的余量，纵向移动 1 ~ 1.5 mm（见图 3–52 ②），车刀横向进刀至孔壁（见图 3–52 ③）；车刀再次横向退出，纵向移动 1 ~ 1.5 mm，横向进刀至孔壁；重复操作，直至孔深留余量 0.5 mm 左右。

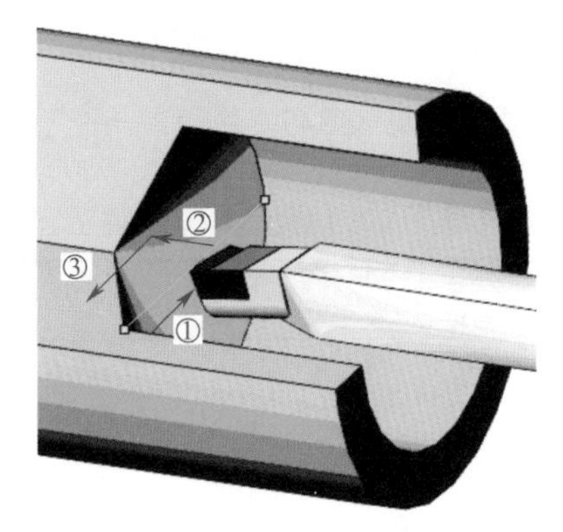

图 3–52　用车刀车平孔底锥形

提示

车削平底孔时，内孔车刀的刀尖应对准工件中心，用中滑板刻度盘控制背吃刀量，用床鞍刻度盘控制孔深。

用机动进给车削平底孔时要防止内孔车刀与孔底碰撞，在内孔车刀刀尖接近孔底面时，必须改机动进给为手动进给。

3. 车削方法

孔底车平后，移动床鞍、中滑板和小滑板对刀，采取与车台阶孔一样的方法车至图样要求的尺寸。

通孔车刀的刃磨

一、训练任务

刃磨如图 3–53 所示车通孔用硬质合金内孔车刀。

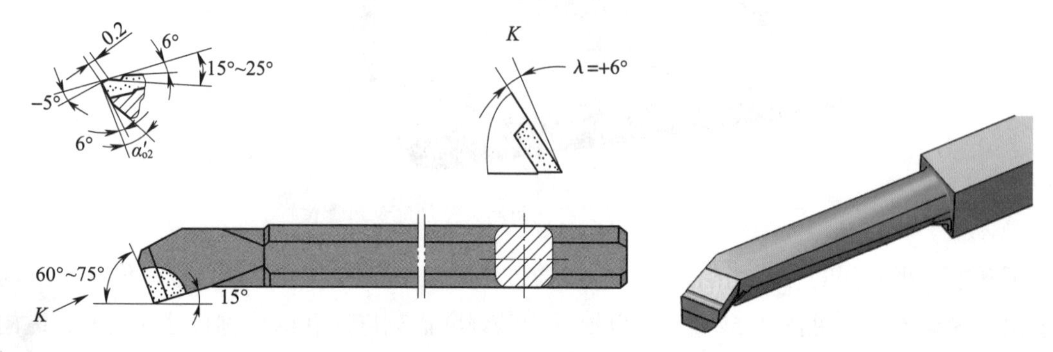

图 3–53　车通孔用内孔车刀

二、内孔车刀的刃磨

内孔车刀的刃磨步骤和刃磨工艺见表 3–7。

表 3–7　内孔车刀的刃磨步骤和刃磨工艺

刃磨步骤	刃磨工艺	图示
1. 磨前面	磨成平面型前面或直接磨出卷屑槽，需控制前角和刃倾角，即刀柄尾部向内偏 15° ~ 25°，同时刀柄向外侧倾斜 +6°，使火花最后从主切削刃的刀尖处出来	λ_s=6°　γ_o=15°~25°

续表

刃磨步骤	刃磨工艺	图示
2. 磨主后面	磨出主偏角 κ_r 和主后角 α_o，即刀柄正对砂轮，尾部右偏 60° ~ 75°，同时刀头上翘 6°	
3. 磨副后面	磨出副偏角 κ_r' 和副后角 α_o'，即刀柄先与砂轮平行，尾部向内偏 15° ~ 30°，同时刀柄向外侧倾斜 6° ~ 12°	
4. 刃磨刀尖	在刀尖处磨 $R0.2$ ~ 0.4 mm 的过渡刃；若前面磨卷屑槽，则磨出宽度为 0.2 mm、前角为 –5° 的倒棱；最后修磨副后刀面，保证 α_{o2}'，此处可根据孔壁圆弧磨成相应的形状	

技能训练2

车 台 阶 孔

一、训练任务

按图 3–54 所示车套筒台阶孔。

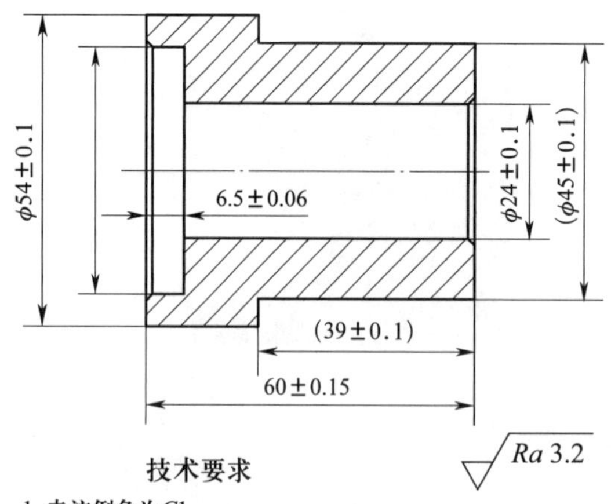

技术要求

1. 未注倒角为$C1$。
2. 未注尺寸公差按GB/T 1804—m。

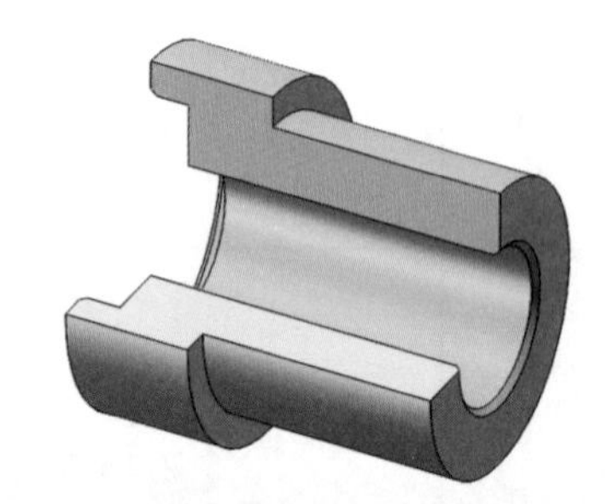

任务名称	练习内容	材料	材料来源	件数
车台阶孔	车套筒台阶孔	45 钢	图 3–21 所示套筒钻孔和扩孔	1

图 3–54　车套筒台阶孔

二、套筒零件内孔加工

套筒零件车孔步骤见表 3–8。

表 3–8　　套筒零件车孔步骤

步骤	加工内容描述	图示
1	车削外圆、台阶孔	
（1）	垫铜皮夹住工件ϕ（45±0.1）mm 外圆并找正，保证卡盘与台阶距离约为 5 mm	

续表

步骤	加工内容描述	图示
（2）	车端面，控制总长为（60 ± 0.15）mm	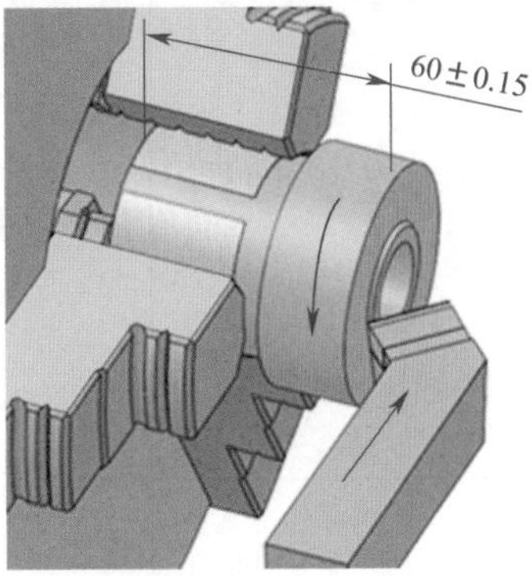
（3）	粗车左端外圆至 ϕ54.5 mm	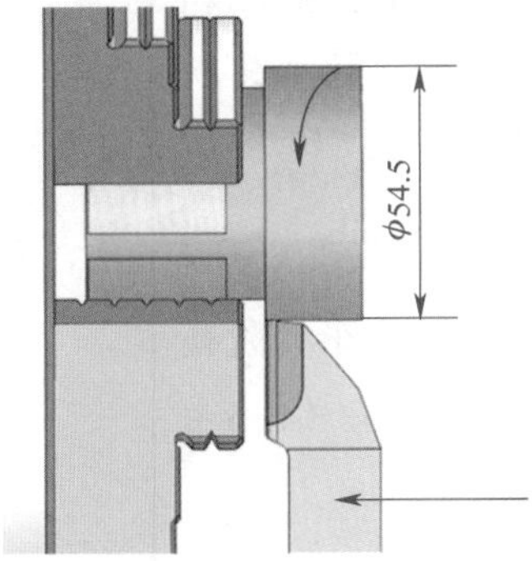
（4）	精车左端外圆至 ϕ（54 ± 0.1）mm	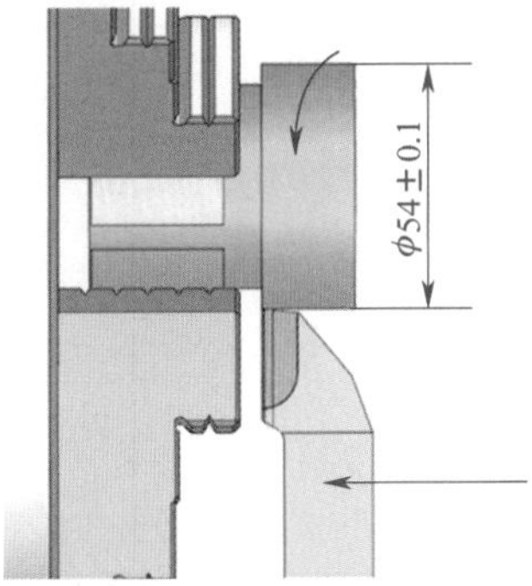
（5）	粗车 ϕ23.5 mm 的通孔	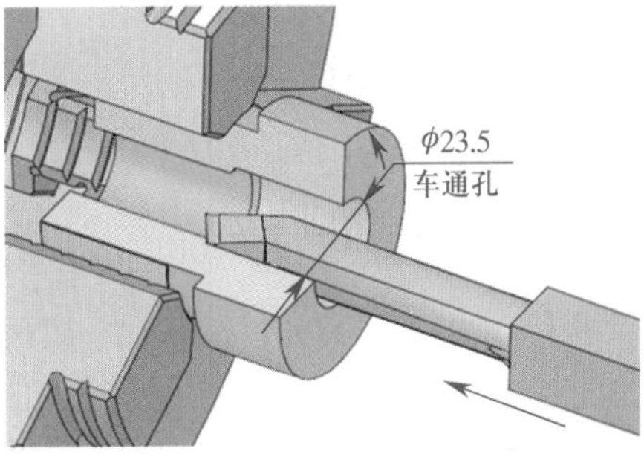

续表

<table>
<tr><th>步骤</th><th>加工内容描述</th><th>图示</th></tr>
<tr><td>（6）</td><td>精车通孔至 ϕ（24 ± 0.1）mm</td><td>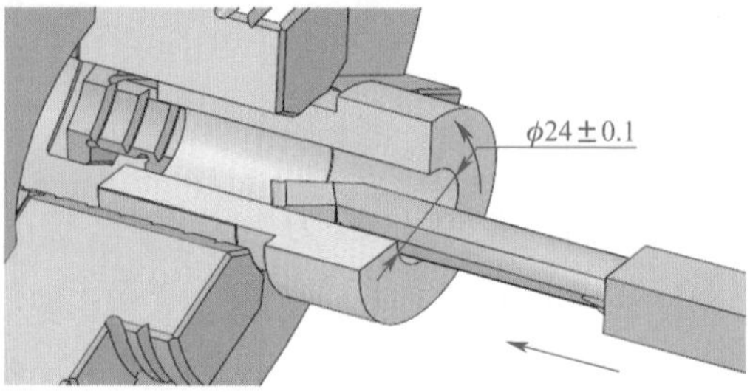
</td></tr>
<tr><td>（7）</td><td>用盲孔车刀粗车台阶孔至 ϕ43.5 mm × 6 mm，粗加工余量较多，可分多次进给车削</td><td rowspan="2">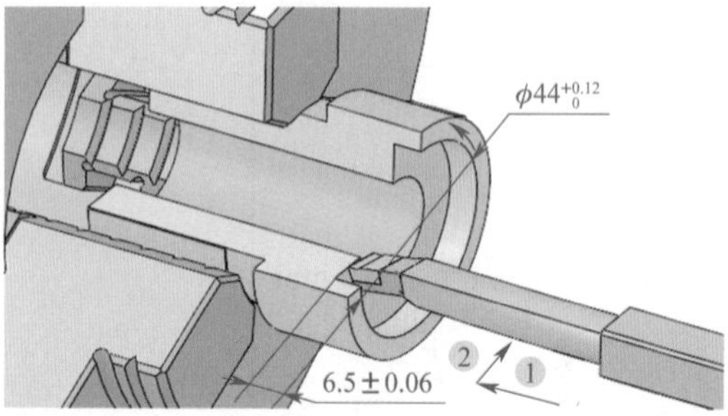
</td></tr>
<tr><td>（8）</td><td>用盲孔车刀精车台阶孔至 $\phi 44^{+0.12}_{0}$ mm ×（6.5 ± 0.06）mm</td></tr>
<tr><td>（9）</td><td>倒角 $C1$ mm</td><td>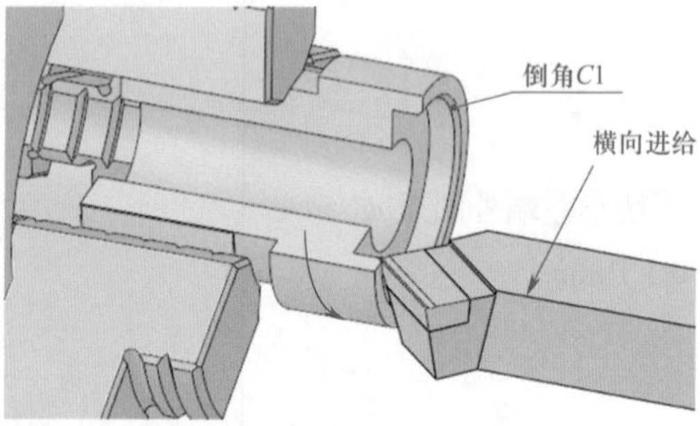
</td></tr>
<tr><td rowspan="2">2</td><td>检查各尺寸合格后，掉头垫铜皮夹持 ϕ（54 ± 0.1）mm 外圆，找正并夹紧工件</td><td rowspan="2">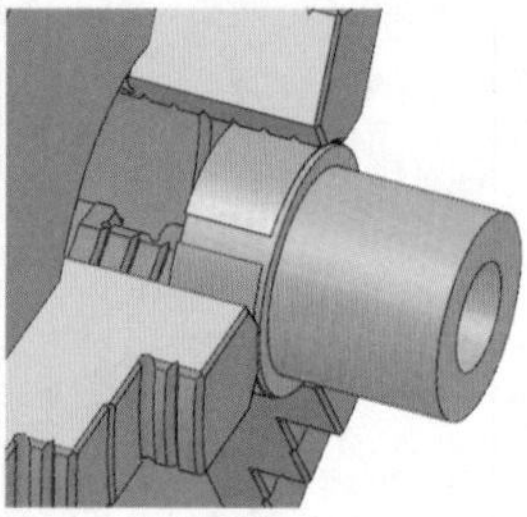 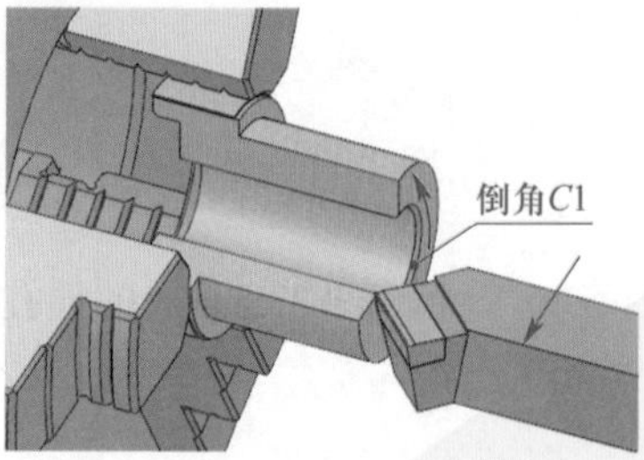
</td></tr>
<tr><td>倒角 $C1$ mm</td></tr>
<tr><td>3</td><td colspan="2">合格后卸下工件</td></tr>
</table>

三、车孔的注意事项

1. 内孔车刀的刀柄细长，刚度低，车孔时冷却、排屑、测量、观察都比较困难，因此要重视并解决好关键技术问题。

2. 内孔车刀装夹得正确与否，直接影响车削情况和孔的精度。内孔车刀装夹好后，在车孔前应先在孔内试走一遍，检查有无碰撞现象，以确保安全。

3. 车孔时的切削用量应选得比车外圆时小，车孔时的背吃刀量 a_p 是内孔余量的一半，进给量 f 比车外圆时小 20% ~ 40%，切削速度 v_c 比车外圆时低 10% ~ 20%。

4. 车孔时中滑板进刀、退刀方向与车外圆相反。

5. 精车内孔时应使切削刃保持锋利；否则，会因让刀而把孔车成锥形。

6. 用机动进给车削台阶孔时，要防止内孔车刀与台阶碰撞，在内孔车刀刀尖接近孔底面时，必须改机动进给为手动进给。

7. 应防止内孔出现喇叭口或刀痕。

四、车孔质量分析

车孔时常见问题的产生原因和预防方法见表 3–9。

表 3–9　　车孔时常见问题的产生原因和预防方法

常见问题描述	产生原因	预防方法
尺寸不对	1. 测量不准确	1. 要仔细测量。用游标卡尺测量时，要调整好游标卡尺的松紧程度，控制好位置，并进行试车
	2. 车刀装夹不对，刀柄与孔壁相碰	2. 应在启动车床前先将车刀在孔内走一遍，检查是否会发生碰撞，以确定合理的刀柄截面尺寸
	3. 产生积屑瘤，使刀尖长度增大，将孔车大	3. 研磨前面，使用切削液，增大前角，选择合理的切削速度
	4. 工件热胀冷缩	4. 应使工件冷却后再精车，加注切削液
内孔有锥度	1. 刀具磨损	1. 延长刀具寿命，采用耐磨的硬质合金车刀
	2. 刀柄刚度低，产生让刀现象	2. 尽量采用大截面尺寸的刀柄，减小切削用量

续表

常见问题描述	产生原因	预防方法
内孔有锥度	3. 刀柄与孔壁相碰 4. 主轴轴线歪斜 5. 床身不水平，导致床身导轨与主轴轴线不平行 6. 床身导轨磨损。由于磨损不均匀，使进给轨迹与工件轴线不平行	3. 正确装夹车刀 4. 检查车床精度，校正主轴轴线与床身导轨的平行度 5. 校正车床水平 6. 大修车床
内孔不圆	1. 孔壁薄，装夹时产生变形 2. 轴承间隙太大，主轴颈为椭圆形 3. 工件加工余量和材料组织不均匀	1. 选择合理的装夹方法 2. 大修车床，并检测主轴的圆柱度误差 3. 增加半精车工序，把不均匀的余量车去，使精车余量尽量减小和均匀。对工件毛坯进行回火
内孔不光	1. 车刀磨损 2. 车刀刃磨质量差，表面粗糙度值大 3. 车刀几何角度不合理，装刀时刀尖低于工件中心 4. 切削用量选择不当 5. 刀柄细长，产生振动	1. 重新刃磨车刀 2. 保证切削刃锋利，研磨车刀前面和后面 3. 合理选择刀具角度，精车装刀时刀尖可略高于工件中心 4. 适当降低切削速度，减小进给量 5. 加粗刀柄并降低切削速度

车平底孔

一、训练任务

按图 3–55 所示图样车台阶和平底孔，并倒角。

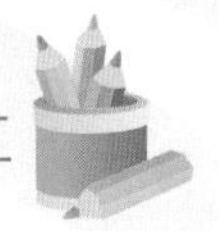

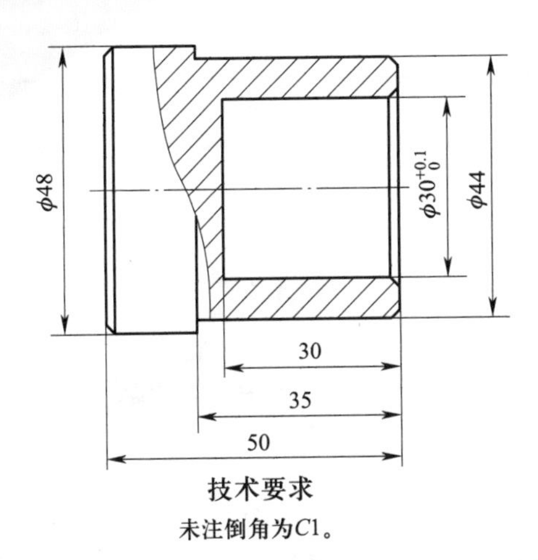

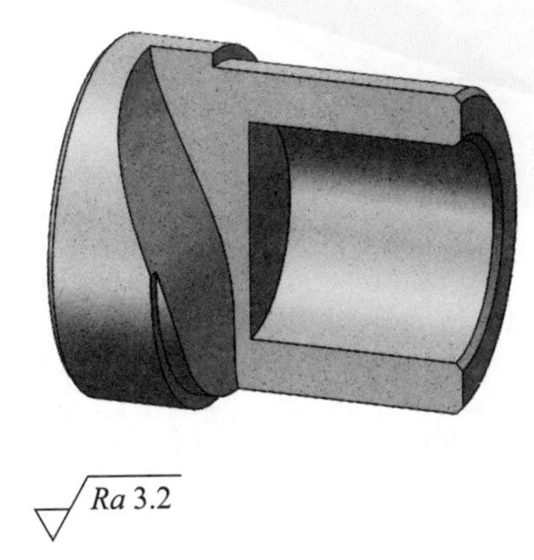

任务名称	练习内容	材料	材料来源	件数
车平底孔	车台阶和平底孔，倒角	45 钢	$\phi 50\times 55$	1

图 3–55　车平底孔零件图

二、平底孔零件加工

平底孔零件的车削步骤见表 3–10。

表 3–10　　平底孔零件的车削步骤

步骤	加工内容描述	图示
1	检查备料 $\phi 50$ mm × 55 mm	
2	夹持毛坯外圆，伸出长度为 30 mm	
（1）	车端面，车平即可	

续表

步骤	加工内容描述	图示
（2）	车毛坯外圆至 ϕ48 mm，长度为 25 mm	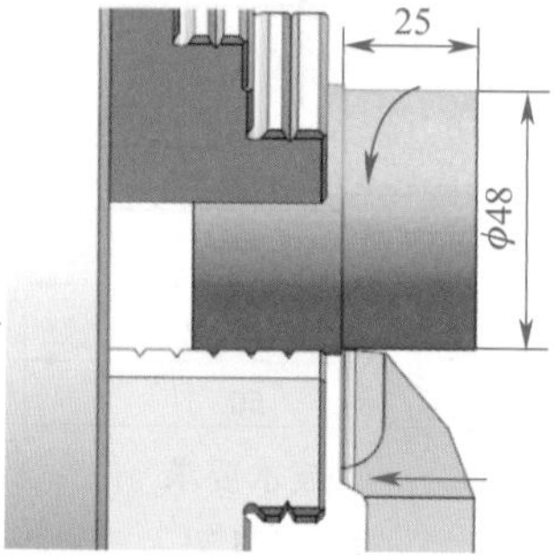
（3）	倒角 C1 mm	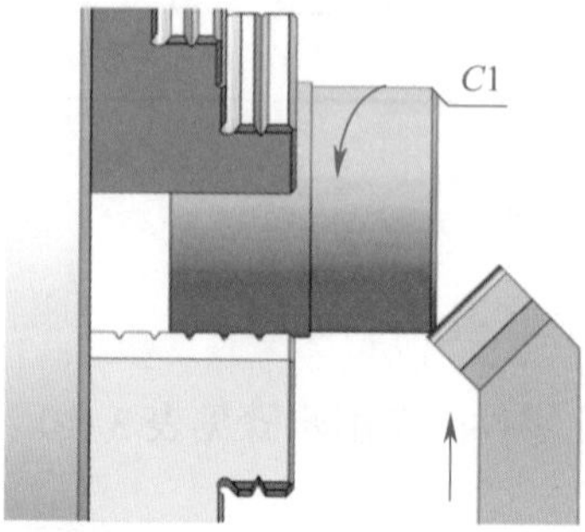
3	掉头，垫铜皮夹住 ϕ48 mm 外圆，夹持部位长为 10 mm，找正并夹紧	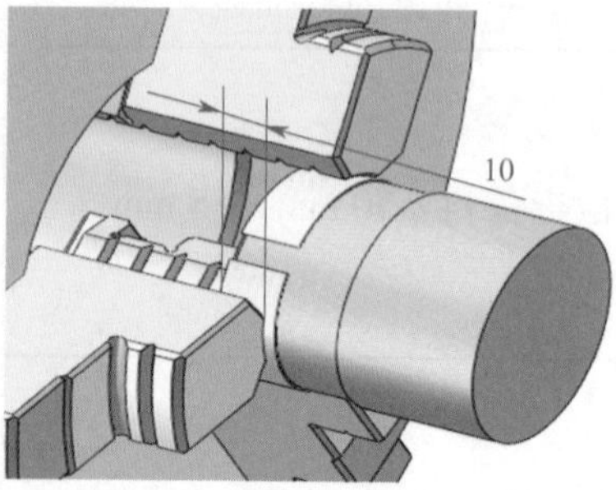
（1）	车端面，控制总长为 50 mm	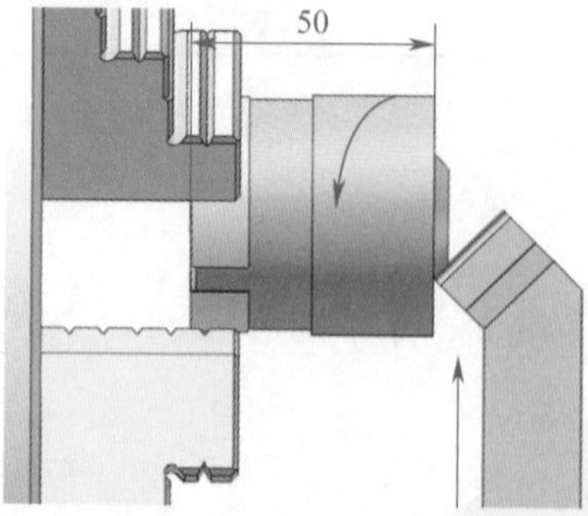

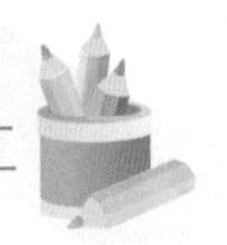

续表

步骤	加工内容描述	图示
（2）	车外圆至 ϕ44 mm，长度为 35 mm	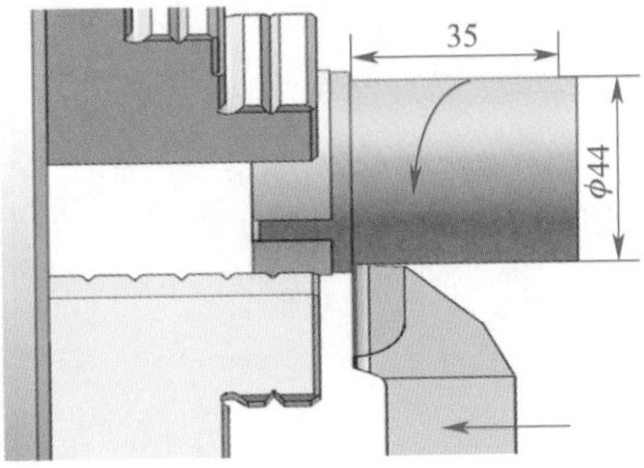
（3）	钻孔 ϕ26 mm，深 29 mm（从钻尖算起）	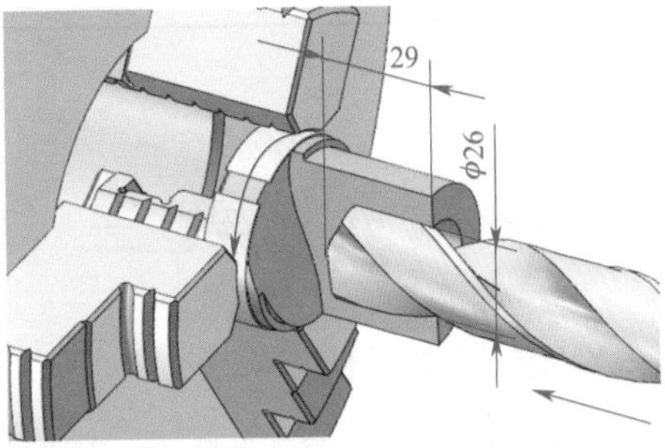
（4）	粗车内孔 ϕ26 mm 至 ϕ29.5 mm，深 29.5 mm	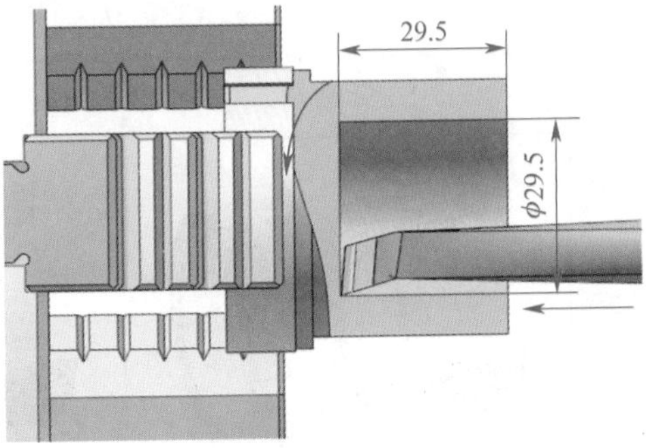
（5）	精车内孔 ϕ29.5 mm 至 $\phi 30^{+0.1}_{0}$ mm，深 30 mm（孔底平面平整）	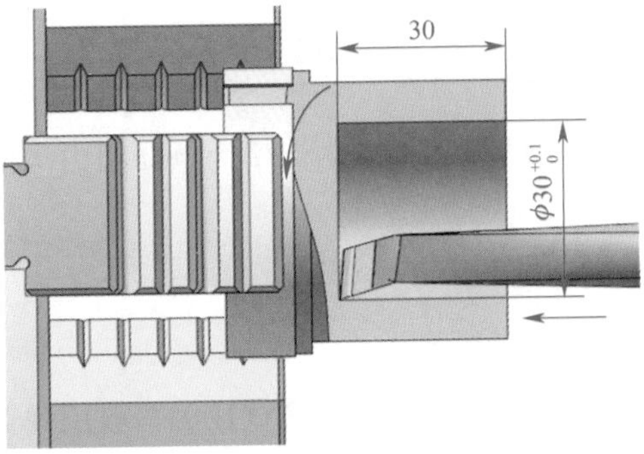

续表

步骤	加工内容描述	图示
（6）	倒角 $C1$ mm（两处）	
4	检查各项尺寸，合格后卸下工件	

课题三　车内沟槽

一、内沟槽的结构

根据内沟槽的结构不同，常见的内沟槽有窄槽、宽槽和V形槽，其结构和作用见表3–11。

表3–11　　常见内沟槽的结构和作用

类型	窄槽	宽槽	V形槽
结构			
作用	退刀，轴向定位，油、气通道	储油，减少与配合轴的接触面积	嵌入毛毡后起密封作用

本课题主要以矩形内沟槽为例介绍内沟槽的车削加工。

二、内沟槽的检测

1. 深度的测量

内沟槽深度（或内沟槽直径）一般用弹簧内卡钳配合游标卡尺或千分尺进行测量，如图3–56所示。测量时，先将弹簧内卡钳收缩并放入内沟槽，然后调节卡钳螺母，使卡脚

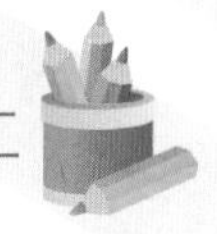

与槽底径表面接触，松紧适度，将内卡钳收缩后取出，恢复到原来尺寸，最后用游标卡尺或外径千分尺测出内卡钳张开的距离。

对于直径较大的内沟槽，可用弯脚游标卡尺进行测量，如图 3–57 所示。

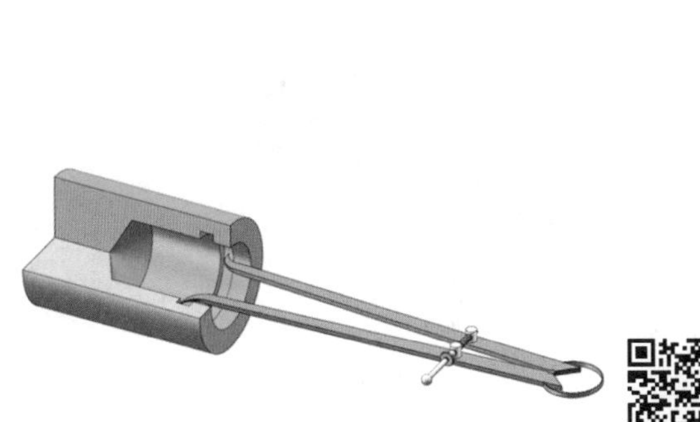

图 3–56　用弹簧内卡钳测量内沟槽直径

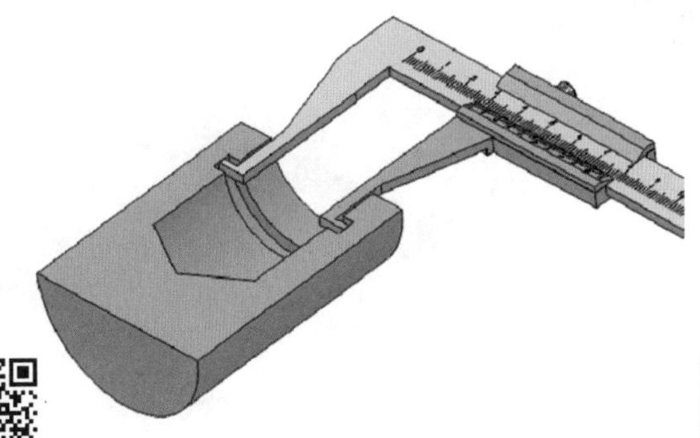

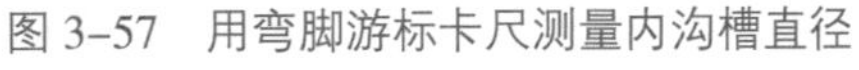

图 3–57　用弯脚游标卡尺测量内沟槽直径

2. 轴向尺寸的测量

内沟槽的轴向位置尺寸可用钩形深度游标卡尺进行测量，如图 3–58 所示。

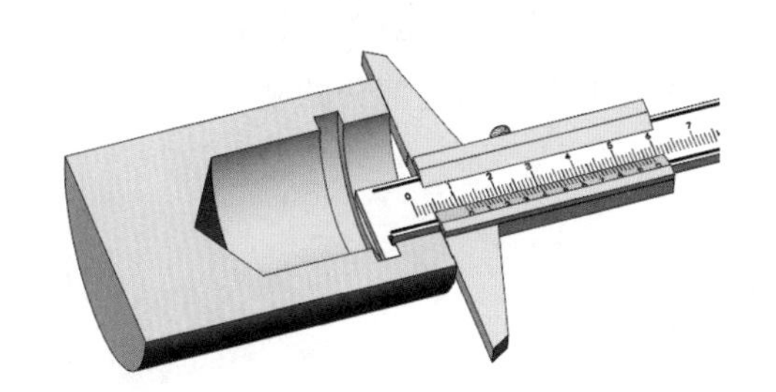

图 3–58　用钩形深度游标卡尺测量内沟槽轴向位置尺寸

3. 宽度的测量

内沟槽宽度可用样板检测，如图 3–59 所示。当孔径较大时可用游标卡尺进行测量，如图 3–60 所示。

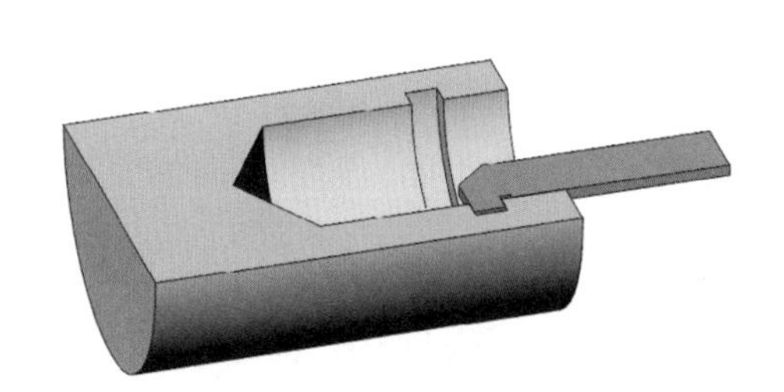

图 3–59　用样板检测内沟槽宽度

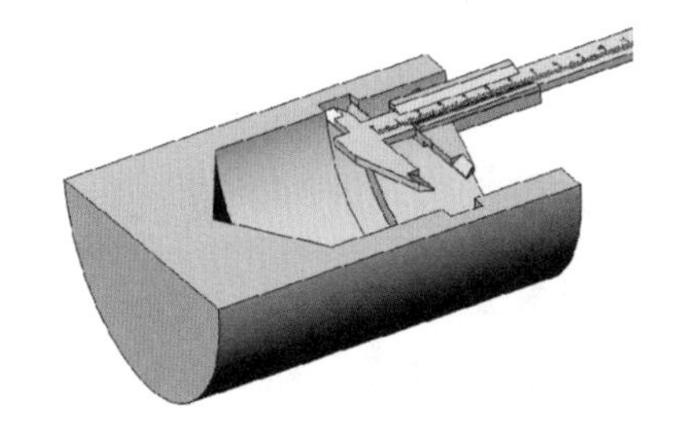

图 3–60　用游标卡尺测量内沟槽宽度

三、内沟槽车刀

由于工作情况和结构工艺性的需要，可在工件内壁设置内沟槽，内沟槽车刀与切断刀的几何形状相似，但装夹方向相反，且在工件孔中车槽。

1. 内沟槽车刀的结构

加工小孔中的内沟槽时车刀做成整体式，而在大直径孔中车内沟槽的车刀常为机械夹固式的，如图 3–61 所示。

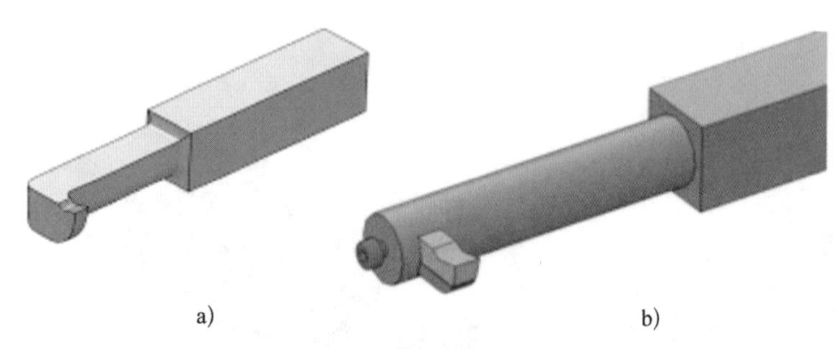

a)　　b)

图 3–61　不同结构的内沟槽车刀

a）整体式　b）机械夹固式

2. 内沟槽车刀的材料

按切削部分材料不同，车槽刀分为高速钢车槽刀和硬质合金车槽刀。高速钢车槽刀的切削部分与刀柄为整体式的，一般用高速钢刀片或方形高速钢刀坯经过刃磨而成，如图 3–62a 所示。硬质合金车槽刀由用作切削部分的硬质合金焊接在刀柄上制成，适用于高速切削，如图 3–62b 所示。

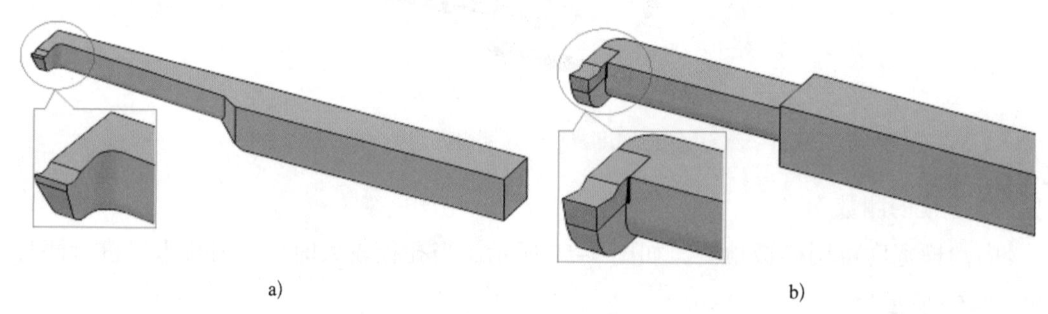

a)　　b)

图 3–62　不同材料的内沟槽车刀

a）高速钢内沟槽车刀　b）硬质合金内沟槽车刀

四、车削内沟槽

1. 内沟槽车刀的安装

由于内沟槽通常与孔轴线垂直，因此要求内沟槽车刀的刀头与刀柄轴线垂直。

装夹内沟槽车刀时，应使主切削刃与孔中心等高或略高于孔中心，且主切削刃与工件轴线平行。两副偏角必须对称，如图 3–63 所示。

2. 车削内沟槽的方法

对于宽度较小和精度要求不高的内沟槽，可用主切削刃宽度等于槽宽的内沟槽车刀采用直进法一次车出，如图 3–64 所示。

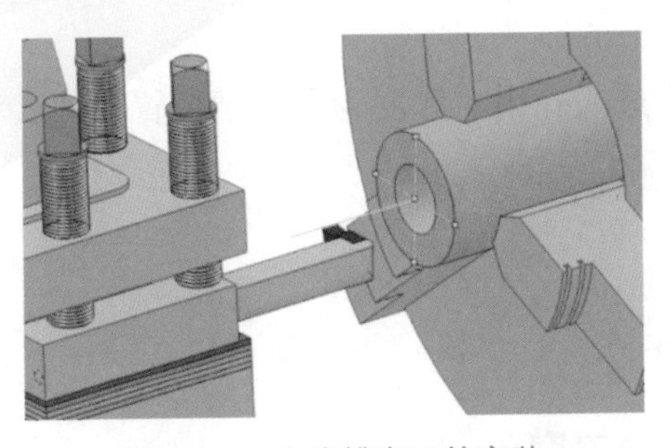

图 3–63　内沟槽车刀的安装

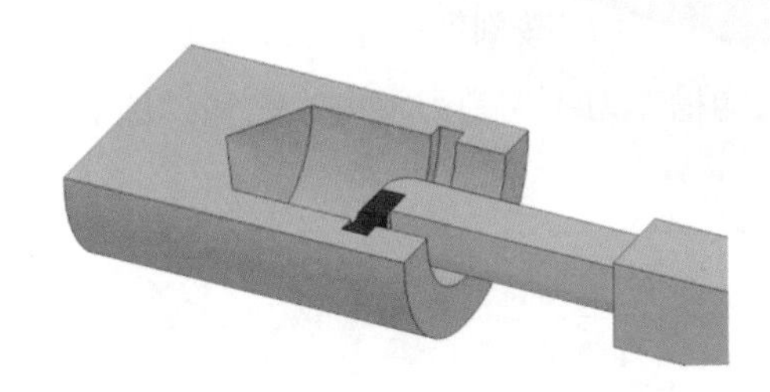

图 3–64　用直进法车内沟槽

对于精度要求较高或较宽的内沟槽，可采用直进法分几次车出。粗车时，槽壁和槽底应留精车余量，然后根据槽宽、槽深要求进行精车，如图 3–65 所示。

对于深度较浅、宽度很大的内沟槽，可用内孔车刀先车出凹槽，如图 3–66 所示，再用内沟槽车刀车沟槽两端的垂直面。

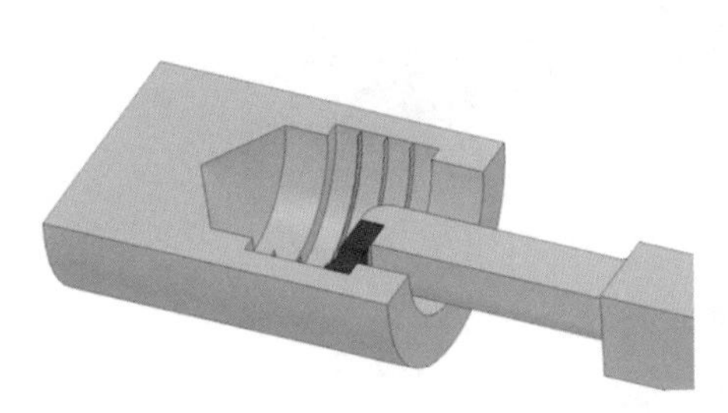

图 3–65　用多次直进法车较宽的内沟槽

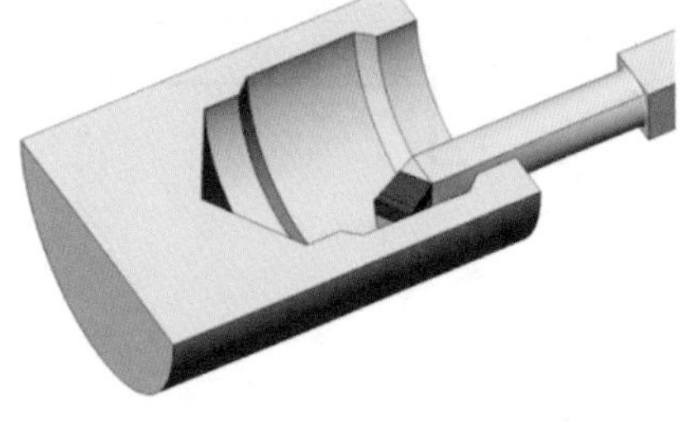

图 3–66　用纵向进给车较宽的内沟槽

3. 内沟槽深度和位置的控制

（1）内沟槽深度尺寸的控制方法

1）移动床鞍与中滑板，将内沟槽车刀伸入孔口，并使主切削刃与孔壁刚好接触，此时将中滑板刻度盘刻度调整到零位（横向起始位置）。

2）根据内沟槽深度计算出中滑板的进给格数，并在进给终止相应刻度位置做出标记或记下该刻度值。

3）使内沟槽车刀主切削刃退离孔壁 0.3 ~ 0.5 mm，在中滑板刻度盘上做出退刀位置标记。

（2）内沟槽轴向位置尺寸的控制方法

1）移动床鞍与中滑板，使内沟槽车刀的副切削刃（刀尖）与工件端面轻轻接触，如图 3–67 所示。此时床鞍刻度盘刻度调整为零位（纵向起始位置）。

2）如果内沟槽轴向位置离孔口不远，也可利用小滑板刻度盘控制内沟槽轴向位置尺

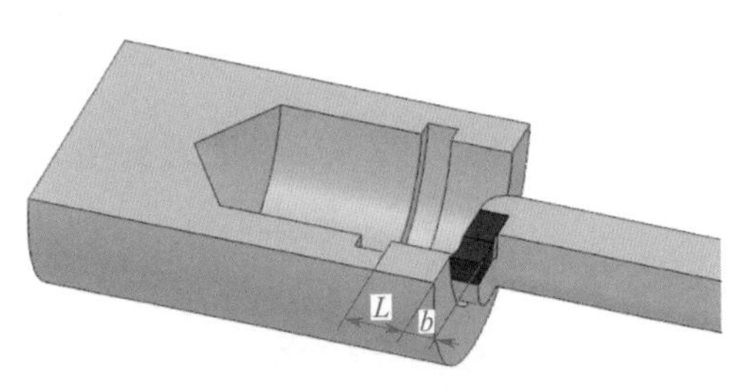

图 3–67　内沟槽轴向位置尺寸的控制

寸，则应先将小滑板刻度盘刻度调整到零位。

3）用床鞍刻度或小滑板刻度控制内沟槽车刀进入孔内，深度为内沟槽位置尺寸 L 和内沟槽车刀主切削刃宽度 b 之和，即 $L+b$，如图 3–67 所示。

内沟槽车刀的刃磨

一、训练任务

刃磨如图 3–68 所示的内沟槽车刀。

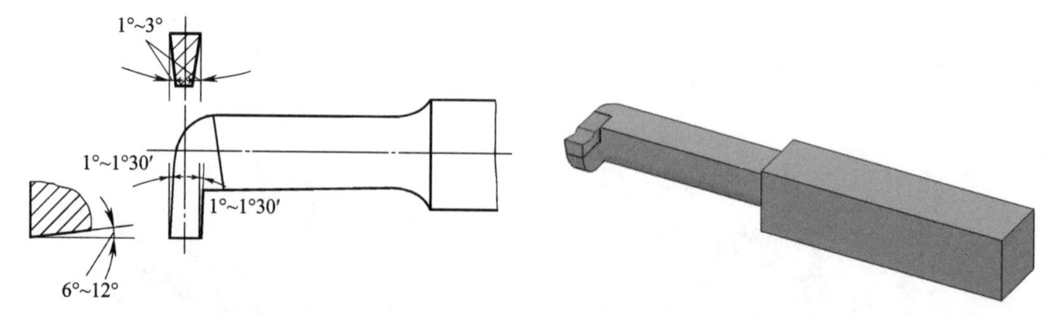

图 3–68　内沟槽车刀

二、内沟槽车刀的刃磨步骤

内沟槽车刀的刃磨步骤和刃磨工艺见表 3–12。

表 3–12　内沟槽车刀的刃磨步骤和刃磨工艺

刃磨步骤	刃磨工艺	图示
1. 刃磨两副后面	先刃磨对称的两副偏角，保证 $\kappa_r'=1°\sim1°30'$，同时磨出两侧副后角 $\alpha_o'=1°\sim3°$ 刃磨时应保证刀头与刀柄垂直，防止歪斜	$\kappa_r'=1°\sim1°30'$ $\alpha_o'=1°\sim3°$ 刀柄平面线 砂轮中心平面线 $\alpha_o'=1°\sim3°$ $\kappa_r'=1°\sim1°30'$ 砂轮中心平面线

续表

刃磨步骤	刃磨工艺	图示
2. 刃磨前面	刃磨前面和主后面，分别磨出前角 γ_o=10° ~ 15° 和主后角 α_o=6° ~ 12°	
3. 刃磨主后面	为防止车内沟槽时主后面与槽壁相碰，刃磨主后面时与内孔车刀一样，下半部也磨成圆弧形，同时要保证刀头长度大于槽深	
4. 刃磨刀尖	在两侧刀尖处磨圆弧型过渡刃	

车内沟槽

一、训练任务

按图 3–69 所示图样车削内沟槽。

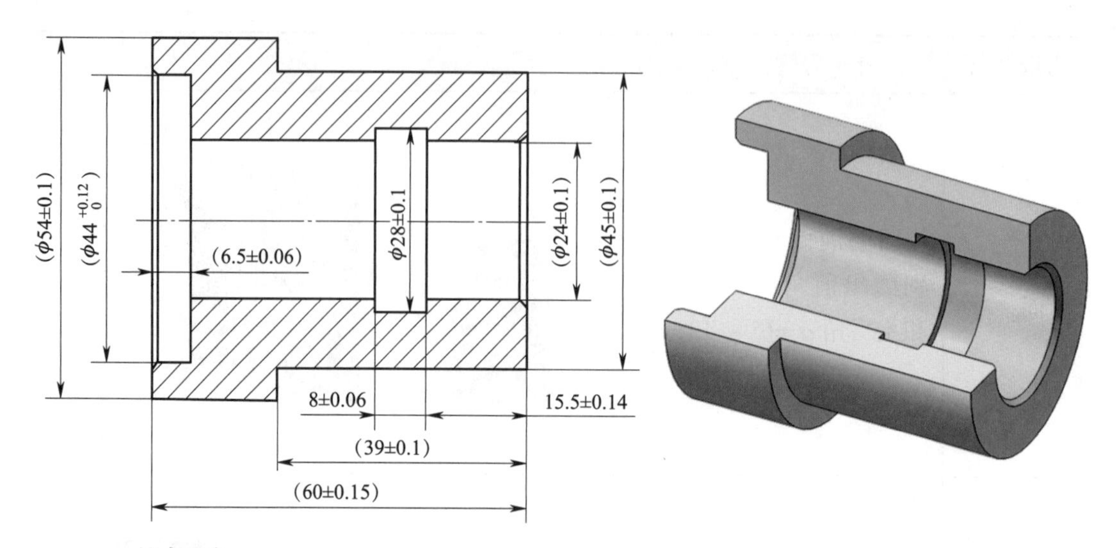

技术要求

1. 未注倒角为$C1$。
2. 未注尺寸公差按GB/T 1804—m。

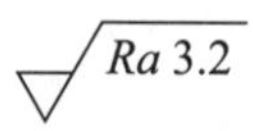

任务名称	练习内容	材料	材料来源	件数
车内沟槽	车矩形内沟槽	45 钢	图 3-54 所示车套筒台阶孔	1

图 3-69　车内沟槽零件图

二、内沟槽加工

内沟槽零件的车削步骤见表 3-13。

表 3-13　　内沟槽零件的车削步骤

步骤	加工内容描述	图示
1	垫铜皮装夹工件并用百分表找正，找正时不要启动车床，手动转动工件进行找正，观察百分表指针摆动情况	手动转动
2	粗车内沟槽	

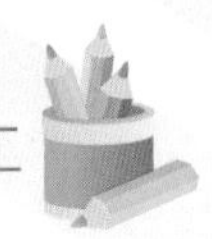

续表

步骤	加工内容描述	图示
（1）	装夹内沟槽车刀	
（2）	粗车内沟槽，槽壁和槽底留精车余量 0.5 mm。内沟槽车刀按图 3–70 所示的进刀和退刀路线进行车削加工	5　16 第一次进刀 7　16 第二次进刀
3	精车 ϕ（28 ± 0.1）mm ×（8 ± 0.06）mm 内沟槽，同时保证内沟槽位置尺寸（15.5 ± 0.14）mm。先车削槽两侧壁，保证槽宽，然后根据中滑板刻度盘刻度计算内沟槽直径余量，精车内沟槽直径至尺寸	8±0.06　15.5±0.14 精车长度 ϕ28±0.1 精车沟槽直径
4	检查各项尺寸，合格后卸下工件	

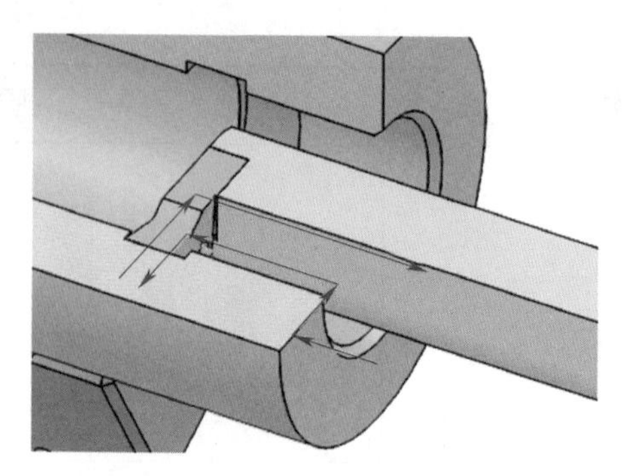

图 3-70　内沟槽车刀进刀和退刀路线

三、车内沟槽时的车削要点

1. 横向进给车削内沟槽时，进给量不宜过大，一般为 0.1 ~ 0.2 mm/r。

2. 中滑板刻度盘刻度指示已到槽深尺寸时，不要马上退刀，应稍做停留。

3. 横向退刀时，要确认内沟槽车刀已到达设定退刀位置后，才能纵向向外退出车刀。否则，横向退刀不足，会碰坏已车好的沟槽；横向退刀过多，使刀柄外侧可能与孔壁相擦而伤及孔壁。

四、车内沟槽质量分析

车内沟槽时常见问题的产生原因见表 3-14。

表 3-14　　车内沟槽时常见问题的产生原因

常见问题描述	产生原因
侧面凹凸不平	1. 内沟槽车刀两侧的刀尖刃磨或磨损不一致 2. 内沟槽车刀的主切削刃与工件轴线不平行，且有较大的夹角，而左侧刀尖又有磨损现象，侧面凹凸不平 3. 车床主轴有轴向窜动 4. 内沟槽车刀装夹歪斜或副切削刃没有磨直
车槽时产生振动	1. 主轴与轴承之间间隙太大 2. 车槽时转速过高，进给量过小 3. 车槽时工件悬伸太长，在离心力的作用下产生振动 4. 内沟槽车刀远离工件支承点或伸出过长 5. 工件细长，内沟槽车刀主切削刃太宽

续表

常见问题描述	产生原因
内沟槽车刀折断	1. 工件装夹不牢固，切削点远离卡盘，在切削力的作用下工件被抬起 2. 车槽时排屑不畅，切屑堵塞 3. 内沟槽车刀的副偏角、副后角磨得太大，削弱了切削部分的强度 4. 内沟槽车刀刀头与工件轴线不垂直，主切削刃与工件中心不等高 5. 内沟槽车刀前角和进给量过大 6. 床鞍、中滑板、小滑板松动，车槽时产生扎刀现象

课题四　铰　　孔

一、铰孔的特点和技术要求

铰孔是用多刃铰刀切除工件孔壁上微量金属层的精加工孔的方法。铰孔操作简便，生产效率高，目前，在批量生产中已得到广泛应用。由于铰刀尺寸精确，刚度高，因此，特别适合加工直径较小、长度较长的通孔。铰孔的精度可达 IT9 ~ IT7 级，表面粗糙度 *Ra* 值可达 0.4 μm。

二、铰刀

1. 铰刀的几何形状

铰刀由工作部分、颈部和柄部组成，如图 3–71 所示。

（1）工作部分

铰刀的工作部分由引导锥、切削部分和校准部分组成。引导锥是铰刀工作部分最前端的 45°倒角部分，便于铰削开始时将铰刀引导入孔中，并起保护切削刃的作用。切削部分是承担主要切削工作的一段锥体（切削锥角为 $2\kappa_r$），校准部分分为圆柱部分和倒锥部分，圆柱部分起导向、校准和修光作用，也是铰刀的备磨部分；倒锥部分起减小摩擦和防止铰刀将孔径扩大的作用。

（2）颈部

在铰刀制造和刃磨时起空刀作用。

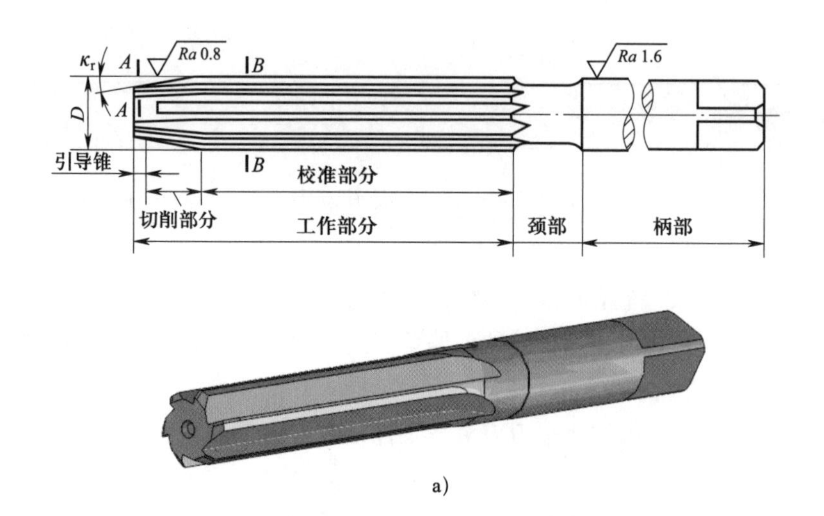

a）

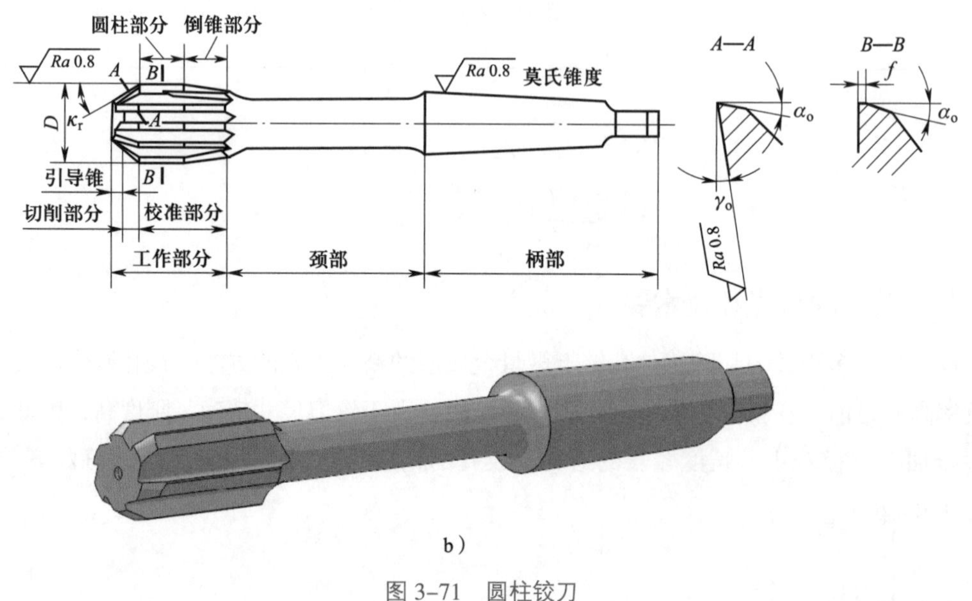

b）

图 3–71　圆柱铰刀

a）手用铰刀　b）机用铰刀

（3）柄部

柄部是铰刀的夹持部分，铰削时用来传递转矩，有直柄和锥柄（莫氏标准锥度）两种。

铰刀的刃齿数一般为 4 ~ 10 齿，为了便于测量直径，应采用偶数齿。

2. 铰刀的种类

圆柱铰刀按刀具材料不同分为高速钢铰刀和硬质合金铰刀，按其使用时动力来源不同分为手用铰刀和机用铰刀两大类。

手用铰刀的柄部做成方榫形，便于套入铰杠，用手转动进行铰孔。其切削部分比较长，κ_r 很小（一般 κ_r 取 30′ ~ 1° 30′），定心作用好，铰削时轴向抗力小，工作时比较省

力。手用铰刀的校准部分呈倒锥。为了获得较高的铰孔质量，手用铰刀各刀齿的齿距在圆周上不是均匀分布的。

机用铰刀的柄部为圆柱形或圆锥形，其切削部分较短，κ_r 的选择见表 3–15。由于有车床尾座定向，其校准部分也较短，分圆柱部分、倒锥部分两段。工作时铰刀柄部与车床尾座连接在一起，铰削连续、稳定。为制造方便，其各刀齿间齿距在圆周上等距分布。

表 3–15　　机用铰刀 κ_r 的选择

工作条件		κ_r
铰通孔	钢料	12° ~ 15°
	铸铁及其他脆性材料	3° ~ 5°
铰盲孔（为使铰出孔的圆柱部分尽量长）		45°

3. 铰刀的选择及装夹

（1）铰刀的选择

铰削的精度主要取决于铰刀的精度。铰刀的公称尺寸与孔公称尺寸相同，公差应选孔公差的 1/3，且公差带位置在孔公差带的中间 1/3 位置，例如，被铰孔尺寸为 $\phi20^{+0.021}_{0}$ mm 时，铰刀的尺寸以选择 $\phi20^{+0.014}_{+0.007}$ mm 为佳。选用的铰刀应刃口锋利，无毛刺和崩刃。

（2）铰刀的装夹

在车床上铰孔时，一般将机用铰刀的锥柄插入尾座套筒的锥孔中，并调整尾座套筒轴线与主轴轴线重合（同轴度误差应小于 0.02 mm）。一般精度的车床要保证这一要求比较困难，这时常采用浮动套筒（见图 3–72）装夹铰刀，铰刀通过浮动套筒再装入尾座套筒的锥孔中，利用套筒与主体、套筒与轴销之间的间隙使铰刀产生浮动。铰削时，铰刀通过微量偏移来自动调整其轴线与工件孔轴线重合，从而消除由于车床尾座套筒与主轴的同轴度误差而产生的对铰孔质量的影响。

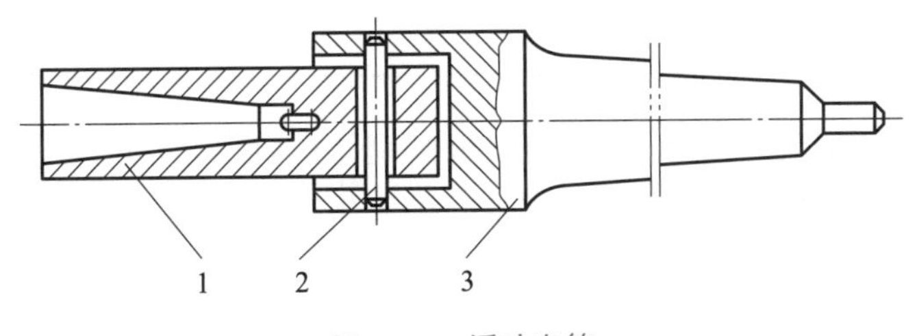

图 3–72　浮动套筒

1—套筒　2—轴销　3—主体

三、铰孔方法

1. 铰孔前对孔的预加工

为了保证工件孔与端面的垂直度，使铰孔余量均匀，保证铰孔前有必要的表面质量，铰孔前对已钻出或铸造、锻造的毛坯孔要进行预加工——车孔或扩孔。车孔或扩孔时，都应该留出铰孔余量。铰孔余量的大小直接影响铰孔的质量。余量太大，会使切屑堵塞在铰刀槽中，切削液不能进入切削区域，使切削刃很快磨损，铰出来的孔表面不光洁；余量过小，会使上一次切削留下的刀痕不能除去，也使孔的表面不光洁。比较合适的铰削余量如下：用高速钢铰刀铰孔时，铰削余量为 0.08 ~ 0.12 mm；用硬质合金铰刀铰孔时，铰削余量为 0.15 ~ 0.2 mm。

2. 铰削时切削用量的选择

铰削时的背吃刀量 a_p 为铰削余量的一半。

实践证明，铰削时，切削速度越低，被铰出来的孔的表面粗糙度值越小，一般推荐 v_c<5 m/min。

铰削时，由于切屑少，而且铰刀上有修光部分，进给量可取大些。铰削钢料时，f=0.2 ~ 1 mm/r。铰削铸铁或非铁金属时，进给量还可以再大一些，推荐 f=0.4 ~ 1.5 mm/r。粗铰用大值，精铰用小值。铰削盲孔时，推荐 f=0.2 ~ 0.5 mm/r。

3. 切削液的选择

铰孔时必须加注切削液，以冲走切屑和降低温度。不同的切削液对铰孔质量的影响见表 3–16。

表 3–16　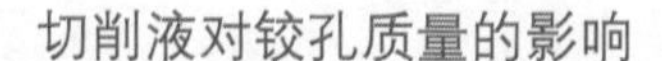切削液对铰孔质量的影响

切削液性质	孔径相对变化	表面粗糙度值
水溶性切削液（乳化液）	最小	小
油类切削液 （机油、柴油、煤油）	比使用乳化液铰出的孔稍大， 而使用煤油比用机油铰出的孔大	中
干铰	最大	大

实际生产中对切削液的选用规定如下：铰削钢件和韧性材料时选用乳化液、极压乳化液；铰削铸铁、脆性材料时选用煤油、煤油与矿物油的混合油；铰削青铜或铝合金时选用 2 号锭子油或煤油。

4. 铰孔操作步骤

铰孔操作步骤见表 3–17。

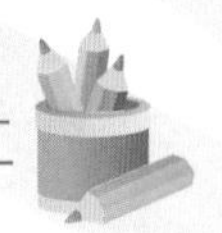

表 3–17　　铰孔操作步骤

类型	图示	操作步骤
铰通孔	加注切削液 进给	1. 摇动尾座手轮，使铰刀的引导锥轻轻进入孔口，深度为 1 ~ 2 mm 2. 启动车床，加注充分的切削液，双手均匀摇动尾座手轮，进给量约为 0.5 mm/r，均匀地进给到铰刀工作部分的 3/4 进入孔口时，反向摇动尾座手轮，将铰刀从孔内退出。注意铰刀退出时工件不能反转或停止回转
铰盲孔		1. 启动车床，加注切削液，摇动尾座手轮进行铰孔，当铰刀端部与孔底接触后会对铰刀产生轴向切削力，手动进给感觉到轴向切削力明显增大时，表明铰刀端部已至孔底，立即将铰刀退出 2. 铰削较深的盲孔时，切屑的排出较困难，通常应中途退刀数次，用切削液和刷子清除切屑后再继续铰孔

5. 铰孔注意事项

（1）选用铰刀时应检查刃口是否锋利、无损坏，柄部是否光滑。

（2）装夹铰刀时，应注意锥柄与尾座套筒锥孔的清洁。

（3）铰孔时铰刀的轴线必须与车床主轴轴线重合。

（4）铰刀由孔内退出时，车床主轴应保持原有转向不变，不允许停车或反转，以防损坏铰刀刃口和工件已加工表面。

（5）应先试铰，经检测合格后再继续铰削，以免产生废品。

铰　　孔

一、训练任务

按图 3–73 所示图样进行铰孔加工。

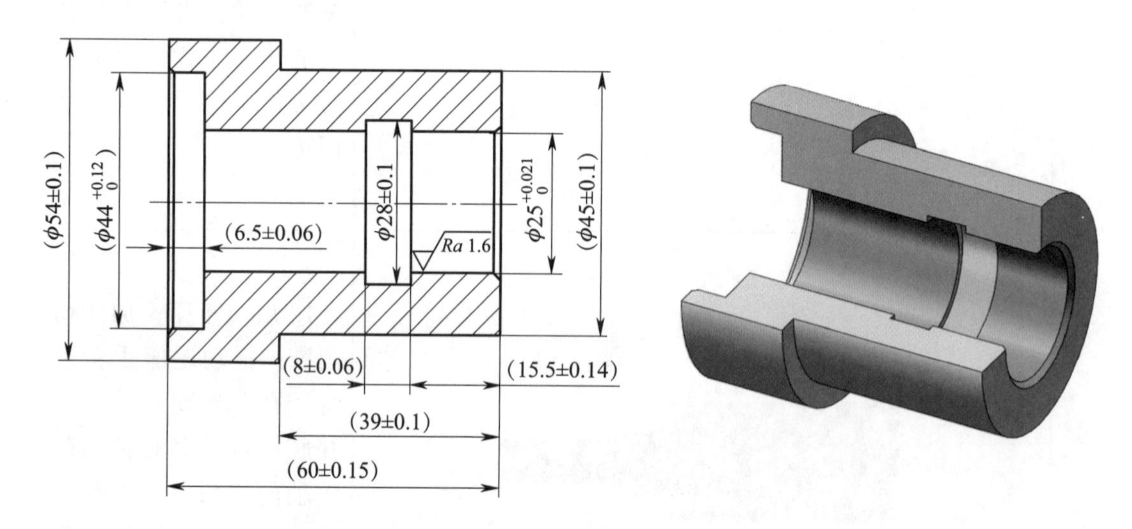

技术要求

未注倒角为$C1$。

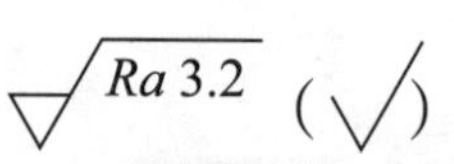

任务名称	练习内容	材料	材料来源	件数
铰孔	套筒铰孔	45 钢	图 3–69 所示车内沟槽零件图	1

图 3–73　套筒铰孔图

二、铰孔加工

套筒零件的铰孔加工步骤见表 3–18。

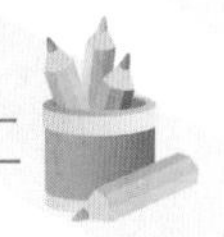

表 3-18　套筒零件的铰孔加工步骤

步骤	加工内容描述	图示
1	检查备料（车内沟槽练习件）	
2	用三爪自定心卡盘垫铜皮夹持 ϕ（54±0.1）mm 外圆，用百分表在外圆找正后夹紧	
3	铰孔	
（1）	粗、精车内孔至 ϕ25 mm，留铰削余量 0.08 ~ 0.12 mm	ϕ25
（2）	选择 ϕ25H7 铰刀铰削通孔，达到图样上 $\phi25^{+0.021}_{0}$ mm 和 Ra1.6 μm 的要求，完成铰削	ϕ25H7
（3）	倒钝锐边	
4	检查各项尺寸，合格后卸下工件	

第四单元
圆锥面的车削

学习目标

1. 了解圆锥面的使用场合。
2. 掌握圆锥各部分的名称及各参数的计算方法，掌握圆锥面的测量方法。
3. 掌握转动小滑板法和偏移尾座法车圆锥面的方法。

课题一　车外圆锥面

一、圆锥的概念及尺寸计算

1. 圆锥面和圆锥

圆锥面是指由与轴线成一定角度且一端相交于轴线的一条直线段 AB（母线）绕该轴线旋转一周所形成的表面。由圆锥面和一定的轴向尺寸、径向尺寸所限定的几何体称为圆锥，如图 4–1a 所示。如截去尖端，即成截锥体，如图 4–1b 所示。

2. 圆锥的基本参数和计算公式

圆锥分为外圆锥和内圆锥两种，如图 4–2 所示。

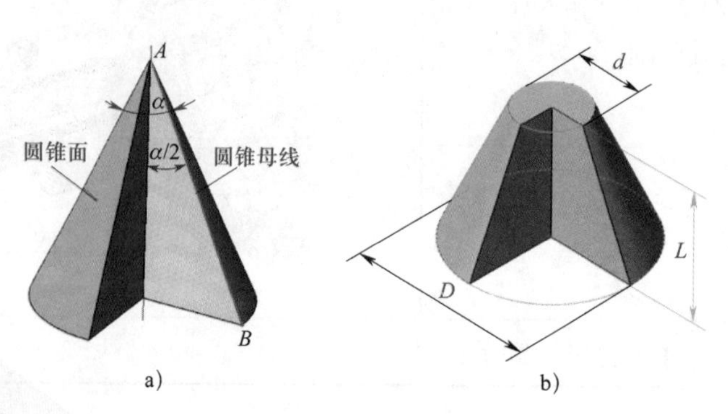

图 4–1　圆锥面的形成

a）圆锥和圆锥面　b）截锥体

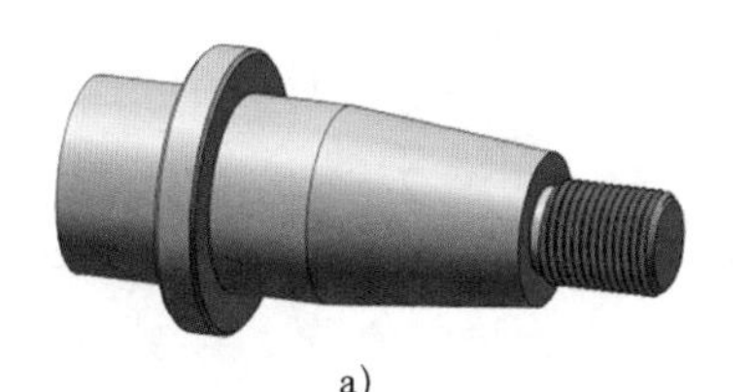

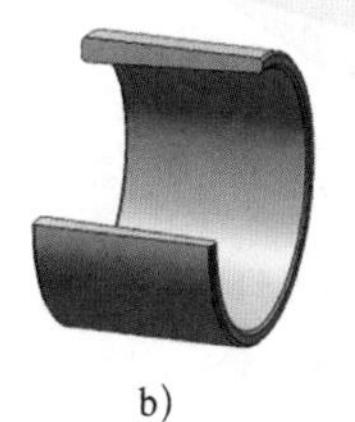

a)　　b)

图 4-2　圆锥的种类

a）外圆锥　b）内圆锥

圆锥的基本参数（见图 4-3）包括以下几种：

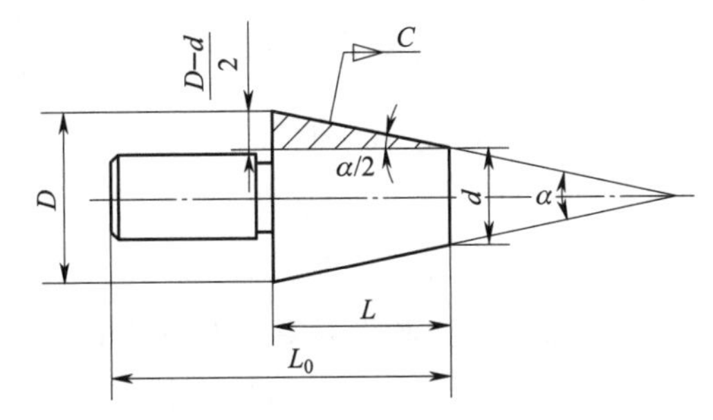

图 4-3　圆锥的基本参数

（1）圆锥半角 $\alpha/2$

圆锥角 α 是指在通过圆锥轴线的截面内两条素线之间的夹角。车削圆锥面时，小滑板转过的角度是圆锥角的一半——圆锥半角 $\alpha/2$，其计算公式为：

$$\tan\frac{\alpha}{2}=\frac{D-d}{2L}=\frac{C}{2}$$

（2）锥度 C

锥度是指最大圆锥直径和最小圆锥直径之差与圆锥长度之比，即：

$$C=\frac{D-d}{L}=2\tan\frac{\alpha}{2}$$

锥度一般用比例或分数形式表示，如 1 : 5 或 1/5。

（3）最大圆锥直径 D

最大圆锥直径简称大端直径。

$$D=d+CL=d+2L\tan\frac{\alpha}{2}$$

（4）最小圆锥直径 d

最小圆锥直径简称小端直径。

$$d=D-CL=D-2L\tan\frac{\alpha}{2}$$

（5）圆锥长度 L

圆锥长度是指最大圆锥直径与最小圆锥直径之间的轴向距离。工件全长一般用 L_0 表示。

$$L=\frac{D-d}{C}=\frac{D-d}{2\tan\frac{\alpha}{2}}$$

不难看出，锥度确定后，圆锥半角可以由锥度直接计算出来。因此，圆锥半角与锥度属于同一参数，不能同时标注。

二、标准工具圆锥

为了制造和使用方便，降低生产成本，机床、工具和刀具上的圆锥已实现标准化，即圆锥的各部分尺寸可按照规定的几个号码来制造。使用时，只要号码相同，即能互换。标准工具圆锥已在国际上通用，不论哪个国家生产的机床或工具，只要符合标准都具有互换性。

常用标准工具圆锥有莫氏圆锥和米制圆锥两种。

1. 莫氏圆锥

莫氏圆锥是机械制造业中应用最广泛的一种，如车床上的主轴锥孔、顶尖锥柄、麻花钻锥柄和铰刀锥柄等都是莫氏圆锥。莫氏圆锥有 0 ~ 6 号共七种号码，其中最小的是 0 号（Morse No.0），最大的是 6 号（Morse No.6）。莫氏圆锥号码不同，其线性尺寸和圆锥半角均不相同，车削莫氏圆锥时小滑板转动角度见表 4–1。

表 4–1　　车削莫氏圆锥时小滑板转动角度

基本值	锥度 C	小滑板转动角度	备注
1∶19.002	—	1° 30′ 26″	莫氏锥度 No.5
1∶19.180	—	1° 29′ 36″	莫氏锥度 No.6
1∶19.212	—	1° 29′ 27″	莫氏锥度 No.0
1∶19.254	—	1° 29′ 15″	莫氏锥度 No.4
1∶19.922	—	1° 26′ 16″	莫氏锥度 No.3
1∶20.020	—	1° 25′ 50″	莫氏锥度 No.2
1∶20.047	—	1° 25′ 43″	莫氏锥度 No.1

2. 米制圆锥

米制圆锥有七个号码，即 4 号、6 号、80 号、100 号、120 号、160 号和 200 号。米制圆锥的号码是指圆锥的大端直径，其锥度固定不变，即 C=1∶20，例如，100 号米制圆锥的最大圆锥直径 D=100 mm，锥度 C=1∶20。米制圆锥的优点是锥度不变。

三、外圆锥的检测

圆锥角度的检测方法有很多种，针对非标准圆锥或锥角较大的圆锥，通常用以下几种方法进行检测：

1. 角度或锥度的检测

（1）用游标万能角度尺检测

将游标万能角度尺调整到要测的角度，基尺通过工件中心靠在工件端面上，直尺靠在圆锥面素线上，用透光法进行检测，如图 4–4 所示。

（2）用百分表检测

如果待加工的工件已有样件或标准塞规，可以采用百分表直接找正小滑板转动角度后再进行加工。

先将样件或塞规装夹在两顶尖之间，把小滑板转动一个所需的圆锥半角 $\alpha/2$；然后在刀架上装一块百分表，并使百分表的测头垂直接触样件（必须对准样件中心）。转动小滑板手柄，使小滑板带动百分表沿样件素线移动，若百分表指针摆动为零，则锥度已经找正；否则，需继续调整小滑板转动角度，直至百分表指针摆动为零为止，如图 4–5 所示。

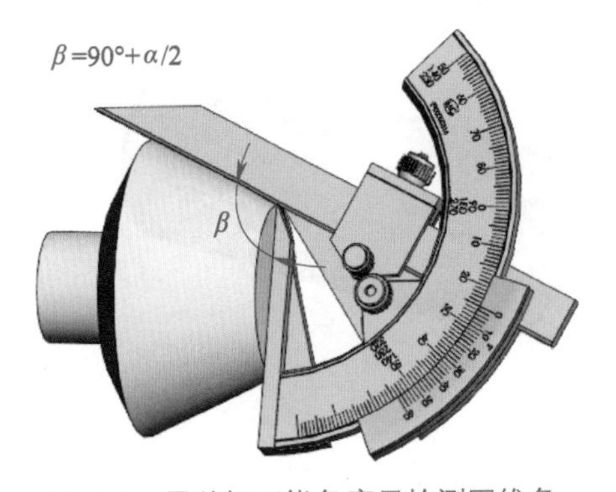

图 4–4 用游标万能角度尺检测圆锥角

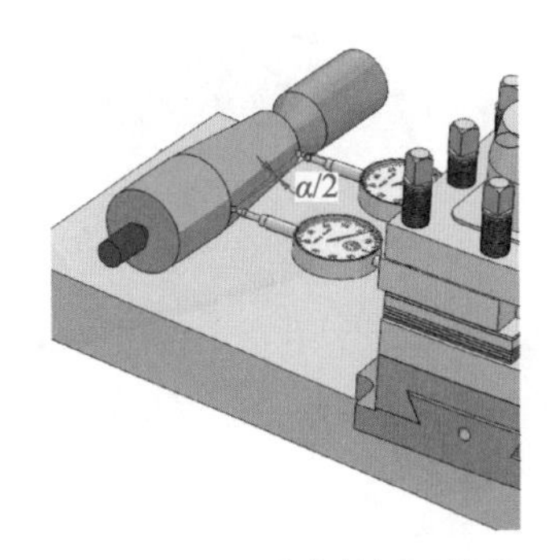

图 4–5 用百分表检测圆锥角

（3）用角度样板检测

角度样板属于专用量具。在成批和大量生产时，为减少辅助时间，可直接将设定好圆锥角的样板放置于工件上，通过透光检查圆锥角合格与否，如图 4–6 所示。这种方法精度较低，且不能测得实际的角度值。

（4）用圆锥环规检测

将圆锥环规轻轻地套在工件上，用手捏住圆锥环规左、右两端轻轻晃动，若大端有间隙，说明圆锥角太小；若小端有间隙，说明圆锥角大了，如图 4–7 所示。

此时可用扳手松开小滑板转盘锁紧螺母（须防止扳手碰撞转盘，引起角度变化），按角度调整方向，用铜棒轻轻敲动小滑板，使小滑板微量转动，然后拧紧转盘锁紧螺母。试车后再次用圆锥环规检测，若左、右两端均不能晃动时，表明圆锥角基本正确。

（5）用涂色法检测

对于标准圆锥或配合精度要求较高的外圆锥工件，可使用圆锥环规采用涂色法进行检测，如图 4–8 所示。被检测工件外圆锥的表面粗糙度 Ra 值应小于 3.2 μm，且无毛刺。检测时要求工件与环规表面清洁。具体检测步骤见表 4–2。

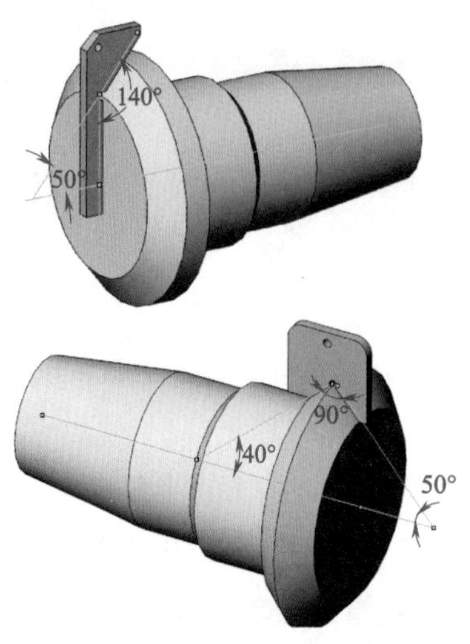

图 4–6　用角度样板检测圆锥角

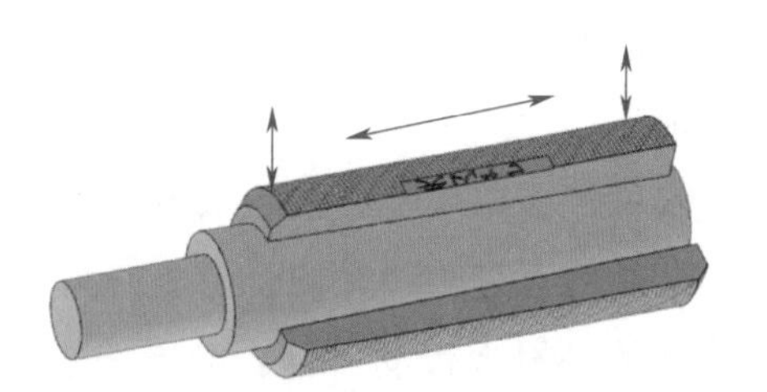

图 4–7　用圆锥环规检测圆锥角

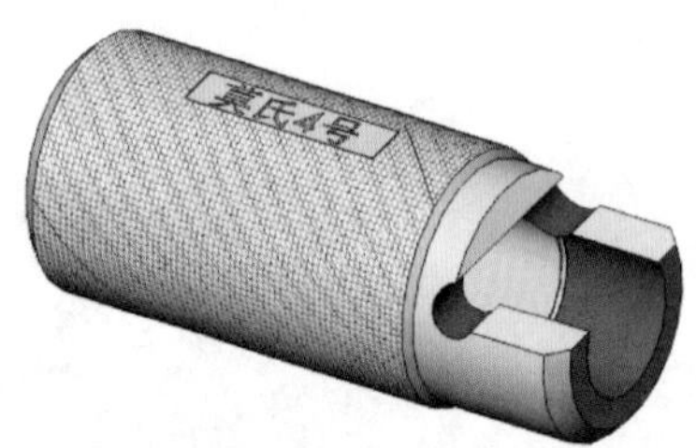

图 4–8　圆锥环规

表 4–2　　　　　　　　用涂色法检测圆锥角的步骤

操作步骤	图示
1. 在工件表面按周向等分，顺着圆锥素线薄而均匀地涂上三条显示剂（印油、红丹粉、机油的调和物等）	
2. 手握圆锥环规轻轻地套在工件上，沿轴向稍加推力，并将环规转动半圈	

续表

操作步骤	图示
3. 取下环规，观察工件表面显示剂被擦去的情况。若三条显示剂全长擦痕均匀，表明圆锥接触良好，说明锥度正确；若小端擦着，大端未擦去，说明圆锥角小了；若大端擦着，小端未擦去，说明圆锥角大了	

2. 圆锥尺寸的检验

外圆锥尺寸主要用圆锥环规检验。

在圆锥环规上，根据工件的直径尺寸和公差，在环规小端处开有轴向距离为 m 的缺口，表示通端和止端。测量外圆锥时，如果锥体的小端平面在缺口之间，说明其小端直径合格；若锥体未能进入缺口，说明其小端直径大了；若锥体小端平面超过了缺口，说明其小端直径小了，如图 4–9 所示。

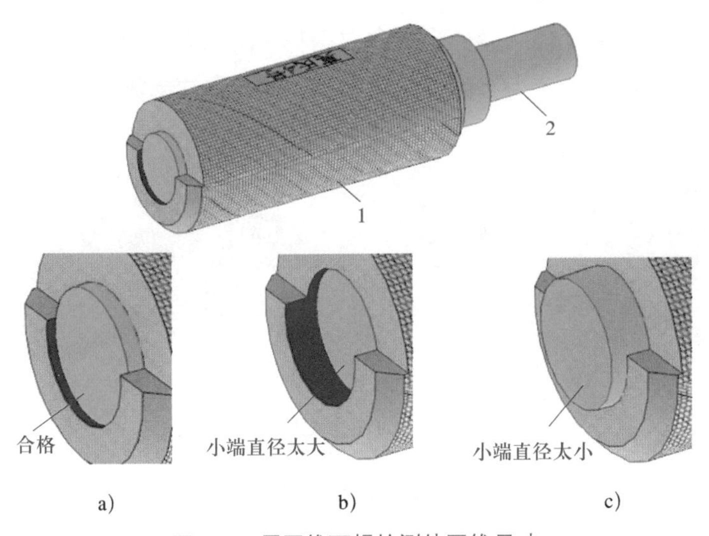

图 4–9　用圆锥环规检测外圆锥尺寸

a）合格　b）小端直径太大　c）小端直径太小

1—环规　2—工件

四、游标万能角度尺

1. 游标万能角度尺的结构

游标万能角度尺的结构如图 4–10 所示，它可用于测量 0° ~ 320°范围内的任意角度。测量时，基尺带着主尺沿着游标尺转动，当转到所需的角度时，可以用锁紧装置锁紧。卡块将直角尺和直尺固定在所需的位置上。测量时转动背面的捏手，通过小齿轮带动扇形齿轮转动，使基尺改变角度。

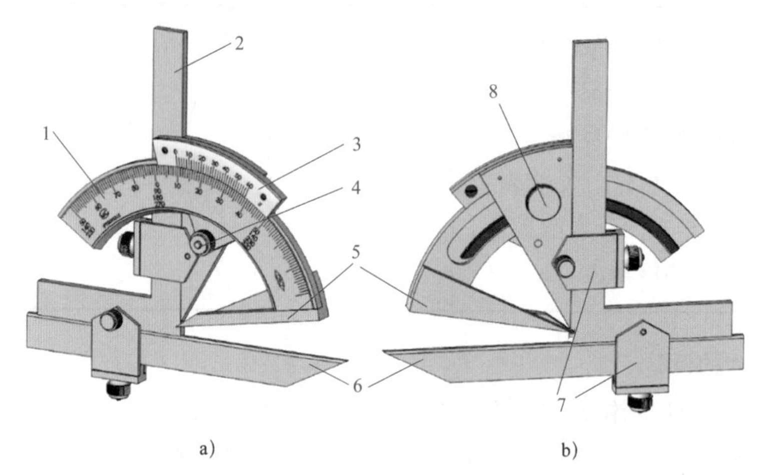

a）　　b）

图 4–10　游标万能角度尺

a）主视图　b）后视图

1—主尺　2—直角尺　3—游标尺　4—锁紧装置　5—基尺　6—直尺　7—卡块　8—捏手

2. 游标万能角度尺的读数方法

游标万能角度尺的分度值一般分为 2′和 5′两种。游标万能角度尺的读数方法与游标卡尺相似，下面以常用的分度值为 2′的万能角度尺为例介绍其读数方法，如图 4–11a 所示。

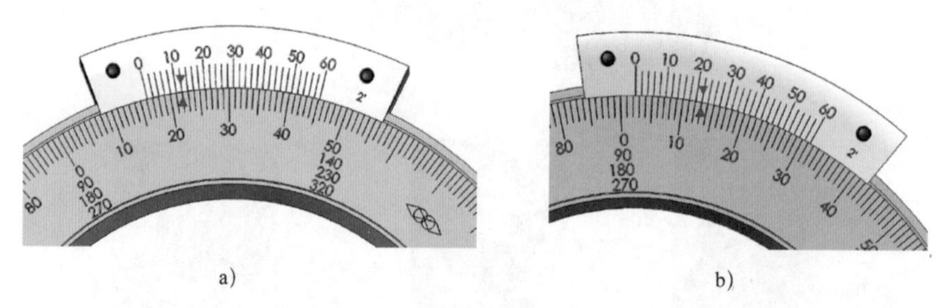

a）　　b）

图 4–11　游标万能角度尺的读数方法

（1）先从主尺上读出游标尺“0”线左边角度的整度数（°），主尺上每格为 1°，即读出整度数为 16°。

（2）然后用与主尺刻线对齐的游标尺上的刻线格数乘以游标万能角度尺的分度值，得到角度的“′”值，即 6×2′=12′。

（3）两者相加就是被测的角度值，即 16°+12′=16° 12′。

例 4–1　试读出图 4–11b 所示游标万能角度尺的角度值。

解： 图 4–11b 所示游标万能角度尺的角度值为 2°+11×2′=2° 22′。

3. 游标万能角度尺的测量方法

用游标万能角度尺测量圆锥角度时，应根据角度的大小选择不同的测量方法，见

表 4–3。若将直角尺和直尺都卸下，由基尺和主尺上的扇形板组成的测量面还可以测量角度为 230° ~ 320° 的工件。

表 4–3　　　　　　用游标万能角度尺测量圆锥角度的方法

测量方法	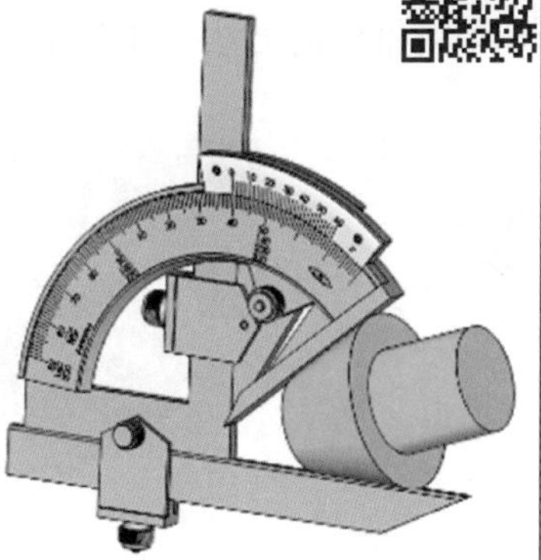	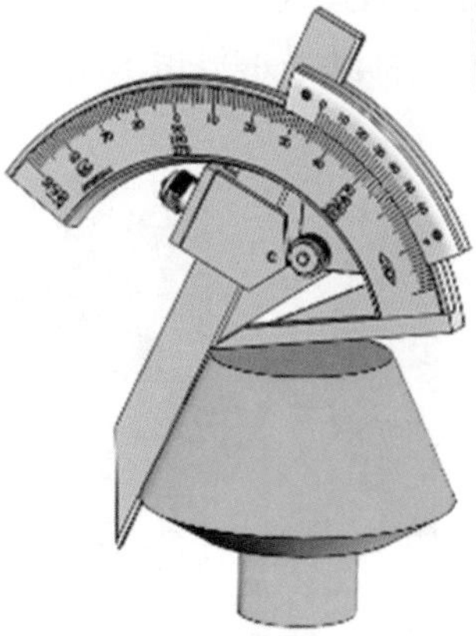
测量的角度	0° ~ 50°	50° ~ 140°
游标万能角度尺结构的变化	被测工件放在基尺和直尺的测量面之间	卸下直角尺，用直尺代替，被测工件放在直尺的窄边和基尺测量面之间
测量方法	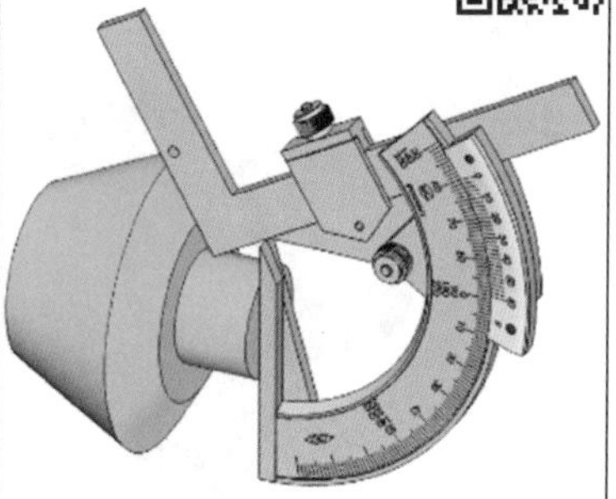	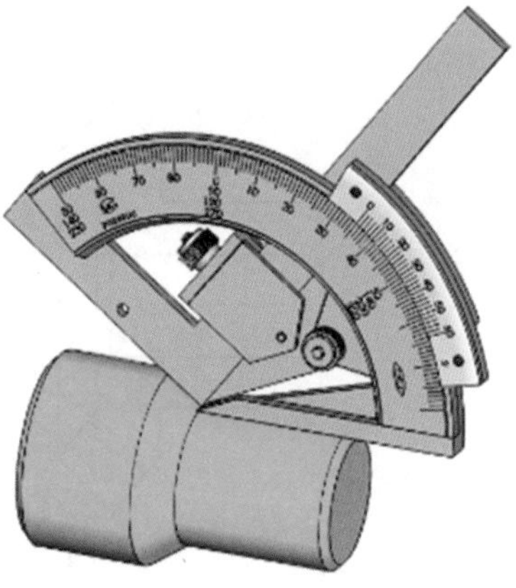
测量的角度	140° ~ 230°	
游标万能角度尺结构的变化	卸下直尺及其卡块，装上直角尺，被测工件放在直角尺短边和基尺的测量面之间	

五、转动小滑板法

1. 小滑板转动方向和角度的确定

转动小滑板法是指将小滑板沿顺时针或逆时针方向按工件的圆锥半角 $\alpha/2$ 转动一个角度，使车刀的运动轨迹与所需加工圆锥在轴线所在水平面内的素线平行，用双手配合均匀、不间断地转动小滑板手柄，手动进给车削圆锥面的方法，如图 4-12 所示。

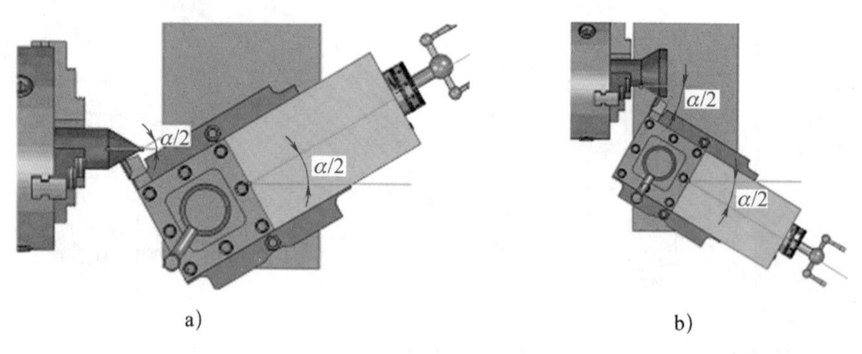

图 4-12　转动小滑板法车圆锥

a）车顺锥　b）车倒锥

在实际工作中，根据工件图样选择相应的公式计算出圆锥半角 $\alpha/2$，圆锥半角 $\alpha/2$ 即为小滑板应转动的角度。

如图 4-13 所示为一齿轮坯，该工件有三个圆锥面，具体角度如图 4-13 所示。加工三个锥面时小滑板转动的方向和角度见表 4-4。

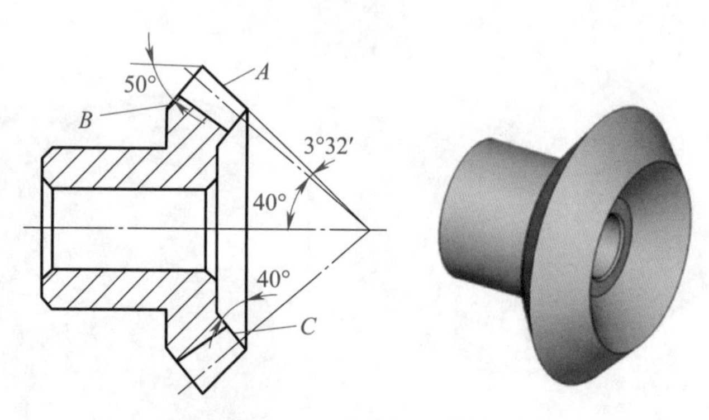

图 4-13　齿轮坯零件图

在实际生产中经常会遇到一般用途的圆锥和特定用途的圆锥，具体车削时小滑板转动角度参见表 4-5。

表 4–4　　　　加工齿轮坯圆锥面时小滑板转动的方向和角度

圆锥面	图示	转动方向	转动角度
A	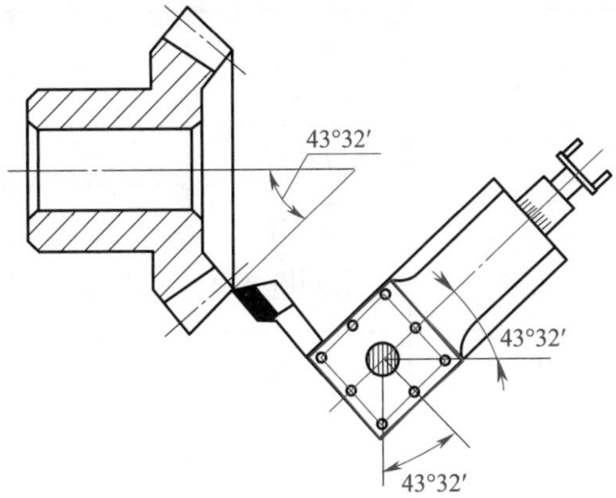	逆时针	43° 32′
B	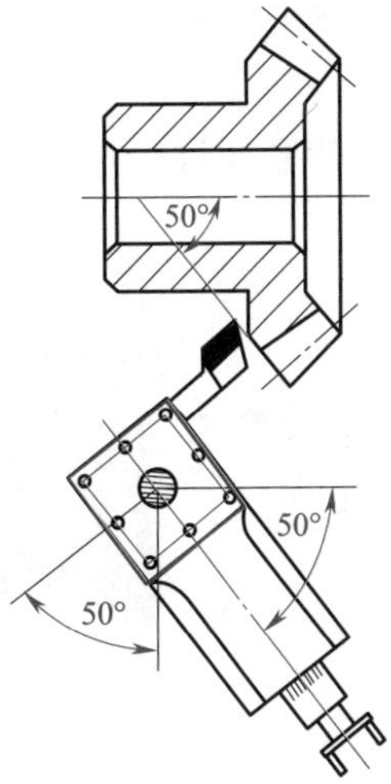	顺时针	50°
C	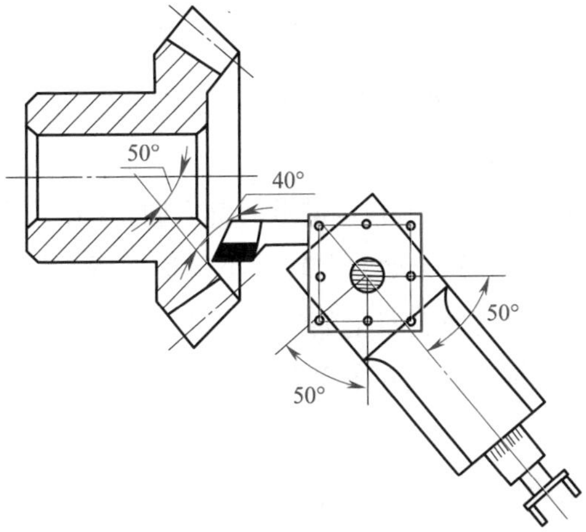	顺时针	50°

表 4–5　　车削一般用途圆锥时小滑板转动角度

基本值	锥度 C	小滑板转动角度	基本值	锥度 C	小滑板转动角度
7 : 24	1 : 3.429	8° 17′ 50″	1 : 8	—	3° 34′ 35″
120°	1 : 0.289	60°	1 : 10	—	2° 51′ 45″
90°	1 : 0.500	45°	1 : 12	—	2° 23′ 09″
75°	1 : 0.652	37° 30′	1 : 15	—	1° 54′ 33″
60°	1 : 0.866	30°	1 : 20（米制圆锥）	—	1° 25′ 56″
45°	1 : 1.207	22° 30′			
30°	1 : 1.866	15°	1 : 30	—	0° 57′ 17″
1 : 3	—	9° 27′ 44″	1 : 50	—	0° 34′ 23″
1 : 5	—	5° 42′ 38″	1 : 100	—	0° 17′ 11″
1 : 7	—	4° 05′ 08″	1 : 200	—	0° 08′ 36″

2. 小滑板转动的方法

（1）用扳手将小滑板转盘上前、后两个锁紧螺母松开，如图 4–14a 所示。

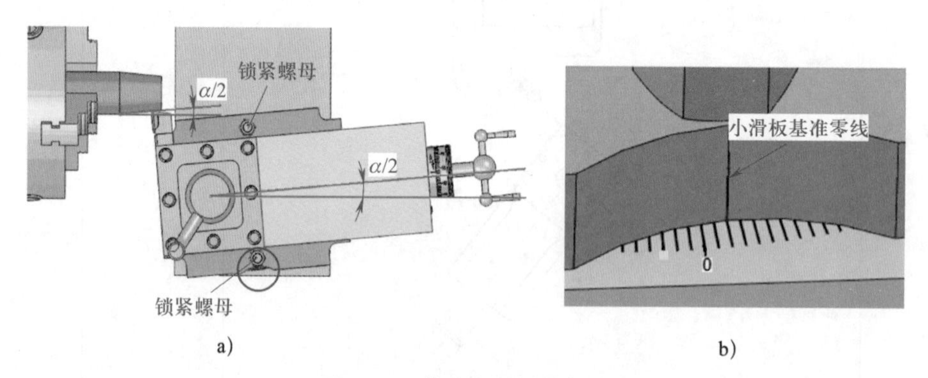

图 4–14　转动小滑板的方法

（2）按工件上外圆锥面的倒、顺方向确定小滑板的转动方向

1）车削正外圆锥面（又称顺锥），即圆锥大端靠近主轴、小端靠近尾座方向，小滑板应逆时针方向转动，如图 4–12a 所示。

2）车削反外圆锥面（又称倒锥），小滑板则应顺时针方向转动，如图 4–12b 所示。

（3）根据确定的转动角度（$\alpha/2$）和转动方向转动小滑板至所需位置，使小滑板基准零线与圆锥半角 $\alpha/2$ 刻线对齐，然后拧紧转盘上的锁紧螺母，如图 4–14b 所示。

（4）当圆锥半角 $\alpha/2$ 不是整数值时，其小数部分用目测的方法估计，大致对准后再通过试车逐步找正。

转动小滑板时，可以使小滑板转角略大于圆锥半角 $\alpha/2$，若转角偏小，会将圆锥素线车长而难以修正圆锥长度尺寸，如图 4–15 所示。

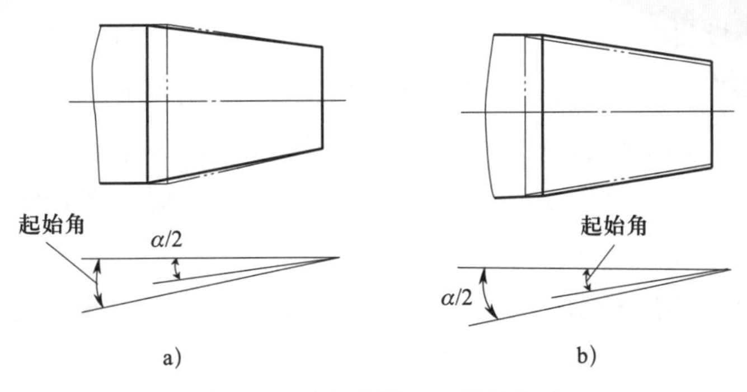

图 4–15　小滑板转动角度的影响

a）起始角大于 $\alpha/2$　b）起始角小于 $\alpha/2$

3. 转动小滑板车外圆锥的方法

（1）车刀的装夹

1）工件的回转中心必须与车床主轴的回转中心重合。

2）车刀的刀尖必须严格对准工件的回转中心；否则，车出的圆锥素线不是直线，而是双曲线，如图 4–16 所示。

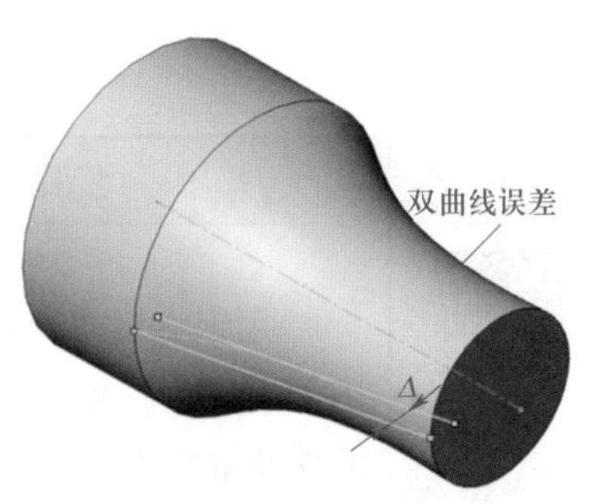

图 4–16　外圆锥面双曲线误差

3）车刀的装夹方法和车刀刀尖对准工件回转中心的方法与车端面时装刀方法相同。

（2）小滑板镶条的调整

车削外圆锥面前，应检查及调整小滑板导轨与镶条间的配合间隙。

若配合间隙调得过紧，手动进给费力，小滑板移动不均匀，在圆锥表面留下停顿痕迹，影响表面质量。若配合间隙调得过松，则小滑板间隙太大，车削时刀纹时深时浅，影响表面质量和圆锥素线的直线度。配合间隙应调整合适，过紧或过松都会使车出的锥面表面粗糙度值增大，且圆锥的素线不直。

（3）粗车外圆锥面

1）按圆锥大端直径和圆锥面长度车成圆柱，然后再车圆锥面，去除余量①和②，如图 4–17a 所示。

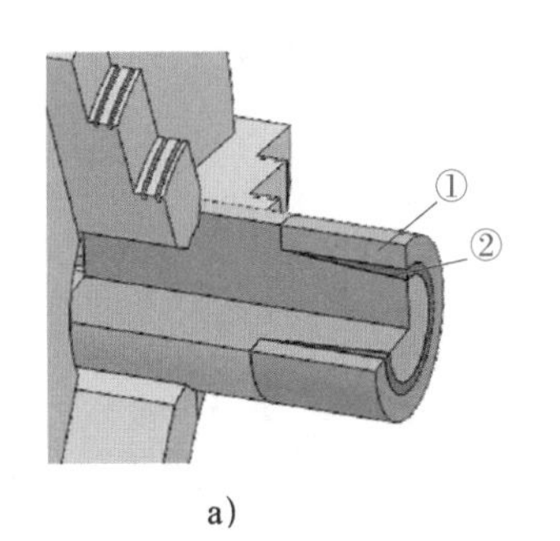

a)

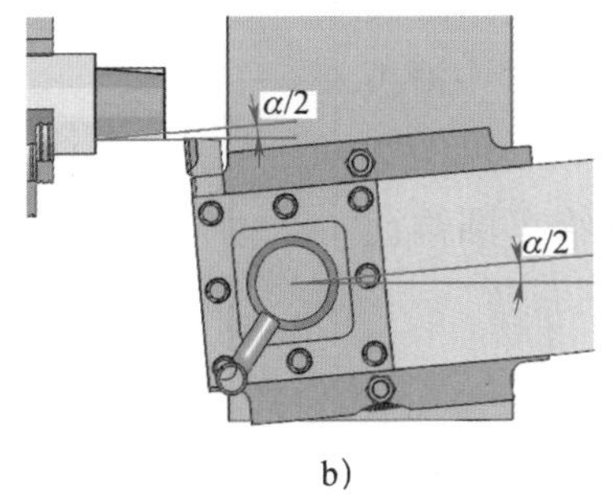

b)

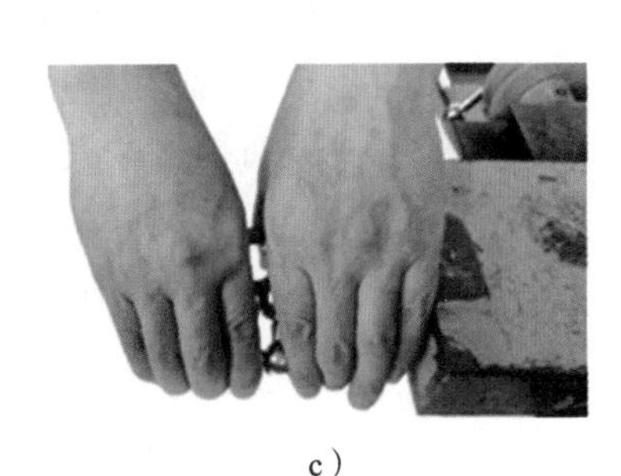

c）

图 4–17　粗车外圆锥面的步骤

2）移动中滑板和小滑板，使车刀刀尖与轴端外圆面轻轻接触后，小滑板向后退出；中滑板刻度调至零位，作为粗车外圆锥面的起始位置，如图 4–17b 所示。

3）中滑板按刻度向前进，调整背吃刀量，双手交替，保持均匀和不间断地转动小滑板手柄。在车削过程中，背吃刀量会逐渐减小，当车至终端时，将中滑板退出，小滑板则快速后退复位，如图 4–17c 所示。

4）在中滑板原刻度指示位置上调整背吃刀量，反复粗车至加工出的锥长为工件 1/3 ~ 1/2 锥长时，检测圆锥角度。

（4）精车外圆锥面

小滑板转角调整准确后，精车外圆锥面主要是提高工件的表面质量及控制外圆锥面的尺寸精度。因此，精车外圆锥面时，车刀必须锋利、耐磨，进给必须均匀、连续。其背吃刀量的控制方法有计算法和移动床鞍法，见表 4–6。

表 4–6　　背吃刀量的控制方法

方法	步骤	图示
计算法	1. 用钢直尺或游标卡尺测量出工件端面至圆锥环规通端界限面的距离 a，计算出背吃刀量，如右图所示： $a_p = a\tan\dfrac{\alpha}{2} = a\times\dfrac{C}{2}$	 用计算法求背吃刀量
	2. 移动中滑板和小滑板，使车刀刀尖轻触工件圆锥近小端外圆表面后用小滑板退出（退出距离大于 a，见图中①），接着中滑板按 a_p 值进刀（床鞍不动，见图中②），小滑板手动进给车圆锥面至尺寸（见图中③）	 用计算法精车外圆锥面的步骤

续表

方法	步骤	图示
移动床鞍法	1. 根据量出的长度 a，使车刀刀尖轻触工件圆锥近小端外圆，移动小滑板退出，使车刀沿轴向离开工件端面超过一个 a 值距离，如右图所示	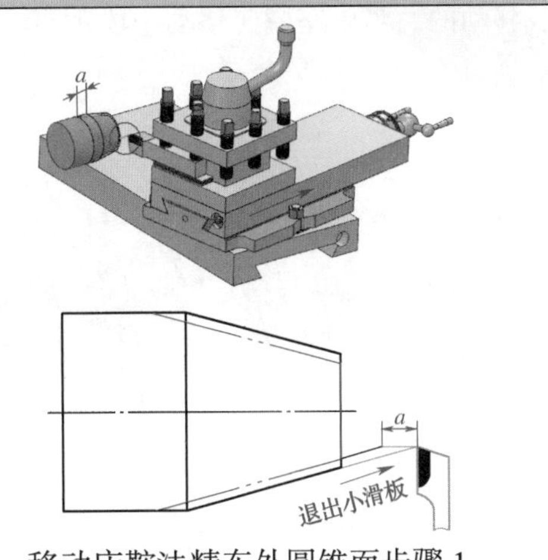 移动床鞍法精车外圆锥面步骤 1
	2. 退出小滑板后（见图中①），移动床鞍，使车刀前移 a 值（中滑板不动），此时虽然没有移动中滑板，但车刀已经切入了一个所需的深度（见图中②），然后用小滑板手动进给车圆锥面至尺寸（见图中③）	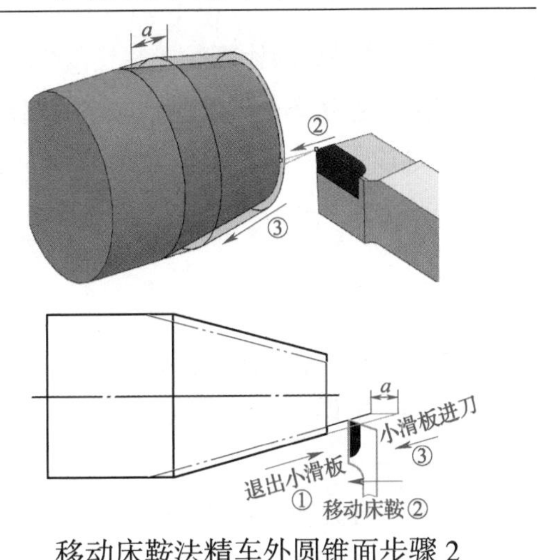 移动床鞍法精车外圆锥面步骤 2

（5）转动小滑板车外圆锥的特点

1）可以车削各种角度的内、外圆锥，适用范围广泛。

2）操作简便，能保证一定的车削精度。

3）由于转动小滑板法只能用手动进给，故劳动强度较大，表面质量也较难控制；而且车削锥面的长度受小滑板行程限制。

转动小滑板法主要适用于单件、小批量生产中车削圆锥半角较大且锥面不长的工件。

六、偏移尾座法

1. 偏移尾座车外圆锥的原理

采用偏移尾座法车削外圆锥面，就是将工件装夹在两顶尖间，把尾座上滑板向里

（用于车正外圆锥面）或者向外（用于车倒外圆锥面）横向移动一段距离 S 后，使工件回转轴线与车床主轴轴线相交一个等于圆锥半角 $\alpha/2$ 的角度。由于床鞍是平行于主轴轴线移动的，当尾座横向移动一段距离 S 后，就将工件车成了一个圆锥，如图 4–18 所示。

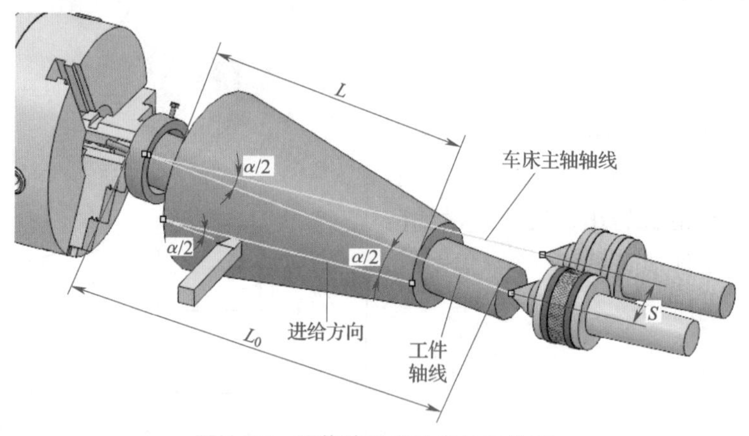

图 4–18　用偏移尾座法车外圆锥面

2. 尾座偏移量的计算

用偏移尾座法车削圆锥时，尾座的偏移量不仅与圆锥长度有关，而且还与两顶尖间的距离有关，这段距离一般可近似地看作工件的全长 L_0。尾座偏移量可根据下式计算求得：

$$S \approx L_0 \tan\frac{\alpha}{2} = L_0 \times \frac{D-d}{2L}$$

$$或\quad S = \frac{C}{2} L_0$$

式中　S——尾座偏移量，mm；

L_0——工件全长，mm；

α——圆锥角，（°）；

D——最大圆锥直径，mm；

d——最小圆锥直径，mm；

L——圆锥长度，mm；

C——锥度。

3. 偏移尾座的方法

先将前、后两顶尖对齐（尾座上层和下层零线对齐），然后根据计算所得的尾座偏移量 S，采用以下几种方法偏移尾座上层。

（1）利用尾座刻度偏移

先松开尾座锁紧螺母，然后用六角扳手转动尾座上层两侧的螺栓 1、2 进行调整。车削正锥时，先松螺栓 1，紧螺栓 2，使尾座上层根据刻度值向里（向操作者）移动距离 S，如图 4–19 所示；车削倒锥时则相反。最后拧紧尾座锁紧螺母即可。

（2）利用中滑板刻度偏移

如图 4–20 所示，在刀架上装夹一根端面平整的铜棒，摇动中滑板手柄，使铜棒端面

与尾座套筒轴线所在水平面接触（见图 4–20b），记下中滑板刻度值。再根据尾座偏移量 S 算出中滑板刻度应转过的格数来移动中滑板，如图 4–20c 所示。注意消除中滑板丝杆间隙的影响，然后移动尾座上层，使尾座套筒与铜棒端面接触为止。

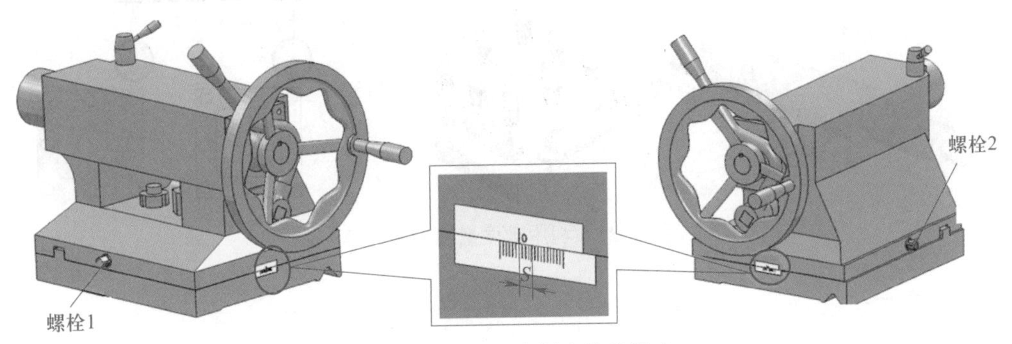

图 4–19　利用尾座刻度偏移尾座

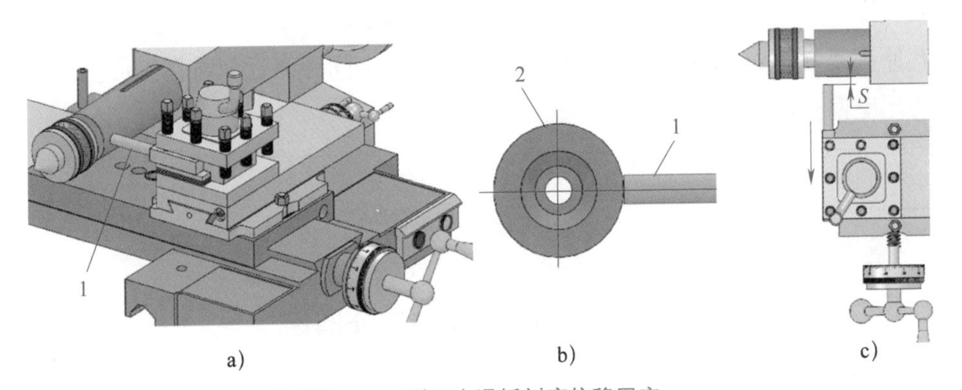

图 4–20　利用中滑板刻度偏移尾座

1—铜棒　2—尾座套筒

（3）利用百分表偏移

先将百分表固定在刀架上，使百分表的测头与尾座套筒接触（百分表应位于通过尾座套筒轴线的水平面内，且百分表测杆垂直于尾座套筒表面），然后偏移尾座。当百分表指针转动至一个 S 值时，把尾座固定，如图 4–21 所示。

利用百分表偏移尾座比较准确。

（4）利用锥度量棒或标准样件偏移

先把锥度量棒或标准样件装夹在两顶尖间，在刀架上装一块测杆垂直于量棒或标准样件表面的百分表，而百分表测头位于通过量棒或标准样件轴线的水平面内并与量棒或标准样件表面接触。然后偏移尾座，纵向移动床鞍，使百分表在两端的示值一致后，固定尾座即可，如图 4–22 所示。

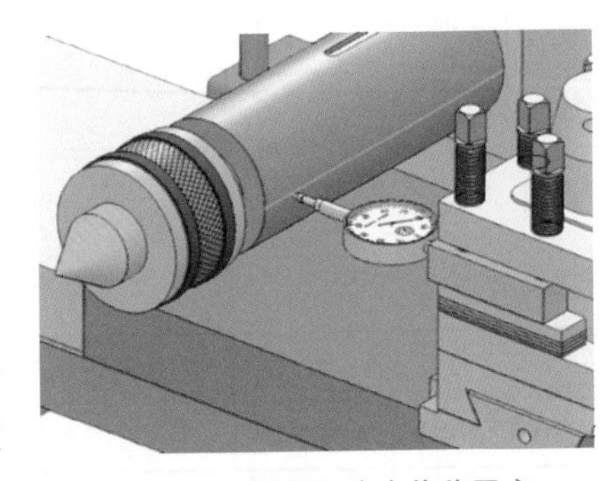

图 4–21　利用百分表偏移尾座

使用这种方法偏移尾座，必须选用与工件等长的锥度量棒或标准样件；否则加工出的工件锥度是不正确的。

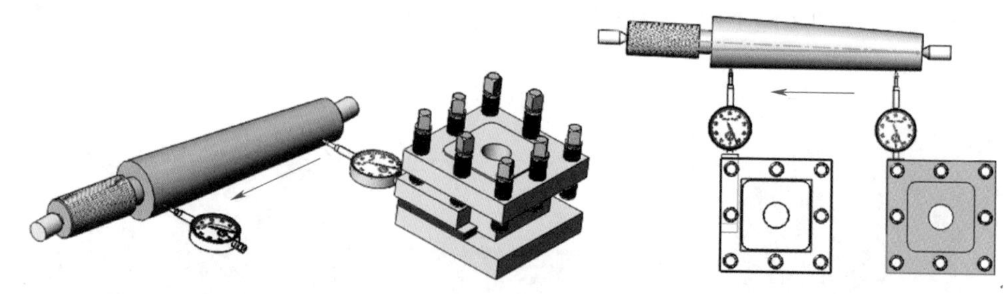

图 4–22　利用锥度量棒偏移尾座

提示

除利用锥度量棒或标准样件偏移尾座外，其他三种按 S 值偏移尾座的方法都必须经试切和逐步修正得到精确的圆锥半角，满足工件的要求。

其原因是在尾座偏移量的计算公式中，将两顶尖间距离近似看作工件全长，计算所得的尾座偏移量 S 为近似值。

技能训练1

用转动小滑板法车外圆锥

一、训练任务

车削如图 4–23 所示圆锥堵头，练习用转动小滑板法车外圆锥。

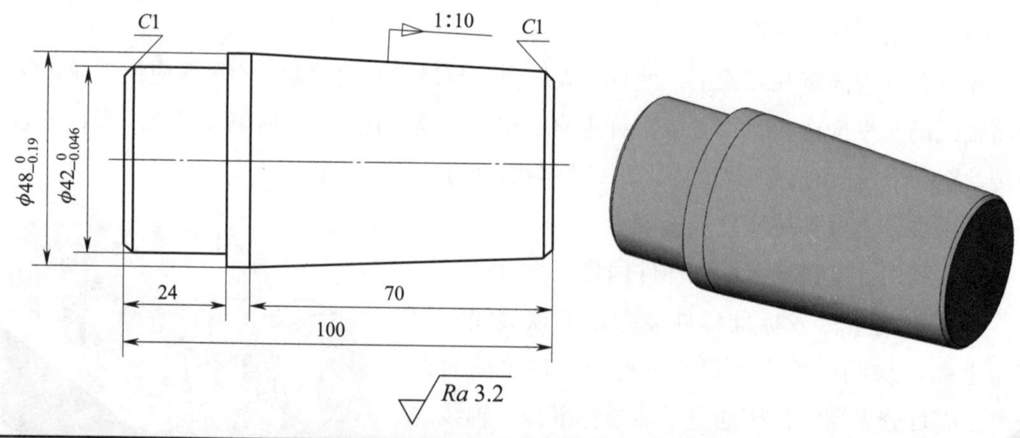

任务名称	练习内容	材料	材料来源	件数
用转动小滑板法车外圆锥	车削圆锥堵头	45 钢	$\phi50\times105$	1

图 4–23　圆锥堵头

二、车削圆锥堵头

圆锥堵头车削工艺图如图 4–24 所示，圆锥堵头的车削步骤见表 4–7。

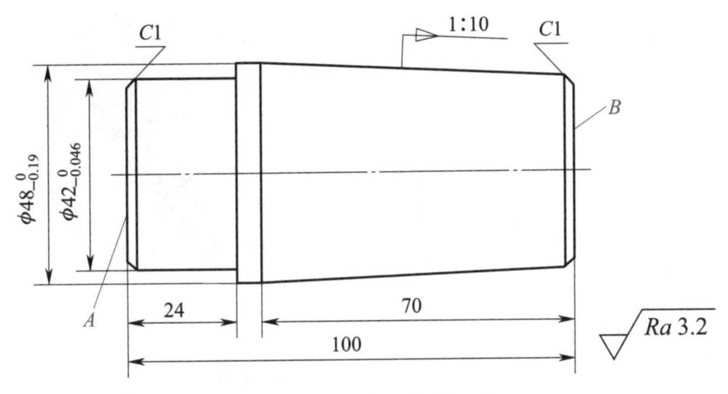

图 4–24　圆锥堵头车削工艺图

表 4–7　　　　圆锥堵头的车削步骤

步骤	加工内容描述	图示
1	检查备料 $\phi50$ mm × 105 mm	35
2	用三爪自定心卡盘夹持毛坯外圆，伸出长度为 35 mm 左右，校正并夹紧	
（1）	车削端面 A，车平即可	24　$\phi42_{-0.046}^{\ 0}$
（2）	粗、精车外圆 $\phi42_{-0.046}^{\ 0}$ mm、长 24 mm 至要求	（1）　（2）

续表

步骤	加工内容描述	图示
（3）	倒角 $C1$ mm	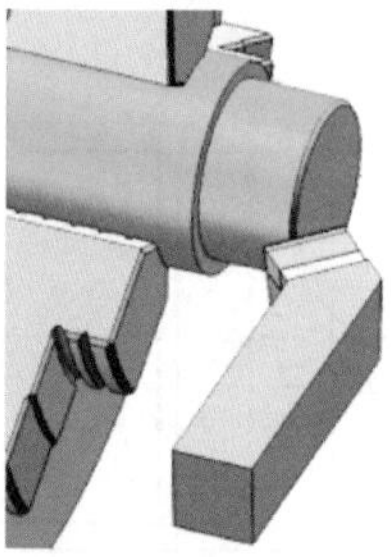 （3）
3	掉头，垫铜皮夹持 $\phi42_{-0.046}^{\ 0}$ mm 外圆，长 22 mm 左右，校正并夹紧	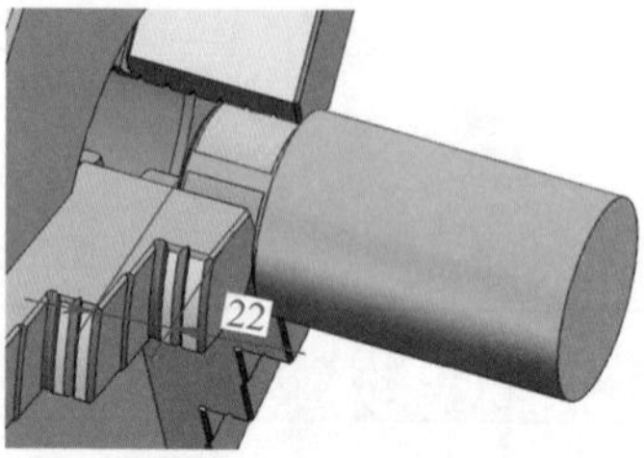
（1）	车削端面 B，保证总长 100 mm	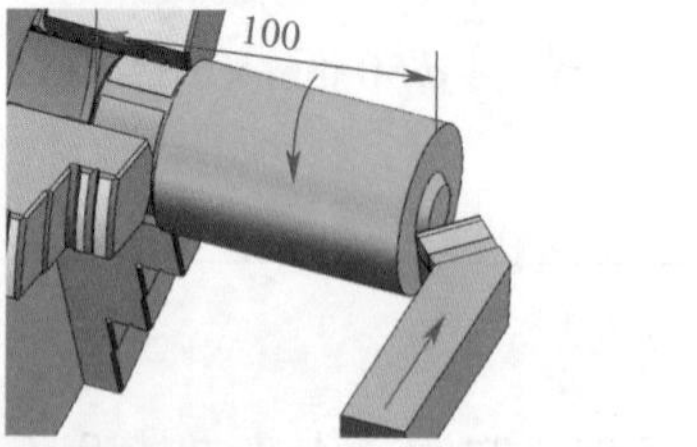
（2）	粗、精车外圆 $\phi48_{-0.19}^{\ 0}$ mm 至尺寸要求	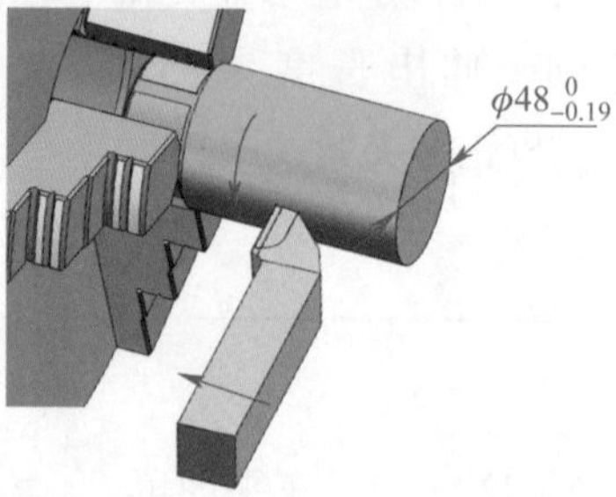
（3）	小滑板逆时针转动圆锥半角（$\alpha/2=2°51'45''$），粗车外圆锥面至长度 69 mm 左右，留精车余量 0.5 ~ 1 mm	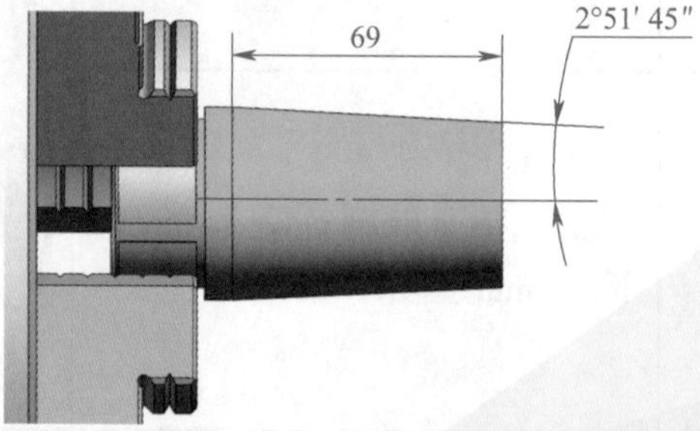

续表

步骤	加工内容描述	图示
（4）	用游标万能角度尺检查圆锥半角并调整小滑板转角	
（5）	精车圆锥面至尺寸要求	(5) (6)
（6）	倒角 $C1$ mm，去毛刺	
4	检查各尺寸和圆锥角，合格后卸下工件	

三、转动小滑板法车圆锥的注意事项

1. 车刀刀尖必须对准工件轴线，避免产生双曲线误差。车刀在中途刃磨后再次装夹时，必须重新调整，使刀尖严格对准工件轴线。

2. 车外圆锥前，一般应按最大圆锥直径留余量 1 mm 左右。

3. 应注意消除小滑板间隙。小滑板不宜过松，以防圆锥表面车削痕迹粗细不一。

4. 粗车时背吃刀量不宜过大，应先校正锥度，以防将工件车小而报废。一般留精车余量 0.5 mm。

5. 小滑板转动角度应稍大于圆锥半角（$\alpha/2$），然后逐步校正。当小滑板的角度需要进行微小调整时，只需把锁紧螺母稍松一些，用左手拇指紧贴在小滑板转盘与中滑板底盘上，沿小滑板所需找正的方向用铜棒轻轻敲，凭手指的感觉决定微调量，这样可较快地找正锥度。

6. 车刀切削刃要始终保持锋利。两手应均匀移动小滑板，将圆锥面一刀车出，中间不能停顿。

7. 用游标万能角度尺测量锥度时，测量边应通过工件中心。

8. 防止用扳手拧紧小滑板锁紧螺母时打滑而撞伤手。

提示

（1）车圆锥时，除了对线性尺寸精度、形状精度和位置精度以及表面质量有较高的要求外，还对角度（或锥度）有较高的精度要求。因此，车削时要同时保证尺寸精度和圆锥角度。

（2）一般先保证圆锥角度，然后精车控制线性尺寸。

四、转动小滑板法车外圆锥质量分析

转动小滑板车外圆锥时常见问题的产生原因和预防方法见表 4–8。

表 4–8　转动小滑板车外圆锥时常见问题的产生原因和预防方法

常见问题描述	产生原因	预防方法
转动小滑板法车圆锥角度不正确	1. 小滑板转动的角度计算错误，或小滑板角度调整不当 2. 车刀没有装夹牢固 3. 小滑板移动时松紧不均匀	1. 认真计算小滑板应转动的角度和方向，反复试车及校正 2. 紧固车刀 3. 调整小滑板镶条间隙，使小滑板移动均匀
圆锥直径不正确	1. 未经常测量最大和最小圆锥直径 2. 未控制车刀的背吃刀量	1. 经常测量最大和最小圆锥直径 2. 及时测量，用计算法或移动床鞍法控制背吃刀量
双曲线误差	车刀刀尖未严格对准工件轴线	车刀刀尖必须严格对准工件轴线
表面粗糙度达不到要求	1. 车床刚度不够，如滑板镶条太松、传动零件（如带轮等）不平衡或主轴太松引起振动 2. 小滑板镶条间隙不当 3. 未留足精车余量 4. 手动进给不均匀，忽快忽慢	1. 消除或防止由于车床刚度不足而引起的振动（如调整车床各部分的间隙等） 2. 调整小滑板镶条间隙 3. 要留有适当的精车余量 4. 手动进给要均匀，快慢一致

用偏移尾座法车外圆锥

一、训练任务

车削如图 4–25 所示的圆锥塞规，练习用偏移尾座法车外圆锥面。

二、车削圆锥塞规

圆锥塞规的车削步骤见表 4–9。

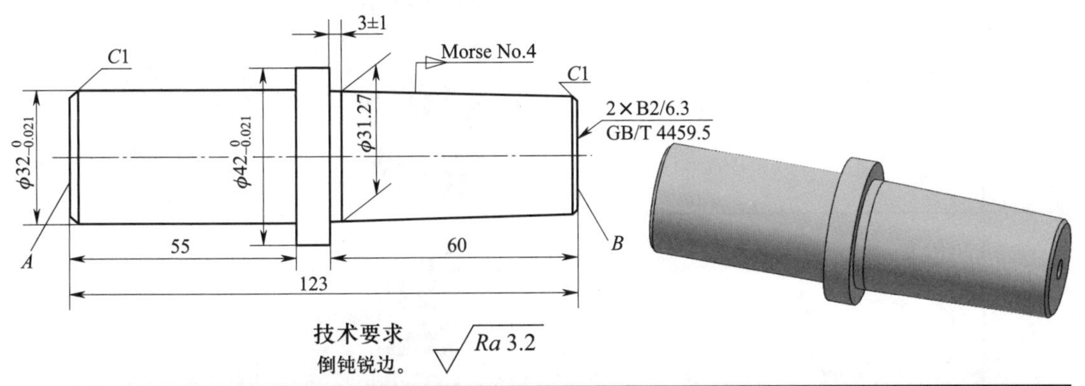

任务名称	练习内容	材料	材料来源	件数
用偏移尾座法车外圆锥	车削圆锥塞规	45 钢	$\phi45\times125$	1

图 4–25　圆锥塞规

表 4–9　　圆锥塞规的车削步骤

步骤	加工内容描述	图示
1	检查备料 $\phi45$ mm × 125 mm	
2	用三爪自定心卡盘夹持毛坯外圆，伸出长度为 70 mm 左右，校正并夹紧后车工件 A 端外圆	70

续表

步骤	加工内容描述	图示
（1）	车削端面，车平即可	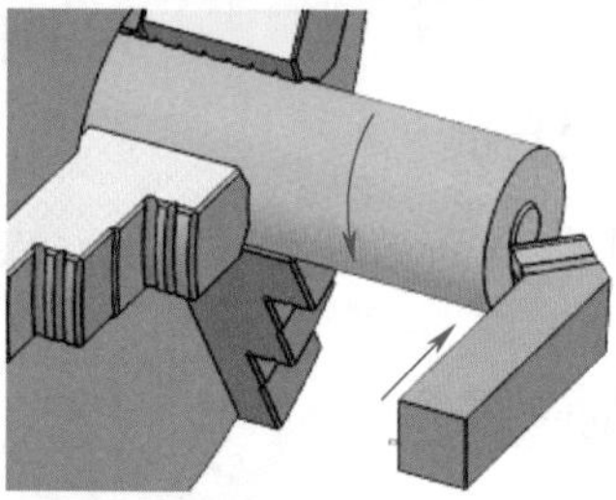
（2）	钻中心孔 B2 mm/6.3 mm	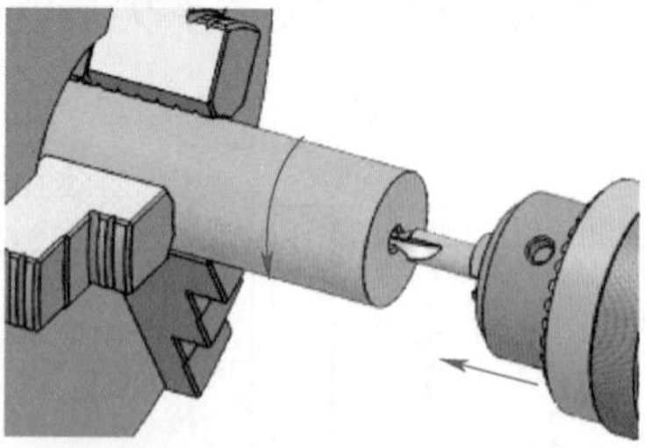
（3）	粗、精车外圆 $\phi 42_{-0.021}^{\ 0}$ mm、长 65 mm 和 $\phi 32_{-0.021}^{\ 0}$ mm、长 55 mm	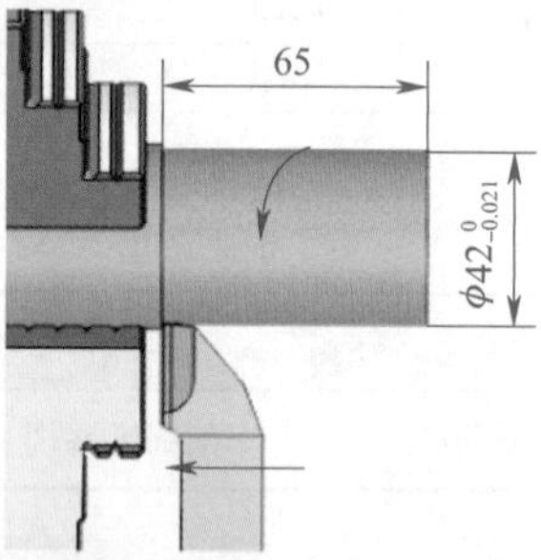 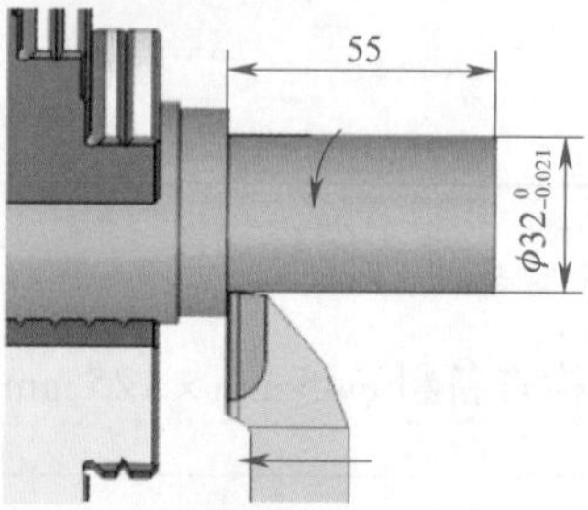 65 $\phi 42_{-0.021}^{\ 0}$ 55 $\phi 32_{-0.021}^{\ 0}$
（4）	倒角 $C1$ mm，倒钝锐边	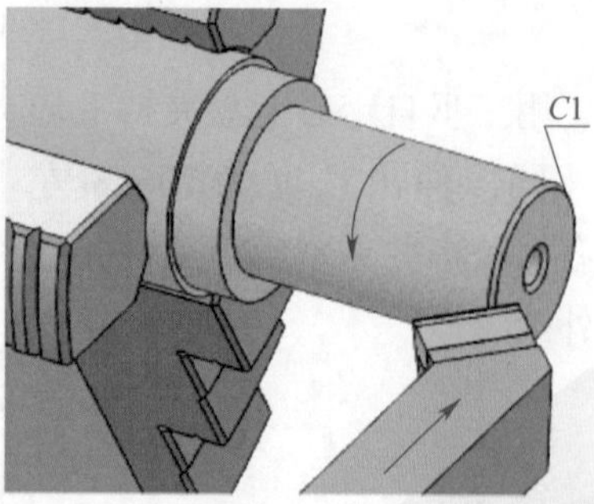 $C1$

续表

步骤	加工内容描述	图示
3	掉头，垫铜皮夹持 $\phi32_{-0.021}^{\ 0}$ mm 外圆，校正并夹紧	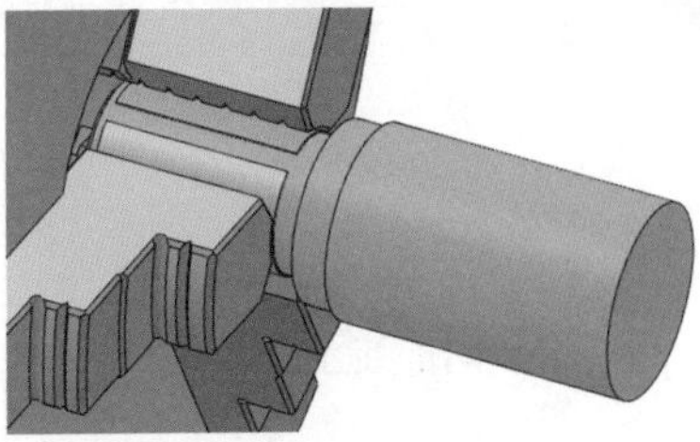
（1）	车削端面，保证总长 123 mm	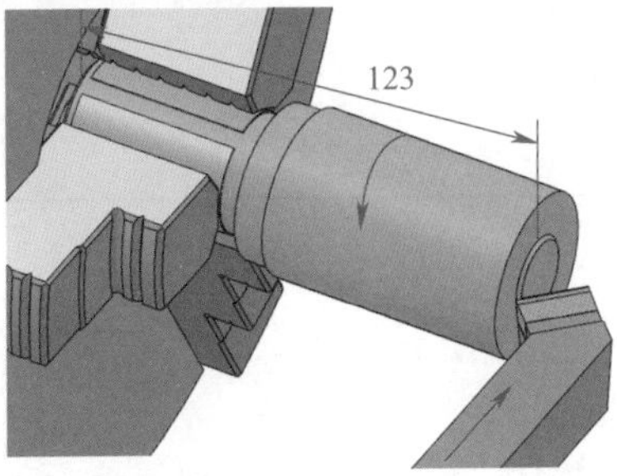
（2）	钻中心孔 B2 mm/6.3 mm	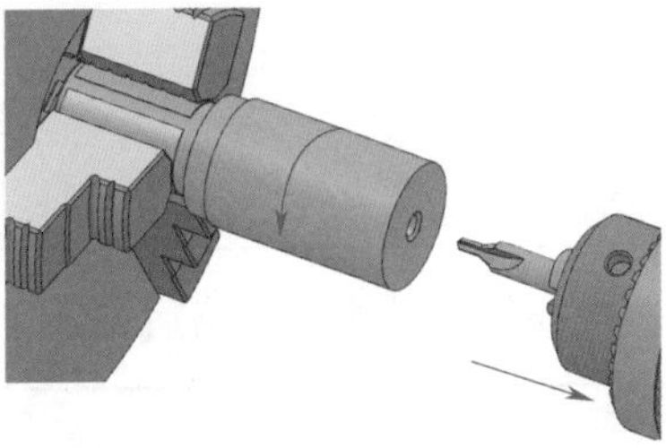
4	在两顶尖间装夹工件	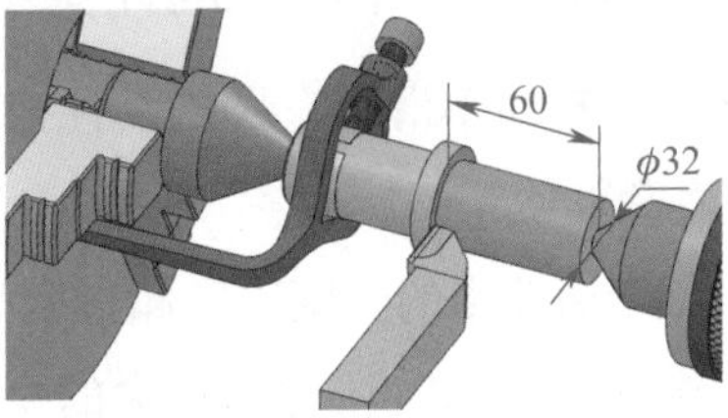
（1）	粗、精车外圆 $\phi32$ mm、长 60 mm 至尺寸要求	
（2）	根据尾座偏移量偏移尾座，并紧固尾座	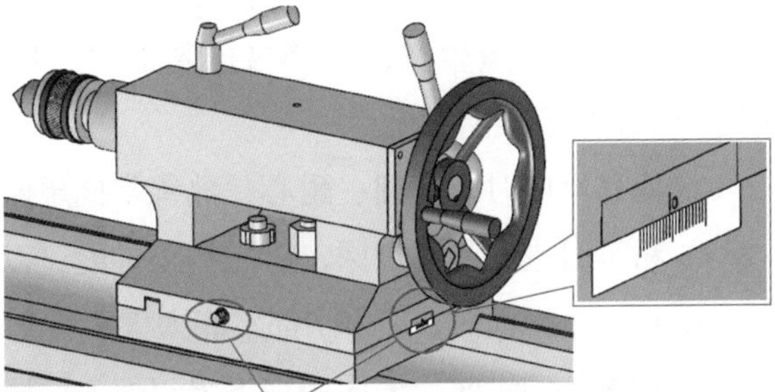 调整尾座偏移量并锁紧尾座

续表

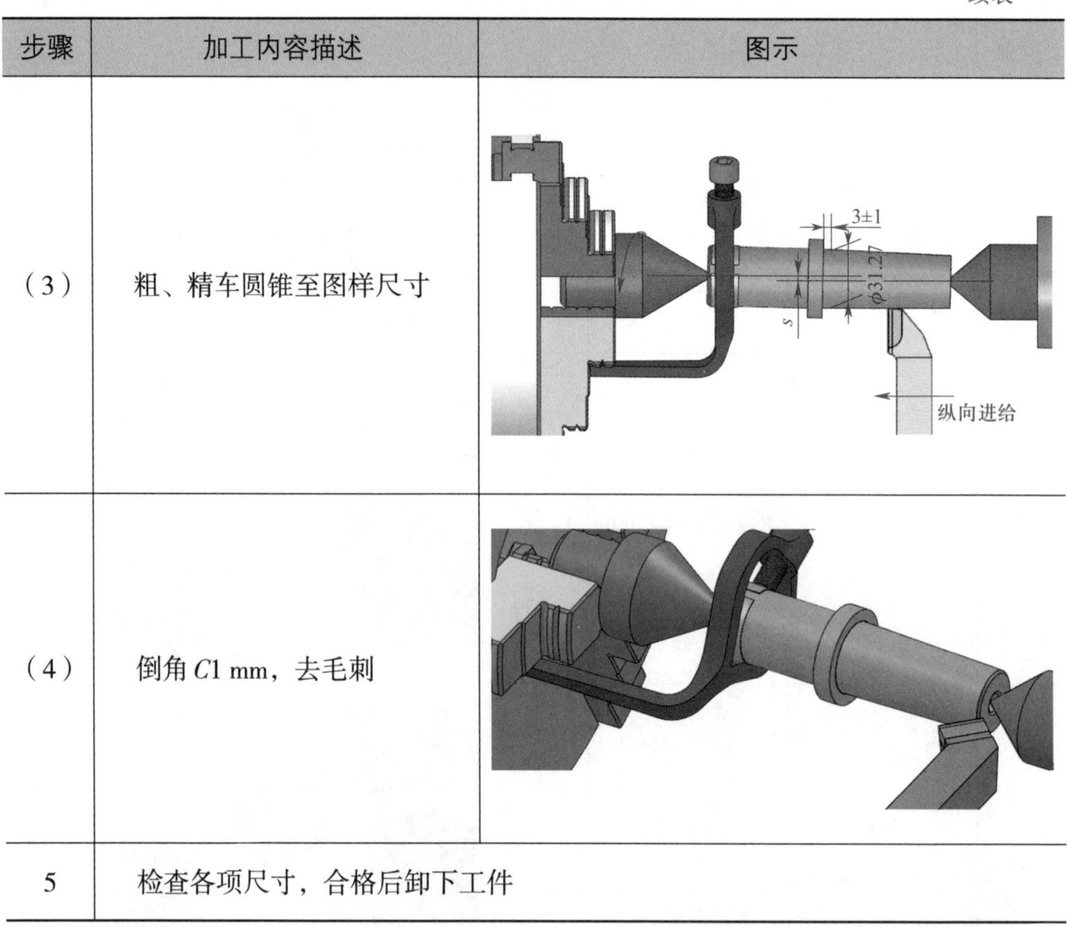

步骤	加工内容描述	图示
（3）	粗、精车圆锥至图样尺寸	
（4）	倒角 $C1$ mm，去毛刺	
5	检查各项尺寸，合格后卸下工件	

三、偏移尾座法车圆锥的注意事项

1. 参考“转动小滑板车圆锥的注意事项”和“两顶尖装夹精车轴类零件时容易产生的问题和注意事项”。

2. 尾座套筒伸出的长度不宜超过套筒总长的 1/2。

3. 车削时，应随时注意两顶尖的松紧程度和前顶尖的磨损情况，以防过松而使工件飞出伤人。松紧程度应适中，以手能转动工件为宜。

4. 如果是批量生产，应严格控制工件总长和中心孔大小，中心孔大小须保持一致；否则会产生角度误差。

5. 偏移尾座时应仔细、耐心，熟练掌握尾座偏移方向。

6. 粗车时进刀不宜过深，应先找正锥度，以防将工件车小而报废。

7. 精加工锥面时，a_p 和 f 都不能太大；否则会影响锥面的加工质量。

8. 检测外圆锥时，表面粗糙度 Ra 值应小于 3.2 μm，且无毛刺；同时要求工件与圆锥环规表面清洁。

9. 用圆锥环规检查时，只可沿一个方向转动半圈；否则易造成判断错误。

四、偏移尾座车外圆锥质量分析

偏移尾座车外圆锥时常见问题的产生原因和预防方法见表 4–10。

表 4–10　　偏移尾座车外圆锥时常见问题的产生原因和预防方法

常见问题描述	产生原因	预防方法
偏移尾座车圆锥时角度不正确	1. 尾座偏移量不正确 2. 工件长度不一致	1. 重新计算及调整尾座偏移量 2. 若工件数量较多，其长度必须一致，且两端中心孔深度也应一致
圆锥直径不正确	1. 未经常测量最大和最小圆锥直径 2. 未准确控制车刀的背吃刀量	1. 经常测量最大和最小圆锥直径 2. 及时测量，用计算法或移动床鞍法控制背吃刀量
双曲线误差	车刀刀尖未严格对准工件轴线	车刀刀尖必须严格对准工件轴线
表面粗糙度达不到要求	车床刚度不够，如滑板镶条太松、传动零件（如带轮等）不平衡或主轴太松引起振动	消除或防止由于车床刚度不足而引起的振动（如调整车床各部分的间隙等）

课题二　车内圆锥面和圆锥配合件

一、内圆锥面的检测方法

1. 角度或锥度的检测

内圆锥的角度或锥度使用圆锥塞规（见图 4–26）采用涂色法检测。具体检测要求与用圆锥环规检测外圆锥相同，将显示剂涂在塞规表面，判断圆锥角大小的方法刚好相反。若小端显示剂被擦去，大端未被擦去，说明圆锥角大了；反之，若大端显示剂被擦去，小端未被擦去，则说明圆锥角小了。

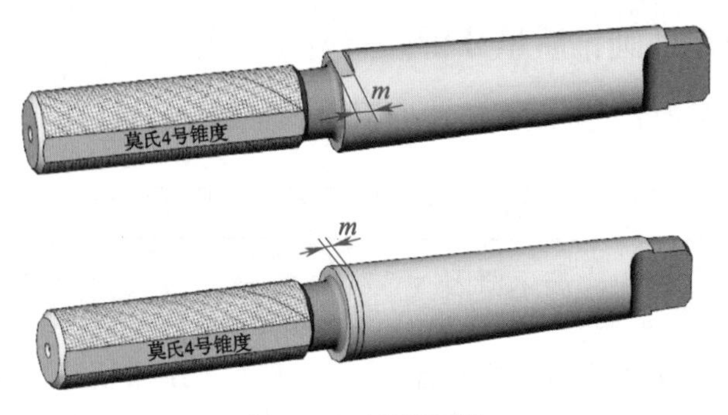

图 4–26　圆锥塞规

2. 圆锥尺寸的检测

圆锥尺寸主要用圆锥塞规检测。根据工件的直径尺寸和公差在圆锥塞规大端开有轴向距离为 m 的台阶（或两条刻线），分别表示通端与止端。检测时，若锥孔大端平面在两条刻线之间（或台阶两端面之间），说明锥孔尺寸合格；若锥孔大端平面超过止端刻线，说明锥孔尺寸大了；若通端、止端两条刻线都没有进入锥孔，说明锥孔尺寸小了，如图 4–27 所示。

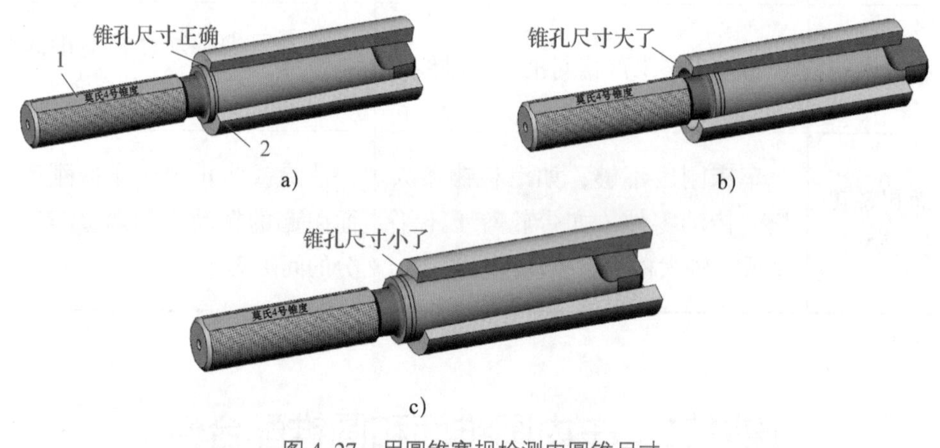

图 4–27　用圆锥塞规检测内圆锥尺寸

a）合格　b）锥孔尺寸大了　c）锥孔尺寸小了

1—圆锥塞规　2—工件

二、车内圆锥面的方法

车内圆锥面（圆锥孔）比车外圆锥面困难，因为车削时车刀在孔内切削，不易观察和测量。为了便于加工和测量，装夹工件时应使锥孔大端直径的位置在外端（靠近尾座方向），锥孔小端直径的位置则靠近车床主轴。

在车床上加工内圆锥面的方法主要有转动小滑板法、宽刃刀法和铰内圆锥法。

1. 转动小滑板法车内圆锥

（1）锥孔车刀的选择及装夹

锥孔车刀刀柄尺寸受锥孔小端直径的限制，为提高刀柄刚度，宜选用圆锥形刀柄，且刀尖应与工件回转中心等高，以免出现内圆锥面双曲线误差，如图 4–28 所示。

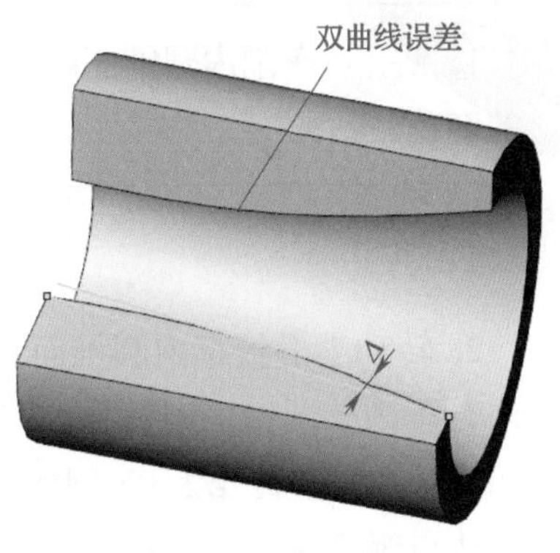

图 4–28　内圆锥面双曲线误差

装夹车刀时，应使刀尖严格对准工件回转中心，刀柄伸出的长度应保证其切削行程，刀柄与工件锥孔间应留有一定空隙。车刀装夹好后应在停车状态沿工件孔全长试走一遍，检查是否发生碰撞。车刀对中心的方法与车端面时对中心的方法相同。在工件端面有预制孔时，可采用表 4–11 所列的方法对中心。

表 4–11　　车刀对中心的方法

步骤	图示
1. 先初步调整车刀高低位置并将其夹紧，然后移动床鞍和中滑板，使车刀刀尖与工件端面轻轻接触，摇动中滑板使车刀刀尖在工件端面轻轻划出一条刻线 *AB*	刻线 A B
2. 将卡盘扳转 180°左右，使车刀刀尖通过 *A* 点再划一条刻线 *AC*。若刻线 *AC* 与 *AB* 重合，说明刀尖对准工件回转中心；若 *AC* 在 *AB* 的下方，说明车刀装低了；若 *AC* 在 *AB* 的上方，说明车刀装高了。此时可根据 *BC* 间距离的 1/4 左右增减车刀垫片，使刀尖对准工件回转中心	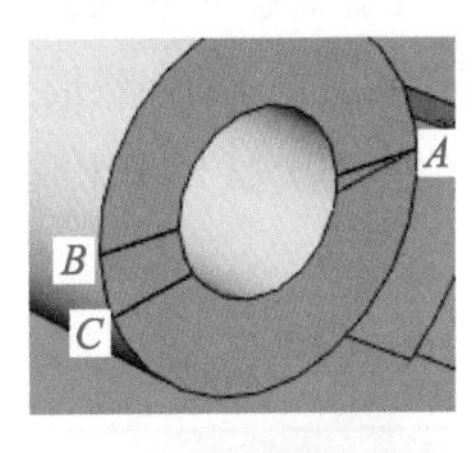 A B C 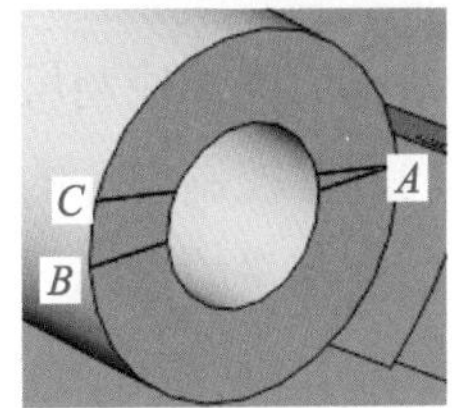 A C B

（2）转动小滑板法车内圆锥的方法

转动小滑板法车内圆锥的步骤见表 4–12。

表 4–12　　转动小滑板法车内圆锥的步骤

<table>
<tr><th>步骤</th><th>图示</th></tr>
<tr><td colspan="2">1. 钻孔。车削内圆锥面前，应先车平工件端面，然后选择比锥孔小端直径小 1 ~ 2 mm 的麻花钻钻孔</td></tr>
<tr><td>2. 转动小滑板车内圆锥面。转动小滑板的方法与车削外圆锥面时相同，只是方向相反，应顺时针方向偏转 $\alpha/2$。车削前也须调整好小滑板导轨与镶条的配合间隙，并确定小滑板的行程</td><td>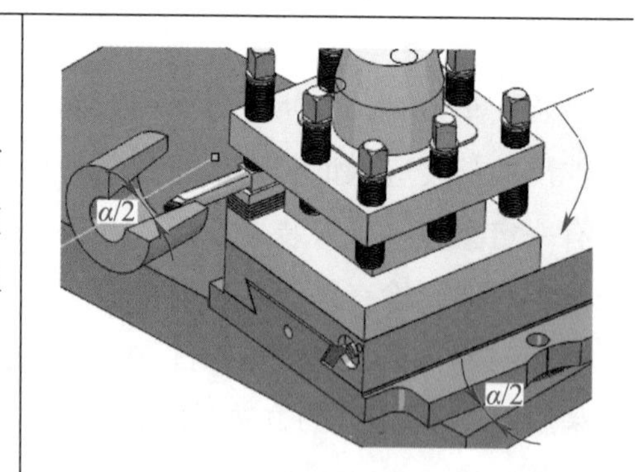</td></tr>
<tr><td>3. 按圆锥孔小端直径和圆锥面长度车成圆柱孔，然后再车圆锥面。加工时，车刀从孔端面处开始切削（主轴仍正转）。当塞规能塞进工件约 1/2 长度时检查及校准圆锥角</td><td>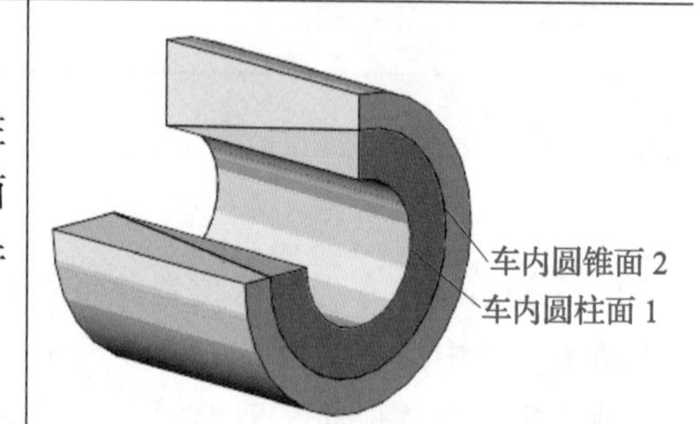</td></tr>
<tr><td>4. 用涂色法（显示剂涂在圆锥塞规表面）检测圆锥孔角度。根据擦痕情况调整小滑板转动的角度，经几次试切和检查后逐步将角度找正</td><td>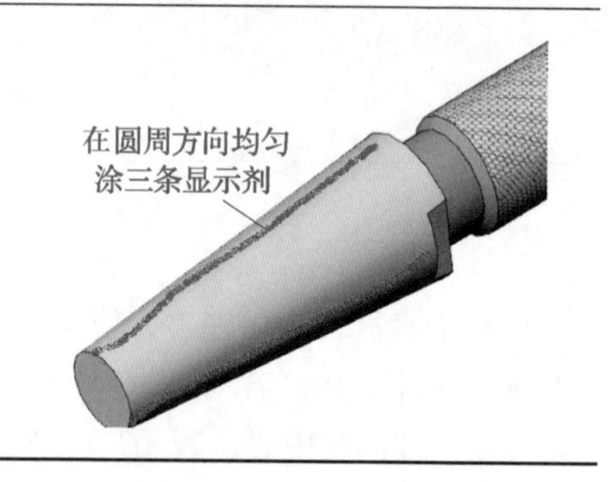</td></tr>
</table>

（3）精车内圆锥控制尺寸的方法

精车内圆锥控制尺寸的方法见表 4–13。

（4）切削用量的选择

1）粗车时，切削速度应比车外圆锥面时低 10% ~ 20%；精车时采用低速车削。

2）手动进给应始终保持均匀，不能有停顿或快慢不均匀的现象，最后一刀的精车背吃刀量 a_p 一般为 0.1 ~ 0.2 mm。

3）精车钢件时可以加注切削液，以减小表面粗糙度值，提高表面质量。

表 4-13　　精车内圆锥控制尺寸的方法

方法	步骤	图示
计算法	内锥大端距离塞规通端余量为 a，则背吃刀量 $a_p=a\tan\dfrac{\alpha}{2}$ 或 $a_p=a\times\dfrac{C}{2}$ 移动中滑板和小滑板，使刀尖轻触工件圆锥近大端内壁后用小滑板退出，接着中滑板按 a_p 值进刀，小滑板手动进给车圆锥面至尺寸	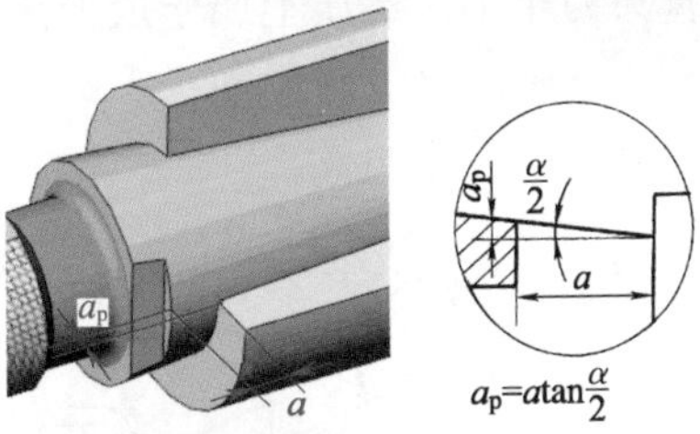 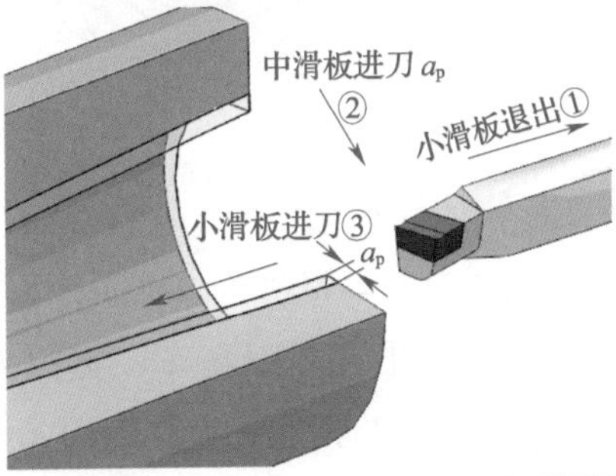
移动床鞍法	根据量出的长度 a，使车刀刀尖轻触工件圆锥近大端内壁，移动小滑板退出，使车刀沿轴向离开工件端面超过一个 a 值距离。接着移动床鞍使车刀前移 a 值，此时虽然没有移动中滑板，但车刀已经切入了一个所需的深度	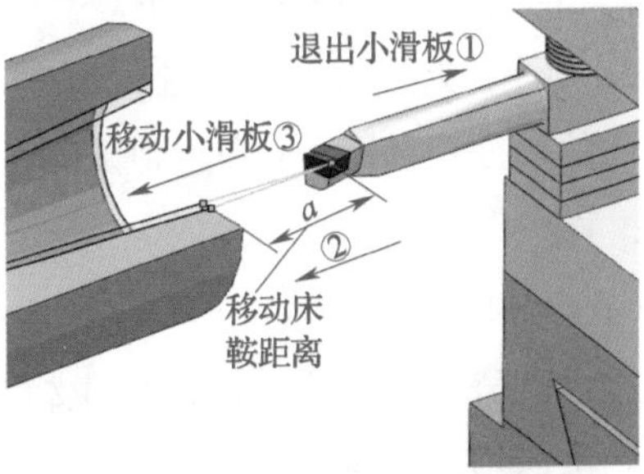
对称圆锥车削法	先把外圆锥孔车削正确，再将车刀反装，摇向对面孔壁，车削里面的圆锥孔。这样，小滑板角度未变，不但能使两对称圆锥孔锥度相等，而且不需卸下工件，两锥孔可获得很高的同轴度精度	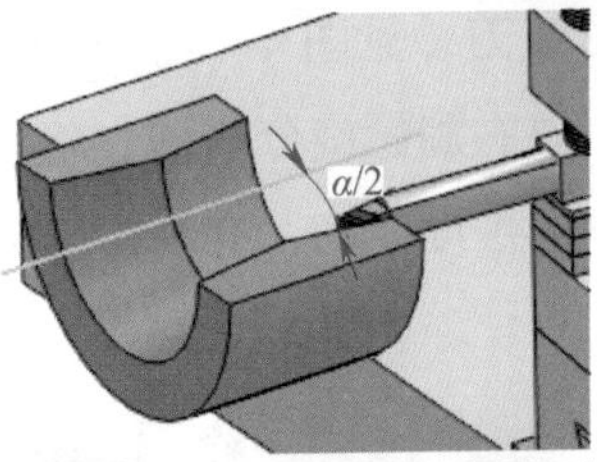 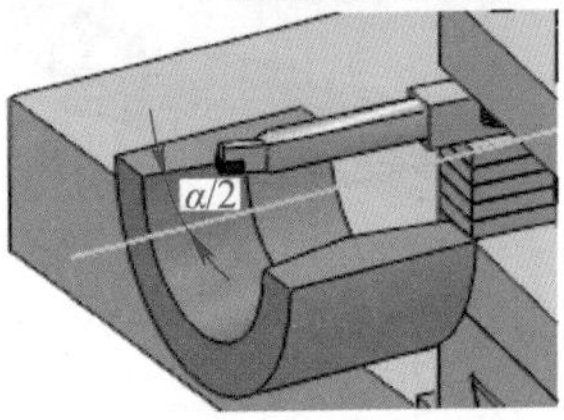

2. 用宽刃刀车内圆锥

（1）宽刃刀的刃磨与装夹

一般选用高速钢车刀，宽刃锥孔车刀的几何角度如图 4-29 所示。切削刃与刀柄轴线

刃磨后夹角为 $\alpha/2$。装夹宽刃刀时，其切削刃应与工件回转中心等高，与车床主轴轴线夹角等于工件的圆锥半角 $\alpha/2$。

宽刃刀车削法实质上属于成形法，使用宽刃刀车削内圆锥面时，要求车床具有很高的刚度，以免车削时引起振动。

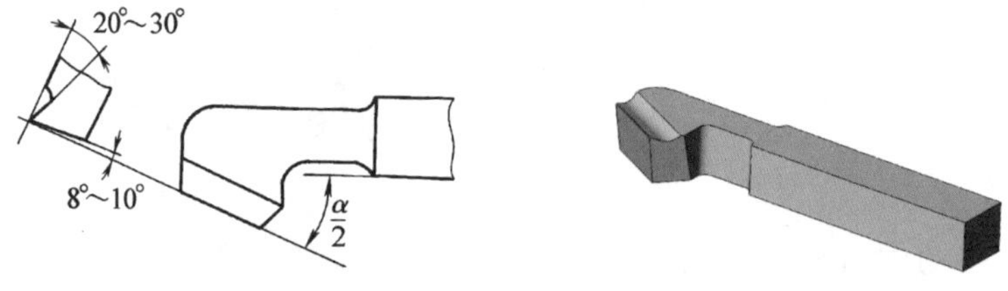

图 4–29　宽刃锥孔车刀

（2）车削方法

1）先用内孔车刀粗车内锥面，留精车余量。

2）换宽刃锥孔车刀精车，宽刃刀的切削刃伸入孔内长度大于圆锥长度，横向（或纵向）进给，低速车削，如图 4–30 所示。

3）车削时使用切削液进行润滑，可使车出内锥面的表面粗糙度 Ra 值达到 1.6 μm。

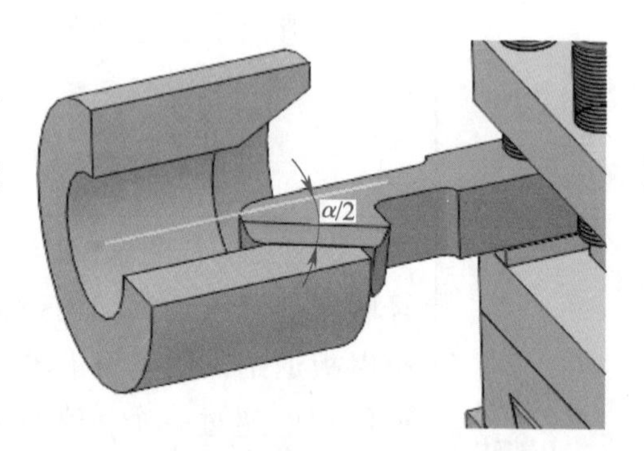

图 4–30　用宽刃刀车内圆锥面

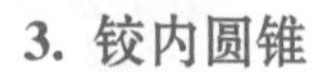

3. 铰内圆锥

（1）锥形铰刀

当内圆锥直径较小且精度要求较高时，可用铰削方法加工内圆锥面。用铰削方法加工的内圆锥面精度比车削加工的高，表面粗糙度 Ra 值可达 1.6 ~ 0.8 μm。

锥形铰刀（见图 4–31）分为粗铰刀和精铰刀两种。粗铰刀槽数比精铰刀少，切削刃上开有一条右旋螺旋分屑槽，将切削刃分割成若干段短切削刃，使切屑容易排出。精铰刀直线刀齿的锥度精确，有 0.1 ~ 0.2 mm 的棱边，以保证内圆锥质量。

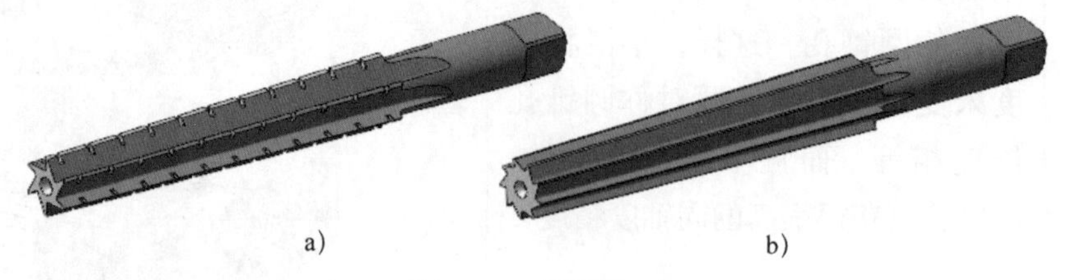

a)　　b)

图 4–31　锥形铰刀

a）粗铰刀　b）精铰刀

（2）铰削方法

在车床上铰削内圆锥面时，将铰刀装夹在尾座套筒的锥孔内，铰削前必须将尾座套筒轴线调整到与车床主轴轴线同轴位置；否则，铰出的锥孔不正确，表面质量也不高。

铰削内圆锥面的方法如下：

1）当内圆锥的孔径和锥度较大时，先用直径比圆锥孔小端直径小 1 ~ 1.5 mm 的麻花钻钻底孔，然后粗车内圆锥面，并留 0.1 ~ 0.2 mm 的余量，最后用精铰刀铰削成形。

2）当内圆锥的孔径和锥度较小时，钻孔后直接用锥形铰刀粗铰锥孔，然后用精铰刀铰削成形。

（3）切削用量

铰削内圆锥面时，参加切削的切削刃长，切削面积大，排屑较困难，所以切削用量应选得小些。

切削速度一般选 5 m/min 以下，进给应均匀。

进给量的大小根据锥度大小选取，锥度大时进给量小些；反之，锥度小时进给量则可取大些。铰削圆锥角 $\alpha \leqslant 3°$ 的锥孔（如莫氏锥孔）时，钢件进给量一般选 0.15 ~ 0.3 mm/r；铸铁件进给量一般选 0.3 ~ 0.5 mm/r。

铰削内圆锥面时必须充分浇注切削液，以减小表面粗糙度值。铰削钢件时可使用乳化液或切削油，铰削合金钢或低碳钢工件时可使用植物油，铰削铸铁件时可使用煤油或柴油。

三、车内、外圆锥配合件

为保证内、外圆锥面的良好贴合，车削内、外圆锥配合件时，关键在于将小滑板调整至同一位置状态下完成内、外圆锥面的车削。具体方法是先将外圆锥面车正确，不变动小滑板已调整好的角度，然后用表 4–14 所列的方法车削内圆锥面。

表 4–14　　车内、外圆锥配合件的方法

方法	步骤	图示
车刀反装法	将锥孔车刀反装，使车刀前面向下，刀尖应对准工件回转中心，车床主轴仍正转，再车内圆锥	
车刀正装法	采用与一般内孔车刀弯头方向相反的锥孔车刀，车刀正装，使车刀前面向上，刀尖对准工件回转中心。车床主轴应反转，然后车内圆锥	

续表

方法	步骤	图示
反转车外锥法	车外圆锥时，改变车刀装夹位置，将车刀像内孔车刀一样装夹（伸出长度大于圆锥长度）。工件反转，车刀切削表面在操作者对面。车削完成后，将车床主轴正转，按一般车内圆锥的方法车内圆锥 车外圆锥时，若圆锥直径大而长度长，可直接用内孔车刀车削内、外圆锥；若圆锥直径小而长度短，可选用 90°偏刀车削	α/2 α/2

车内、外圆锥配合件

一、训练任务

车削如图 4–32 所示的内、外圆锥配合件，练习转动小滑板车内、外圆锥配合件的方法。

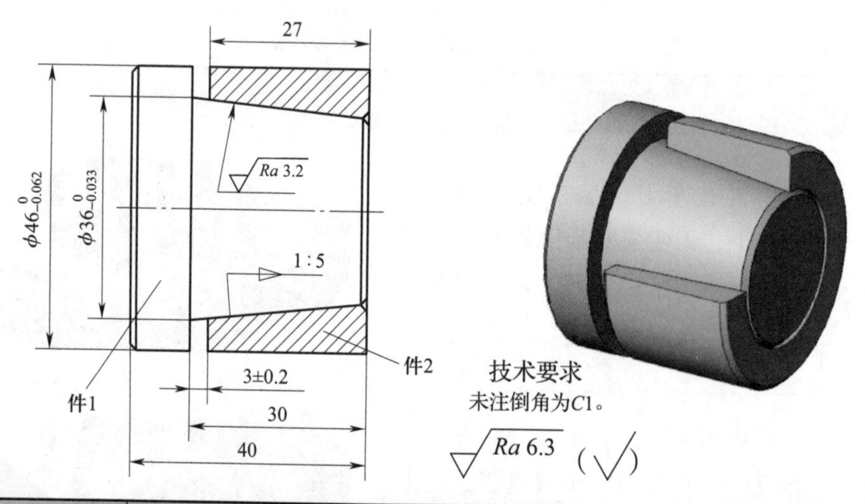

任务名称	练习内容	材料	材料来源	件数
车内、外圆锥配合件	转动小滑板车内、外圆锥配合件	45 钢	$\phi50\times100$	1

图 4–32　内、外圆锥配合件

二、车削内、外圆锥配合件

内、外圆锥配合件的车削步骤见表 4–15。

表 4–15　　内、外圆锥配合件的车削步骤

步骤	加工内容描述	图示
件 1 加工步骤		
1	检查备料 ϕ50 mm × 100 mm	50
2	用三爪自定心卡盘夹持毛坯外圆，伸出长度为 50 mm，找正并夹紧	
（1）	车端面，车平即可	
（2）	粗、精车外圆 $\phi36_{-0.033}^{0}$ mm、长 30 mm 至要求（车平台阶平台）	30 $\phi36_{-0.033}^{0}$
（3）	粗、精车外圆 $\phi46_{-0.062}^{0}$ mm，长大于 10 mm（工件总长为 40 mm）至要求	40 $\phi46_{-0.062}^{0}$

续表

步骤	加工内容描述	图示
（4）	小滑板逆时针转动圆锥半角 5° 42′ 38″（锥度为 1∶5）	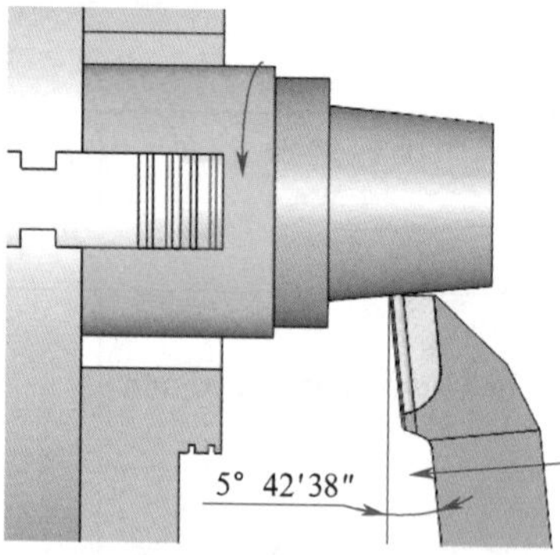 5° 42′38″
（5）	粗、精车外圆锥面，锥面大端离台阶端面距离应不大于 1.5 mm	
（6）	倒角 $C1$ mm，去毛刺	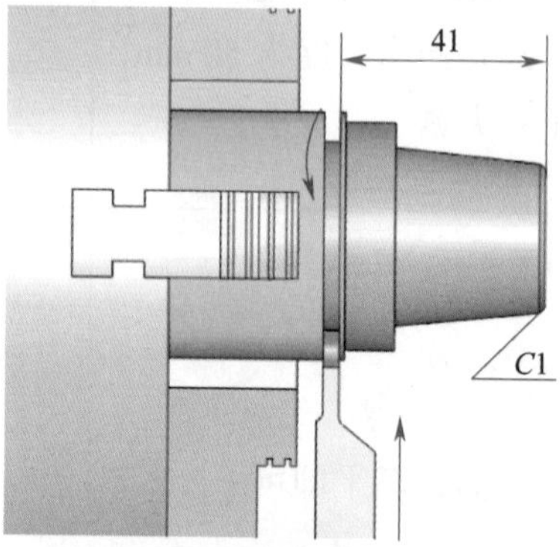 41 $C1$
（7）	控制工件总长 41 mm，切断（切断刀刀头宽度为 4 mm）	
3	掉头，垫铜皮，校正并夹紧 车削端面，保证总长 40 mm，倒角 $C1$ mm	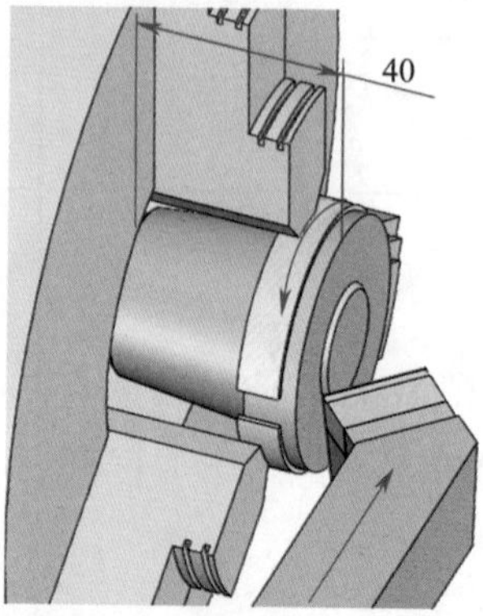 40
件 2 加工步骤		
1	检查余料，长度应大于 50 mm	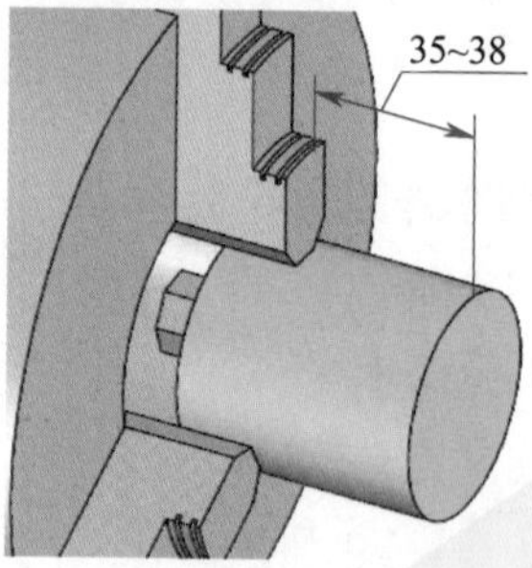 35~38
2	用三爪自定心卡盘夹持毛坯外圆，伸出长度为 35 ~ 38 mm，找正并夹紧	

续表

步骤	加工内容描述	图示
（1）	车端面，车平即可	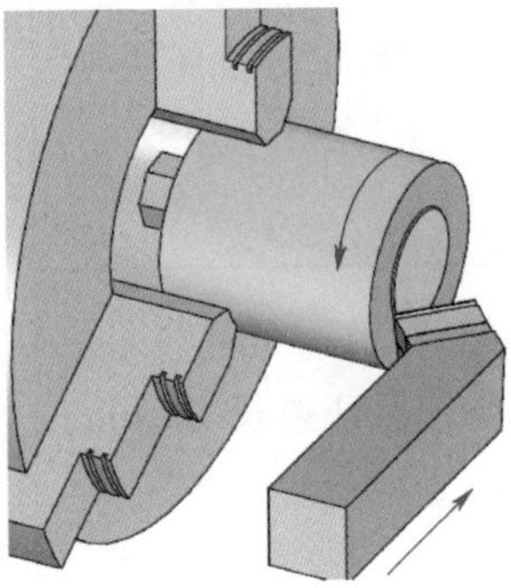
（2）	钻中心孔后钻孔 $\phi 28$ mm、深 30 mm 左右	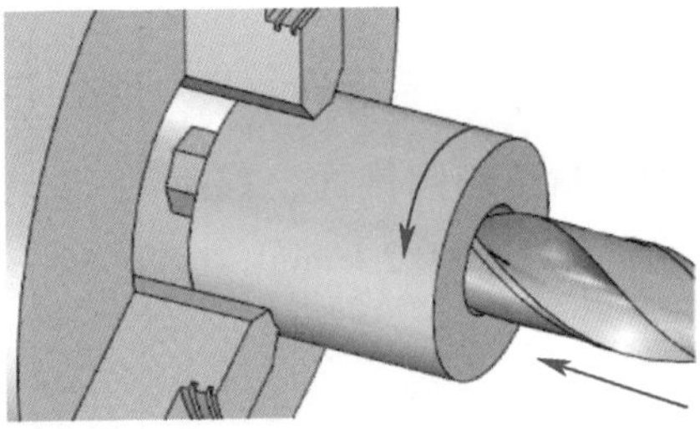
（3）	粗、精车外圆 $\phi 46_{-0.062}^{0}$ mm、长 30 mm 至要求，倒角 $C1$ mm、$C2$ mm	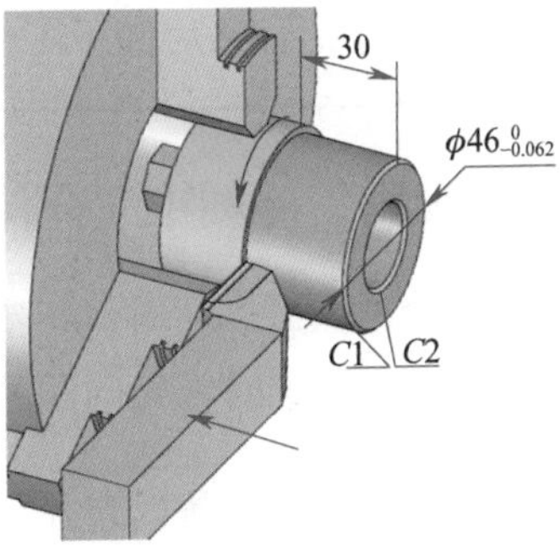
（4）	控制工件总长 28 mm，切断	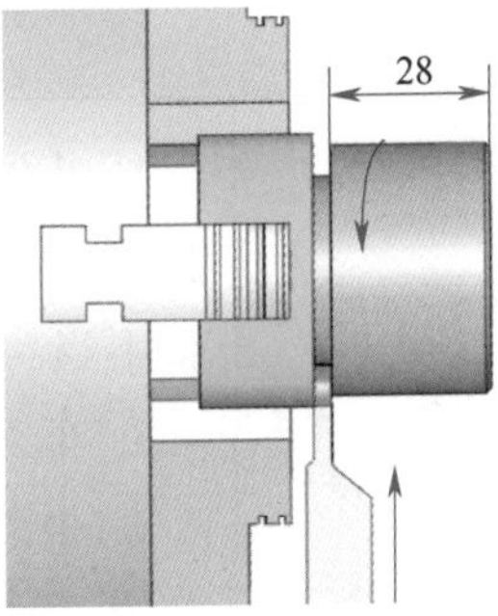

续表

步骤	加工内容描述	图示
3	掉头，垫铜皮，找正并夹紧	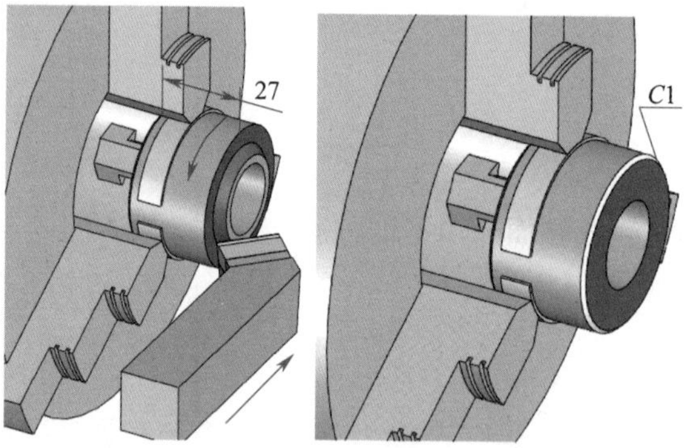 27 C1
（1）	车端面，保证总长 27 mm，倒角 $C1$ mm	
（2）	粗、精车内圆锥面，控制配合间隙（3 ± 0.2）mm	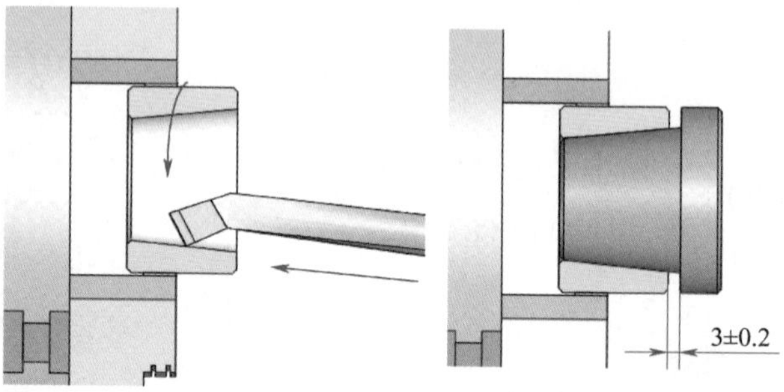 3±0.2
4	检查各项尺寸，合格后卸下工件	

三、内圆锥及内、外圆锥配合件车削质量分析

由于车削内、外圆锥对操作者技术水平要求较高，在生产实践中，往往会因种种原因而产生很多缺陷。车内圆锥时常见问题的产生原因和预防方法见表 4–16。

表 4–16　　车内圆锥时常见问题的产生原因和预防方法

常见问题描述	产生原因		预防方法
角度（锥度）不正确	转动小滑板法车内圆锥	1. 小滑板转动的角度计算错误，或小滑板角度调整不当 2. 车刀没有装夹牢固 3. 小滑板移动时松紧不均匀	1. 认真计算小滑板应转动的角度和方向，反复试车及校正 2. 紧固车刀 3. 调整小滑板镶条间隙，使小滑板移动均匀

续表

常见问题描述	产生原因		预防方法
角度（锥度）不正确	用宽刃刀法车削内圆锥	1. 装刀不正确	1. 调整切削刃的角度及对准工件轴线
		2. 切削刃不直	2. 修磨切削刃，保证其平直、光洁
		3. 刃倾角 $\lambda_s \neq 0°$	3. 重磨刃倾角，使 $\lambda_s=0°$
	铰内圆锥	1. 铰刀的角度不正确 2. 铰刀轴线与主轴轴线不重合	1. 更换及修磨铰刀 2. 用百分表和试棒调整尾座套筒轴线，使其与主轴轴线重合
圆锥直径不正确	1. 未经常测量最大和最小圆锥直径		1. 经常测量最大和最小圆锥直径
	2. 未控制车刀的背吃刀量		2. 及时测量，用计算法或移动床鞍法控制背吃刀量
双曲线误差	车刀刀尖未严格对准工件轴线		车刀刀尖必须严格对准工件轴线
表面粗糙度达不到要求	1. 车床刚度不够，如滑板镶条太松、传动零件（如带轮等）不平衡或主轴太松引起振动 2. 小滑板镶条间隙不当 3. 未留足精车余量 4. 手动进给不均匀，忽快忽慢		1. 消除或防止由于车床刚度不足而引起的振动（如调整车床各部分的间隙等） 2. 调整小滑板镶条间隙 3. 要留有适当的精车余量 4. 手动进给要均匀，快慢一致

第五单元
滚花和成形面的车削

学习目标

1. 掌握滚花的基本操作要求、方法及滚花刀的选用。
2. 掌握成形面的车削方法及一般成形面车刀的刃磨知识。
3. 掌握常用的抛光方法及基本操作要求。

课题一 滚 花

一、滚花的种类

在某些工具和机器零件的捏手部位，为了增大表面摩擦力，便于使用或使零件表面美观，常在零件表面滚压出各种不同的花纹，如千分尺的微分筒、车床中滑板刻度盘表面等。

用滚花工具在工件表面滚压出花纹的加工称为滚花。

根据国家标准《滚花》(GB/T 6403.3—2008)，滚花的花纹有直纹和网纹两种。花纹有粗细之分，并用模数 m 进行区分。模数越大，花纹越粗。花纹的种类如图 5-1 所示。

a)

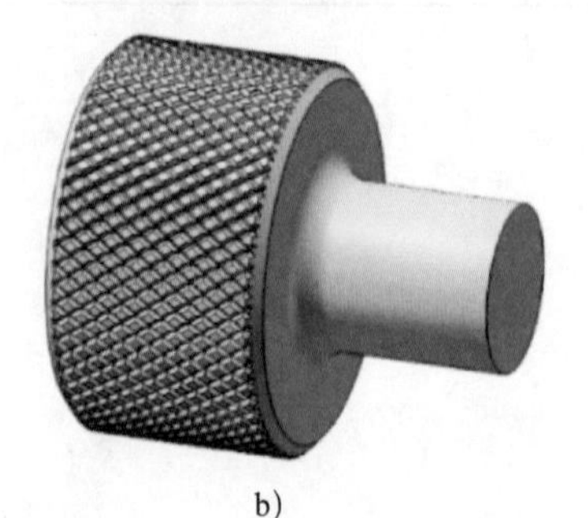

b)

图 5-1 花纹的种类

a）直纹花纹 b）网纹花纹

二、滚花刀

车床上滚花使用的工具称为滚花刀。滚花刀一般有单轮、双轮和六轮三种，如图 5–2 所示。单轮滚花刀由直纹滚轮和刀柄组成，用来滚直纹；双轮滚花刀由两个旋向不同的滚轮、滚轮连接头和刀柄组成，用来滚网纹；六轮滚花刀由三对不同模数的滚轮通过浮动连接头与刀柄组成一体，可以根据需要滚出三种不同模数的网纹。

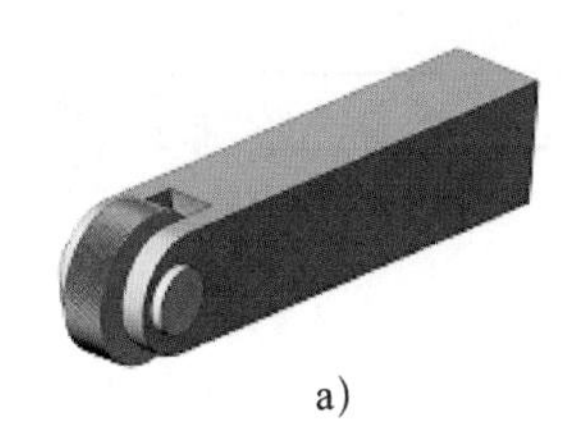

a)

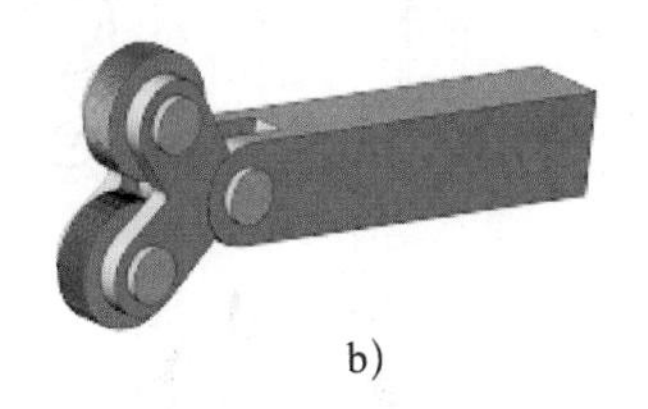

b)

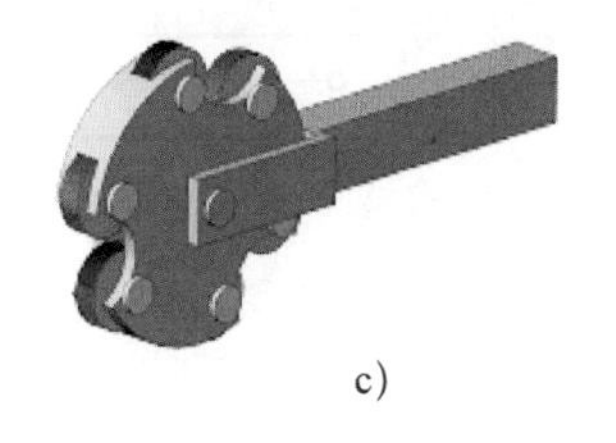

c)

图 5–2　滚花刀

a）单轮（直纹）　b）双轮（网纹）　c）六轮（三种网纹）

三、滚花方法和要点

1. 滚花前工件直径的确定

由于滚花过程是利用滚花刀的滚轮来滚压工件表面的金属层，使其产生一定的塑性变形而形成花纹的，随着花纹的形成，滚花后工件直径会增大。因此，在滚花前滚花表面的直径应相应车小些。

一般在滚花前，根据工件材料的性质和花纹模数的大小，应将工件滚花表面的直径车小（0.8 ~ 1.6）m，m 为模数。

2. 滚花刀的装夹和滚花方法

滚花刀装夹在车床刀架上，滚花刀的刀柄中心与工件回转中心等高，如图 5–3 所示。

滚压有色金属或滚花表面要求较高的工件，滚花刀滚轮表面与工件轴线平行，如图 5–4 所示。

滚压碳素钢或滚花表面要求一般的工件，滚花刀滚轮表面相对于工件轴线向右倾斜 3° ~ 5°安装，如图 5–5 所示。这样便于切入工件表面且不易产生乱纹。

3. 滚花要点

（1）在滚花刀接触工件开始滚压时，挤压力要大且猛一些，使工件圆周上一开始就形成较深的花纹，这样就不易产生乱纹。

（2）为了减小滚花开始时的径向压力，可以使滚轮表面宽度的 1/3 ~ 1/2 与工件接触，使滚花刀容易切入工件表面，如图 5–6 所示。在停车检查花纹符合要求后，即可纵向机动进给，反复滚压 1 ~ 3 次，直至花纹凸出达到要求为止。

（3）滚花时应选低的切削速度，一般为 5 ~ 10 m/min。纵向进给量可选择大些，一般为 0.3 ~ 0.6 mm/r。

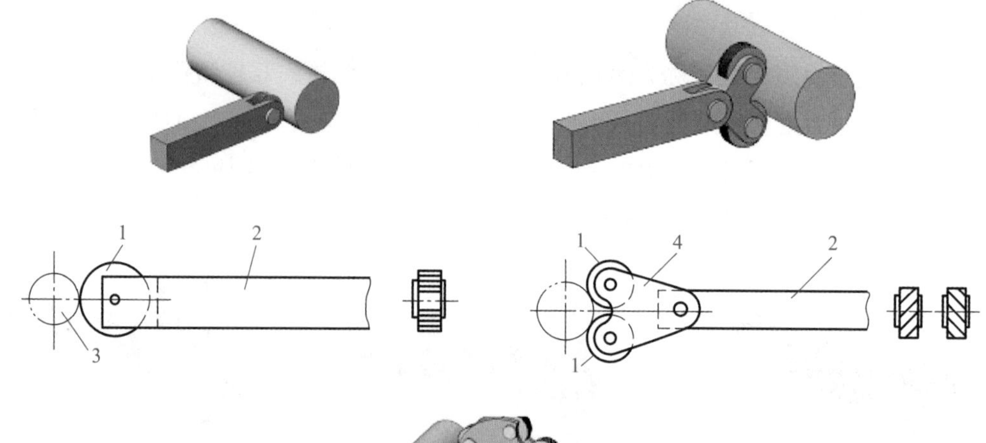

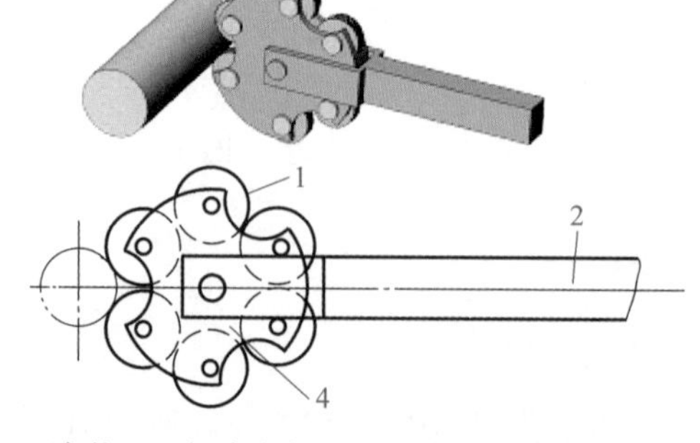

图 5-3　滚花刀刀柄中心与工件回转中心等高

1—滚轮　2—刀柄　3—工件　4—滚轮连接头

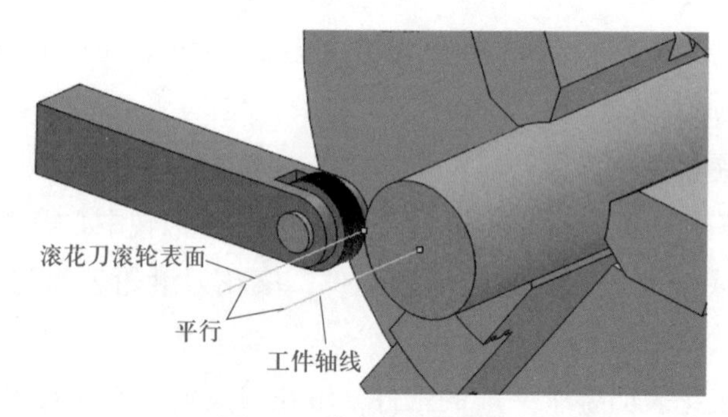

图 5-4　滚花刀平行装夹

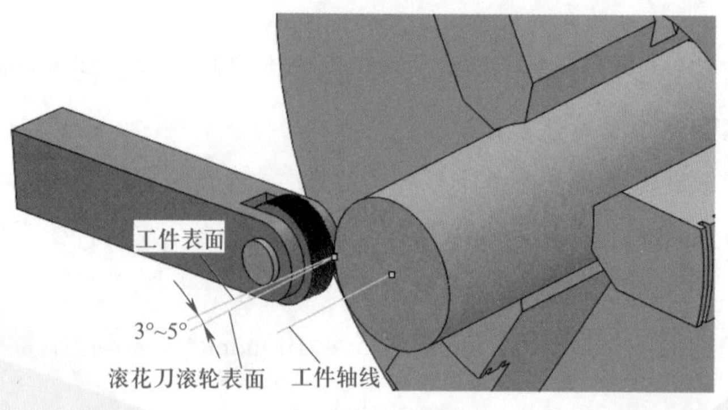

图 5-5　滚花刀倾斜装夹

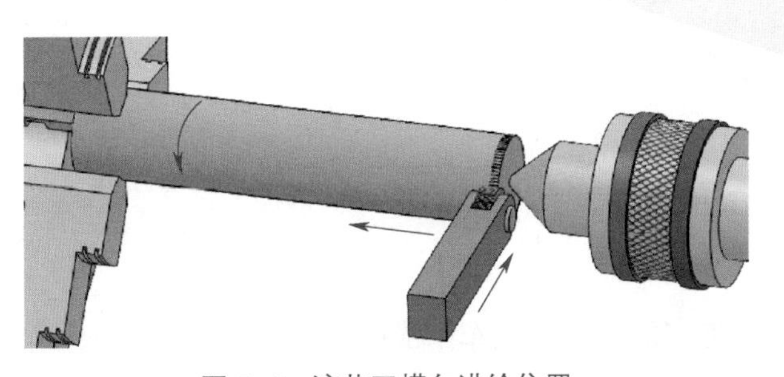

图 5-6　滚花刀横向进给位置

（4）滚花时应充分浇注切削液，以润滑滚轮及防止滚轮发热损坏，并经常清除滚压产生的切屑。

（5）滚花时径向力很大，所用设备刚度应较高，工件必须装夹牢固。由于滚花时出现工件移位现象难以完全避免，因此，车削带有滚花表面的工件时，滚花应安排在粗车之后、精车之前进行。

四、滚花质量分析

滚花时产生乱纹的原因和预防方法见表 5-1。

表 5-1　　滚花时产生乱纹的原因和预防方法

问题描述	产生原因	预防方法
乱纹	工件外圆周长不能被滚花刀节距 P 除尽	可把外圆略车小一些
	滚花开始时挤压力太小，或滚花刀滚轮与工件表面接触面积过大	开始滚花时就要使用较大的挤压力，把滚花刀偏一个很小的类似副偏角的角度
	滚花刀转动不灵，或滚花刀的滚轮与刀柄小轴配合间隙太大	检查原因或调换小轴
	工件转速太高，滚花刀与工件表面产生滑动	降低工件转速
	滚花前没有清除滚花刀中的细屑或滚花刀齿部磨损	清除细屑或更换滚花刀的滚轮

滚　　花

一、训练任务

把图 2–33 所示加工完的短台阶轴车削成图 5–7 所示的滚花销轴。

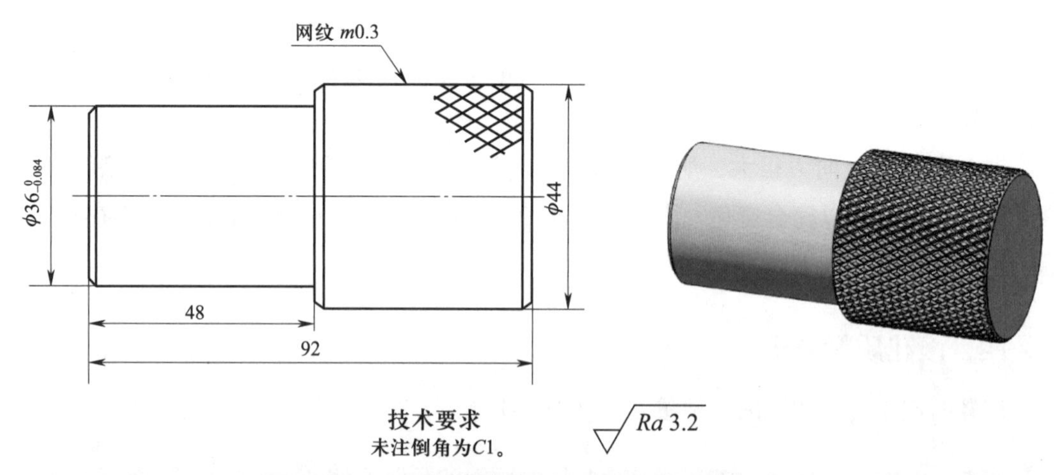

任务名称	练习内容	材料	材料来源	件数
滚花	车削滚花销轴	45 钢	图 2–35 所示短台阶轴	1

图 5–7　滚花销轴

二、车削滚花销轴

滚花销轴的车削步骤见表 5–2。

表 5–2　　　　　　　　滚花销轴的车削步骤

步骤	加工内容描述	图示
1	车削左端	
（1）	用三爪自定心卡盘夹住图 2–35 所示短台阶轴中 $\phi 47_{-0.10}^{\ 0}$ mm 外圆，其端面伸出长度约为 5 mm	

续表

步骤	加工内容描述	图示
（2）	车端面，车平即可	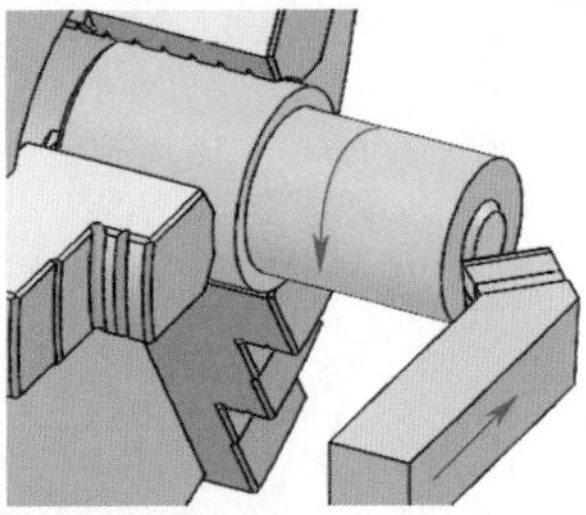
（3）	粗、精车 $\phi36_{-0.084}^{\ 0}$ mm ×（48 ± 0.30）mm（按未注公差要求）的外圆，表面粗糙度 Ra 值达到 3.2 μm	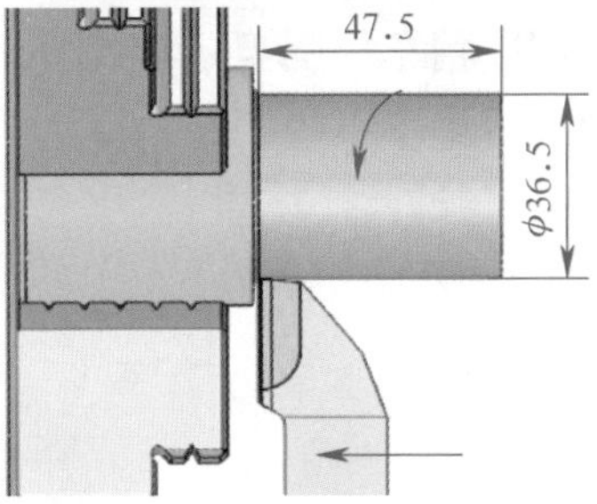 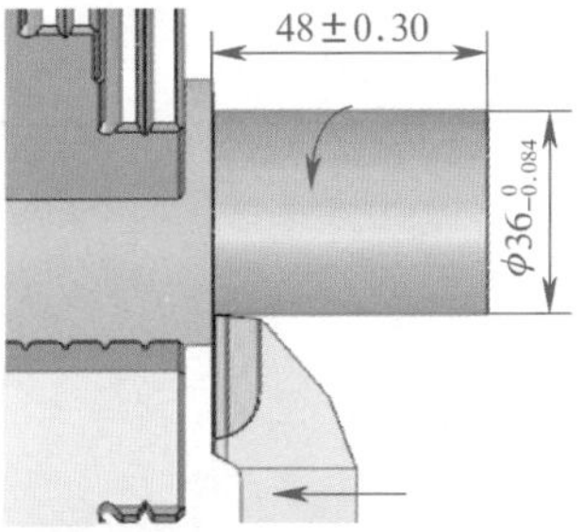
（4）	倒角 $C1$ mm	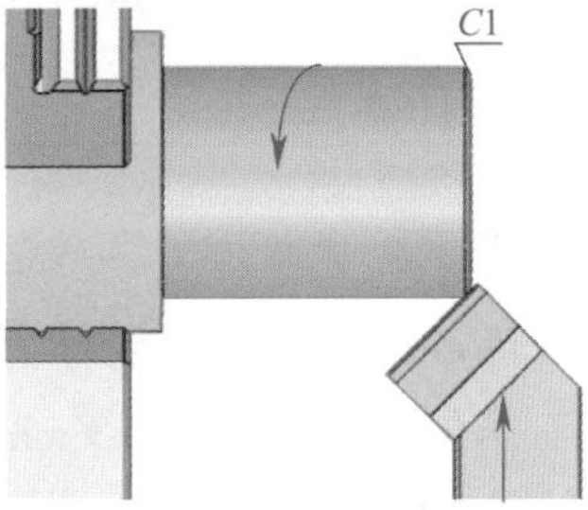
2	车削右端	
（1）	掉头，垫铜皮夹持 $\phi36_{-0.084}^{\ 0}$ mm 外圆	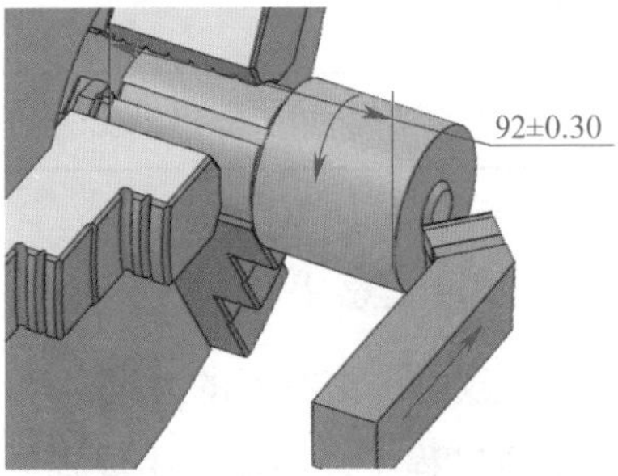
（2）	车削端面，保证总长（92 ± 0.30）mm（按未注公差要求）	

续表

步骤	加工内容描述	图示
（3）	粗、精车外圆至 $\phi 44_{-0.48}^{-0.24}$ mm，直径尽量车小些	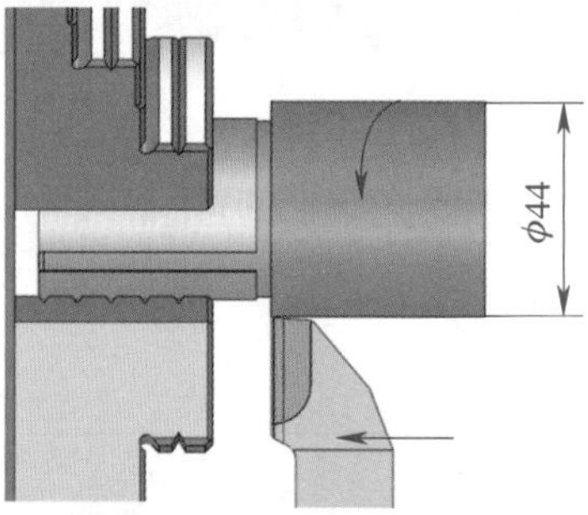 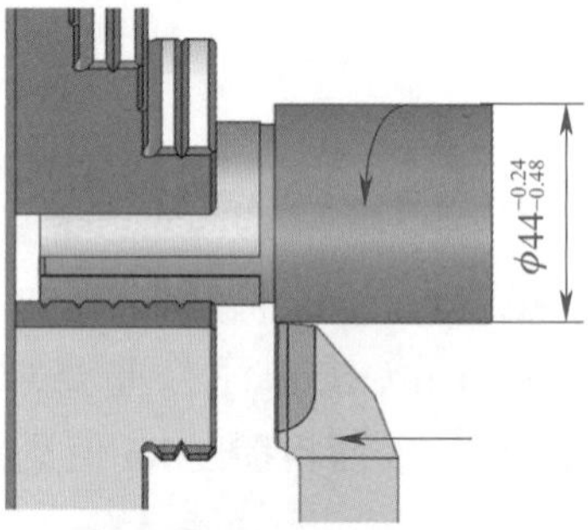 $\phi 44$ $\phi 44_{-0.48}^{-0.24}$
（4）	倒角 $C1$ mm	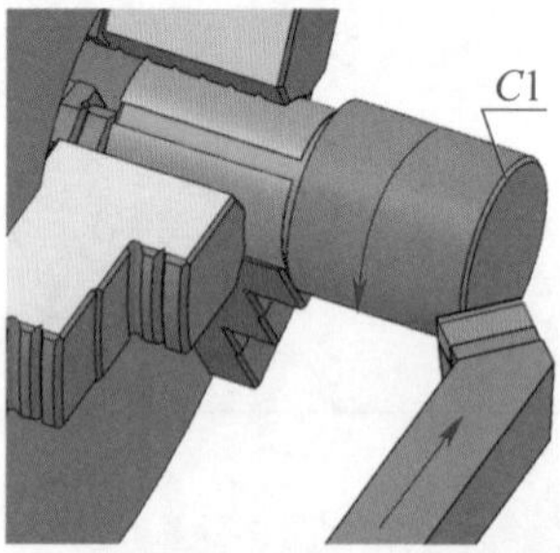 $C1$
（5）	扳转 $m0.3$ mm 的双轮滚花刀至工作位置，滚压 $m0.3$ mm 的网纹至图样要求	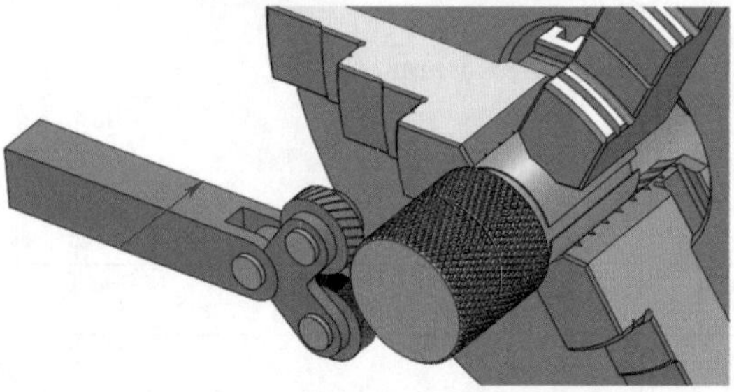
3	检查各项尺寸，合格后卸下工件	

三、滚花的注意事项

1. 滚压直纹时，滚花刀的齿纹必须与工件轴线平行；否则滚压后花纹不直。
2. 在滚压过程中，不能用手或棉纱去接触滚压表面，以防发生绞手伤人事故；清除

切屑时应避免毛刷接触工件与滚轮的咬合处，以防毛刷被卷入。

3. 滚压细长工件时应防止工件弯曲，滚压薄壁工件时应防止变形。

4. 滚压时挤压力不能过大，进给量不能太小，以免滚出台阶形凹坑。

课题二　车 成 形 面

一、成形面及其技术要求

有些机器零件表面在零件的轴向剖面中呈曲线形，如圆球手柄、橄榄手柄等，如图 5-8 所示，具有这些特征的表面称为成形面。

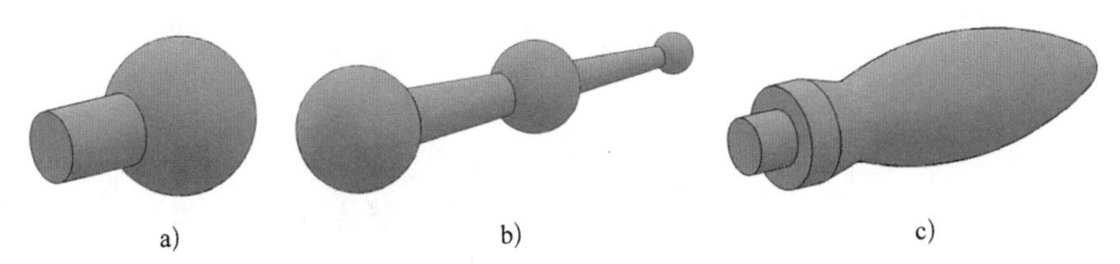

图 5-8　具有成形面的零件

a）圆球（单球）手柄　b）圆球（三球）手柄　c）橄榄手柄

成形面一般不能作为工件的装夹表面，因此，车削带有成形面的工件时，应安排在粗车之后、精车之前进行，也可以在一次装夹中车削完成。

在车床上加工成形面时，应根据这些工件的表面特征、精度要求和生产批量大小，采用不同的加工方法，这些方法主要包括双手控制法、成形法（样板刀车削法）、仿形法（靠模仿形）和专用工具法等。随着数控机床的普及，成形面加工效率和精度大幅度提高，本课题仅介绍双手控制法和成形法车成形面。

二、双手控制法车成形面

1. 双手控制法及其特点

用双手控制中滑板与小滑板或者中滑板与床鞍的合成运动，使刀尖的运动轨迹与工件所要求的成形面曲线重合，以实现车成形面目的的方法称为双手控制法，如图 5-9 所示。

双手控制法车成形面需较高的技术水平，主要用于单件或数量较少的成形面工件的加工。

2. 圆球部分长度的计算

如图 5-10 所示，单球手柄圆球部分的长度 L 按下式计算：

$$L=\frac{D}{2}+\frac{1}{2}\sqrt{D^2-d^2}$$

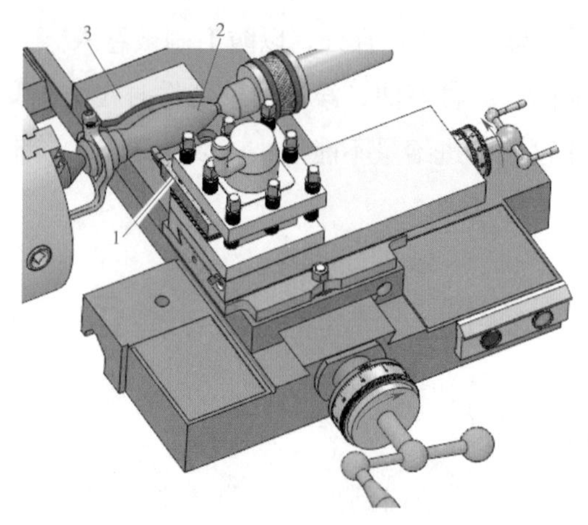

图 5–9　用双手控制法车成形面

1—车刀　2—工件　3—检测样板

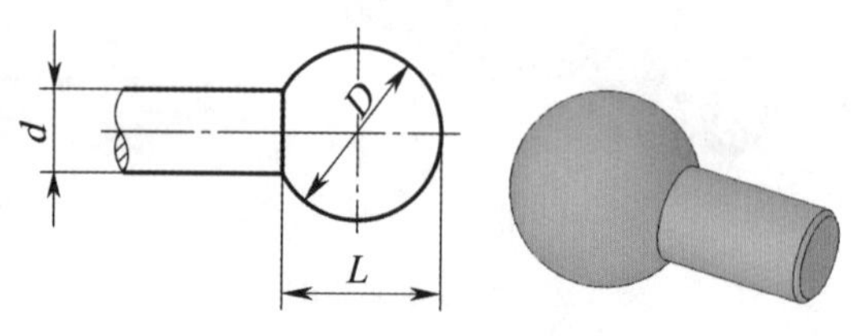

图 5–10　单球手柄计算

3. 车刀移动速度的分析

用双手控制法车圆球时，车刀刀尖在圆球各不同位置处的纵向、横向进给速度是不相同的，如图 5–11 所示。车刀从 a 点出发至 c 点，纵向进给速度由快→中→慢；横向进给速度则由慢→中→快。也就是在车削 a 点时，中滑板的横向进给速度要比床鞍（或小滑板）的纵向进给速度慢；在车削 b 点时，横向与纵向进给速度基本相等；在车削 c 点时，横向进给速度要比纵向进给速度快。

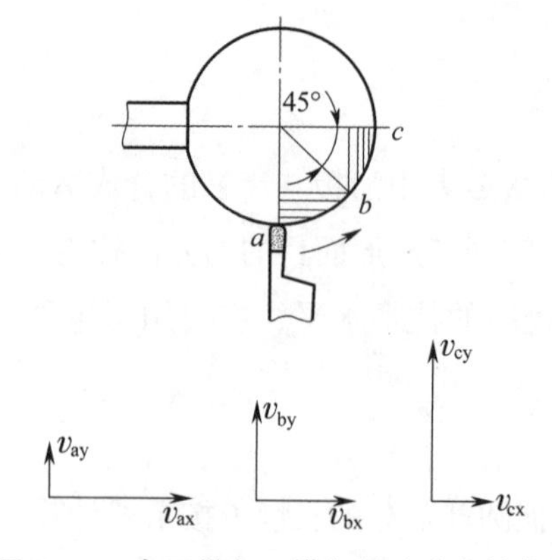

图 5–11　车刀纵向、横向移动速度的变化

4. 刀具的选择和车削方法

刀具的选择和车削方法见表 5–3。

表 5–3　　刀具的选择和车削方法

刀具的选择和车削方法	图示
1. 刃磨好刀具，装夹时严格对正工件中心，可选择硬质合金或高速钢刀具	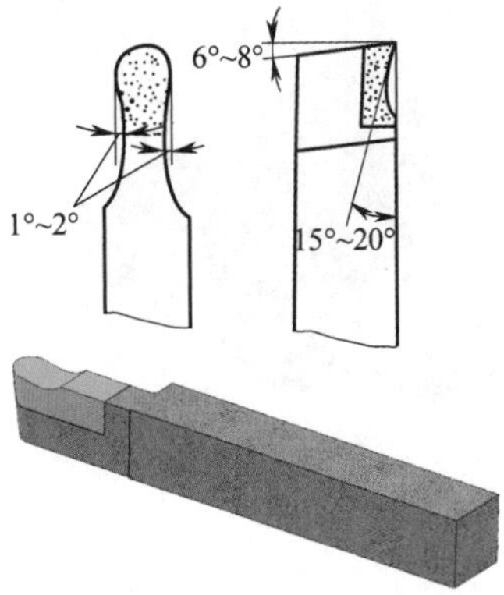
2. 先粗车达到圆球直径 D 和柄部直径 d 以及圆球部分长度 L 的要求，留精车余量 0.2 ～ 0.3 mm	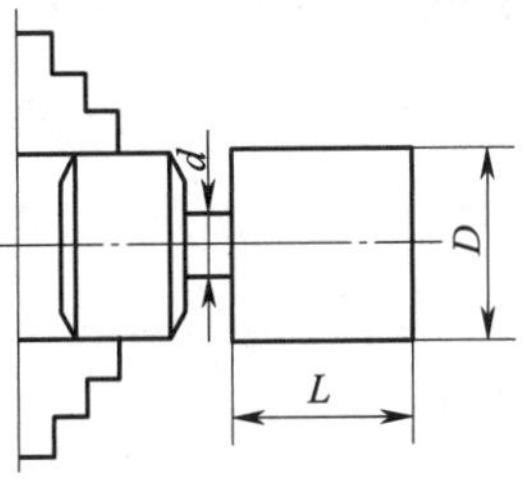
3. 用半径 $R2$ ～ 3 mm 的圆头车刀从 a 点向左（c 点）、右（b 点）方向逐步把余量车去 4. 在 c 点处用切断刀清角	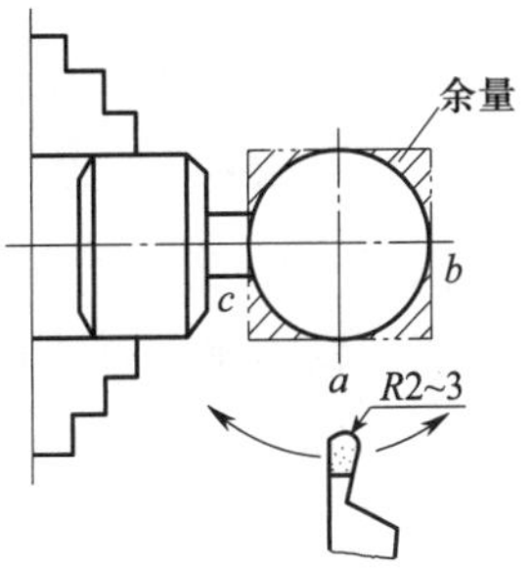

5. 修整

由于双手控制法为手动进给车削，工件表面不可避免地留下高低不平的刀痕，因此，必须用细齿纹扁锉进行修光，再用粒度为 F120 或 F100 的砂布砂光。

6. 球面的检测

为保证球面的外形正确，在车削过程中应边车边检测。检测球面的常用方法如下：

（1）用样板检查

用样板检查时，样板应对准工件中心，观察样板与工件之间间隙的大小，并根据间隙情况进行修整，如图 5–12 所示。

（2）用千分尺检测

如图 5–13 所示，用千分尺检测时，千分尺测微螺杆轴线应通过工件球面中心，并应多次变换测量方向，根据测量结果进行修整。对于合格的球面，各测量方向所测得的量值应在图样规定的范围内。

图 5–12　用样板检查球面

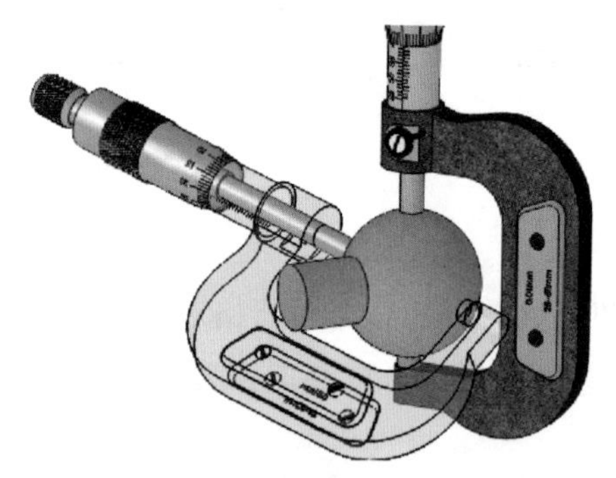

图 5–13　用千分尺检测球面

三、用成形刀车成形面

用成形刀对工件进行加工的方法称为成形法。成形法适用于加工数量较多、成形面轴向尺寸不长且不太复杂的成形面工件。

切削刃的形状与工件成形表面轮廓形状相同的车刀叫作成形刀，又称样板刀。

1. 成形刀

（1）整体式成形刀

整体式成形刀与普通车刀相似，其特点是将切削刃磨成与成形面轮廓素线相同的曲线形状，对车削精度要求不高的成形面，其切削刃可用手工刃磨；对车削精度要求较高的成形面，切削刃应在工具磨床上刃磨。

整体式成形刀常用于车削简单的成形面，如图 5–14 所示。

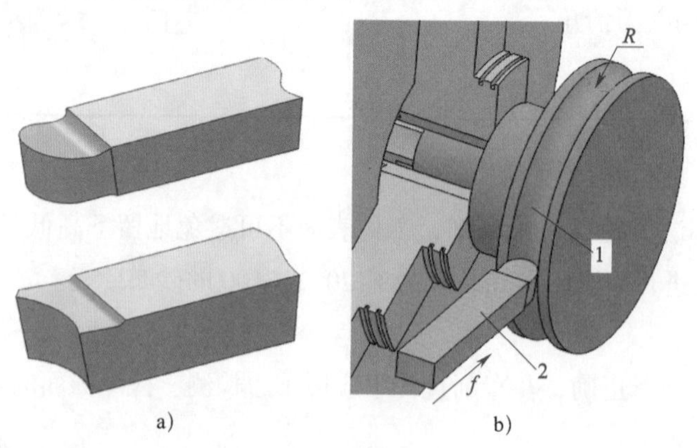

图 5–14　用整体式成形刀车成形面

a）整体式高速钢成形刀　b）整体式成形刀的使用

1—成形面　2—整体式成形刀

（2）棱形成形刀

棱形成形刀由刀头 1 和弹性刀柄 3 两部分组成。刀头的切削刃按工件的形状在工具磨床上磨出，刀头后部的燕尾块 2 装夹在弹性刀柄 3 的燕尾槽中，并用紧固螺钉 4 紧固。棱形成形刀磨损后，只需刃磨前面，并将刀头稍向上升，该车刀可以一直用到刀头无法夹持为止。这种成形刀加工精度高，刀具寿命长，但制造比较复杂。

棱形成形刀主要用于车削直径较大的成形面，如图 5-15 所示。

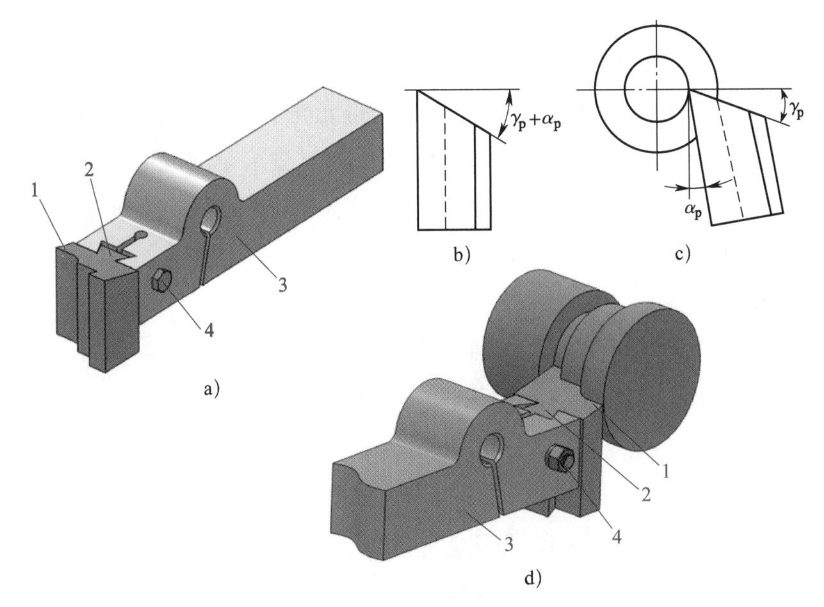

图 5-15　用棱形成形刀车成形面

a）棱形成形刀　b）装刀前　c）装刀后　d）棱形成形刀的使用

1—刀头　2—燕尾块　3—弹性刀柄　4—紧固螺钉

2. 车削方法

车削时，为了保持成形刀切削刃锋利和形状正确，减小切削力，通常只在精加工阶段使用成形刀，而粗加工时则用双手控制法车去大部分加工余量。

粗车时，初学者可用如图 5-16 所示的台阶车削法，该零件为凹圆弧滚轮，粗车时可将零件图上的成形面沿与回转轴线垂直方向作若干剖切平面，如 P_1、P_2、P_3、P_4 等，剖切平面越多，车出的成形面越精确；再按比例量出 L_1、L_2、L_3、L_4 及 D_1、D_2、D_3、D_4 的实际尺寸作为纵向进给和横向进给的依据，即确定刀尖在 a_1、a_2、a_3、a_4 各点的

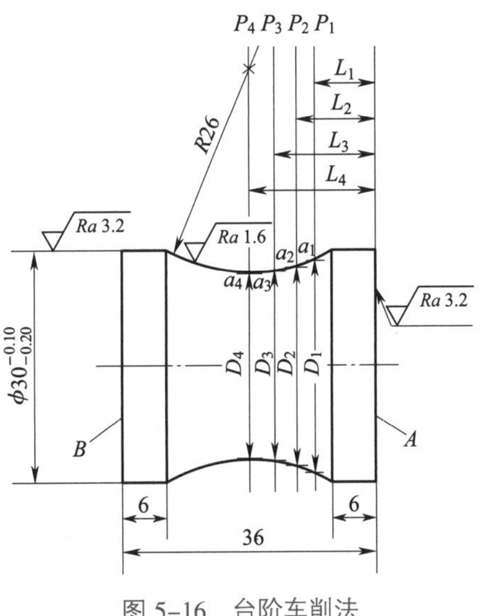

图 5-16　台阶车削法

位置尺寸。

训练有素的操作者则可凭目测和经验，熟练地协调双手控制进给运动，恰到好处地完成粗加工。

精车时，由于成形刀的主切削刃是一条曲线，其进给运动是单一的横向进给（或纵向进给），因此切削刃与工件的接触面大。为了减小切削力，减少工件变形，减小振动以及利于排屑，前角应选大一些，一般选择 15° ~ 20°。后角一般选择 6° ~ 10°为宜。

四、表面抛光

利用机械、化学或电化学的作用，使工件获得光亮、平整表面的加工方法称为抛光。在车削加工时，由于手动进给不均匀，尤其是双手同时进给车削成形面时，往往在工件表面留下不均匀的刀痕。抛光的目的就是去除这些刀痕及减小表面粗糙度值。在车床上抛光通常采用锉刀修光和砂布砂光两种方法。

1. 锉刀修光法

（1）锉刀

修光用的锉刀常用细齿纹扁锉和整形锉或特细齿纹的油光锉。修光的锉削余量一般为 0.01 ~ 0.03 mm。

（2）握锉方法

在车床上用锉刀修光时，为保证安全，最好用左手握锉柄，右手扶住锉刀前端进行锉削，如图 5–17 所示。

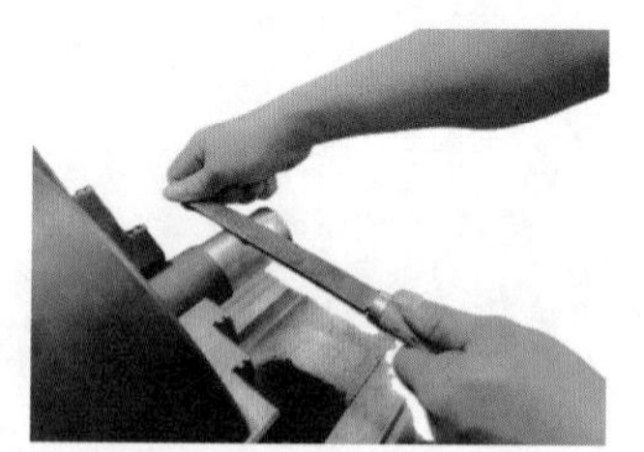

图 5–17　在车床上用锉刀修光的姿势

（3）锉刀修光要点

在车床上锉削时要注意以下几点：

1）推锉力和压力要均匀，不可过大或过猛，以免在工件表面锉出沟纹，将工件锉成节状或将其锉扁。推锉速度要缓慢（一般约为 40 次 /min），并尽量利用锉刀的有效长度进行锉削。

2）用锉刀修光时，应合理选择锉削速度。锉削速度不宜过高，否则容易造成锉齿磨钝；锉削速度过低则容易把工件锉扁。

3）进行精细修锉时，除选用油光锉外，还可在锉刀的锉齿面上涂一层粉笔末，并经常用铜丝刷清理齿缝，以防锉屑嵌入齿缝划伤工件表面。

2. 砂布砂光法

（1）砂布

用砂布磨光工件表面的过程称为砂光。工件表面经过精车或用锉刀修光后，如果表面粗糙度值还不够小，可用砂布砂光。

在车床上抛光时常用粒度为 F120 或 F100 的砂布。砂布越细，抛光后的表面粗糙度值

越小。

（2）砂光外圆的方法

1）把砂布垫在锉刀下面进行砂光。

2）用双手直接捏住砂布两端，右手在前，左手在后进行砂光，如图 5–18 所示。砂光时，双手用力不可过大，防止砂布因摩擦过度而被拉断。

3）将砂布夹在抛光夹的圆弧槽内，套在工件上后，手握抛光夹纵向移动砂光工件，如图 5–19 所示。用抛光夹砂光比手捏砂布砂光安全，适用于成批砂光，但仅适合砂光形状简单的工件。

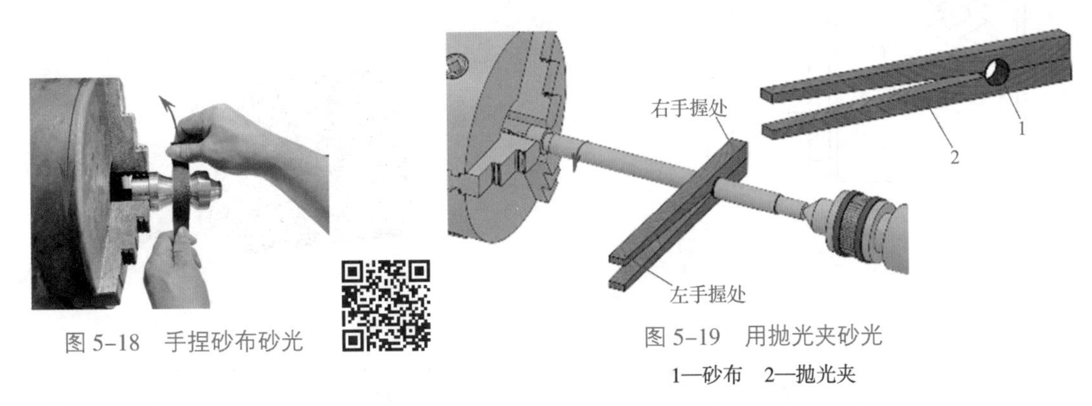

图 5–18　手捏砂布砂光

图 5–19　用抛光夹砂光

1—砂布　2—抛光夹

（3）砂光内孔的方法

用砂布砂光内孔时，可用一根比孔径小的木棒作为抛光棒，在一端开槽，如图 5–20 所示。将砂布撕成条状，一端插在抛光棒槽内，并按顺时针方向将砂布缠紧在抛光棒上，然后砂光内孔，如图 5–21 所示。

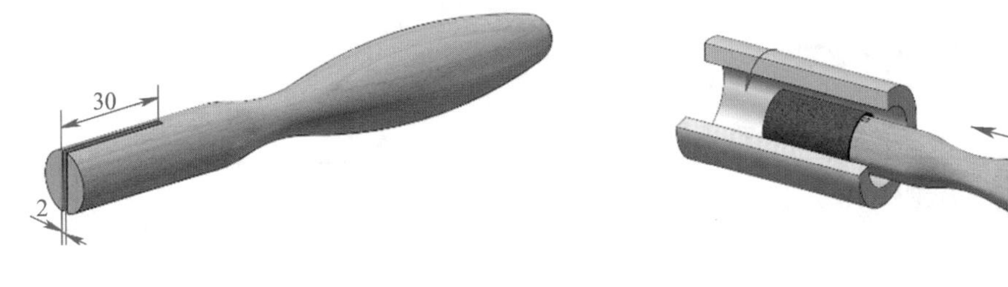

图 5–20　抛光棒

图 5–21　用抛光棒砂光

（4）砂布砂光要点

用砂布砂光工件时应选择较高的转速，并使砂布在工件表面来回缓慢而均匀移动。最后精砂时，可在砂布上加少许机油或金刚砂粉，这样可以获得更高的表面质量。

砂光内孔时，若孔径较大，除用抛光棒砂光外，可以用手捏住砂布进行砂光；但砂光小孔时必须使用抛光棒，严禁将砂布缠绕在手指上伸入孔内砂光，以免发生事故。

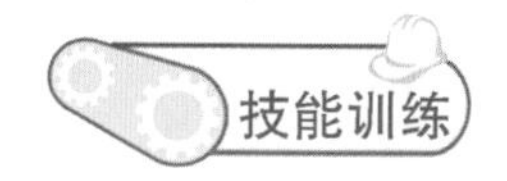

车削单球手柄

一、训练任务

用图 5–7 所示的滚花销轴按图 5–22 所示完成球头手柄的加工。

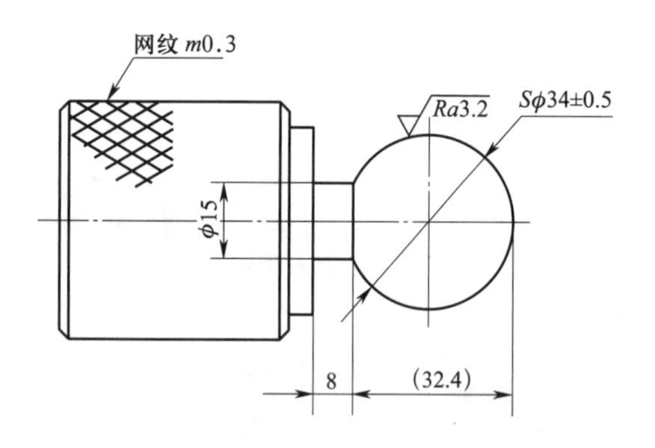

技术要求

倒钝锐边。

$\sqrt{Ra\ 6.3}$ ($\sqrt{}$)

任务名称	练习内容	材料	材料来源	件数
车削单球手柄	车成形面	45 钢	图 5–7 所示滚花销轴	1

图 5–22　球头手柄

二、球头手柄的车削

球头手柄的车削步骤见表 5–4。

表 5–4　　球头手柄的车削步骤

步骤	加工内容描述	图示
1	用三爪自定心卡盘垫铜皮夹持滚花外圆，找正并夹紧	

续表

步骤	加工内容描述	图示
2	车单球手柄	
（1）	车端面，车平即可	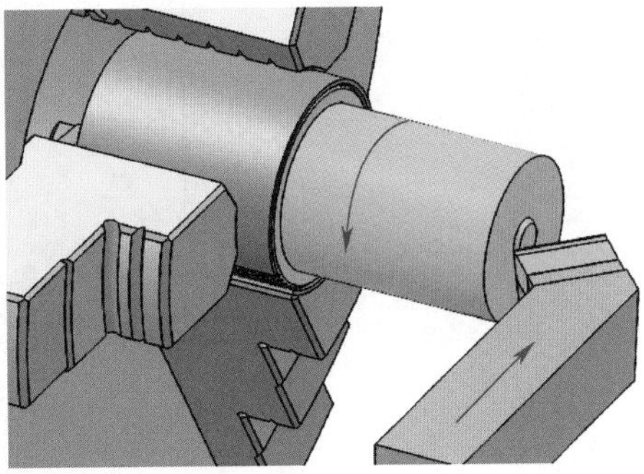
（2）	车球头处外圆直径至 ϕ34.5 mm，长度 >40 mm	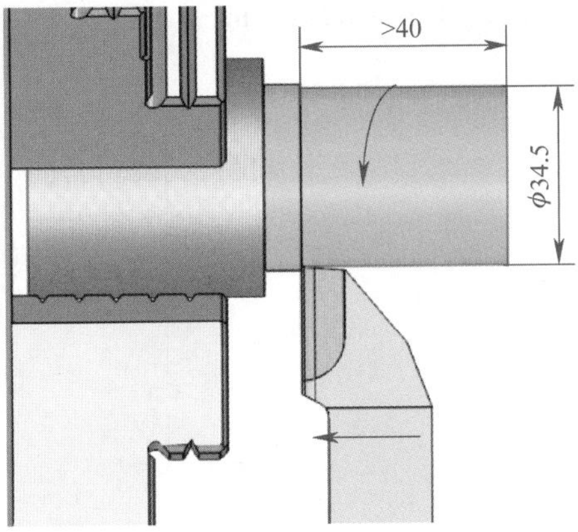
（3）	车槽 ϕ15 mm，宽度为 8 mm，并保证球头处长度 L>32.4 mm	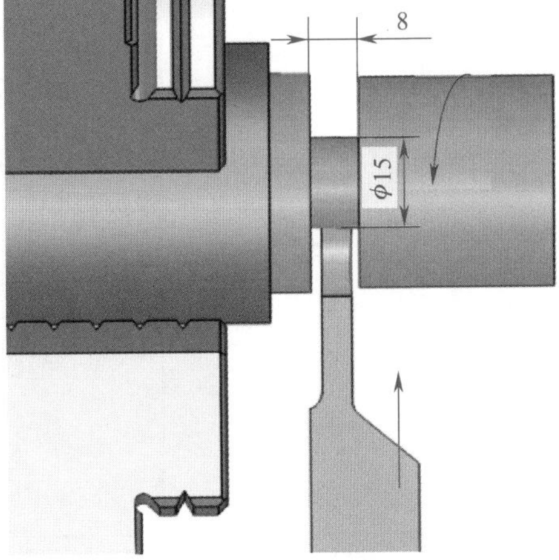

续表

步骤	加工内容描述	图示
（4）	用圆头车刀粗、精车球面至 $S\phi(34\pm0.5)$ mm	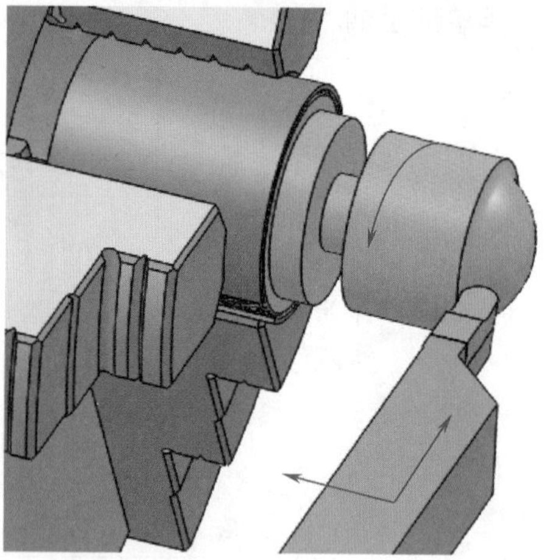 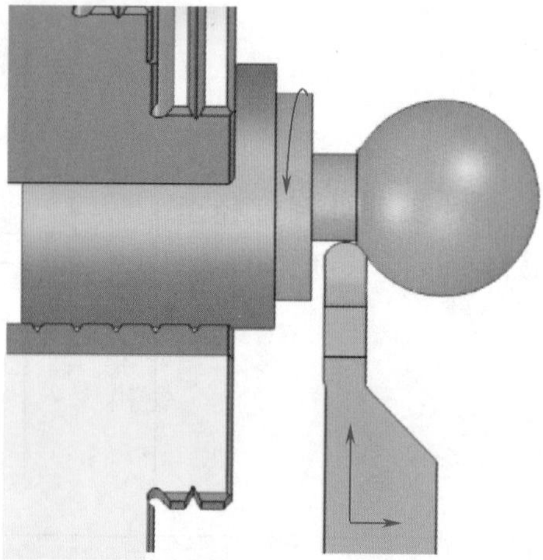
（5）	清角、修整及抛光	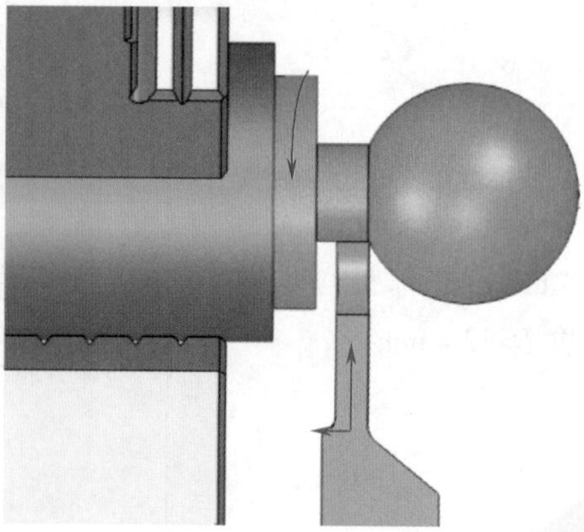
3	检查各项尺寸，合格后卸下工件	

第六单元
三角形螺纹的车削

学习目标

1. 掌握普通螺纹各部分尺寸的计算方法。
2. 掌握普通螺纹车削刀具的刃磨方法、车削方法以及测量方法。
3. 能熟练掌握车削普通外螺纹的操作技能；能用丝锥和板牙攻螺纹及套螺纹。

课题一　螺纹车削的基本知识和基本技能

一、螺纹术语和基本要素

1. 螺纹

在圆柱表面，沿着螺旋线所形成的，具有相同剖面的连续凸起和沟槽称为螺纹。如图 6–1 所示为在车床上车削螺纹。当工件旋转时，车刀沿工件轴线方向做等速移动即可形成螺旋线，经多次进给后便形成螺纹。

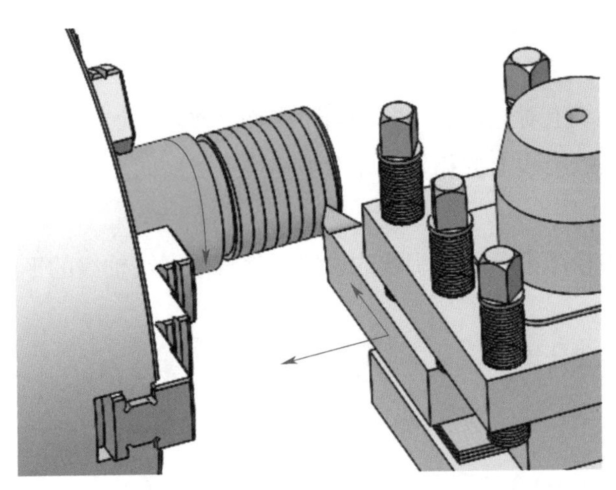

图 6–1　车削螺纹

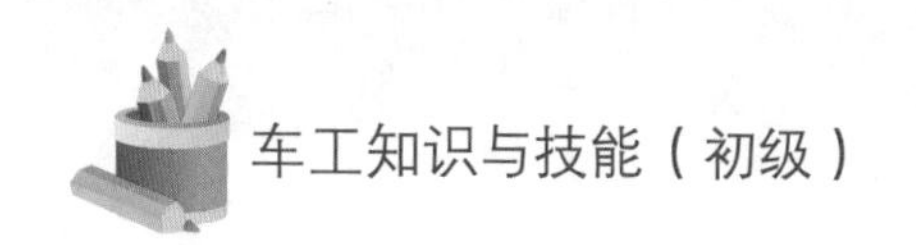

沿向右上升的螺旋线形成的螺纹（顺时针旋入的螺纹）称为右旋螺纹，简称右螺纹；沿向左上升的螺旋线形成的螺纹（逆时针旋入的螺纹）称为左旋螺纹，简称左螺纹。在圆柱表面形成的螺纹称为圆柱螺纹；在圆锥表面形成的螺纹称为圆锥螺纹。

2. 螺纹牙型、牙型角和牙型高度

螺纹牙型是指在通过螺纹轴线的剖面上螺纹的轮廓形状。

牙型角（α）是指在螺纹牙型上相邻两牙侧间的夹角，如图 6–2b 所示。

牙型高度（h_1）是指在螺纹牙型上牙顶到牙底在垂直于螺纹轴线方向上的距离，如图 6–2b 所示。

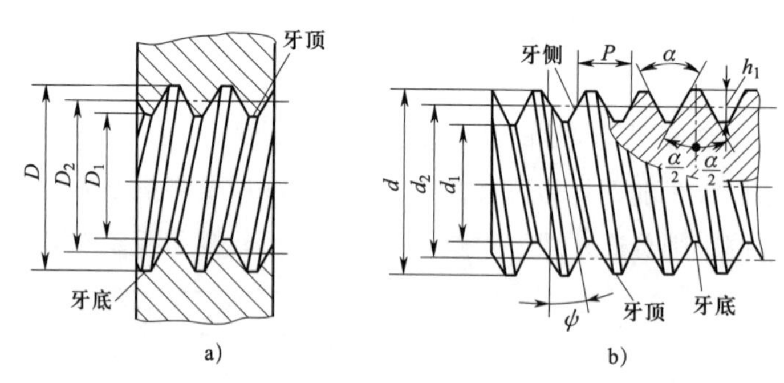

图 6–2　普通螺纹基本要素

a）内螺纹　b）外螺纹

3. 螺纹直径

公称直径：代表螺纹尺寸的直径，指螺纹大径的公称尺寸。

外螺纹大径（d）：又称外螺纹顶径，如图 6–2b 所示。

外螺纹小径（d_1）：又称外螺纹底径，如图 6–2b 所示。

内螺纹大径（D）：又称内螺纹底径，如图 6–2a 所示。

内螺纹小径（D_1）：又称内螺纹孔径，如图 6–2a 所示。

中径（d_2、D_2）：同规格的外螺纹中径 d_2 和内螺纹中径 D_2 公称尺寸相等。

4. 螺距（*P*）

相邻两牙在中径线上对应两点间的轴向距离称为螺距，如图 6–2b 所示。

导程是指同一条螺旋线上的相邻两牙在中径线上对应两点间的轴向距离。

5. 螺纹升角（ψ）

在中径圆柱或中径圆锥上，螺旋线的切线与垂直于螺纹轴线的平面间的夹角称为螺纹升角，如图 6–3 所示。

螺纹升角可按下式计算：

$$\tan\psi = \frac{P_h}{\pi d_2} = \frac{nP}{\pi d_2}$$

式中　ψ——螺纹升角，（°）；

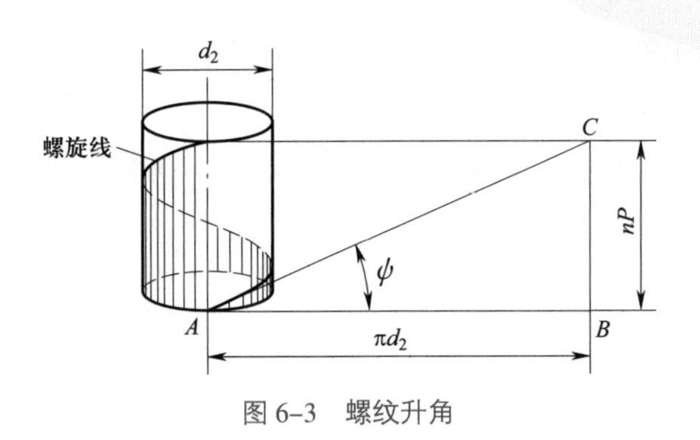

图 6-3　螺纹升角

P_h——导程，mm；

P——螺距，mm；

d_2——中径，mm；

n——线数。

二、普通螺纹的尺寸计算和标记

1. 普通螺纹的尺寸计算

普通螺纹是我国应用最广泛的一种三角形螺纹，其牙型角为 60°。普通螺纹的基本牙型如图 6-4 所示，该牙型具有螺纹的基本尺寸，各基本尺寸的计算公式如下：

（1）螺纹大径 $d=D$（螺纹大径的公称尺寸与公称直径相同）

（2）中径 $d_2=D_2=d-0.649\,5P$

（3）牙型高度 $h_1=0.541\,3P$

（4）螺纹小径 $d_1=D_1=d-1.082\,5P$

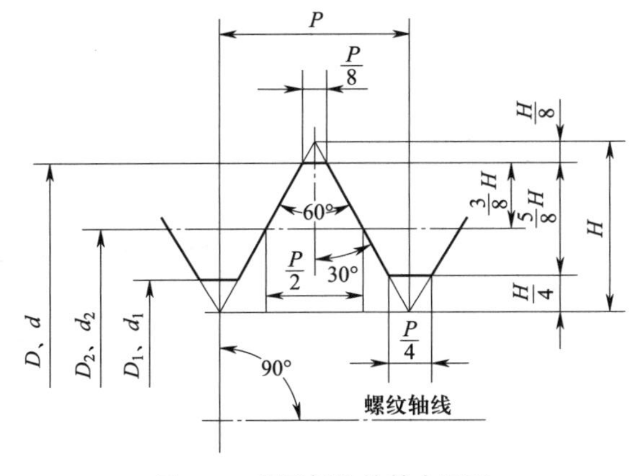

图 6-4　普通螺纹的基本牙型

2. 普通螺纹的标记

普通螺纹分为粗牙普通螺纹和细牙普通螺纹。粗牙普通螺纹代号用字母“M”和公称直径表示，如 M16、M18 等。细牙普通螺纹代号用字母“M”和公称直径 × 螺距表示，如 M20×1.5、M10×1 等。细牙普通螺纹与粗牙普通螺纹的区别在于，当公称直径相同时，螺距比较小。

左旋螺纹在代号末尾加注“LH”，如 M6—LH、M16×1.5—LH 等，未注明的为右旋螺纹。

三、螺纹车刀

1. 螺纹车刀切削部分材料

一般情况下，螺纹车刀切削部分的材料有高速钢和硬质合金两种，在选用时应注意以下问题：

（1）低速车削螺纹和蜗杆时，用高速钢车刀；高速车削时，用硬质合金车刀。

（2）如果工件材料是有色金属、铸钢或橡胶，可选用高速钢或 K 类硬质合金（如 K30 等）；如果工件材料是钢料，则选用 P 类（如 P10 等）或 M 类硬质合金（如 M10 等）。

2. 三角形外螺纹车刀

（1）高速钢三角形外螺纹车刀

高速钢三角形外螺纹车刀（见图 6–5）刃磨方便，切削刃锋利，韧性好，车削时刀尖不易崩裂，车出螺纹的表面粗糙度值小。但其热稳定性差，不宜高速车削，常用于低速车削塑性材料的螺纹或作为螺纹的精车刀。

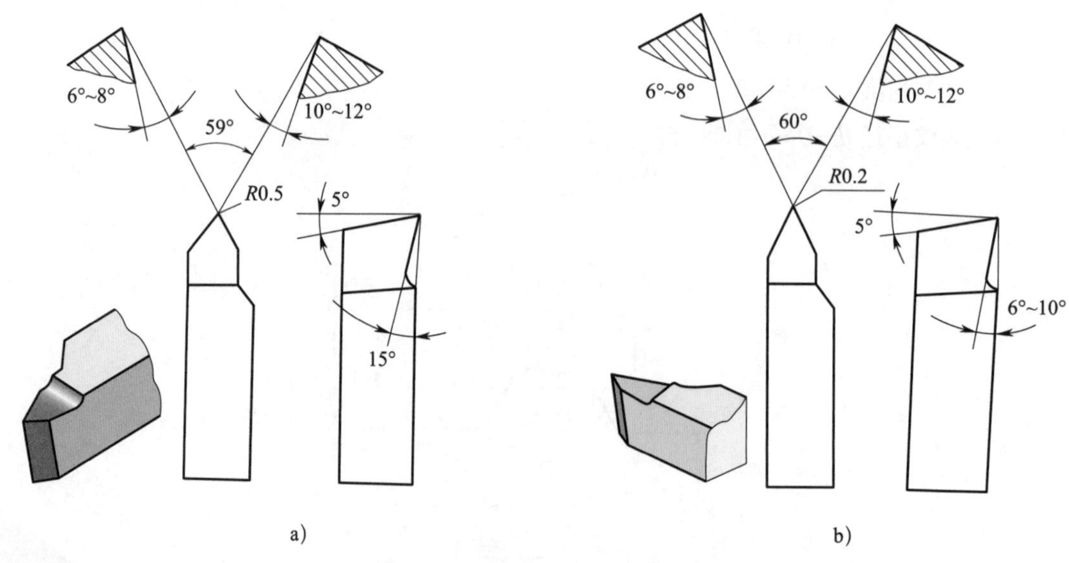

图 6–5　高速钢三角形外螺纹车刀

a）粗车刀　b）精车刀

（2）硬质合金三角形外螺纹车刀

硬质合金三角形外螺纹车刀的几何形状如图 6–6 所示，在车削较大螺距（P>2 mm）以及材料硬度较高的螺纹时，在车刀两侧切削刃上磨出宽度 $b_{\gamma1}$=0.2 ~ 0.4 mm 的倒棱。

3. 螺纹车刀的刃磨要求

（1）刀尖角 ε_r 应等于牙型角 α。车削普通螺纹时，ε_r=60°；车削英制螺纹时，ε_r=55°。

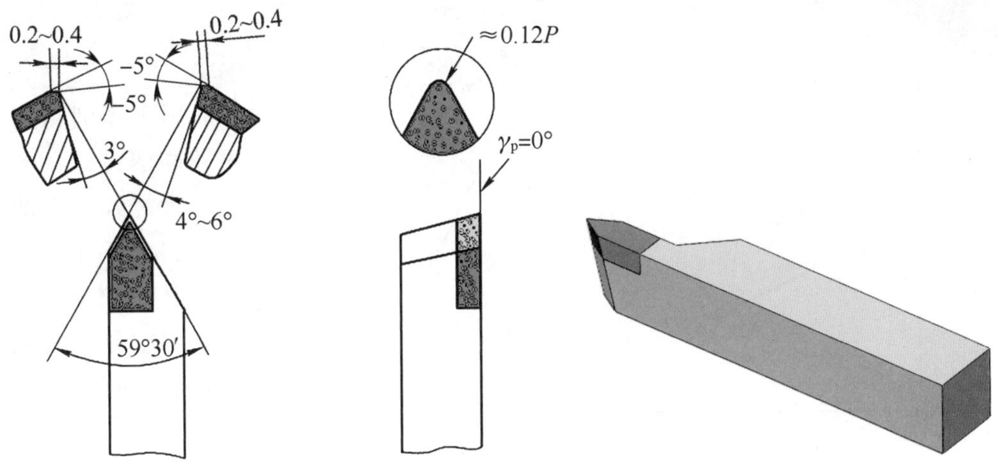

图 6–6　硬质合金三角形外螺纹车刀

（2）当螺纹车刀的背前角 γ_p=0°时，车刀前面上的两刃夹角 $\varepsilon_r'=\varepsilon_r=\alpha$；当螺纹车刀的背前角 γ_p>0°时，车刀前面上的两刃夹角 $\varepsilon_r' \leqslant \alpha$，$\varepsilon_r'$ 按表 6–1 进行修正。

（3）螺纹车刀的两条切削刃必须刃磨平直，不允许出现崩刃现象。

（4）螺纹车刀的切削部分不能歪斜，两刃夹角应左右对称。

（5）螺纹车刀的前面与两个主后面的表面粗糙度值要小。

表 6–1　　螺纹车刀前面上两刃夹角 ε_r' 修正值

径向前角 γ_p	牙型角 α				
	60°	55°	40°	30°	29°
0°	60°	55°	40°	30°	29°
5°	59° 49′	54° 49′	39° 52′	29° 53′	28° 54′
10°	59° 15′	54° 17′	39° 26′	29° 34′	28° 35′
15°	58° 18′	53° 23′	38° 44′	29° 01′	28° 03′
20°	56° 58′	52° 08′	37° 46′	28° 16′	27° 19′

4. 螺纹车刀的背前角 γ_p 对螺纹牙型角 α 的影响

螺纹车刀两刃夹角 ε_r' 的大小取决于螺纹的牙型角 α。螺纹车刀的背前角 γ_p 对螺纹加工和螺纹牙型的影响见表 6–2。

精车刀的背前角应取得较小（γ_p=0° ~ 15°）才能达到理想的效果。

表 6–2　　螺纹车刀的背前角 γ_p 对螺纹加工和螺纹牙型的影响

背前角 γ_p	螺纹车刀两刃夹角 ε_r' 与螺纹牙型角 α 的关系	车出的螺纹牙型角 α 与螺纹车刀两刃夹角 ε_r' 的关系	螺纹牙侧	应用
0°	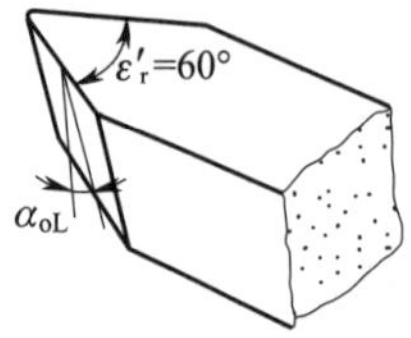 $\varepsilon_r'=60°$ α_{oL} $\varepsilon_r'=\alpha=60°$	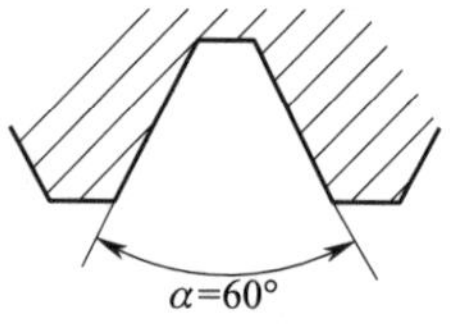 $\alpha=60°$ $\alpha=\varepsilon_r'=60°$	直线	适用于车削精度要求较高的螺纹，同时可增大螺纹车刀两侧切削刃的后角，以提高切削刃的锋利程度，减小螺纹牙型两侧的表面粗糙度值
>0°	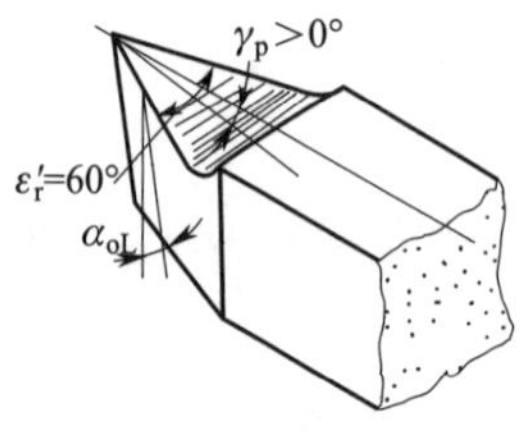 $\gamma_p>0°$ $\varepsilon_r'=60°$ α_{oL} $\varepsilon_r'=\alpha=60°$	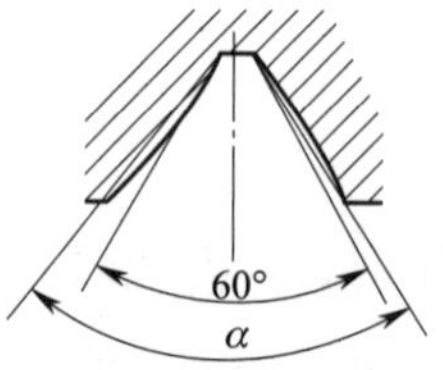 60° α $\alpha>\varepsilon_r'$，即$\alpha>60°$，背前角γ_p越大，牙型角的误差也越大	曲线	γ_p 不允许过大，必须对车刀两切削刃夹角 ε_r' 进行修正
5° ~ 15°	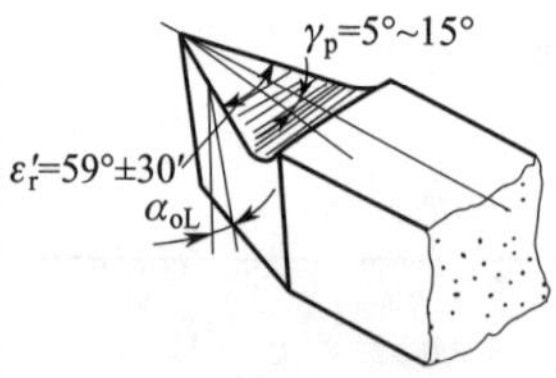 $\gamma_p=5°\sim15°$ $\varepsilon_r'=59°\pm30'$ α_{oL} $\varepsilon_r'<\alpha$ 选$\varepsilon_r'=58°30'\sim59°30'$	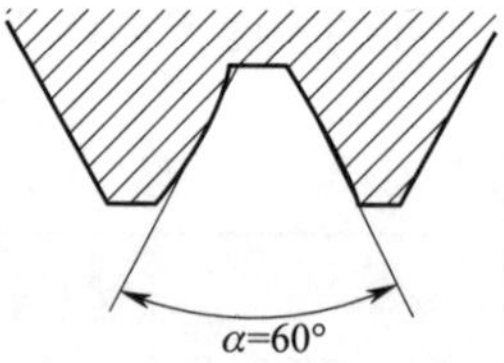 $\alpha=60°$ $\alpha=\varepsilon_r'=60°$	曲线	适用于车削精度要求不高的螺纹或粗车螺纹

四、车螺纹时车床的调整

1. 传动比的计算

如图 6–7 所示为 CA6140 型卧式车床车螺纹时的传动图。从图中不难看出，当工件旋转一周时，车刀必须沿工件轴线方向移动一个螺纹的导程 $nP_{工}$。在一定的时间内，车刀的移动距离等于工件转数 $n_{工}$与工件螺纹导程 $nP_{工}$的乘积，也等于丝杠转数 $n_{丝}$与丝杠螺距 $P_{丝}$的乘积，即：

$$n_{工}nP_{工}=n_{丝}P_{丝}$$

$$\frac{n_{丝}}{n_{工}}=\frac{nP_{工}}{P_{丝}}$$

$\frac{n_{丝}}{n_{工}}$ 称为传动比，用 i 表示。由于 $\frac{n_{丝}}{n_{工}}=\frac{z_1}{z_2}=i$，因此可以得出车螺纹时交换齿轮的计算公式，即：

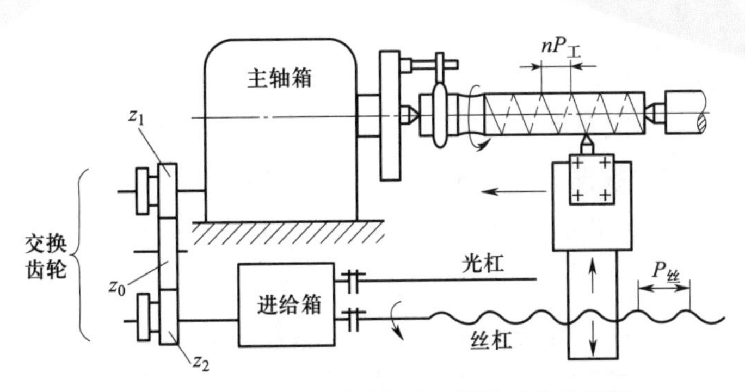

图 6–7　CA6140 型卧式车床车螺纹时的传动图

$$i=\frac{n_{丝}}{n_{工}}=\frac{nP_{工}}{P_{丝}}=\frac{z_1}{z_2}=\frac{z_1}{z_0}\times\frac{z_0}{z_2}$$

式中　$n_{丝}$——丝杠转数，r；

$n_{工}$——工件转数，r；

n——螺纹线数；

$P_{工}$——螺纹螺距，mm；

$nP_{工}$——螺纹导程，mm；

$P_{丝}$——丝杠螺距，mm；

z_1——主动齿轮齿数；

z_0——中间轮齿数；

z_2——从动齿轮齿数。

2. 车螺纹或蜗杆时交换齿轮的调整及手柄位置的变换

在 CA6140 型卧式车床上车削常用螺距（或导程）的螺纹时，变换手柄位置分以下三个步骤：

（1）变换主轴箱外手柄的位置，可用来车削不同旋向和螺距（导程）的螺纹和蜗杆，见表 6–3。

表 6–3　　车削螺纹和蜗杆时主轴箱外手柄的位置

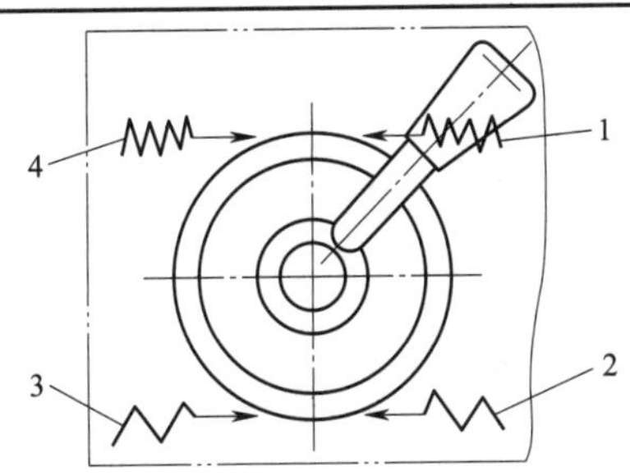

手柄位置	位置 1	位置 2	位置 3	位置 4
可以车削的螺纹和蜗杆	右旋正常螺距（或导程）	右旋扩大螺距（或导程）	左旋扩大螺距（或导程）	左旋正常螺距（或导程）

提示

在有进给箱的车床上车削常用螺距（或导程）的螺纹和蜗杆时，一般只需按照车床进给箱铭牌上标注的数据（见表 6–4）变换主轴箱和进给箱外的手柄位置，并配合更换交换齿轮箱内的交换齿轮就可以得到所需的螺距（或导程）。

表 6–4　　　　　　　　CA6140 型卧式车床进给箱铭牌（部分）

	t								n/l				D_P							mπ							
	B								D											B							
	1/1				X/1				1/1								X/1			1/1				X/1			
	I	II	III	V	III I	V II	III	V	I	II	III	IV	I	II	III	IV	III I	IV II	III	I	II	III	IV	III I	IV II	III	IV
1									13		3 1/4													3.25	6.5	13	26
2		1.75	3.5	7	14	28	56	112	14	7	3 1/2		56	28	14	7	3 1/2	1 3/4					1.7	3.5	7	14	28
3	1	2	4	8	16	32	64	128	16	8	4	2	64	32	16	8	4	2	1	0.25	0.5	1	2	4	8	16	32
4		2.25	4.5	9	18	36	72	144	18	9	4 1/2		72	36	18	9		2 1/4					2.25	4.5	9	18	36
5									19																		
6	1.25	2.5	5	10	20	40	80	100	20	10	5		80	40	20	10	5	2 1/2	1 1/4			1.25	2.5	5	10	20	40
7			5.5	11	22	44	88	176		11			88	44	22	11		3 2/4					2.75	5.5	11	22	44
8	1.5	3	6	12	24	48	96	192	24	12	6	3	96	48	42	12	6	31	1 1/2			1.5	3	6	12	24	48
	A=63				B=100				C=75				A=64				B=100			C=97							

注：1. ◯主轴转速为 40 ~ 125 r/min。

2. ●主轴转速为 10 ~ 32 r/min。

3. 此表应与主轴箱上加大螺距手柄及进给箱手轮 4 与手柄 5、6（见图 1–19）周围的各标牌符号配合使用。

（2）在进给箱外，先将内手柄 1 置于位置 B 或 D，如图 6–8 所示；位置 B 可用来车削米制螺纹和米制蜗杆，位置 D 可用来车削英制螺纹和英制蜗杆。再将外手柄 2 置于Ⅰ、Ⅱ、Ⅲ、Ⅳ或Ⅴ的位置上。然后将进给箱外左侧的圆盘式手轮拉出（见图 6–8a 中的①），并转到与“缺口”相对的 1 ~ 8 的某一位置后（见图 6–8a 中的②），再把圆盘式手轮推进去（见图 6–8a 中的③）。

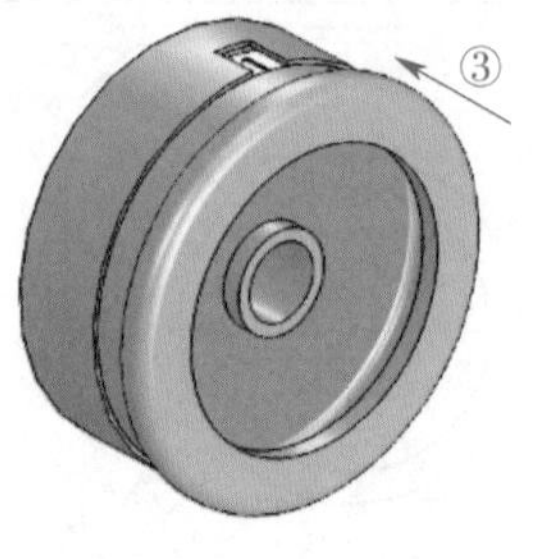

a)

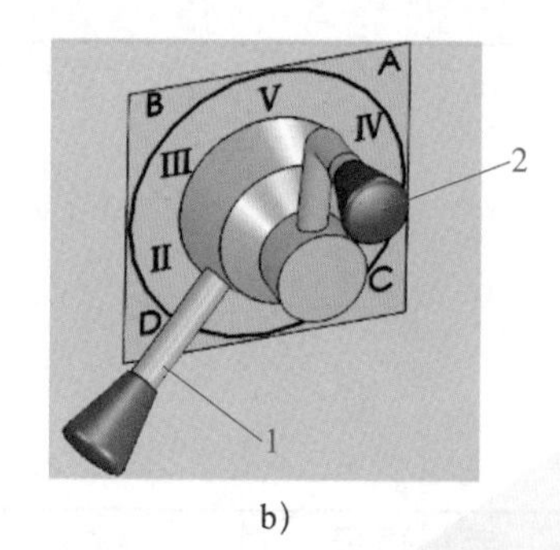

b)

图 6–8　CA6140 型卧式车床进给箱外手轮和手柄位置

a）圆盘式手轮　b）手柄位置

1—内手柄　2—外手柄

（3）最后在交换齿轮箱内调整交换齿轮。

车削米制螺纹和英制螺纹时，用 $\frac{z_1}{z_0} \times \frac{z_0}{z_2} = \frac{z_A}{z_B} \times \frac{z_B}{z_C} = \frac{63}{100} \times \frac{100}{75}$；车削米制蜗杆和英制蜗杆时，用 $\frac{z_1}{z_0} \times \frac{z_0}{z_2} = \frac{z_A}{z_B} \times \frac{z_B}{z_C} = \frac{64}{100} \times \frac{100}{97}$。

提示

交换齿轮必须组装在车床交换齿轮箱内的挂轮架上，为了能正常运转，组装时应注意以下几点：

（1）组装时，必须先切断车床电源。

（2）齿轮相互啮合不能太紧或太松，必须保证齿侧有 0.1 ~ 0.2 mm 的啮合间隙；否则，在转动时会产生很大的噪声，并易损坏齿轮。

（3）齿轮的轴套之间应经常用润滑脂润滑。有些车床的齿轮心轴上装有油脂杯，应定期把油脂杯盖旋紧一些（见图 6–9），将润滑脂压入齿轮的轴套间，并注意经常向油脂杯内加入润滑脂。

（4）交换齿轮组装好后应装好防护罩。

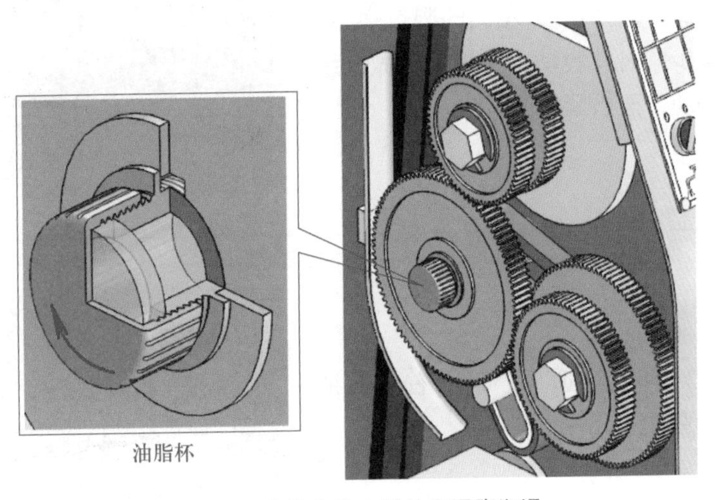

图 6–9　交换齿轮心轴的润滑脂润滑

技能训练1

车削螺纹基本技能训练

一、车床的调整练习

车削螺纹时，中滑板和小滑板与镶条之间的间隙应适当，间隙过大，中滑板和小滑板太松，车削中容易产生扎刀现象；间隙过小，中滑板和小滑板操作不灵活，摇动费力。

1. 中滑板和小滑板的调整

中滑板和小滑板的调整方法见表 6–5。

表 6–5　　中滑板和小滑板的调整方法

操作方法		图示
小滑板调整方法	1. 松开小滑板右侧的顶紧螺钉	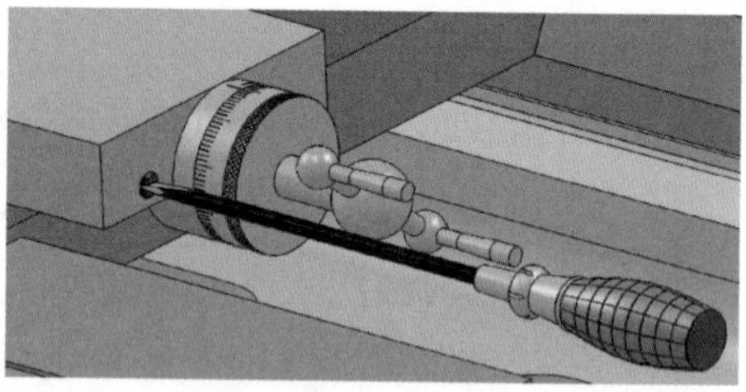
	2. 调整小滑板左侧的限位螺钉，同步顺时针转动小滑板手柄做进给运动，至松紧得当	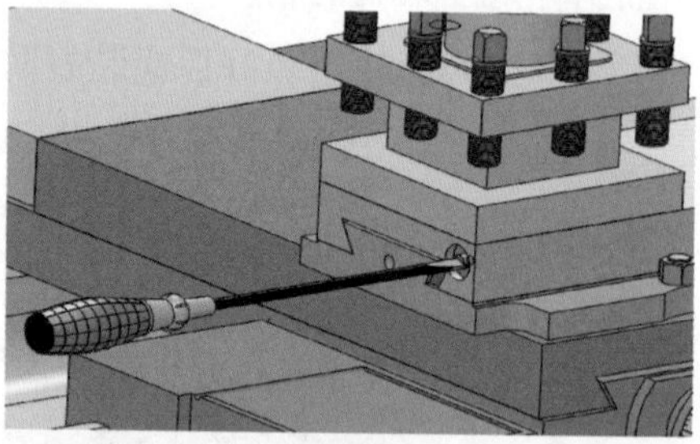
	3. 调整合适后，紧固右侧的顶紧螺钉	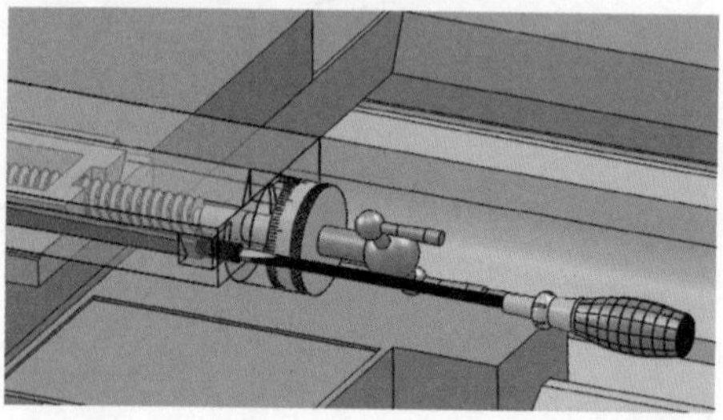
中滑板调整方法	1. 松开中滑板后面的顶紧螺钉	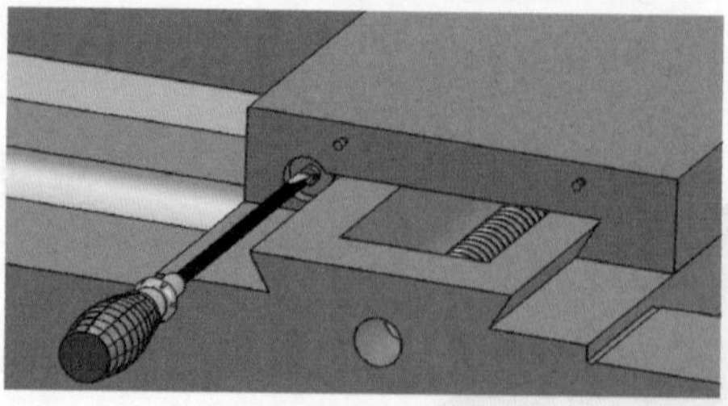

续表

操作方法		图示
中滑板调整方法	2. 调整前面的限位螺钉，同步摇动中滑板手柄，调整至松紧得当	
	3. 调整合适后，紧固中滑板后面的顶紧螺钉	

2. 进给箱手柄位置的调整

根据工件被加工螺纹的螺距，在车床进给箱的铭牌上查找到相应手柄的位置参数，把手柄拨到所需的位置上。CA6140 型卧式车床进给箱上手柄位置及铭牌（进给量调配表）如图 6–10 所示。

	t								n/1			
	B								D			
	1/1				X/1				1/1			
	I	II	III	V	IIII I	IV II	III	V	I	II	III	IV
1									13		3 1/4	
2		1,75	3,5	7	14	28	56	112	14	7	3 1/2	
3	1	2	4	8	16	32	64	128	16	8	4	2
4		2,25	4,5	9	18	36	72	144	18	9	4 1/2	
5									19			
6	1,25	2,5	5	10	20	40	80	160	20	10	5	
7			5,5	11	22	44	88	176		11		
8	1,5	3	6	12	24	48	96	192	24	12	6	3
	A=63				B=100				C=75			

	D_P							πK							
	D							B							
	1/1				X/1			1/1				X/1			
	I	II	III	IV	IIII I	IV II	III	I	II	III	IV	IIII I	IV II	III	IV
1												3,25	6,5	13	26
2	56	28	14	7	3 1/2	1 3/4					1,7	3,5	7	14	28
3	64	32	16	8	4	2	1	0,25	0,5	1	2	4	8	16	32
4	72	36	18	9		2 1/4					2,25	4,5	9	18	36
5															
6	80	40	20	10	5	2 1/2	1 1/4			1,25	2,5	5	10	20	40
7	88	44	22	11		2 3/4					2,75	5,5	11	22	44
8	96	48	24	12	6	3	1 1/2			1,5	3	6	12	24	48
	A=64				B=100			C=97							

	mm/r												mm/r			
	A						C				A					
	X/1	1/1					X/1				1/1				X/1	
	I		II	III	IV		IIII I	IV II	IV II	IIII I	IV		III	II	I	
1	0,028	0,08	0,16	0,33	0,66	1,59	3,16	6,33	3,16	1,58	0,79	0,33	0,16	0,08	0,040	0,014
2	0,032	0,09	0,18	0,36	0,71	1,47	2,93	5,87	2,93	1,46	0,73	0,35	0,17	0,09	0,045	0,018
3	0,036	0,10	0,20	0,14	0,81	1,29	2,57	5,14	2,56	1,28	0,64	0,40	0,20	0,10	0,050	0,046
4	0,039	0,11	0,23	0,46	0,91	1,15	2,28	4,56	2,28	1,14	0,57	0,56	0,22	0,11	0,055	0,010
5	0,043	0,12	0,24	0,48	0,96	1,09	2,16	4,32	2,16	1,08	0,54	0,46	0,24	0,12	0,060	0,021
6	0,046	0,13	0,26	0,51	1,02	1,03	2,06	4,11	2,04	1,02	0,51	0,50	0,25	0,13	0,065	0,023
7	0,05	01,14	0,28	0,56	1,12	0,94	1,87	3,74	1,86	0,94	0,47	0,56	0,28	0,14	0,070	0,025
8	0,054	0,15	0,30	0,61	1,22	0,86	1,71	3,42	1,70	0,86	0,43	0,61	0,30	0,15	0,75	0,027
	A=63						B=100				C=75					

图 6–10　CA6140 型卧式车床进给箱上手柄位置及铭牌（进给量调配表）

车削螺距 P=2 mm 的普通螺纹，进给箱各手轮和手柄位置的调整步骤见表 6–6。

表 6–6　　进给箱各手轮和手柄位置的调整步骤

步骤	操作内容	图示
1	变换正常或加大螺距手柄位置，选择右旋正常螺距（或导程）	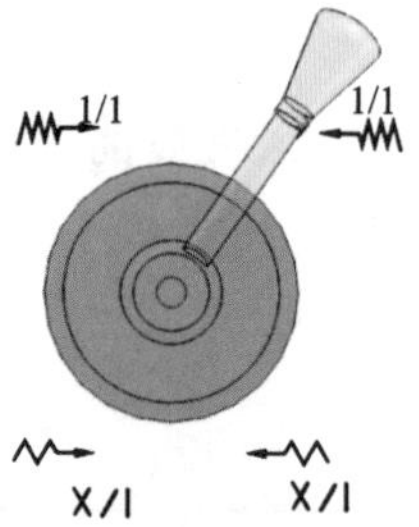
2	变换主轴变速手柄位置，选择主轴转速小于 170 r/min，以满足切削速度的要求	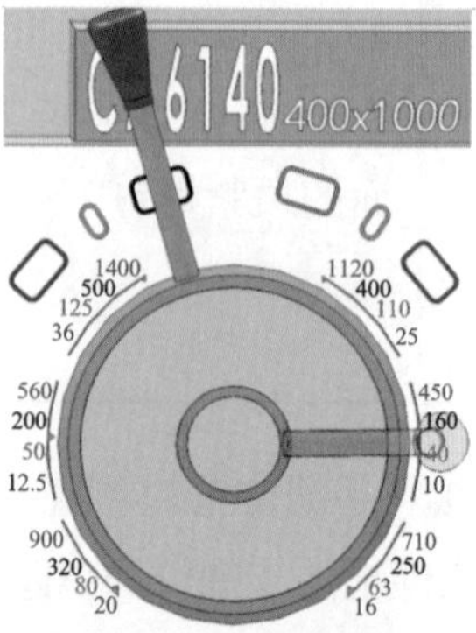
3	变换螺纹种类及手柄位置，选择手柄位置 B（米制螺纹）和Ⅱ	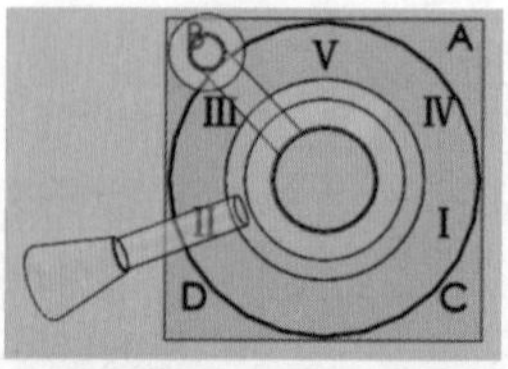 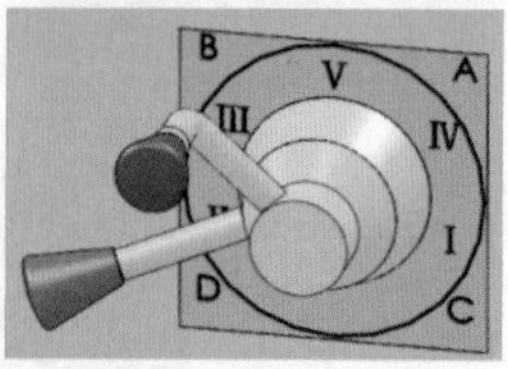
4	变换进给基本组操纵手柄位置，将手轮扳至“3”（此处选择所需螺距 P=2 mm）	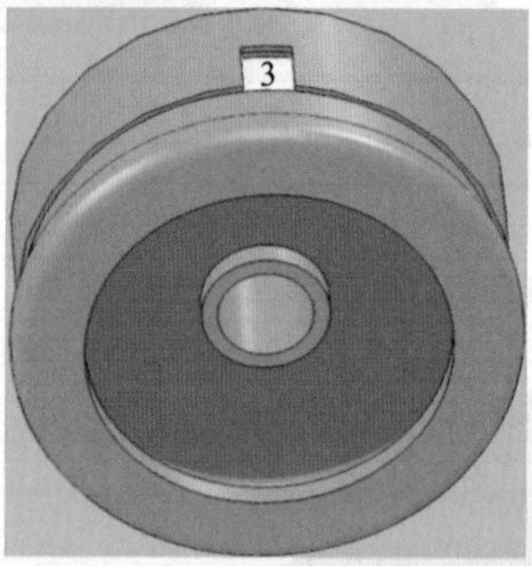

二、车削螺纹动作练习

车削三角形螺纹常采用提开合螺母法和开倒顺车法。

1. 提开合螺母法动作练习

（1）确认丝杠旋转，并在导轨离卡盘一定距离处做一记号，作为车削时的纵向移动终点，如图 6–11a 所示。

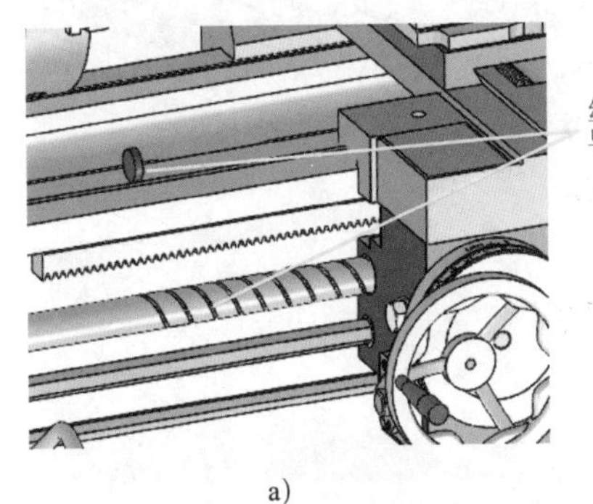

a)

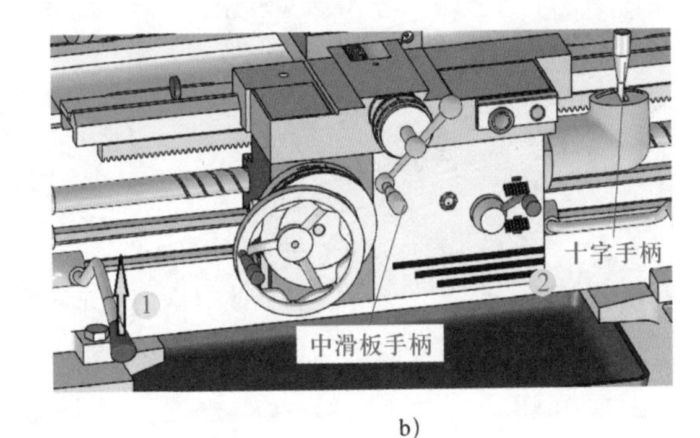

b)

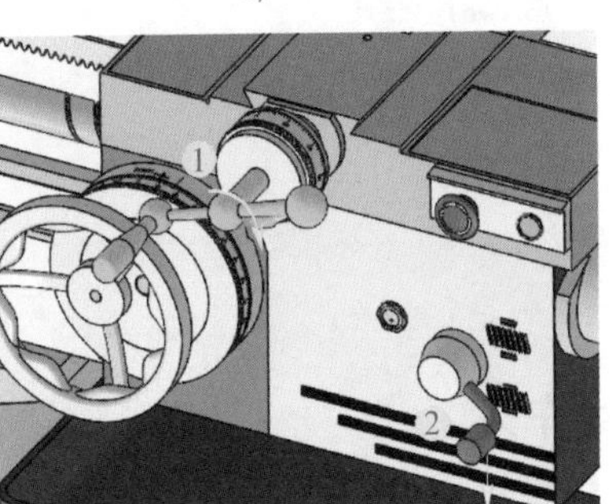

c)

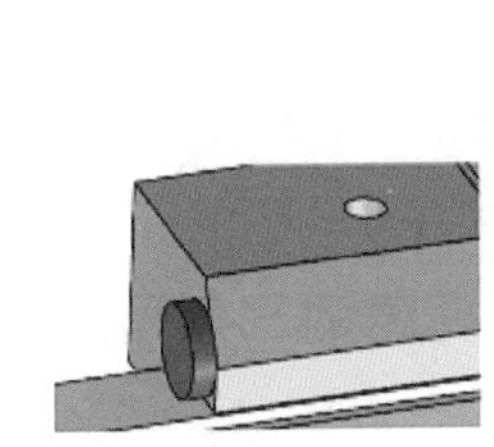

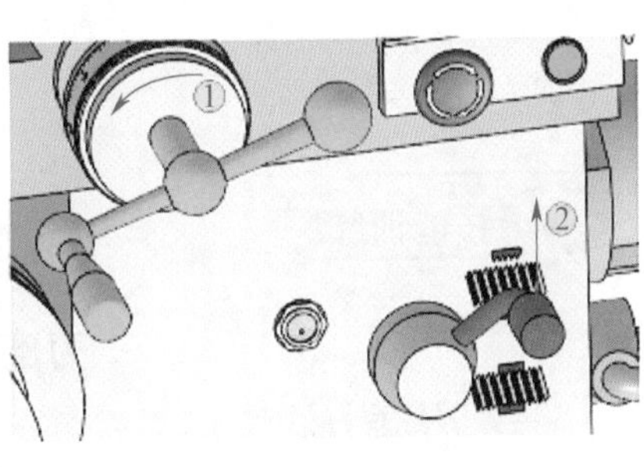

d)

图 6–11　提开合螺母法动作练习步骤

（2）向上提起操纵杆手柄（见图 6–11b 中①），操作者站在十字手柄和中滑板手柄之间（约 45°方向）（见图 6–11b 中位置②），此时车床主轴转速建议小于或等于 170 r/min。

（3）左手握中滑板手柄进给 0.5 mm（见图 6–11c 中①），右手压下开合螺母手柄（见图 6–11c 中②），使开合螺母与丝杠啮合到位，床鞍和刀架按照一定的螺距做纵向移动，如图 6–11c 所示。

（4）当床鞍移到记号处时，右手迅速提起开合螺母手柄（见图 6–11d 中②），左手摇动中滑板手柄退刀（见图 6–11d 中①）。摇动床鞍手轮，将床鞍移到初始位置，重复步骤（2）、（3）、（4），如图 6–11b、c、d 所示。

2. 开倒顺车法动作练习

（1）操作者站立位置改为站在卡盘和刀架之间（约 45°方向），左手操作中不离开操纵杆手柄（见图 6–12a 中①），右手在开合螺母手柄（见图 6–12a 中②）合下后，摇动中滑板手柄（见图 6–12a 中③）进刀。

（2）当床鞍移到记号处时，不提开合螺母手柄（见图 6–12b 中①），右手快速摇动中滑板手柄（见图 6–12b 中②）退刀，左手同时压下操纵杆手柄（见图 6–12b 中③），使主轴反转，床鞍纵向退回，如图 6–12b 所示。

向上提起操纵杆手柄，将床鞍停留在初始位置，重复步骤（1）和（2）。

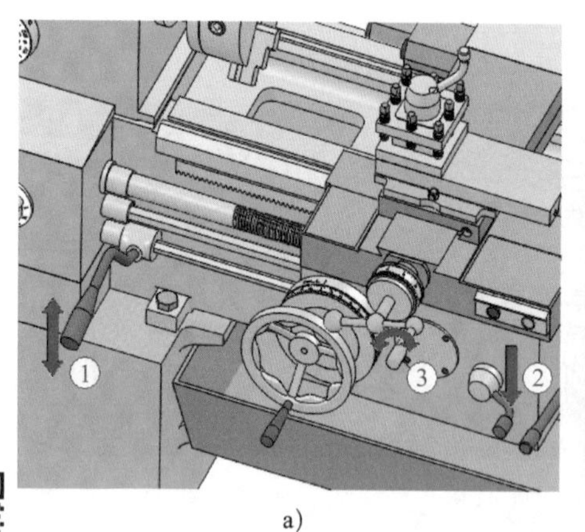

a)

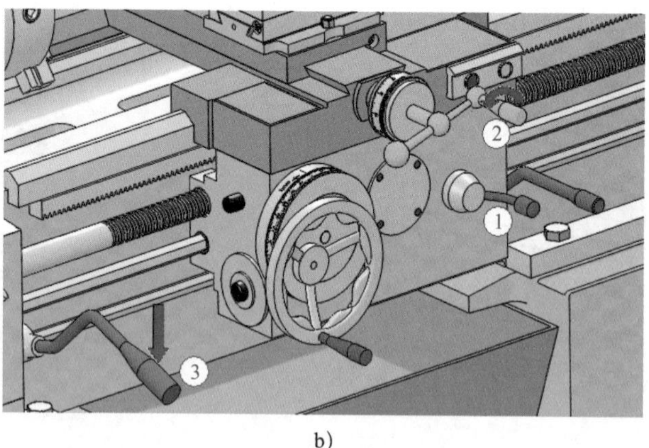

b)

图 6–12　开倒顺车法动作练习步骤

刃磨高速钢三角形外螺纹车刀

一、刃磨方法

以 6 mm × 16 mm × 200 mm 的高速钢刀片刃磨图 6–5b 所示精车刀为例，其刃磨方法见表 6–7。

表 6–7　刃磨方法

方法	图示
1. 刃磨左侧进给方向主后面，控制刀尖半角 $\varepsilon_r/2$ 及左侧进给方向后角 α_{oL}（$\alpha_o+\psi$）。此时刀柄中心线与砂轮圆周夹角约为 $\varepsilon_r/2$，刀柄顶面向右侧倾斜 $\alpha_o+\psi$，刀头上翘 5°	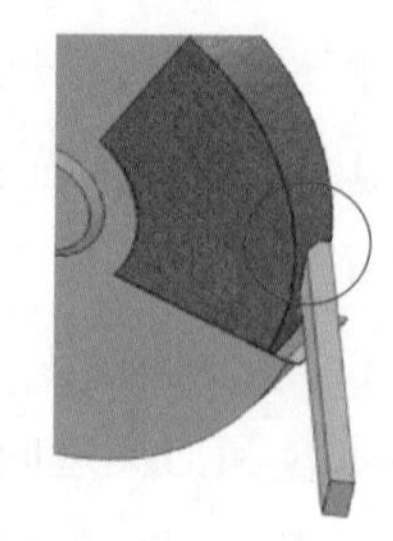 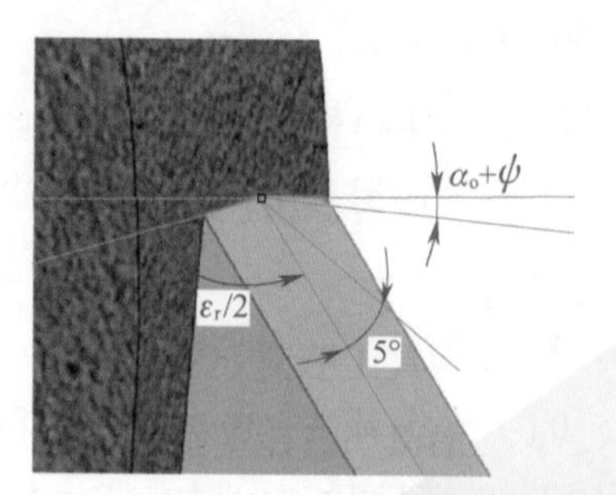

续表

方法	图示
2. 刃磨右侧背离进给方向副后面，以初步形成两切削刃间的夹角，控制刀尖角 ε_r 及副后角 α_{oR}（$\alpha_o-\psi$）。此时刀柄与砂轮圆周夹角仍约为 $\varepsilon_r/2$，刀柄顶面向左侧倾斜 $\alpha_o-\psi$，刀头上翘 5°	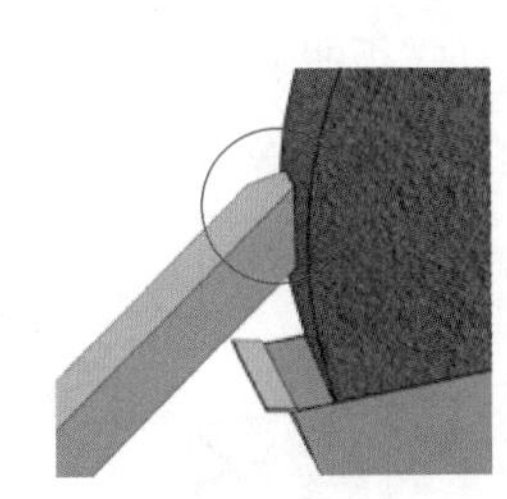 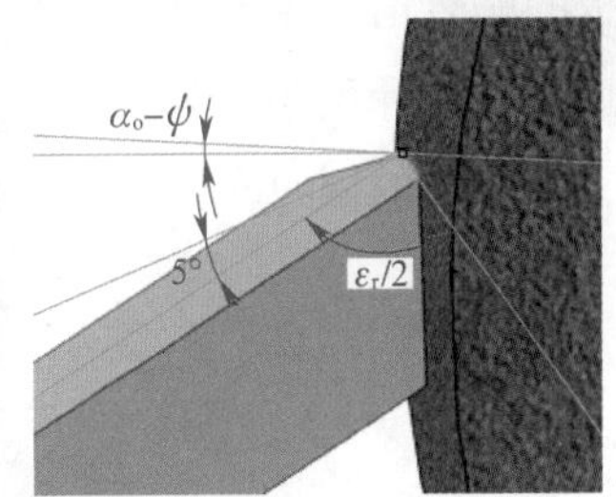
3. 在刃磨过程中，可通过目测法观察刀具角度是否符合图样（切削）要求，切削刃是否锋利，表面是否有裂痕，以及是否有其他不符合切削要求的缺陷，发现问题要及时进行修整。用角度样板或螺纹样板测量刀尖角	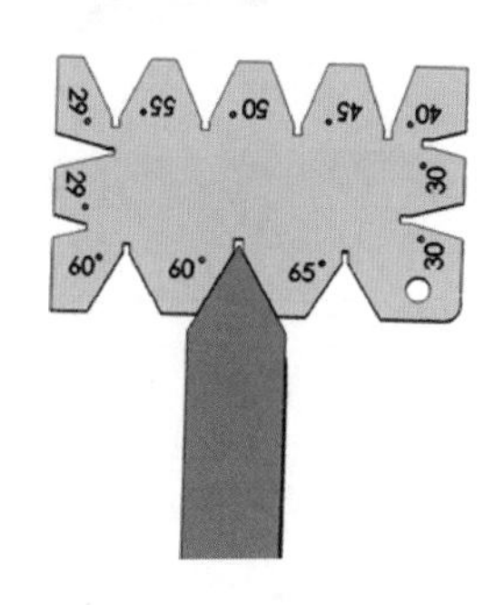
4. 精磨两后面。车刀左侧刃后角 α_{oL}=10°～12°，右侧刃后角 α_{oR}=6°～8°，刀头仍上翘 5°，以形成主后角 5°	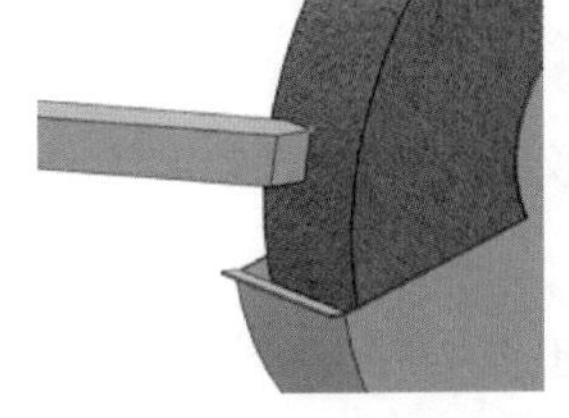 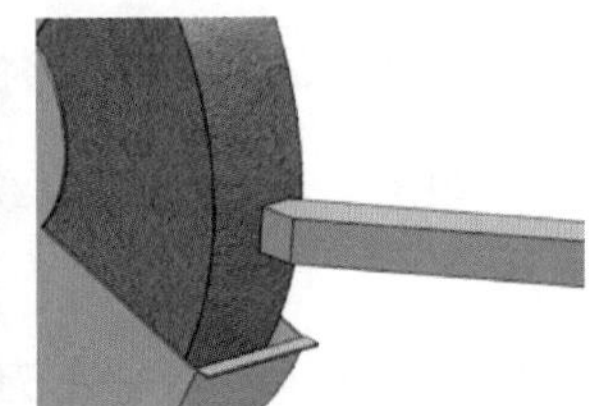
5. 粗、精磨前面，以形成背前角，γ_p=6°～10°。方法是离开刀尖，在大于牙型深度处以砂轮边缘为支点，夹角等于背前角，使火花最后在刀尖处磨出	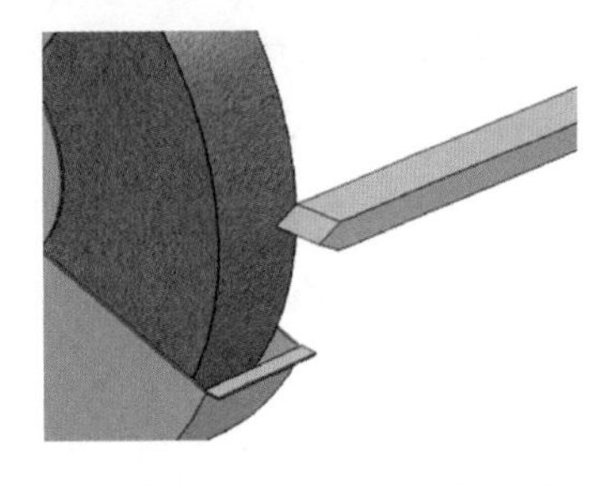
6. 刃磨刀尖圆弧过渡刃。过渡棱宽度约为 *R*0.2 mm 注意刀头仍要上翘 5°，自然摆动呈圆弧状	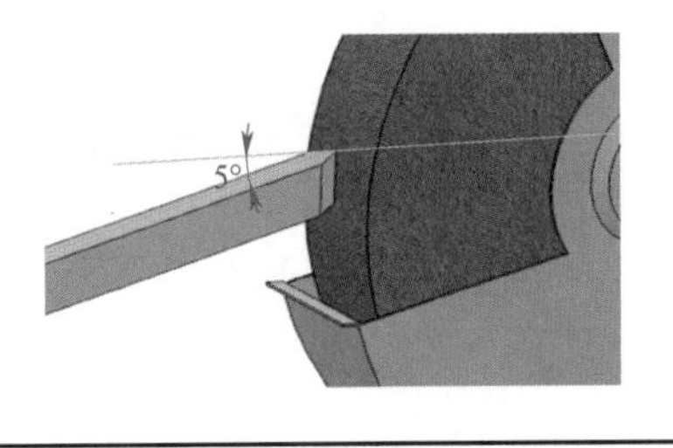

二、刀尖角的检查与修正

螺纹车刀的刀尖角一般用螺纹对刀样板通过透光法检查，根据车刀两切削刃与对刀样板的贴合情况反复修正。检查与修正时，对刀样板应与车刀基面平行放置，才能使刀尖角近似等于牙型角。如果将对刀样板平行于车刀前面进行检查，车刀的刀尖角则没有被修正，用这样的螺纹车刀加工出的三角形螺纹，其牙型角将变大，如图 6–13 所示。

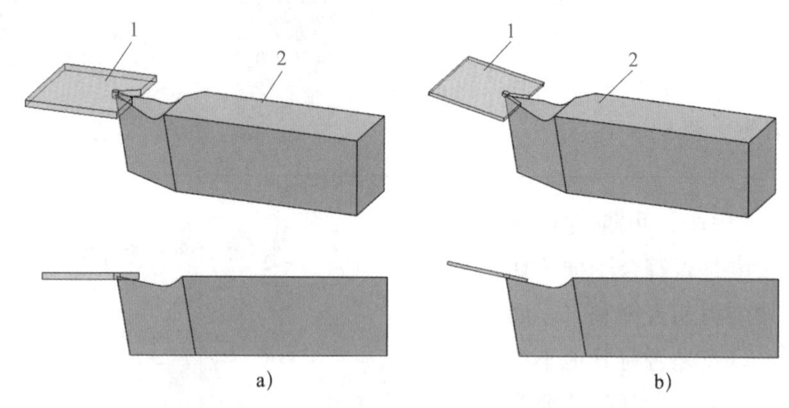

图 6–13　用样板检查与修正刀尖角

a）正确　b）错误

1—样板　2—螺纹车刀

三、螺纹车刀的刃磨注意事项

1. 粗磨有背前角的螺纹车刀时，应使刀尖角略大于牙型角，待磨好前角后再修磨两刃夹角。

2. 刃磨高速钢螺纹车刀时应选用细粒度砂轮，如粒度号为 80 的氧化铝砂轮。

3. 刃磨时车刀对砂轮的压力应小于一般车刀，并常浸水冷却，以防因过热而引起退火。

4. 在刃磨过程中，螺纹车刀应在砂轮表面水平方向缓慢移动，这样容易将车刀刃口刃磨平直，表面粗糙度值小。

5. 刃磨车削窄槽或高台阶螺纹的螺纹车刀时，应将螺纹车刀进给方向一侧的切削刃磨短些（见图 6–14），以有利于车削时退刀。

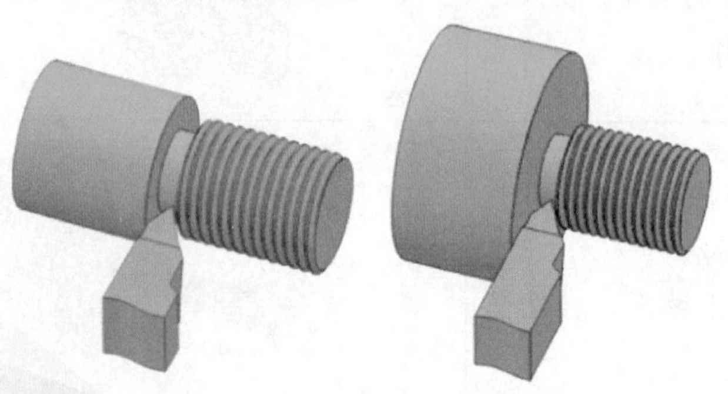

图 6–14　车削窄槽、高台阶螺纹的车刀

课题二　车外三角形螺纹

一、外三角形螺纹的检测

1. 单项检测

单项检测是选择合适的量具检测螺纹的某一单项参数，一般检测螺纹的大径、螺距和中径。

（1）检测大径

螺纹大径公差较大，一般采用游标卡尺检测，如图 6–15 所示。

（2）检测螺距

螺距常用钢直尺或螺纹样板检测，如图 6–16 所示。用钢直尺检测时，为了能准确检测出螺距，一般应检测几个螺距的总长度，然后取其平均值。用螺纹样板检测时，螺纹样板应沿工件轴线所在平面方向嵌入牙槽中，如果与螺纹牙槽完全吻合，说明被检测螺纹的螺距是正确的。

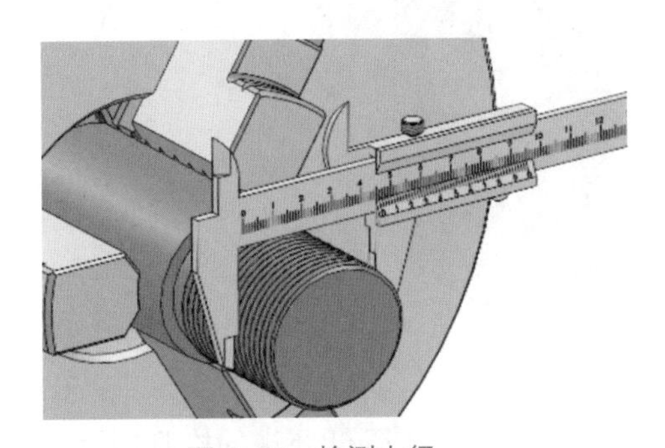

图 6–15　检测大径

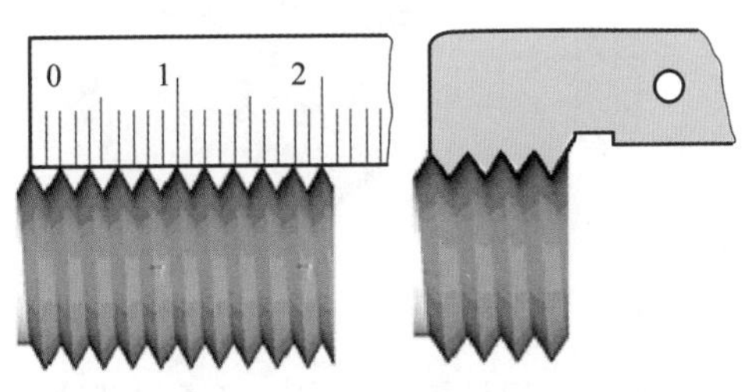

图 6–16　检测螺距

（3）检测中径

三角形外螺纹的中径一般用螺纹千分尺检测。螺纹千分尺的结构和使用方法与一般外径千分尺相似，读数原理相同，只是它有两个可以调整的测量头（上、下测量头）。检测时，两个与螺纹牙型角相同的测量头正好卡在螺纹的牙型面上，测得的千分尺读数值即为螺纹中径的实际尺寸，如图 6–17 所示。

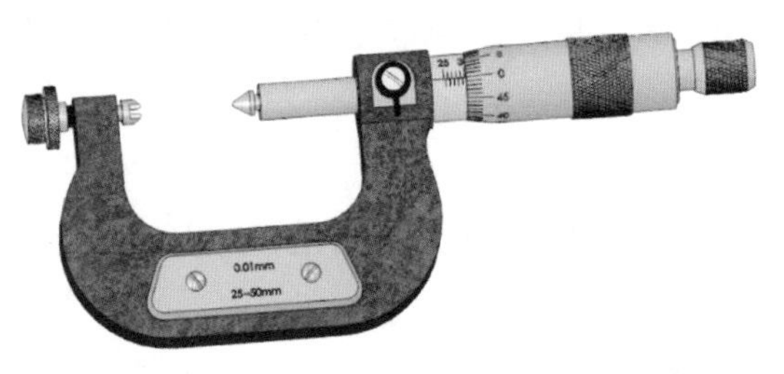

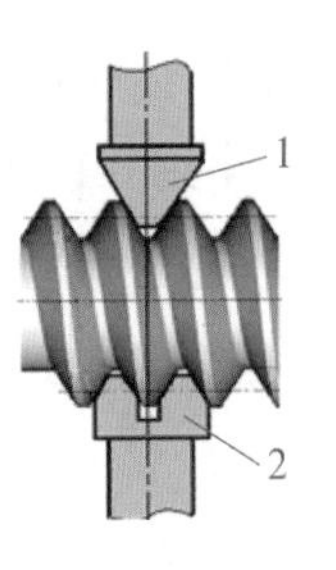

图 6–17　用螺纹千分尺测量中径

1—上测量头　2—下测量头

螺纹千分尺附有两套（牙型角分别为 60°和 55°）不同螺距的测量头，以适应各种不同的三角形外螺纹中径的检测。

此外，中径也可用三针测量法检测。

2. 综合检测

综合检测是采用螺纹量规对螺纹各部分主要尺寸（螺纹大径、中径、螺距）同时进行检测的一种检验方法。综合检测效率高，操作方便，能较好地保证互换性，广泛地应用于对标准螺纹或大批量生产螺纹的检测。

三角形外螺纹使用螺纹环规进行综合检测。检测前，应先检查螺纹的大径、牙型、螺距和表面粗糙度，然后用螺纹环规进行检测。如果螺纹环规通规（端面有字母 T，厚度厚）能顺利拧入工件螺纹有效长度范围，而止规（端面有字母 Z，厚度薄）不能拧入，则说明螺纹精度符合要求，如图 6–18 所示。

图 6–18　螺纹环规

螺纹环规是精密量具，不允许强拧环规，以免引起严重磨损，降低环规的检测精度。

对于精度要求不高的螺纹，可以用标准螺母进行检测。以拧入时是否顺利和松紧的程度来确定螺纹是否合格。

二、车削三角形外螺纹的工艺准备

1. 对工件的工艺要求

车削三角形外螺纹前对工件的主要工艺要求如下：

（1）为保证车削后的螺纹牙顶处有 $0.125P$ 的宽度，车削螺纹前的外圆直径应车削至比螺纹公称直径小约 $0.13P$。

（2）外圆端面处倒角至略小于螺纹小径。

（3）对于有退刀槽的螺纹，车削螺纹前应先加工退刀槽，退刀槽的直径应小于螺纹小径，退刀槽宽度为（2 ~ 3）P。

（4）车削脆性材料（如铸铁等）时，车削螺纹前的外圆表面粗糙度值要小，以免在车削螺纹时牙顶崩裂。

2. 螺纹车刀的装夹

螺纹车刀的装夹方法和要求见表 6–8。

表 6–8　　螺纹车刀的装夹方法和要求

装夹方法和要求	图示
1. 螺纹车刀刀尖与车床主轴轴线等高，一般可根据尾座顶尖高度进行调整和检查。为防止高速车削时产生振动和扎刀现象，外螺纹车刀刀尖也可以高于工件中心 0.1 ~ 0.2 mm	
2. 螺纹车刀两刀尖半角的对称中心线应与工件轴线垂直，装刀时可用螺纹对刀样板进行调整。如果把车刀装歪，会使车出的螺纹两牙型半角不相等，产生歪斜牙型（俗称倒牙）	
3. 螺纹车刀不宜伸出刀架过长，一般伸出长度为刀柄厚度的 1.5 倍，为 25 ~ 30 mm。为使刀柄受力均匀，可在刀柄与刀架压紧螺栓之间垫一片垫片	

3. 进刀方式

车削螺纹时的进刀方式见表 6–9。

表 6–9　　车削螺纹的进刀方式

操作方法和要求	图示
1. 直进法 车削螺纹时，每次车削只用中滑板进刀，螺纹车刀的左、右切削刃同时参与切削。直进法操作简单，可以获得比较正确的螺纹牙型，常用于车削螺距 P<2 mm 和脆性材料的螺纹	

续表

操作方法和要求	图示
2. 左右切削法 车削螺纹时，除了用中滑板控制径向进给外，同时使用小滑板将螺纹车刀向左、向右做微量轴向移动。左右切削法常用于螺纹的精车，为了使螺纹两侧面的表面粗糙度值减小，先向一侧借刀，待这一侧表面达到要求后，再向另一侧借刀，并控制螺纹中径尺寸和表面粗糙度，最后将车刀移到牙槽中间，用直进法车削牙底，以保证牙型清晰	精车余量
3. 斜进法 车削螺距较大的螺纹时，由于螺纹牙槽较深，为了粗车时切削顺利，除采用中滑板横向进给外，小滑板向一侧借刀，这种车削方法称为斜进法	精车余量

4. 切削用量的选择

低速车削三角形外螺纹时，应根据工件的材质、螺纹的牙型角和螺距的大小及所处的加工阶段（粗车还是精车）等因素，合理选择切削用量。

（1）由于螺纹车刀两切削刃夹角较小，散热条件差，因此切削速度比车削外圆时低，一般粗车时 v_c=10 ~ 15 m/min，精车时 v_c=6 m/min。

（2）粗车第一刀和第二刀时，螺纹车刀刚切入工件，总的切削面积不大，可以选择较大的背吃刀量，以后每次进给的背吃刀量应逐步减小；精车时背吃刀量更小，排出的切屑很薄（像锡箔一样），以获得小的表面粗糙度值。

（3）车削螺纹必须在一定的进给次数内完成。表 6–10 列出了车削 M24、M20、M16 螺纹的最少进给次数，以供参考。

表 6–10　　低速车三角形螺纹进给次数

进刀数	M24　P=3 mm			M20　P=2.5 mm			M16　P=2 mm		
	中滑板进刀格数	小滑板进刀（借刀）格数		中滑板进刀格数	小滑板进刀（借刀）格数		中滑板进刀格数	小滑板进刀（借刀）格数	
		左	右		左	右		左	右
1	11	0		11	0		10	0	
2	7	3		7	3		6	3	
3	5	3		5	3		4	2	

续表

进刀数	M24　P=3 mm			M20　P=2.5 mm			M16　P=2 mm		
	中滑板进刀格数	小滑板进刀（借刀）格数		中滑板进刀格数	小滑板进刀（借刀）格数		中滑板进刀格数	小滑板进刀（借刀）格数	
		左	右		左	右		左	右
4	4	2		3	2		2	2	
5	3	2		2	1		1	1/2	
6	3	1		1	1		1	1/2	
7	2	1		1	0		1/4	1/2	
8	1	1/2		1/2	1/2		1/4		2.5
9	1/2	1		1/4	1/2		1/2		1/2
10	1/2	0		1/4		3	1/2		1/2
11	1/4	1/2		1/2		0	1/4		1/2
12	1/4	1/2		1/2		1/2	1/4		0
13	1/2		3	1/4		1/2	螺纹深度为 1.3 mm，n=26 格		
14	1/2		0	1/4		0			
15	1/4		1/2	螺纹深度为 1.625 mm，n=32.5 格					
16	1/4		0						
	螺纹深度为 1.95 mm，n=39 格①								

三、低速车削三角形外螺纹

1. 车有退刀槽的螺纹

启动车床并移动螺纹车刀，使车刀刀尖与工件外圆轻微接触，将床鞍向右移动，退出工件端面，记住中滑板刻度读数或将中滑板刻度盘调零。车刀横向进给 0.05 mm，使刀尖在工件表面车出一条较浅的螺旋线痕后，停车，如图 6–19 所示。用钢直尺或游标卡尺检查螺距，如图 6–20 所示，确认螺距正确无误后，开始车螺纹。经多次车削使背吃刀量等于牙型深度后，停车检查螺纹是否合格。

① n 为中滑板总进刀格数。

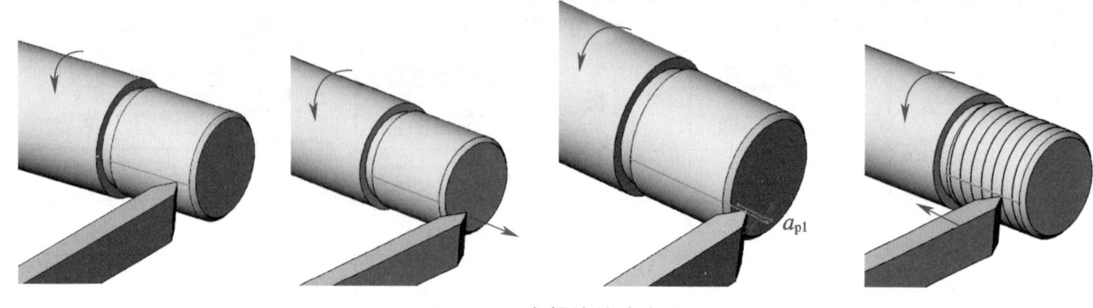

图 6–19　车螺旋线痕方法

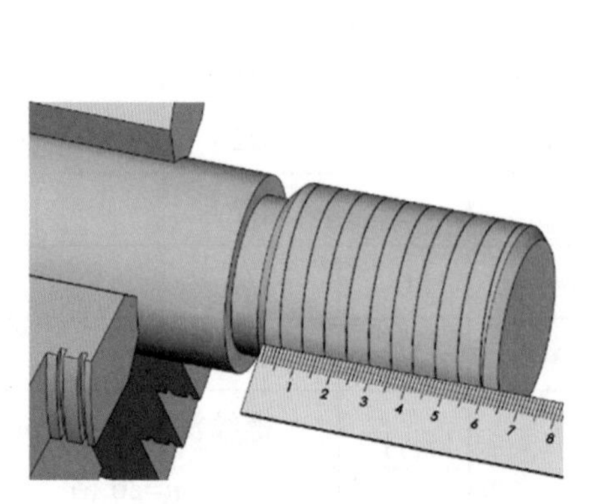

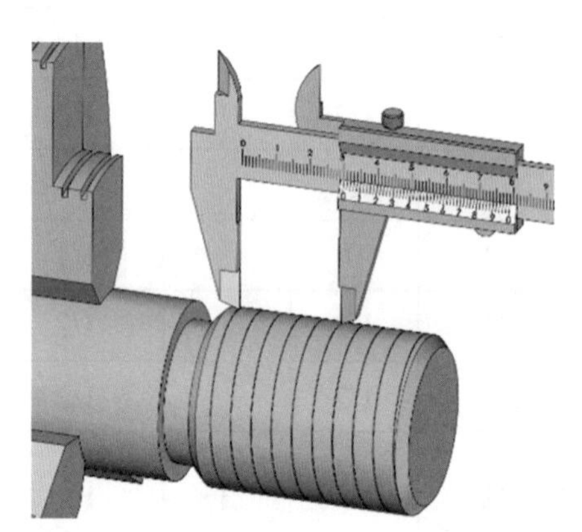

图 6–20　检查螺距

提示

提开合螺母法车螺纹：床鞍、溜板箱纵向退出工件端面→中滑板横向进给→压下开合螺母手柄车削螺纹→提起开合螺母→横向退出中滑板。提、压开合螺母手柄应果断、有力。

开倒顺车法车螺纹：中滑板的横向退出要快，双手操作中滑板手柄和操纵杆手柄动作要协调一致。

2. 车无退刀槽的螺纹

车削无退刀槽的螺纹时，先启动车床，在螺纹的有效长度处用车刀车一条刻线。车螺纹时，车刀移到螺纹终止刻线处时，横向迅速退刀并提起开合螺母手柄或压下操纵杆手柄开倒车，使螺纹收尾在 2/3 圈之内，如图 6–21 所示。

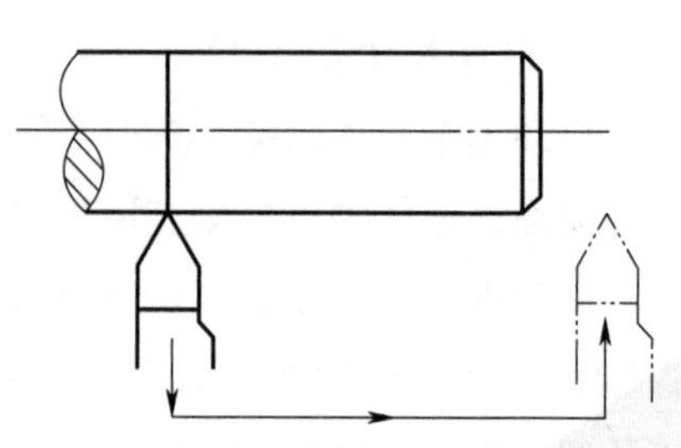

图 6–21　螺纹终止退刀标记

3. 中途换刀方法

在车削螺纹的过程中，螺纹车刀磨损变钝，经刃磨后重新装夹或中途更换螺纹车刀，

这时需要重新调整车刀中心高和刀尖半角。车刀装夹正确后，不切入工件，而是启动车床，合上开合螺母，当车刀纵向移到工件端面处时，迅速将操纵杆手柄放置在中间位置，待车刀自然停稳后，移动小滑板和中滑板，使车刀刀尖对准已车出的螺旋槽，然后晃车（将操纵杆轻提但不提到位，再放回中间位置，使车床点动），观察车刀是否在螺旋槽内，反复调整直到刀尖对准螺旋槽为止，才能继续车削螺纹。

4. 乱牙及预防

车削螺纹时，一般要经过数次行程才能完成。当一次工作行程结束后，快速把车刀退出，迅速提起开合螺母手柄，使开合螺母脱离丝杠，并将中滑板退回原来位置，进刀后合上开合螺母进行第二次工作行程。若在车削时车刀未能切入原来的螺旋槽内，把螺旋槽车乱，称为乱牙。

造成乱牙的原因主要有以下几种：

（1）车床丝杠的螺距不能被工件螺纹的螺距整除，采用提开合螺母法车螺纹造成的。应采用开倒顺车法车削螺纹。

（2）在车削螺纹的过程中，螺纹车刀重新装夹后未对刀，使车刀刀尖相对工件螺纹表面的轨迹不重合造成的。

（3）开合螺母未合彻底，致使其与丝杠之间的啮合传动比改变，偏移了车刀轨迹造成的。每次合上开合螺母都应动作有力，合到底。

四、高速车削三角形外螺纹

1. 高速车削三角形外螺纹的特点

用硬质合金车刀高速车削三角形螺纹时，切削速度可比低速车削螺纹提高 15 ~ 20 倍，而且行程次数可以减少 2/3 以上，如低速车削螺距 P=2 mm 的中碳钢材料的螺纹时，一般约需 12 个行程；而高速车削螺纹仅需 3 ~ 4 个行程即可，因此，可以大大提高生产效率，在企业中已被广泛采用。

高速车削螺纹时，为了防止切屑使牙侧起毛刺，不宜采用斜进法和左右切削法，只能用直进法车削。高速车削三角形外螺纹时，受车刀挤压后会使外螺纹大径变大。因此，车削螺纹前的外圆直径应比螺纹大径小些。当螺距为 1.5 ~ 3.5 mm 时，车削螺纹前的外圆直径一般可以减小 0.2 ~ 0.4 mm。

2. 高速车削三角形外螺纹的方法

用硬质合金车刀高速车削三角形外螺纹时只能采用直进法车削。切削速度 v_c=50 ~ 100 m/min；车削螺距 P=1.5 ~ 3 mm 的中碳钢螺纹时，只需 3 ~ 5 次切削就可完成；背吃刀量也由大逐渐减小，但最后一次应不小于 0.1 mm。以高速车削螺距 P=1.5 mm（3 次切削完成）和 P=2 mm（4 次切削完成）的三角形外螺纹为例，背吃刀量的分配情况见表 6-11。高速车削三角形外螺纹的进给次数见表 6-12。

表 6–11　　高速车削三角形外螺纹背吃刀量分配情况

螺距	P=1.5 mm	P=2 mm
总背吃刀量	$a_p \approx 0.65P$=0.975 mm	$a_p \approx 0.65P$=1.3 mm
背吃刀量分配情况	第 1 次切削背吃刀量　a_{p1}=0.5 mm	第 1 次切削背吃刀量　a_{p1}=0.6 mm
	第 2 次切削背吃刀量　a_{p2}=0.375 mm	第 2 次切削背吃刀量　a_{p2}=0.4 mm
	第 3 次切削背吃刀量　a_{p3}=0.1 mm	第 3 次切削背吃刀量　a_{p3}=0.2 mm
		第 4 次切削背吃刀量　a_{p4}=0.1 mm

表 6–12　　高速车削三角形外螺纹的进给次数

螺距 P/mm		1.5 ~ 2	3	4	5	6
进给次数	粗车	2 ~ 3	3 ~ 4	4 ~ 5	5 ~ 6	6 ~ 7
	精车	1	2	2	2	2

低速车削外三角形螺纹

一、训练任务

车削如图 6–22 所示的螺纹轴。

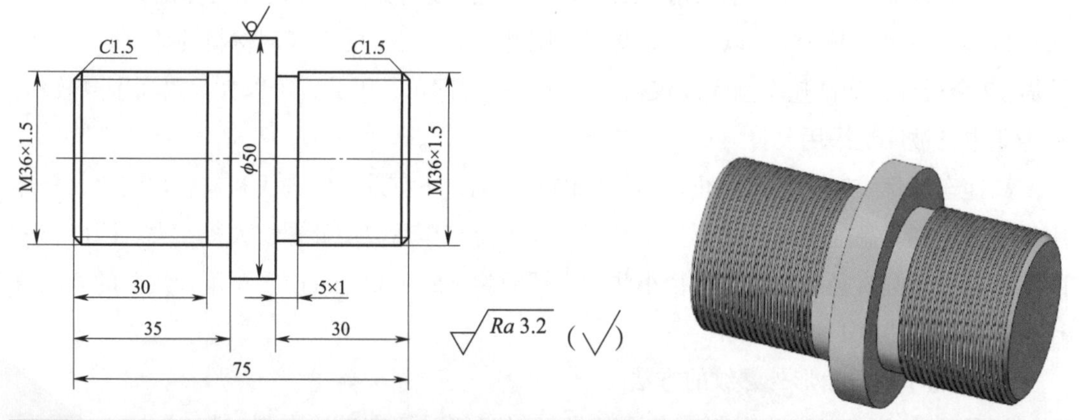

任务名称	练习内容	材料	材料来源	件数
低速车削外三角形螺纹	车削有退刀槽螺纹工件 车削无退刀槽螺纹工件	45 钢	ϕ50×78	1

图 6–22　螺纹轴

二、车削外三角形螺纹的注意事项

1. 车螺纹前应先调整好床鞍和中滑板、小滑板的松紧程度。

2. 调整机床手柄时应严格按照降转速→调手柄→合开合螺母的顺序，而螺纹车削完成后应按照提开合螺母→丝杠转动变光杠转动→换转速的顺序，可避免安全事故的发生。建议此动作顺序训练熟练后方可正式车削螺纹。

3. 车螺纹时精力要集中，待操作熟练后，逐步提高主轴转速，最终达到能高速车削三角形螺纹的目的。

4. 车螺纹时，应始终保持螺纹车刀锋利，中途换刀或刃磨后重新装刀，必须重新调整螺纹车刀刀尖的高低并进行对刀。

5. 车螺纹时，应注意不可将中滑板手柄多摇进一圈；否则，会造成车刀刀尖崩刃或工件损坏。可在中滑板带动车刀从螺纹末端向起始端移动过程中，使车刀刀尖逐渐接近工件表面来避免。

6. 车螺纹过程中，不准用手摸或用棉纱去擦螺纹，以免伤手。

7. 车无退刀槽螺纹时，应保证每次收尾均在 2/3 圈左右，且每次退刀位置大致相同；否则容易损坏螺纹车刀的刀尖。

8. 车削脆性材料螺纹时，径向进给量（背吃刀量）不宜过大；否则会使螺纹牙顶爆裂，产生废品。低速精车螺纹时，最后几刀采取微量进给或无进给车削，以降低螺纹牙侧的表面粗糙度值。

9. 刀尖出现积屑瘤时应及时清除。

10. 一旦刀尖扎入工件引起崩刃，应立即停车，清除嵌入工件的硬质合金碎粒，然后用高速钢螺纹车刀低速修整螺纹。

11. 粗、精车分开车削螺纹时，应留适当的精车余量。

12. 当低速车削三角形螺纹熟练后，方可采用硬质合金车刀高速车削。

三、车削螺纹轴

螺纹轴车削步骤见表 6–13。

表 6–13　　螺纹轴车削步骤

步骤	加工内容描述	图示
1	检查备料 ϕ50 mm × 78 mm	40
2	用三爪自定心卡盘夹持毛坯外圆，伸出长度为 40 mm，找正并夹紧。	

续表

步骤	加工内容描述	图示
（1）	车端面，车平即可	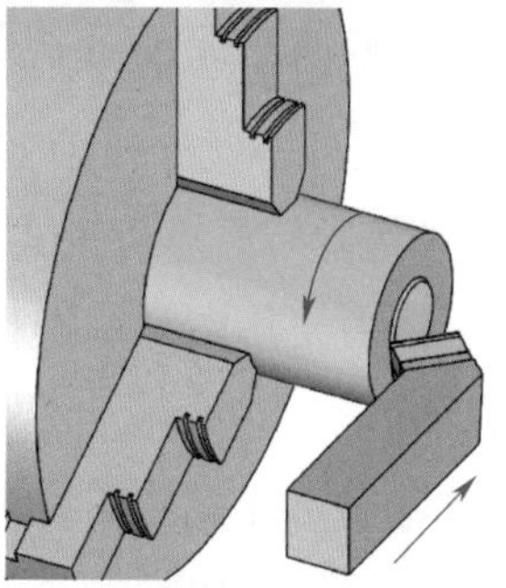
（2）	粗、精车外圆至 $\phi35.81$ mm，长 25 mm	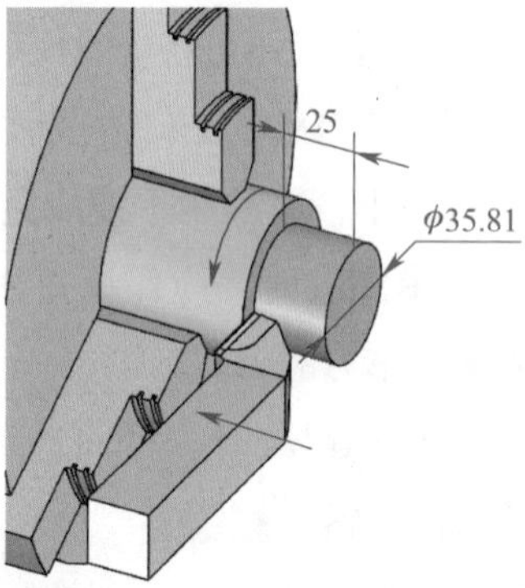 25 $\phi35.81$
（3）	车退刀槽 5 mm × 1 mm	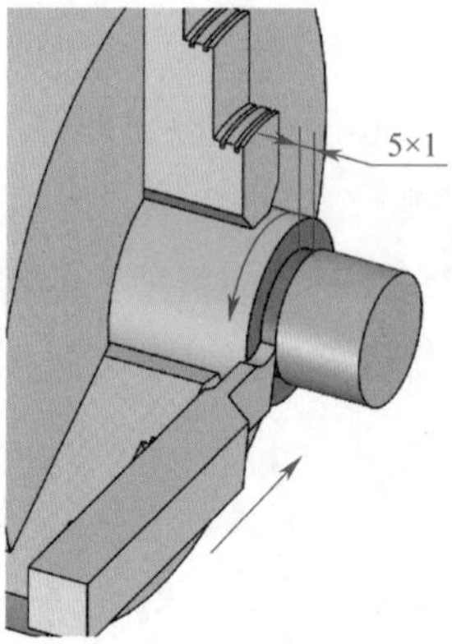 5×1 C1.5
（4）	倒角 $C1.5$ mm	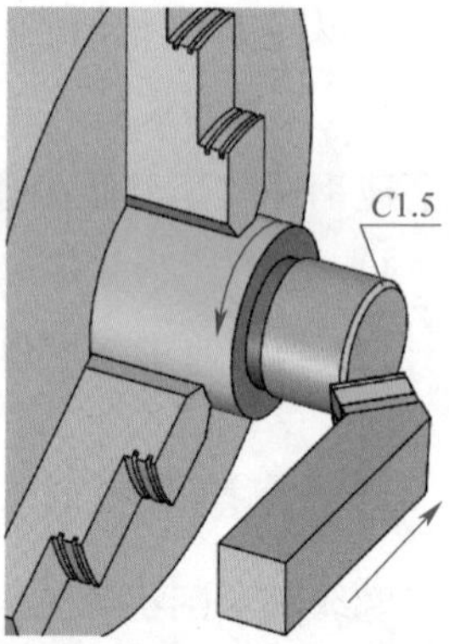
（5）	粗、精车螺纹 M36 × 1.5 至要求	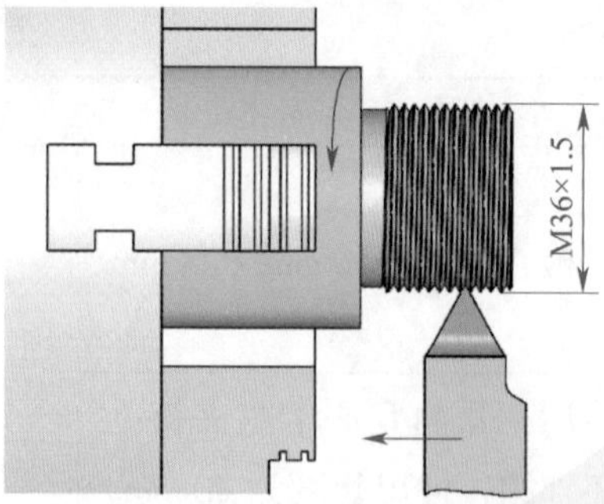 M36×1.5
（6）	检测（用螺纹环规或螺纹千分尺）	

续表

步骤	加工内容描述	图示
3	掉头，垫铜皮夹持螺纹外圆，台阶端面贴靠卡盘的卡爪，夹紧	
（1）	车端面，保证总长 75 mm	75
（2）	粗、精车外圆至 ϕ36 mm，长为 35 mm	35 ϕ36

续表

步骤	加工内容描述	图示
（3）	精车外圆至 ϕ35.81 mm，长为 30 mm	30 ϕ35.81
（4）	倒角 C1.5 mm	C1.5
（5）	粗、精车螺纹 M36×1.5 至要求	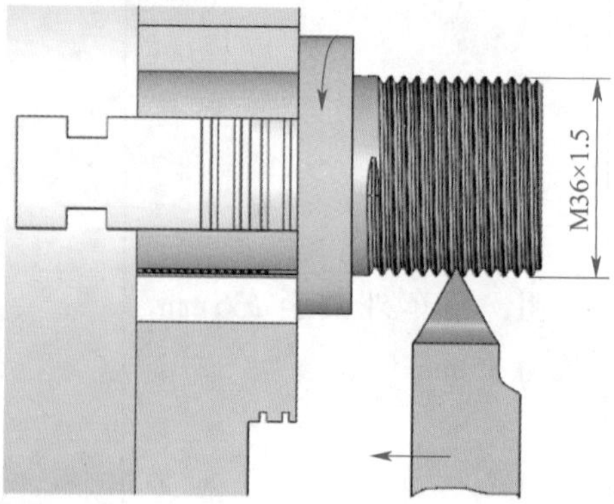 M36×1.5
（6）	检测（用螺纹环规或螺纹千分尺）	
4	检查各项尺寸，合格后卸下工件	

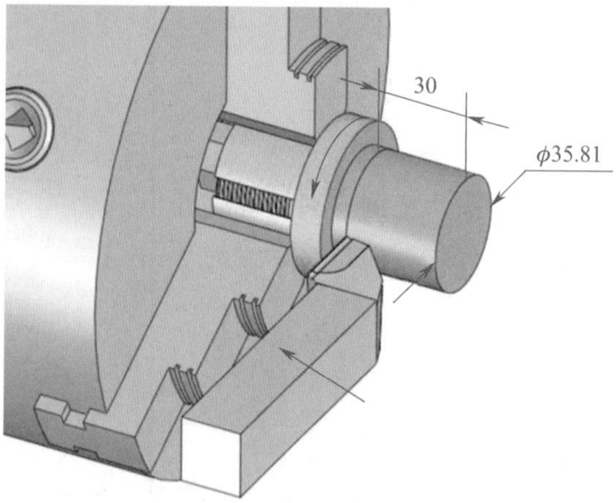

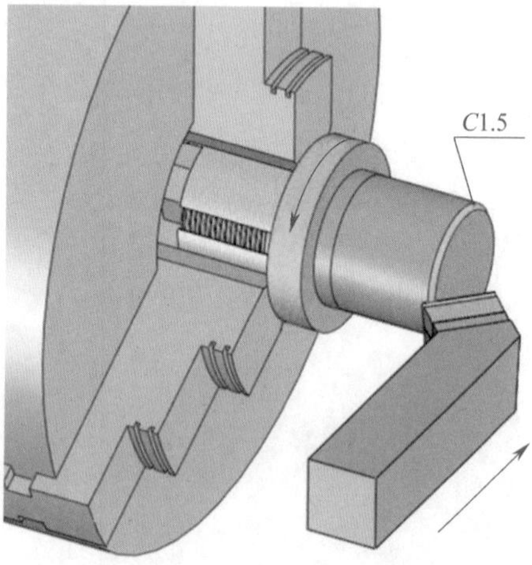

课题三　攻螺纹和套螺纹

一、攻螺纹和套螺纹刀具

1. 板牙的结构

板牙是一种标准的多刃螺纹加工工具，实际生产中最常用的是圆板牙，它的结构和形状如图 6–23 所示。它像一个圆螺母，周围有排屑孔（一般有 3 ～ 5 个），其两端的锥角是切削部分，中间有完整齿深的一段是校正部分，所以板牙的正、反两面都可以使用。

用板牙切削螺纹操作简便，生产效率高。

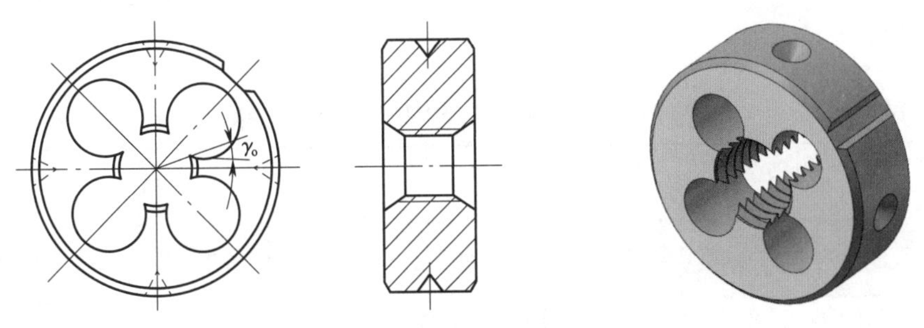

图 6–23　圆板牙的结构和形状

2. 丝锥的结构

丝锥是一种多刃成形刀具，可以在车刀无法车削的小直径孔内加工内螺纹，操作方便，生产效率高。丝锥的结构和形状如图 6–24 所示。

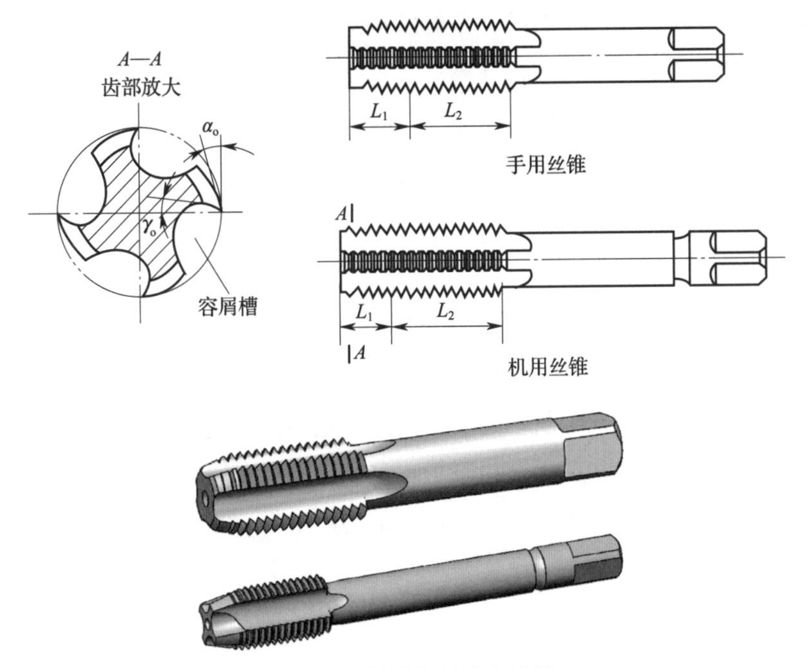

图 6–24　丝锥的结构和形状

丝锥主要分为手用丝锥和机用丝锥两大类。手用丝锥主要是钳工使用，通常为两支一组（攻制 M16 ~ M24 的内螺纹）或三支一组（攻制 M16 以下或 M24 以上的内螺纹），分别称为初锥（头攻）、中锥（二攻）和底锥（三攻），它们必须依次使用。机用丝锥的形状与手用丝锥相似，只是在尾部多一条防止丝锥从夹头中脱落的环形槽，用以防止丝锥从攻螺纹工具中脱落。机用丝锥通常用单支攻螺纹，一次成形，效率较高。

丝锥上开有四条容屑槽，长度为 L_1 的锥形部分起主要切削作用，长度为 L_2 的锥形部分对工件牙型起校正、修光、导向作用。

丝锥的公差带分为 H1、H2、H3、H4 四个等级。各种丝锥所能加工的内螺纹公差等级见表 6–14。

表 6–14　　各种丝锥所能加工的内螺纹公差等级

丝锥公差带代号①	H1	H2	H3	H4
适用加工的内螺纹公差等级	4H、5H	5G、6H	6G、7H、7G	6H、7H

①参见国家标准《丝锥螺纹公差》（GB/T 968—2007）。

二、攻螺纹

1. 攻螺纹前的工艺要求

（1）攻螺纹前孔径 $D_{孔}$ 的确定

为了减小切削力及防止丝锥折断，攻螺纹前的孔径必须比螺纹小径稍大些，普通螺纹攻螺纹前的孔径可根据下列经验公式计算：

加工钢件和塑性较大的材料：$D_{孔} \approx D-P$

加工铸件和塑性较小的材料：$D_{孔} \approx D-1.05P$

式中　$D_{孔}$——攻螺纹前孔径，mm；

D——内螺纹大径，mm；

P——螺距，mm。

（2）攻制盲孔螺纹底孔深度的确定

攻制盲孔螺纹时，由于丝锥前端的切削刃不能攻制出完整的牙型，因此，钻孔深度要大于规定的螺纹深度。通常钻孔深度约等于螺纹的有效长度加上螺纹公称直径的 70%，即

$$H=h_{有效}+0.7D$$

式中　H——攻螺纹前底孔深度，mm；

$h_{有效}$——螺纹有效长度，mm；

D——内螺纹大径，mm。

（3）孔口倒角 30°

可用 60°锪孔钻加工，也可用车刀倒角，倒角后的直径应大于螺纹大径。攻螺纹前的工艺要求如图 6-25 所示。

2. 攻螺纹的方法

（1）将攻螺纹工具的锥柄装入尾座套筒的锥孔内。

（2）将丝锥装入攻螺纹工具的方孔中。

（3）根据螺纹的有效长度，在丝锥或攻螺纹工具上做标记。

（4）移动尾座，使丝锥靠近工件端面处，锁紧尾座。

（5）启动车床（低速），充分浇注切削液，转动尾座手轮使丝锥切削部分进入工件孔内，当丝锥切入几牙后，停止转动尾座手轮，丝锥自动进给，攻制内螺纹。

（6）当丝锥攻至需要的深度尺寸时，迅速开倒车退出丝锥。

如图 6-26 所示为攻螺纹工具，通常称为攻螺纹夹头，它由主体和攻螺纹夹套两部分组成。主体具有前后螺距补偿装置，攻螺纹夹套有过载保护装置。攻螺纹时，只需调节螺母，即可得到不同的打滑极限扭矩，以防止丝锥折断，使用中装拆方便、迅速。用于夹持丝锥的攻螺纹工具可以用同一主体，通过更换不同攻螺纹夹套，即可满足不同规格丝锥的攻螺纹需要。

如图 6-27 所示为一种简易的攻螺纹工具，由于没有过载保护机构，当切削力过大时丝锥容易折断，适用于攻制通孔和精度较低的内螺纹。

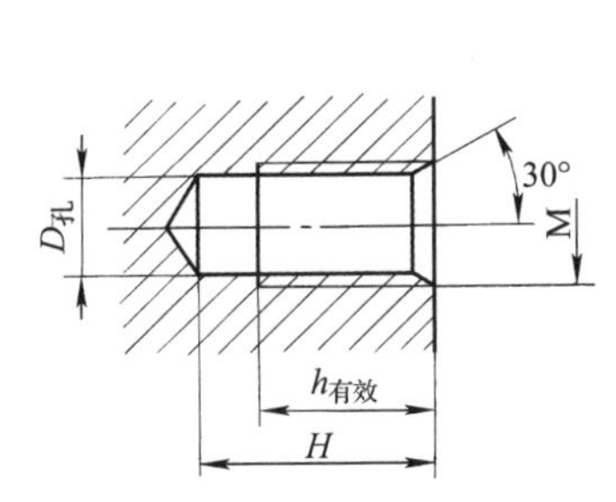

图 6-25　攻螺纹前的工艺要求

图 6-26　攻螺纹工具

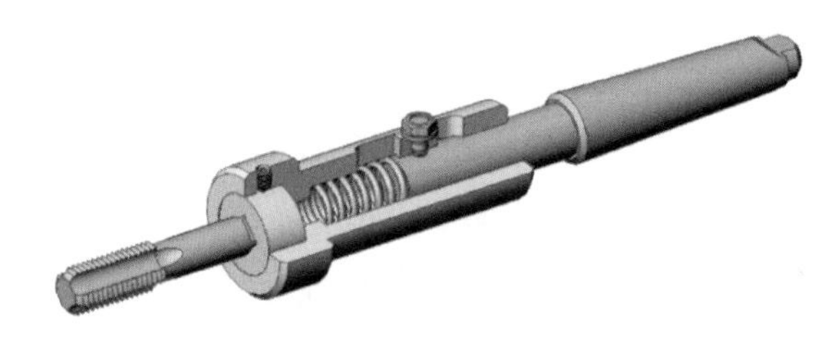

图 6-27　简易攻螺纹工具

3. 切削速度和切削液的选择

攻钢件和塑性较大的材料时，切削速度 v_c=2 ~ 4 m/min。

攻铸铁件或塑性较小的材料时，切削速度 v_c=4 ~ 6 m/min。

攻制优质碳素结构钢工件的内螺纹时，一般选用硫化切削油、机油和乳化液；攻制低碳钢或韧性较好的材料（如 40Cr 钢等）上的内螺纹时，可选用工业植物油；在铸铁材料上攻螺纹时，可选用煤油或不使用切削液。

4. 注意事项

（1）选用丝锥时，应检查丝锥是否缺齿。

（2）装夹丝锥时，应防止丝锥歪斜。

（3）攻螺纹时应充分浇注切削液。

（4）攻螺纹时，不要一次攻至所需深度，应分多次进刀，即丝锥每攻进一段深度后应及时退出，清理切屑后再继续向里攻。

（5）攻盲孔螺纹时，应选用有过载保护机构的攻螺纹工具，并应在丝锥或攻螺纹工具上做深度标记，防止丝锥攻至孔底造成丝锥折断。

（6）严禁工件回转时用手或棉纱清理螺孔内的切屑，以免发生事故。

三、套螺纹

1. 套螺纹前的工艺要求

（1）用板牙套螺纹，通常适用于公称直径小于 16 mm 或螺距小于 2 mm 的外螺纹。

（2）由于套螺纹时工件材料受板牙的挤压而产生变形，牙顶将被挤高，因此，套螺纹前工件外圆应车削至略小于螺纹大径，一般可按下式计算确定：

$$d_0=d-0.13P$$

式中　d_0——套螺纹前圆柱直径，mm；

d——螺纹大径，mm；

P——螺距，mm。

（3）外圆车好后，端面必须倒角，倒角后端面直径应稍小于螺纹小径，以便于板牙切入工件。

（4）套螺纹前必须找正尾座，其轴线应与车床主轴轴线重合。

（5）板牙端面应与车床主轴轴线垂直。

2. 套螺纹的方法

在车床上主要用套螺纹工具套螺纹（见图 6–28），具体方法如下：

（1）将套螺纹工具的锥柄装入尾座套筒的锥孔内。

（2）将板牙装入套螺纹工具内，使螺钉对准板牙上的锥孔后拧紧。

（3）将尾座移到工件前适当位置（约 20 mm）处锁紧。

（4）转动尾座手轮，使板牙靠近工件端面，启动车床和切削液泵，加注切削液。

（5）继续转动尾座手轮，板牙切入工件后停止转动尾座手轮，此时板牙沿工件轴线自动进给，切削工件外螺纹。

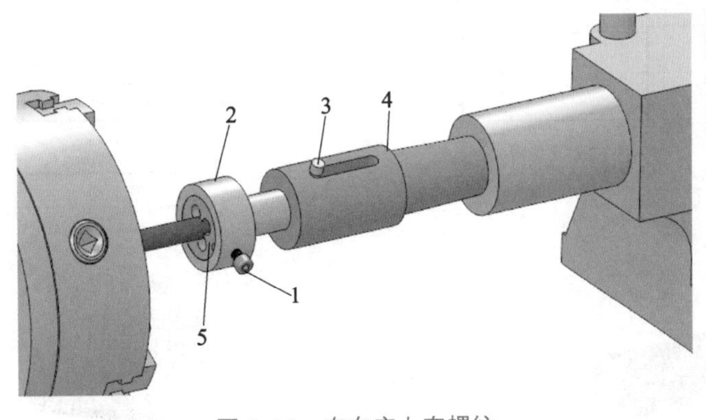

图 6–28　在车床上套螺纹

1—螺钉　2—滑动套筒　3—销钉　4—工具体　5—板牙

（6）当板牙切削到所需长度位置时，立即停止，然后开反车使主轴反转，退出板牙，完成螺纹加工。

3. 切削速度和切削液的选择

切削钢件时：v_c=3 ～ 4 m/min。

切削铸铁件时：v_c=2 ～ 3 m/min。

切削黄铜件时：v_c=6 ～ 9 m/min。

切削钢件时，一般选用硫化切削油、机油和乳化液；切削低碳钢或韧性较好的材料时，可选用工业植物油；切削铸铁件时，可选用煤油或不使用切削液。

4. 注意事项

（1）选用板牙时，应检查板牙的齿形是否有缺损。

（2）装夹板牙时不能歪斜。

（3）套制塑性材料的螺纹时应充分加注切削液。

（4）套螺纹工具在尾座套筒锥孔中必须装紧，以防套螺纹时过大的切削力矩引起套螺纹工具锥柄在尾座套筒锥孔内打转，损坏锥孔表面。

套螺纹和攻螺纹

一、训练任务

采用套螺纹和攻螺纹的方法加工如图 6–29 所示的工件。

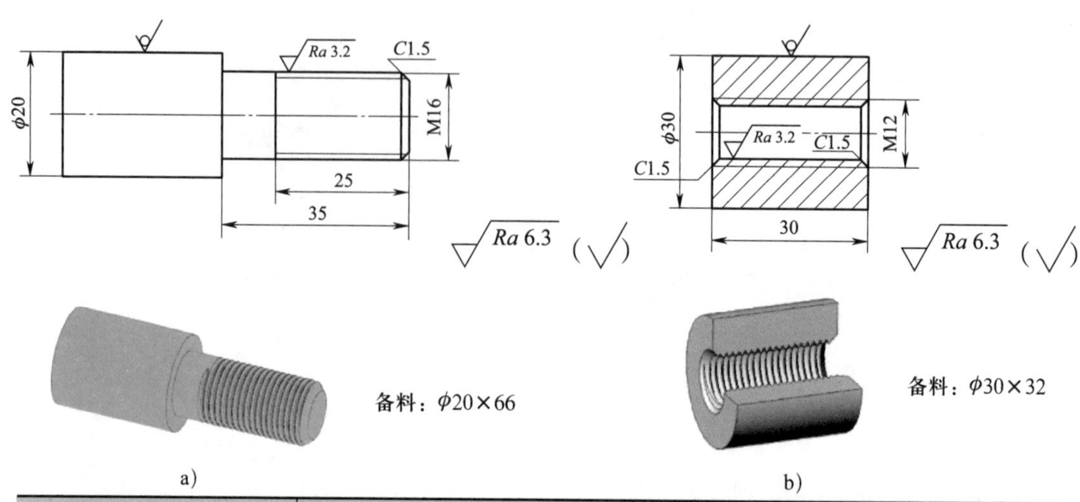

任务名称	练习内容	材料	材料来源	件数
套螺纹和攻螺纹	套螺纹和攻螺纹	45 钢	见图样	2

图 6–29　套螺纹和攻螺纹工件

a）套螺纹工件　b）攻螺纹工件

二、套螺纹和攻螺纹加工步骤

套螺纹和攻螺纹加工步骤见表 6–15。

表 6–15　　套螺纹和攻螺纹加工步骤

步骤	加工内容描述	图示
套螺纹加工		
1	检查备料 ϕ20 mm × 66 mm	40
2	夹持外圆，伸出长度为 40 mm，校正并夹紧	
（1）	车端面，车平即可	

续表

步骤	加工内容描述	图示
（2）	粗、精车外圆至 ϕ15.74 mm，长为 35 mm	35 ϕ15.74
（3）	倒角 C1.5 mm	C1.5
（4）	选择较低转速，加机油或乳化液，用 M16 的板牙套螺纹	25
3	检查各项尺寸，合格后卸下工件	

续表

步骤	加工内容描述	图示
攻螺纹加工		
1	检查备料 $\phi30$ mm × 32 mm	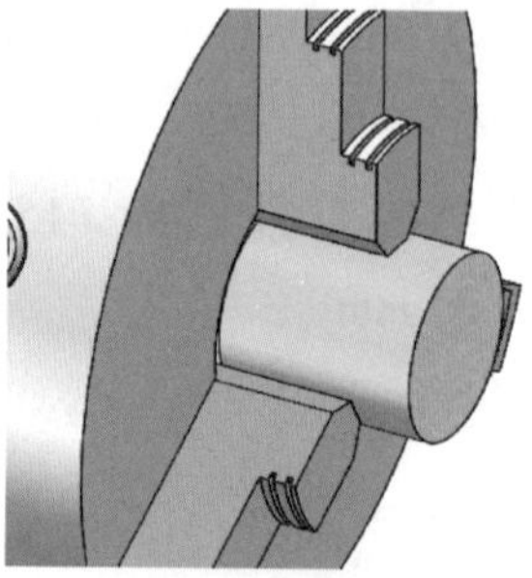
2	夹持外圆，校正并夹紧	
（1）	车端面，车平即可	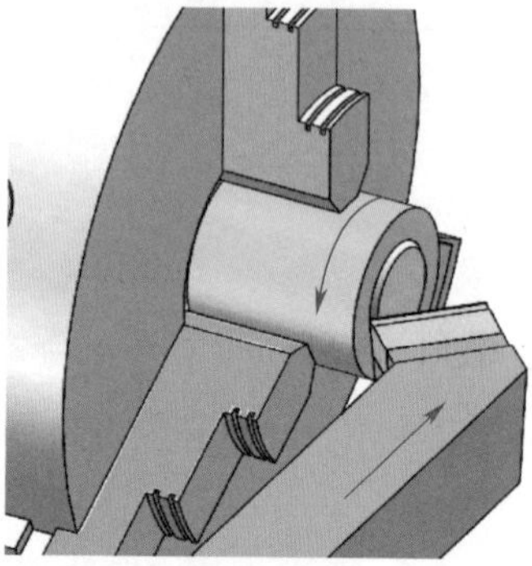
（2）	用中心钻钻中心孔，钻通孔 $\phi10.25$ mm，孔口倒角 $C1.5$ mm	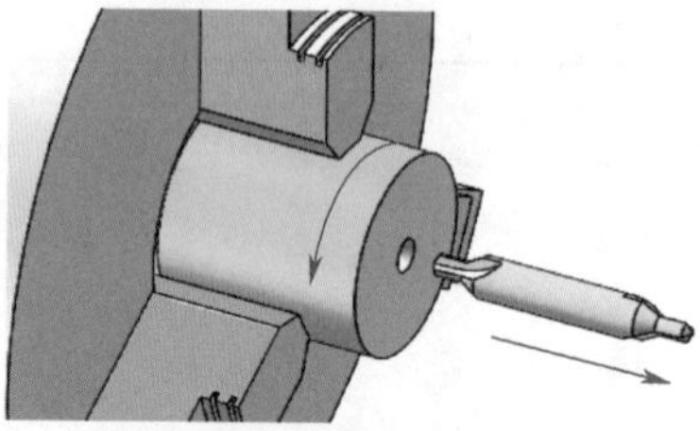 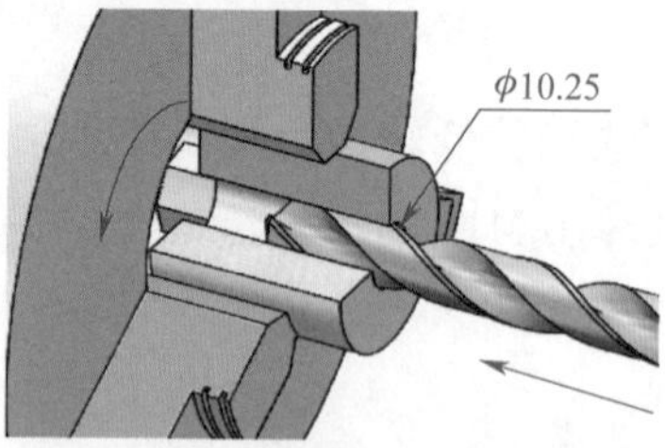 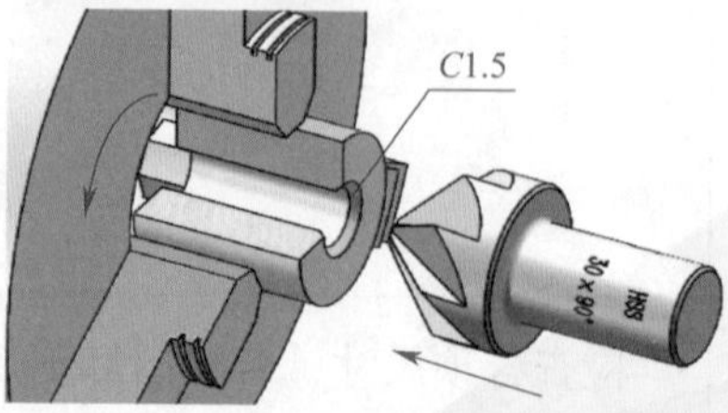 $\phi10.25$ C1.5 30×90° HSS

续表

步骤	加工内容描述	图示
（3）	攻螺纹 M12	
3	掉头夹持工件并找正	
（1）	车端面，保证总长 30 mm	

续表

步骤	加工内容描述	图示
（2）	孔口倒角 *C*1.5 mm	C1.5
4	检查各项尺寸，合格后卸下工件	

三、套螺纹与攻螺纹质量分析

套螺纹与攻螺纹时常见问题的产生原因和预防方法见表 6–16。

表 6–16　　套螺纹与攻螺纹时常见问题的产生原因和预防方法

常见问题描述	产生原因	预防方法
牙型高度不够	1. 外螺纹的外圆车得太小 2. 内螺纹的底孔钻得太大	按计算的尺寸加工外圆和内孔
螺纹中径尺寸不对	1. 板牙或丝锥安装歪斜 2. 板牙或丝锥磨损	1. 校正尾座与主轴同轴度误差 ≤ 0.05 mm，板牙端面必须与主轴中心线垂直 2. 更换板牙或丝锥
螺纹表面粗糙	1. 切削速度太高 2. 切削液缺少或选用不当 3. 板牙或丝锥齿部崩裂 4. 容屑槽切屑堵塞	1. 降低切削速度 2. 合理选择及充分浇注切削液 3. 修磨或调换板牙或丝锥 4. 经常清除容屑槽中的切屑